Grundkurs Regelungstechnik

Hildebrand Walter

Grundkurs Regelungstechnik

Grundlagen für Bachelorstudiengänge
aller technischen Fachrichtungen
und Wirtschaftsingenieure

3., korrigierte und verbesserte Auflage

Mit 275 Abbildungen und 27 Tabellen

 Springer Vieweg

Prof. Dr. Hildebrand Walter
Sinzheim, Deutschland

ISBN 978-3-8348-1420-3

Die Deutsche Nationalbibliothek verzeichnet diese Publikation in der Deutschen Nationalbibliografie; detaillierte bibliografische Daten sind im Internet über http://dnb.d-nb.de abrufbar.

Springer Vieweg
© Springer Fachmedien Wiesbaden 2001 (erschienen unter dem Titel „Kompaktkurs Regelungstechnik"), 2009, 2013

Gedruckt auf säurefreiem und chlorfrei gebleichtem Papier

Springer Vieweg ist eine Marke von Springer DE. Springer DE ist Teil der Fachverlagsgruppe Springer Science+Business Media.
www.springer-vieweg.de

Vorwort zur ersten Auflage

Der vorliegende „*Kompaktkurs Regelungstechnik*" wendet sich an Studierende der Fachrichtungen Maschinenbau, Elektrotechnik und der allgemeinen Ingenieurwissenschaften von Berufsakademien, Fachhochschulen und Technischen Universitäten sowie an die in der Praxis stehenden Ingenieure, die ihre regelungstechnischen Kenntnisse auffrischen, vertiefen oder erweitern wollen.

Das Buch entstand aus Erfahrungen des Autors in Vorlesungen und Praktika mit Studierenden des Maschinenbaues und der Elektrotechnik an der Fachhochschule Offenburg und an der Berufsakademie Karlsruhe. Deshalb wurde auch dem eigentlichen Thema die beiden mathematischen Kapitel „Einführung in die komplexen Zahlen und Funktionen" und „Einführung in die LAPLACE-Transformation" vorangestellt, weil das hier vorgestellte und besprochene Formelwerk ein wichtiges und unerlässliches Werkzeug bei der Beschreibung und Lösung regelungstechnischer Aufgaben darstellt.

Die Stoffauswahl stellt einen Auszug aus der Fülle von Methoden und Verfahren dar, die heute zu den Grundlagen der Regelungstechnik zählen. Um den Rahmen des Buches nicht zu sprengen, habe ich mich bei der Zusammenstellung der einzelnen Kapitel auf die Behandlung linearer kontinuierlicher Systeme beschränkt.

Ziel meines Kompaktkurses Regelungstechnik ist es, dem Leser ein grundlegendes Verständnis regelungstechnischer Zusammenhänge zu vermitteln und nicht nur Rezepte zur Lösung der umfangreichen Aufgabensammlung in die Hand zu geben.

Danken möchte ich meiner Kollegin, Frau Prof. Dr. Angelika Erhardt-Ferron, für das aufwendige Korrekturlesen, die Kapiteldurchsicht und die Überprüfung der Beispiele und Übungsaufgaben. Ebenso danken möchte ich an dieser Stelle dem Vieweg Verlag für die jederzeit gute und konstruktive Zusammenarbeit.

Offenburg, im Herbst 2001   Hildebrand WALTER

Vorwort zur zweiten Auflage

Die zweite Auflage mit dem neuen Titel „Grundkurs Regelungstechnik" ist eine vollständig überarbeitete Ausführung der ersten Auflage „Kompaktkurs Regelungstechnik". Die Zielsetzung wurde dabei aber beibehalten: Ausführliche Erläuterung des Stoffes, ergänzt durch zahlreiche Bilder und Tabellen sowie eine große Anzahl durchgerechneter Beispiele aus unterschiedlichen ingenieurwissenschaftlichen Gebieten sollen dem Leser das Studium des Stoffes erleichtern. Neu in der zweiten Auflage ist das Kapitel 10 „Regelung in ökonomischen Systemen", wo gezeigt wird, dass Geschäftsvorgänge in Unternehmen auch regelungstechnisch beschrieben und gedeutet werden können, was besonders Wirtschaftsingenieure interessieren dürfte.

Das erste Kapitel wurde vollständig überarbeitet und neu gefasst. Der Schwerpunkt wurde dabei auf die rückgekoppelten Systeme gelegt, wie sie bei Wachstumsprozessen in der Natur oder in der Ökonomie vorkommen, wie z. B. in dem Modell „Preisbildung durch Angebot und Nachfrage", wo Anpassungsprozesse und Ausgleichsvorgänge stattfinden. Die negativ zurückgekoppelten Systeme spielen in der Technik eine große Rolle, aus ihnen wurde u. a. der Standard-Regelkreis entwickelt.

Die Kapitel 2 und 3, „Einführung in die komplexen Zahlen und Funktionen" sowie „Einführung in die LAPLACE-Transformation", wurden entgegen einiger Vorschläge aus dem Leserkreis nicht in den Anhang platziert, sondern an ihrem ursprünglichen Platz verankert, da sie als zentrale Werkzeuge nahezu in jedem Kapitel als Verständnisgrundlage unentbehrlich sind.

Im Kapitel 4 „Die Beschreibung linearer kontinuierlicher Systeme im Zeitbereich" wurde bei der Lösung der Differentialgleichungen auf die Lösungswege im Zeitbereich weitgehend zugunsten des Regelwerks der LAPLACE-Transformation verzichtet. Bei der Modellbildung dynamischer Systeme wurden auch solche aus der Mechatronik berücksichtigt, die aufgrund ihrer Kombination aus mechanischen, elektrischen und informellen Komponenten auf nichtlineare, gekoppelte Modellgleichungen führen, die auf Linearisierbarkeit zu untersuchen sind.

Die weiteren Kapitel fünf bis neun wurden gestrafft und durch zusätzliche Beispiele ergänzt. Allen Kapiteln wurde eine ausführliche Zusammenfassung des jeweiligen Inhaltes angefügt.

Das Kapitel zehn „Regelung in betrieblichen Systemen" wurde neu in das Buch aufgenommen, da sich viele Vorgänge in Unternehmen regelungstechnisch interpretieren lassen. In einer umfangreichen Beispielsammlung wird gezeigt, wie sich betriebliche Geschäftsvorgänge mit regelungstechnischen Mitteln und Methoden beschreiben und analysieren lassen.

Bedanken möchte ich mich für die Anregungen, Hinweise und Vorschläge aus dem Leserkreis. Dabei konnte ich allerdings jene nicht berücksichtigen, die sich auf die Aufnahme zusätzlicher Themen wie die Abtastregelung, die Zustandsregelung oder die nichtlineare Regelung beziehen. Sie würde den Umfang des Buches gewaltig sprengen. Besonders bedanken möchte ich mich auch bei meinem Kollegen, Herrn Professor Dr.-Ing. Dietrich May, Hochschule Offenburg, der bei der Entwicklung des Buchkonzeptes intensiv mitgearbeitet hat und wesentliche Impulse gab. Bei der Ausarbeitung der neuen Auflage hat mich Dr. May mit Anregungen, Beispielen und Materialien zu den verschiedenen Themen nachhaltig unterstützt, so auch beim Kapitel 10 „Regelung in betrieblichen Systemen", dessen Konzept und Übungsaufgaben aus seiner Feder stammen. Ebenso bedanke ich mich bei den Mitarbeitern der Bibliothek der Hochschule Offenburg, die mir, einem „Externen", die gewünschte Literatur besorgt haben. Danken möchte ich an dieser Stelle auch dem Vieweg+Teubner Verlag für die gute und konstruktive Zusammenarbeit. Mein besonderer Dank gilt insbesondere Herrn Reinhard Dapper, der die zweite Auflage angeregt und unterstützend begleitet hat sowie Frau Walburga Himmel für die technische Redaktion.

Offenburg, im Herbst 2008   Hildebrand WALTER

Vorwort zur 3. Auflage

Die vorliegende 3. Auflage „Grundkurs Regelungstechnik" wurde um Druckfehler korrigiert und verbessert. Autor und Verlag sind dankbar für Kritik, Hinweise auf Fehler und sonstige (auch positive) Anmerkungen zu diesem Buch. Sie können unter der Mailadresse ProfDrHWalter@gmx.de übermittelt werden.

Offenburg, März 2013   Hildebrand WALTER

Inhaltsverzeichnis

Formelzeichen

$A(\omega)$	Amplitudengang eines Frequenzganges ($= \lvert G(j\omega) \rvert$)
A	Bodenfläche eines Behälters
a, b	Hebelarmlängen, Sparrate, Entnahmerate
$a, b, c, \ldots A, B, C, \ldots$	Konstanten
$a_0, a_1, a_2, \ldots b_0, b_1, b_2, \ldots$	Koeffizienten einer Differentialgleichung, einer komplexen Funktion
A_a	Ausflussquerschnitt in einem Auslauf
A_{abs}	Betragsregelfläche
A_{abst}	Zeitgewichtete Betragsregelfläche
A_B	Behälterbodenfläche
A_{Lin}	Lineare Regelfläche
A_r	Amplitudenreserve
$\arg z$	Argument einer komplexen Zahl = Winkel einer komplexen Zahl
A_{sqr}	Quadratische Regelfläche
A_z	Zuflussquerschnitt in einem Zulauf
$B(t)$	Aktueller Lagerbestand
b, l, e, z_0	Geometrische Konstanten
B_0	Anfangsbestand
c	allgemeine Konstante, Federsteifigkeit, spez. Wärme einer Flüssigkeit
$\mathbb{C}$	Menge der komplexen Zahlen
C, C_0, C_r, C_l	Kapazität
$c_1, c_2, \ldots, c_n$	Integrationskonstanten
c_A, c_R	Federsteifigkeit bei einem mechanischen System
D	Dämpfungszahl, Determinante
d_A, d_R	Dämpfungsbeiwerte bei einem mechanischen System
D_n	Determinante n-ter Ordnung
D_{Str}	Dämpfungszahl einer Strecke
dB	Dezibel
$e(t)$	Sprungerregung
E_k	Kinetische Energie
E_m	Magnetische Energie
E_p	Potentielle Energie
E	EULERsche Zahl
F	Kraft
$f(t)$	zeitabhängige Funktion
$f(x)$	Funktion einer reellen Veränderlichen
F_f	Federkraft
F_d	Dämpfungskraft
FB	Forderungsbestand
FB_0	Anfangs-Forderungsbestand $= f_0$
g	Erdbeschleunigung
G	Gewicht

$\lvert G(j\omega) \rvert$	Betrag eines Frequenzganges, Amplitudengang
$\lvert G(j\omega) \rvert_{dB}$	Betrag eines Frequenzganges in Dezibel ($= 20\log\lvert G(j\omega)\rvert$)
$G(j\omega)$	Frequenzgang eines LZI-Gliedes
$G(s)$	Übertragungsfunktion (= $v(s)/u(s)$), LAPLACE-Transformierte Gewichtsfunktion
$g(t)$	Gewichtsfunktion, Impulsantwort
$G_0(j\omega)$	Frequenzgang eines aufgeschnittenen Regelkreises
$G_0(s)$	Übertragungsfunktion eines aufgeschnittenen Regelkreises
$G_A(s)$	Übertragungsfunktion: Allpass
$G_{ges}(s)$	Gesamtübertragungsfunktion eines Netzwerkes
$G_i(s)$	Übetragungsfunktion des i-ten Übertragungsgliedes
$G_{Lag}(j\omega)$	Frequenzgang eines Lag-Gliedes
$G_{Lag}(s)$	Übertragungsfunktion eines Lag-Gliedes
$G_{Lead}(j\omega)$	Frequenzgang eines Lead-Gliedes
$G_{Lead}(s)$	Übertragungsfunktion eines Lead-Gliedes
$G_{LL}(j\omega)$	Frequenzgang eines Lag-Lead-Gliedes
$G_{LL}(s)$	Übertragungsfunktion eines Lag-Lead-Gliedes
GM	Gleichgewichtsmenge
$GM(s)$	Messkreisübertragungsfunktion
$G_{MS}(s)$	Übertragungsfunktion: Phasenminimumsystem
GP	Gleichgewichtspreis
$G_R(j\omega)$	Frequenzgang eines Reglers
$G_R(s)$	Übertragungsfunktion eines Reglers
$G_S(j\omega)$	Frequenzgang einer Regelstrecke
$G_S(s)$	Übertragungsfunktion einer Regelstrecke
$G_w(j\omega)$	Führungsfrequenzgang
$G_w(s)$	Führungsübertragungsfunktion ($= x(s)/w(s)$ bei $z(s) = 0$)
$G_z(j\omega)$	Störfrequenzgang
$G_z(s)$	Störübertragungsfunktion ($= x(s)/z(s)$ bei $w(s) = 0$)
$\boldsymbol{h}$	Höhenstand bei einem hydraulischen System, Behälterhöhe
h_{z0}^{*}	Stellbereich eines Ventils
$h(\infty)$	Stationärer Wert einer Übergangsfunktion
$h(+0)$	Anfangswert einer Übergangsfunktion
$h(t)$	Übergangsfunktion
h_0	Flüssigkeitsstand bezüglich eines Arbeitspunktes
h_m	Überschwingweite
h_z	Ventilstellung
h_{z0}	Ventilstellung bezüglich eines Arbeitspunktes
$\boldsymbol{I}$	Impulsfläche
$\mathrm{Im}\{z\}$	Imaginärteil einer komplexen Zahl z
$i, j, k, m, n, \ldots$	Zählvariable, Indizes
i_a	Ausgangsstrom bei einem elektrischen Netzwerk
i_e	Eingangsstrom bei einem elektrischen Netzwerk

j	imaginäre Einheit mit $j^2 = -1$
J	Trägheitsmoment
$J(P)$	parameterabhängiges Güteintegral
K	Allgemeiner Verstärkungsfaktor
k	Konstante, Wärmedurchgangszahl
K_0	Anfangskapital
K_D	Differenzierbeiwert
K_I	Integrierbeiwert
K_{IR}	Integrierbeiwert beim I-Regler
K_{IS}	Integrierbeiwert bei einer I-Strecke
K_n	Kapital nach n Zinsperioden
K_P	Verstärkung, Übertragungsfaktor, Proportionalitätsbereich
K_{Pkrit}	Kritische Verstärkung
KS	Kontostand
K_S	Übertragungsbeiwert der Strecke
KS_0	Kontostand: Anfangswert $= K_0$
K_{SZ}	Übertragungsbeiwert der Störstrecke
K_v	Verstärkung im Vorwärtszweig
L	Induktivität
l	Pendellänge
LB	Lagerbestand
LB_0	Lagerbestand: Anfangswert
m	Ordnung einer Störfunktion, Grad des Zählerpolynoms einer Übertragungsfunktion, Masse
M	Masse
M_R, M_F, M_G, M_m	Momente bei einem mechanischen System
n	Ordnung eines Übertragungsgliedes oder einer Differentialgleichung, Ordnung des Nennerpolynoms einer Übertragungsfunktion
n_{max}	Maximale Laufzeit eines Kapitals
$\mathbb{N}$	Menge der natürlichen Zahlen
$N(s)$	Nennerpolynom einer Übertragungsfunktion
n_1, n_2	Drehzahlen
n_n, n_0, n_p	Anzahl der Nullstellen mit neg., ohne, pos. Realteil
O	Oberfläche eines Körpers
p	Jahreszinssatz
$P(t)$	Wärmeleistung
$P(z) = (a, b)$	Punktdarstellung einer komplexen Zahl
p_a	Behälterdruck
PB	Personalbestand
PB_0	Personalbestand: Anfangswert
p_e	Eingangsdruck
q	allgemeine Konstante
$\dot{q}$	elektrischer Strom
Q, q	elektrische Ladung
$Q_{ab}(t),$	Abfluss bei einem hydraulischen System

$Q_{zu}(t)$, q_e	Zufluss bei einem hydraulischen System
$\text{Re}\{z\}$	Realteil einer komplexen Zahl z
R	Ohmscher Widerstand, Gaskonstante
r	Reibfaktor bei einer Dämpfungseinrichtung, Zeigerlänge bei einer komplexen Zahl, Betrag einer komplexen Zahl
$\mathbb{R}$	Menge der reellen Zahlen
$r\,e^{j\varphi}$	trigonometrisch Darstellung einer komplexen Zahl ($= r(\cos\varphi + j\sin\varphi)$)
$\mathbb{R}^+$	Menge der positiven reellen Zahlen
R_I	Eingangswiderstand bei einer Verstärkerschaltung
R_R	Widerstand im Rückführzweig
$s = \sigma + j\omega$	Komplexe Variable, LAPLACE-Variable
$s(t)$	Federweg bei einem mechanischen System, Durchhang
s_i, s_j, s_k, ...	Komplexe Nullstellen, Polstellen einer Übertragungsfunktion
T	Periodendauer, kin. Energie
T_1^{*}	Ersatzzeitkonstante
T_{aus}^{*}	Zeit zwischen Verlassen und Verbleib in einem Toleranzband
T_{an}^{*}	Zeitspanne außerhalb einem Toleranzband
t, τ	Größe Zeit, Integrationsvariable, Parameter
t_0, τ_0, ... A_i, B_j C_k ...	indizierte Konstanten
T_1, T_2, ... , T_{1a}, T_{1b}	Zeitkonstante, Systemparameter
T_{an}	Anschwingzeit, Anregelzeit
T_{aus}	Ausregelzeit
T_{ein}	Einschwingzeit
T_g	Ausgleichzeit
T_I	Integrierzeitkonstante
T_{krit}	Kritische Periodendauer
T_M	Mittelwert von gemessenen Zeiten
T_n	Nachstellzeit beim PI- oder beim PID-Regler
T_t	Totzeit
T_u	Verzugszeit
T_v	Vorhaltzeit beim PD- oder beim PID-Regler
u	Eingangsgröße eines Übertragungsgliedes
$\hat{u}$	Amplitudenwert einer sinusförmigen Eingangsgröße
U	Potentielle Energie
$u(t)$, $u_1(t)$, $u_2(t)$	Eingangsgrößen eines Übertragungsgliedes
u_0	Amplitudenwert
U_0	Anfangswert
u_a	Ausgangsspannung bei einem elektrischen Netzwerk
u_C	Kondensatorspannung
u_e	Eingangsspannung bei einem elektrischen Netzwerk
u_L	Spannung an einer Induktivität
u_R	Spannung an einem ohmschen Widerstand

u_S	Steuerspannung
v	Ausgangsgröße eines Übertragungsgliedes
$\hat{v}$	Amplitudenwert einer sinusförmigen Ausgangsgröße
$v(\infty),\ u(\infty)$	Stationärer Wert
$v(t),\ v_1(t),\ v_2(t)$	Ausgangsgrößen eines Übertragungsgliedes
V_0	Kreisverstärkung
v_E	erzwungene Antwort eines Systems
v_F	freie Antwort eines Systems
v_m	Überschwingweite
v_{Tol}	Toleranzbereich
w	Führungsgröße
W	Strömungswiderstand
w_0	Führungsgröße in einem Arbeitspunkt, Sprunghöhe
W_h	Führungsbereich
x	Regelgröße, allgemeine Variable, Ausgangsgröße
Δx	Regelgrößenänderung Wegänderung
$x(\infty)$	Stationärer Wert einer Variablen bzw. der Regelgröße
x_0	Regelgröße in einem Arbeitspunkt, Sprunghöhe, Ruhelage einer Feder
x_d	Regeldifferenz
x_{d0}	Sprungamplitude einer Regeldifferenz
$x_{dI}(\infty)$	Regelfehler I. Ordnung, Lagefehler, Positionsfehler
$x_{dII}(\infty)$	Regelfehler höherer Ordnung, Geschwindigkeitsfehler
$x_e(j\omega),\ x_a(j\omega)$	sinusförmiges Eingangs-, Ausgangssignal
$x_K,\ x_R,\ x_e$	Auslenkung der Masse bei einem mech. System
x_m	Überschwingweite
X_P	Proportionalbereich
y	Stellgröße, Eingangsgröße eines Systems
Δy	Stellgrößenänderung, Wegänderung
y_0	Stellgröße in einem Arbeitspunkt, Sprunghöhe
Y_h	Stellbereich
y_R	Ausgangsgröße des Reglers
y_S	Eingangsgröße der Regelstrecke
y_{S0}	Sollwertsprung
z	Störgröße, komplexe Zahl
$z(t) = x(t) + jy(t)$	Komplexe Funktion
$\bar{z} = a - jb$	konjugiert komplexe Zahl
$z = \overrightarrow{OP}$	Zeigerdarstellung einer komplexen Zahl
$\lvert z \rvert$	Betrag einer komplexen Zahl
Z	Zins
$\mathbb{Z}$	Menge der ganzen Zahlen
$z = a + jb$	komplexe Zahl
$Z(s)$	Zählerpolynom einer Übertragungsfunktion
z_0	Störgröße in einem Arbeitspunkt, Sprunghöhe
z_F	Störgröße auf den Fühler

z_L	Laststörgröße
z_R	Störgröße am Reglereingang
z_V	Versorgungsstörgröße

$\boldsymbol{\alpha}$	Zeitkonstantenverhältnis ($= T_1/T_D$) eines Lead-Gliedes
β	Zeitkonstantenverhältnis ($= T_1/T_I$) eines Lag-Gliedes
δ	Abklingkonstante
$\Delta\Phi$	Winkeländerung beim Stabilitätskriterium nach NYQUIST
$\delta(t)$	DIRAC-Stoß, DIRAC-Impuls
ε	Toleranzbereich, Dielektrizitätskonstante
φ	Winkel einer komplexen Zahl, Pendelausschlag, Drehwinkel
$\varphi(\omega)$	Phasengang ($= \sphericalangle G(j\omega)$)
$\varphi(s)$	Charakteristische Gleichung im Bildbereich
$\varphi_{Lag}(\omega)$	Phasenkennlinie eines Lag-Gliedes
$\varphi_{Lead}(\omega)$	Phasenkennlinie eines Lead-Gliedes
$\varphi_{LL}(\omega)$	Phasenkennlinie eines Lag-Lead-Gliedes
φ_r	Phasenreserve
$\lambda_1, \lambda_2, \dots$	Eigenwerte
ω	Kreisfrequenz
ω_0, ω_k	Kreisfrequenz eines ungedämpften Systems
ω_l	Kreisfrequenz, die φ_r bestimmt
ω_D	Durchtrittsfrequenz
ω_d	Kreisfrequenz eines gedämpften Systems
ω_E	Eckfrequenz
ω_1^*	Kreisfrequenz, die A_r bestimmt
ρ	Dichte
σ	Realteil der komplexen Variablen
$\sigma(t - t_0), \sigma(t)$	verschobene und nicht verschobene Einheitssprungfunktion
$\vartheta(t)$	Temperatur eines Fluids

$\dot{x}, \ddot{x}, \dots \dot{\varphi}, \ddot{\varphi}, \dots$	erste, zweite, ... Ableitung nach einem Parameter
$f_1(t) * f_2(t)$	Faltung zweier Funktionen
$\displaystyle\sum_{i=1}^{n} a_i, \prod_{i=1}^{n} G_i(s)$	Summen-, Produktbildung
$\circ\!\!-\!\!\bullet, \bullet\!\!-\!\!\circ$	Korrespondenzsymbol
$[a]$	Einheit einer physikalischen Größe a
$\angle G_0(j\omega)$	Winkel einer kompl. Funktion
$\sphericalangle G(j\omega)$	Phasengang ($= \varphi(\omega)$)
$\mathscr{L}, \mathscr{L}^{-1}$	LAPLACE-Operator

1 Grundlagen

In der Natur lässt sich oft beobachten, wenn irgendwo ein Problem auftritt, kommt automatisch ein Prozess in Gang, der das Problem behebt und ein Gleichgewicht wieder herstellt. Wenn in einem Teich die Friedfische überhandnehmen, können sich die Raubfische vollfressen, sich vermehren und fast alle Friedfische ausmerzen. Sind irgendwann zu wenige Friedfische da, müssen auch die Raubfische Schuppen lassen. So **stellt sich immer ein Gleichgewicht** ein. Dieser Teich ist somit ein sich *selbst regulierendes System*.

Es muss ein Gleichgewicht mit seiner Umwelt erreichen, sonst stirbt das System: Wenn keine Friedfische mehr da sind, dürfen die Raubfische zu Kannibalen werden und sich selbst dezimieren. Sind keine Raubfische mehr da, so können die Restbestände der Friedfische aus ihren Verstecken schwimmen und sich fleißig vermehren und sich gegenseitig das Futter streitig machen, was die Bestände wieder ins Gleichgewicht bringt. Dieser Vorgang wird sich nach einer Störung des Gleichgewichts in ähnlicher Weise wiederholen [1].

Irgendwie haben die Fische einen Weg gefunden, ihre momentane Situation zu erkennen. Sie greifen dort ein, wo sie ihre Population beeinflussen können. Man nennt diese Möglichkeit *Rückkopplung, Rückführung* oder *feedback*. Da diese Maßnahme so gerichtet ist, dass ein neues Gleichgewicht entsteht, wählt man den Begriff *negative Rückkopplung*. Systeme, die nach einer Störung wieder zu einem Gleichgewicht finden, nennt man *negativ zurückgekoppelte Systeme*. Anstelle des Ausdrucks „negativ zurückgekoppeltes System" verwendet man auch die Bezeichnung *Gegenkopplung* und entsprechend „positiv zurückgekoppeltes System" das Wort *Mitkopplung*.

Zurückgekoppelte Systeme kommen überall vor, in der Natur, in der Biologie, in der Soziologie und Ökonomie und vor allem in der Technik. **Wachstumsprozesse** sind **positiv zurückgekoppelte Systeme**, Zins ein Beispiel für exponentielles Wachstum. Bei manchen Systemen, vor allem im interpersonalem Bereich, ist die Art der Rückkopplung nicht von vornherein festgelegt. Im System **Lernen in der Schule** kann bei einigen schlechten Noten über die erfolgte Rückkopplung durch die Benotung bei entsprechender Motivation den Fleiß angekurbelt und den Lernerfolg wieder verbessert werden (Gegenkopplung), oder aber bei Resignation aufgrund des Misserfolges verschlechtert sich die Leistung weiter (Mitkopplung).

Allgemein bezeichnet man mit *„Rückkopplung"* oder *„Rückführung"* einen Mechanismus in signalverarbeitenden oder informationsverarbeitenden Systemen, bei dem ein Teil der Ausgangsgröße direkt oder in modifizierter Form auf den Eingang des Systems zurückgeführt wird. Je nach Art und Richtung der rückgeführten Größe kommt es zur *Selbstverstärkung* des durch das System bedingten Prozesses oder zu dessen *Abschwächung* beziehungsweise Regulation oder Selbstbegrenzung.

Die folgenden beiden Graphiken zeigen modellhaft die Struktur solcher Systeme.

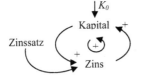

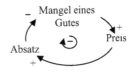

Bild 1.1: Modell einer Mitkopplung
K_0 = Anfangskapital

Bild 1.2: Modell einer Gegenkopplung

Ein Anfangskapital K_0 wird mit dem Zinssatz p verzinst und am Ende der Abrechnungsperiode wird dieser Zins auf das Anfangskapital aufgeschlagen, Bild 1.1, siehe auch Beispiel 1.1. In Bild 1.2 führt die Knappheit eines Gutes zu einem höheren Preis, weil dieser auf dem Markt durchsetzbar ist. Der höhere Preis regt aber zur Mehrproduktion und höherem Absatz an. Dadurch wird der Mangel reduziert, was den Preis wieder sinken lässt. Die negative Rückkopplung wirkt hier dämpfend auf den Prozess.

Beispiel 1.1

Werden die anfallenden Zinsen Z eines Kapitals proportional zur Laufzeit n berechnet, so spricht man von *einfacher* oder von *linearer Verzinsung* [2]. Bei einem Jahreszinssatz p, meistens in % pro Periode angegeben, erhöht sich dann ein Anfangskapital K_0 um einen Anteil

$$Z = K_0 p$$

Das Kapital K_0 ist in diesem Zeitraum um den Zins Z angewachsen auf den Wert

$$K_1 = K_0 + Z = K_0(1 + p).$$

In der zweiten Periode hat sich das Kapital auf

$$K_2 = K_1 + K_1 p = K_1(1 + p) = K_0(1 + p)^2$$

erhöht. Nach n Perioden erhält man ein Kapital von

$$K_n = K_0(1 + p)^n$$

Benutzt man die Umrechnungsformeln

$$y = a^x \Rightarrow \ln y = x \ln a \Rightarrow y = e^{x \ln a} = a^x$$

und setzt für $a = (1 + p)$ und für $x = n$, dann wird das exponentielle Wachstum in diesem Beispiel bei der Mitkopplung sichtbar.

$$K_n = K_0(1 + p)^n = K_0 e^{n \ln(1+p)} \qquad \blacksquare$$

1.1 Der technische Regelkreis

Betrachtet man ein **technisches System**, so ordnet man ihm ein bestimmtes Verhalten zu, das durch seine Aufgabe vorgeschrieben ist. So soll eine Raumheizung eine gewünschte Raumtemperatur einhalten, ein Fahrzeug das vorbestimmte Ziel erreichen oder ein Antriebssystem ein von der Drehzahl unabhängiges Drehmoment erzeugen.

In solchen Systemen hat man es meistens mit **zeitveränderlichen Größen** zu tun, an deren Verhalten man interessiert ist. Dabei versteht man unter Größen vorwiegend „physikalische Größen" wie z. B. die elektrische Stromstärke, die Länge, die thermodynamische Temperatur, eine Geschwindigkeit oder eine Beschleunigung. Physikalische Größen sind gekennzeichnet durch einen Zahlenwert und eine Einheit [3].

Oft besteht der Wunsch, die Größen auf einen vorgegebenen festen Wert zu bringen und sie auch unabhängig von äußeren oder inneren Störungen auf diesem Wert zu halten. Damit ist es notwendig, in das System einzugreifen und die diesem Zweck dienlichen Maßnahmen einzuleiten.

Betrachtet man hier als Beispiel eine Raumheizung, so besteht die Aufgabe dieser Anlage darin, in jedem Augenblick so viel Wärme zu produzieren, damit eine gewünschte Raumtemperatur aufrecht erhalten werden kann. Diese Größe sei als Ausgangsgröße des technischen Systems oder als *Regelgröße* bezeichnet und durch das Symbol x charakterisiert. Diesem Vorhaben wirken allerdings Störungen entgegen, allgemein als *Störgrößen* bezeichnet und mit dem Symbol z belegt, wie beispielsweise die Außentemperatur, die das Schwanken der Raumtemperatur verursacht. Aus diesen Wechselwirkungen zwischen gewünschter Raumtemperatur und Außentemperatur erkennt man das **Wesen einer Störung:**

- Sie wirkt auf die Raumtemperatur so ein, dass diese von einem gewünschten Verhalten abweicht.
- Der zeitliche Verlauf der Störung und der Augenblick ihres Auftretens lassen sich nicht genau vorhersagen.

Durch Erfassen des aktuellen Wertes der Raumtemperatur und einen Vergleich mit dem Wert der gewünschten Raumtemperatur lässt sich der Einfluss einer Störung erkennen. Aus dem Betrag dieser Differenz erkennt man die Größe der Störung und aus dem Vorzeichen ihre *Wirkungsrichtung*. Die bei diesem Vergleich benutzte Bezugsgröße nennt man *Führungsgröße* und verwendet dafür das Symbol w. Die Differenz von Führungsgröße und Regelgröße, $x_d = w - x$, nennt man *Regeldifferenz*.

Man kann die Schwankungen der Außentemperatur, genauer der Wärmezufluss und -abfluss als Hauptstörgröße auffassen, was aber oft eine Idealisierung darstellt. Daneben treten aber noch weitere **Störgrößen** auf, die in den Prozess „Raumheizung" eingreifen und den Wert der Raumtemperatur beeinflussen, so z. B.:

- Das Öffnen und Schließen von Türen und Fenstern
- Plötzlich eintretende Sonneneinstrahlung, besonders wirksam bei großen Fensterflächen
- Im Raum befindliche wärmeproduzierende Geräte sowie nicht zu vernachlässigen: Personengruppen

Bei der gezielten Beeinflussung des Wärmeproduktionsprozesses wird man sich auf die Hauptstörgröße konzentrieren, darf aber die übrigen Störgrößen nicht außer Acht lassen. Das Produkt eines Prozesses, hier die Wärmemenge pro Zeit, muss variabel gehalten werden, damit im Bedarfsfall auch genügend Wärmeenergie zur Verfügung steht, um eine gewünschte Raumtemperatur trotz auftretender Störungen auf ihrem Wert zu halten.

Man nennt die Größe, durch deren Verstellung die Wärmeproduktion gezielt beeinflusst werden kann, *Stellgröße* und charakterisiert sie mit dem Symbol y. Die so beeinflussbare Anlage, das technische System, nennt man auch *Regelstrecke* oder auch kurz *Strecke*. Oft greift man zu einer graphischen Darstellung, einem *Blockschema*, um den geschilderten Sachverhalt zu beschreiben:

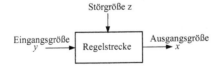

Bild 1.3: Blocksymbol für eine Regelstrecke mit Ein-, Ausgangs- und Störgröße

Der **Block** soll hier die wirkungsmäßige Abhängigkeit der Ausgangsgröße *x* von den beiden Eingangsgrößen, der Stellgröße *y* und der Störgröße *z*, symbolisieren. Die eingezeichneten Pfeile geben die Wirkungsrichtung an. Anstelle der allgemeinen Blockbezeichnung „Regelstrecke" lässt sich aber auch direkt eine beschreibende Funktionsgleichung, ein grafisches Symbol oder sonst eine wirkungsbezogene Kennung als Blockeintrag verwenden. Zusammenfassend ergibt sich die folgende Aufgabenstellung:

> • Der Ausgangsgröße der Regelstrecke, der Regelgröße *x*, soll durch die Eingangsgröße der Regelstrecke, die Stellgröße *y*, ein gewünschtes Verhalten aufgeprägt werden, das weitgehend unabhängig von Störgrößen *z* ist.

Als Lösung der vorgegebenen Aufgabenstellung bietet sich an:

> • Die Regelgröße *x* muss fortlaufend erfasst und mit der Führungsgröße *w* verglichen werden. Abhängig vom Ergebnis dieses Vergleiches muss die Regelgröße so beeinflusst werden, dass eine Angleichung der Regelgröße an die Führungsgröße stattfindet.

Der dadurch entstehende Wirkungsablauf hat eine **kreisförmige Struktur**. Man spricht deshalb von einem **Regelkreis**. Die Anordnung, die diese Aufgabe leistet, heißt **Regeleinrichtung** oder kurz **Regler**. Da der Regelkreis technischer Natur ist, spricht man vom **technischen Regelkreis**.

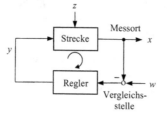

Bild 1.4: Regelkreis mit Ein- und Ausgangsgrößen
x   Regelgröße
y   Stellgröße
w   Führungsgröße
z   Störgröße

Im Bild 1.4 sind die beiden Blöcke „Strecke" und „Regler" wirkungsbezogen zusammengeschaltet. Man spricht deshalb auch vom **Wirkungsplan**. Die die Blöcke verbindenden Linien bezeichnet man als **Wirkungslinien**. Sie kennzeichnen den **Informationsfluss**. Somit sind die Führungsgröße *w* und die Störgröße *z* Eingangsgrößen des Regelkreises. Die Regelgröße *x* ist die einzige Ausgangsgröße.

Auf der Eingangsseite des Blocks, der den Regler symbolisiert, liegt die **Vergleichsstelle**. Hier wird die Differenz (Soll-/Istwert-Vergleich) zwischen der **Führungsgröße** (Sollwert) und der **Regelgröße** (Istwert) gebildet. Das Vergleichsergebnis ist die **Regeldifferenz**. Sie ist die Eingangsgröße des Reglers.

Die Führungsgröße, eine von der Regelung nicht unmittelbar beeinflusste Größe, wird von außen dem Regelkreis zugeführt. Ihr soll die Regelgröße folgen. Der Wert, den die Regelgröße dabei annehmen soll, nennt man **Sollwert**. Ist die Führungsgröße zeitlich konstant, ändert sich deren Wert während des Regelvorganges nicht. Unter dieser Bedingung spricht man von einer **Festwertregelung** (z. B. Raumheizung). Die Führungsgröße verharrt auf einem festen Wert. Der Bereich, innerhalb dem die Führungsgröße liegen kann, nennt man **Führungsbereich** und bezeichnet ihn mit W_h. Verändert sich der Wert der Führungsgröße und versucht die Regelung diesem Wert zu folgen, so spricht man von einer **Folgeregelung** (z. B. Bewegungen einer Werkzeugmaschine oder eines Roboterarmes). Folgt die Führungsgröße einem Zeitplan, spricht man von einer **Zeitplanregelung** (z. B. Wasch- oder Spülmaschine).

Der Regler hat die Aufgabe, aus der ermittelten Abweichung zwischen Regelgröße und Führungsgröße nach einer entsprechend gewählten Vorschrift, auf die noch ausführlich eingegangen wird, eine

Stellgröße zu bilden, die die Ausgangsgröße der Regelstrecke, die Regelgröße, so beeinflusst, dass diese der Führungsgröße in einem entsprechend definierten Sinne angeglichen wird. Bei der Lösung dieser Aufgabe muss der Regler den Wirkungssinn im Regelkreis umkehren. Zeigt die Regelgröße die Neigung, sich unter dem Einfluss einer Störung aufzuschwingen, so muss die Stellgröße die entgegengesetzte Tendenz aufweisen. Die Tätigkeit, die bei einer Regelung ausgeführt wird, nennt man das **Regeln**.

Die Störgrößen sind die Gründe, eine Regelung aufzubauen, denn sie haben einen nicht vorhersehbaren Einfluss auf die zu regelnde Größe und versuchen, diese von einem vorgesehenen Wert abzubringen. Sie können überall im Regelkreis auftreten und nicht nur das Verhalten der Regelstrecke, sondern auch das des Reglers beeinflussen. Näherungsweise lassen sich die Störgrößen am Messort durch die messtechnische Erfassung der Regelgröße erkennen. Häufig ist es ausreichend, von ihrer Wirkung her **alle Störungen zu einer Störgröße** zusammengefasst denken und sie am **Eingang der Strecke** angreifen zu lassen. Man bezeichnet diesen Ort im Regelkreis als **Stellort**.

Durch die Verlagerung der Störgröße von der Strecke (siehe Bild 1.4) an den Streckeneingang ergibt sich eine modifizierte Form des Wirkplanes nach Bild 1.5. In vielen Fällen dient diese Darstellung als **Standard-Regelkreis** bei der Untersuchung von Regelungen.

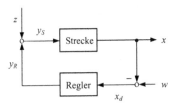

Bild 1.5: Standard-Regelkreis

x	Regelgröße (Istwert)
w	Führungsgröße (Sollwert)
z	Störgröße
y_S	Streckeneingangsgröße (Stellgröße)
y_R	Reglerausgangsgröße
x_d	Regeldifferenz

1.2 Die Arbeitsweise einer Regelung

Mit Hilfe des folgenden Bildes soll die Arbeitsweise einer Regelung, die den Füllstand in einem Behälter auf einem vorgegebenem Stand halten soll, man spricht von einer *Füllstandsregelung*, erläutert werden:

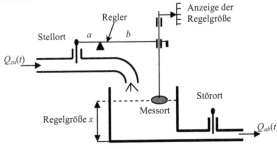

Bild 1.6: Füllstandsregelung

x	Regelgröße
a, b	Hebelarme
$Q_{zu}(t)$	Zufluss
$Q_{ab}(t)$	Abfluss
A	Bodenfläche

Die hydraulische Anlage nach Bild 1.6 besteht aus einem zylindrischen Behälter, dem Abflussrohr mit einem Absperrventil, dem Zuflussrohr mit einem einstellbaren Schieber, dem Schwimmersystem zur Erfassung des Flüssigkeitsstandes sowie einer Hebelanordnung, die als Regler vorgesehen ist. Die Aufgabe der Anlage besteht darin, ein gewünschtes Speichervolumen an Flüssigkeit unabhängig von der Ausflussmenge zu garantieren. Da die Bodenfläche konstant sein soll und der Behälter zylindrisch angenommen wird, gilt für das Volumen $V = Ax$. Es genügt also, die Höhe des Flüssigkeitsspiegels zu beobachten. Sie ist die Regelgröße x.

Durch das geöffnete Absperrventil fließt Flüssigkeit ab. Der Durchfluss sei proportional zur Ventilstellung. Er bildet die Störgröße $z(t)$. Das Absperrventil symbolisiert somit auch den tatsächlichen Störort. Die Ablaufmenge soll durch die Zulaufmenge so ausgeglichen werden, dass das Flüssigkeitsvolumen im Behälter in gewissen Grenzen verharrt. Zu diesem Zweck muss die Schieberstellung für den Zufluss in eine entsprechende Position gebracht werden. Auch hier soll die Schieberstellung proportional zum Zufluss sein. Der Zufluss bildet die Stellgröße $y(t)$, denn durch ihn lässt sich das Flüssigkeitsvolumen im Behälter beeinflussen. Damit repräsentiert der Schieber auch den Stellort.

Ist der Zufluss gleich dem Abfluss, spricht man von einem *Fließgleichgewicht,* das Niveau der Flüssigkeit bleibt erhalten und die Regelgröße konstant. Änderungen im Zu- oder Abfluss haben allerdings ein ständiges Steigen und Fallen des Flüssigkeitsstandes um einen Soll-Flüssigkeitsstand, dem Sollwert, zur Folge, was verhindert werden soll. Man betrachtet deshalb den **Flüssigkeitsstand** als die zu regelnde Größe, sie ist die **Regelgröße.**

Zur Lösung dieser Aufgabe ergänzt man die Anlage durch eine **Regeleinrichtung oder einen Regler.** Dieses Gerät besteht aus dem Schwimmersystem zur Erfassung des Istwertes der Regelgröße (Messeinrichtung), einer Vergleichsstelle, um die Differenz zwischen dem Soll- und Istwert der Regelgröße zu bilden sowie einer Hebeleinrichtung, welche die Aufgabe des Regelns übernimmt.

Sinkt beispielsweise infolge eines erhöhten Abflusses der Flüssigkeitsstand ab, lenkt das Gestänge des Schwimmersystems den als Regler vorgesehenen Hebel aus. Als Reaktion wird entsprechend der eingestellten Hebelübersetzung der Schieber im Zulaufrohr so weit geöffnet, bis wieder ein Gleichgewicht zwischen dem Zufluss und dem Abfluss hergestellt ist. Dieser Zustand lässt sich aber nur dadurch erreichen, dass man eine neue Hebelposition gegenüber der Ausgangslage in Kauf nimmt. Der ursprüngliche Sollwert wird nicht mehr erreicht. Es tritt eine *bleibende Regeldifferenz* auf.

Eine vergleichbare Reaktion beobachtet man nach einer Sollwertänderung. Durch Anheben oder Absenken des Schwimmers gegenüber der Hebelposition vergrößert oder verringert sich der statische Druck der Flüssigkeit am Ausflussrohr. Im stationären Zustand wird sich bei einer konstant angenommenen Störgröße ein Fließgleichgewicht einstellen, das auch zu einer bleibenden Regeldifferenz führt. Die Wirkungsweise des Reglers entspricht bei „kleinen" Ausschlägen dem Hebelgesetz:

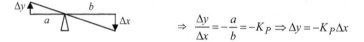

$$\Rightarrow \quad \frac{\Delta y}{\Delta x} = -\frac{a}{b} = -K_P \Rightarrow \Delta y = -K_P \Delta x$$

Bild 1.7: Hebel und Reglergleichung
     a, b Hebelarme
     $\Delta y, \Delta x$ Hebelauslenkung
     K_P Reglerverstärkung

Da der Drehpunkt des Hebels innerhalb des Hebels liegt, kommt es zur **Umkehr der Wegrichtung** Δy, gekennzeichnet durch das Minuszeichen. Es liegt also eine **Gegenkopplung** vor. Der Proportionalitätsfaktor K_P heißt *Reglerverstärkung* und ist ein *Kennwert des Reglers.* Wegen des proportionalen Verhaltens zwischen Ein- und Ausgangsgröße nennt man den Regler auch *P-Regler.* Dies markiert die *Reglercharakteristik.* Sie gibt an, wie eine Eingangsgröße des Reglers vom Regler verarbeitet und am Ausgang des Reglers angeboten wird.

Verlagert man den Drehpunkt des Reglers näher zum Messort, können kleinere Änderungen des Flüssigkeitsspiegels große Ausschläge am Stellort hervorrufen, was eine enorme Belastung für das Stellglied bedeutet und dadurch eine große Unruhe in dem System auslösen kann. Wandert dagegen der

Drehpunkt durch Verringern des Wertes von K_P näher zum Stellort, lösen kleinere Spiegelschwankungen nur geringe Stellausschläge aus, der Regelvorgang wird „langsamer". Die Dynamik der Regelung verbessert sich. Diese Reglereinstellung wählt man bei einer dauerhaften Grundschwankung des Flüssigkeitsspiegels infolge eingekoppelter Störungen damit der Regler nicht dauernd eingreifen muss. Zusammenfassend definiert DIN 19226 das **Regeln**:

> Unter einer Regelung versteht man einen Vorgang, bei dem eine Größe, die **Regelgröße**, fortlaufend gemessen wird und mit einer anderen Größe, der **Führungsgröße**, verglichen wird. Mit dem Vergleichsergebnis wird die Regelgröße so beeinflusst, dass sich die Regelgröße der Führungsgröße angleicht. Der sich ergebende Wirkungsablauf findet in einem geschlossenen Kreis, dem **Regelkreis**, statt.

1.3 Der sozio-ökonomische Regelkreis

Ähnlich wie in dem Fischteich spielen sich auch in der Ökonomie Vorgänge ab, die zu einem Ausgleich führen können, sofern man nicht in das System „Angebot und Nachfrage" eingreift. Der Ausgleich von Warenangebot und Nachfrage über Preis und Lieferzeit verkörpert ein System, in dem Anpassungs- und Ausgleichvorgänge stattfinden und deshalb Rückwirkungsschleifen vorhanden sein müssen.

Wir betrachten das Modell *Preisbildung durch Angebot und Nachfrage*. Hier lässt sich zeigen, wie aus den gegensätzlichen Interesse von *Angebot* und *Nachfrage* ein stabiles *Gleichgewicht* aufgrund von *Marktkräften* entstehen kann.

1.3.1 Die Angebotskurve

Unter Angebot versteht man die Menge, die Erzeuger zu einem bestimmten Preis zu produzieren bereit sind und dies auch können. Je höher der Marktpreis eines Gutes ist, desto höher ist in der Regel auch das Gesamtangebot aller Erzeuger. Der Preis bestimmt somit die Menge. In dem Preis-Mengediagramm, Bild 1.8, ist die Angebotskurve vereinfacht durch eine Gerade eingezeichnet.

1.3.2 Die Nachfragekurve

Die Nachfrage ist die Menge an Gütern, die die Konsumenten zu einem bestimmten Preis kaufen wollen. Man kann eine Nachfragetabelle erstellen, die die nachgefragte Menge zu allen möglichen Preisen zeigt. Diese Tabelle ist als Graph im Marktdiagramm, Bild 1.8, ebenfalls als Gerade angenommen, dargestellt. Die Hauptkriterien des Preises, der bezahlt wird, sind typischerweise die Menge des Gutes, die Höhe des eigenen Einkommens, persönlicher Geschmack, der Preis von Substitutionsgütern (Ersatz) und komplementären Gütern (Auto und Benzin, ihr Konsum ergänzen sich gegenseitig).

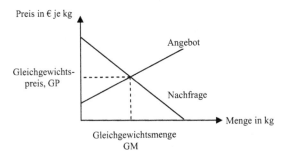

Bild 1.8: Marktdiagramm

> Bei dem durch den Schnittpunkt der Angebots- und Nachfragekurve bestimmten Preis
> planen die Nachfrager die gleiche Menge zu kaufen, wie sie von den Produzenten bei die-
> sem Preis angeboten wird, d. h., den Schnittpunkt zwischen Angebots- und Nachfragekur-
> ve bestimmt den Gleichgewichtspreis und die Gleichgewichtsmenge.

1.3.3 Anpassungsprozess bei Marktungleichgewichten

Aus dem **Zusammenspiel von Angebot und Nachfrage** ergeben sich auf dem Markt ein **Gleichgewichtspreis** und eine diesem Preis entsprechende **Gleichgewichtsmenge**. Solange das Marktgleich-
gewicht noch nicht erreicht ist, werden Marktkräfte ausgelöst, die eine Entwicklung zum Gleichge-
wichtszustand bewirken. Allerdings sind die Marktpreise in der Realität keine Gleichgewichtspreise.
Liegt z.B. ein Ungleichgewicht aufgrund unvollständiger Markttransparenz vor, kann ein Prozess in
Gang kommen, der zu einer Annäherung an den Gleichgewichtspreis führt:

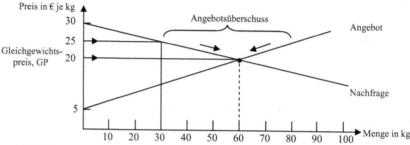

Bild 1.9: Zum Anpassungsprozess bei Marktungleichgewicht

Liegt die erste Preisforderung der Anbieter über dem Gleichgewichtspreis, können die Anbieter weni-
ger absetzen als geplant. Geplant ist eine Absatzmenge von 80 Stück, die Nachfrager wollen zu diesem
Preis aber nur 3o Stück kaufen. Es entsteht ein *Angebotsüberschuss* von 50 Stück. Da die Anbieter zu
viel produziert haben, werden die bereit sein, den Preis zu senken. Ein einzelner Anbieter alleine
könnte den Preis zwar nicht nachhaltig beeinflussen. Da aber bei diesem Preis viele Anbieter ihre Pläne nicht verwirklichen können, kommt es zu einer gegenseitigen Preisunterbietung der miteinander in
Konkurrenz stehenden Anbieter. Aufgrund des sinkenden Preises verringert sich die angebotene Menge, da einige Anbieter aus dem Markt ausscheiden, weil der Preis unter ihre Stückkosten gesunken ist.
Gleichzeitig steigt die nachgefragte Menge, weil die bisherigen Käufer mehr nachfragen und möglicherweise neue Käuferschichten in der Lage sind, das Gut aufgrund des gesunkenen Preises zu kaufen.
Die abwärts gerichteten Pfeile in Bild 1.9 zeigen den *Anpassungsprozess*, der sich als **Bewegung auf
der Angebots- und Nachfragekurve** darstellen lässt. Der Angebotsüberschuss verringert sich allmäh-
lich und der Preis nähert sich dem Gleichgewichtspreis von 20 €. Wird der Gleichgewichtspreis erreicht, besteht für keinen Anbieter Anlass zu einer weiteren Preissenkung, da **alle**, die zu diesem Preis
verkaufen wollen, tatsächlich ihre Produkte absetzen können.

Zusammengefasst: Liegt der Marktpreis über dem Gleichgewichtspreis, entsteht ein **Angebotsüberschuss**. Der Marktpreis sinkt. Liegt der Marktpreis unter dem Gleichgewichtspreis, dann lässt sich
ebenso zeigen, es entsteht ein *Nachfrageüberschuss*. Der Marktpreis steigt [4].

In dem Modell **Preisbildung durch Angebot und Nachfrage** finden Vergleiche zwischen Angebot
und Nachfrage statt. Über Rückkopplungen wird dem System eine Stabilität gegeben, so dass das System bei Marktungleichgewichten wieder zu einem stabilen Ausgleich findet. Man spricht hier auch
vom **stationären Wert.** Der ökonomische Regelkreis hat somit die gleichen Grundkomponenten wie
der technische Regelkreis. Das **Rückkopplungsprinzip** und die **Vergleichsstelle**. Soll- und Istwert-
vergleiche haben in der Ökonomie eine zentrale Bedeutung. Ein wesentlicher Unterschied zwischen

den beiden Modellen besteht aber in der Realisierung und Arbeitsweise. Der technische Regelkreis ist physikalischer Natur, der sozio-ökonomische Regelkreis benutzt personelle Unterstützung für unternehmungspolitische Entscheidungen wie das folgende Beispiel 1.2 eines Lagerkontrollsystems zeigt, [5].

Zur Untersuchung und Beschreibung von sozio-ökonomischen Regelkreisen kann der mathematische Apparat der Regelungstheorie in einem gewissen Umfang benutzt werden, einer vollständigen Übertragbarkeit sind aber deutlich Grenzen gesetzt. In Kapitel 10 wird an einigen Beispielen gezeigt, dass es möglich ist, **ökonomische Aufgabenstellungen regelungstechnisch zu beschreiben.**

Beispiel 1.2

Ein Lagerkontrollsystem hat eine große Ähnlichkeit mit einem Füllstandsregelkreis (Bild 1.6). Die Aufgabe besteht dabei darin, den effektiven Lagerbestand in einem vorgegebenen Bereich zu halten. Hierbei wird der Ist-Lagerbestand mit dem Soll-Lagerbestand verglichen. Ist der Lagerbestand zu niedrig, führt dies zu Bestellungen. Eventuelle Verzögerungen beim Bestellvorgang sowie Lieferzeiten und Transportvorgänge müssen beim Bestellen neuer Waren berücksichtigt werden. Ist der Ist-Bestand größer als der Soll-Lagerbestand, führt das zum Aussetzen von Bestellungen oder zumindest zu Bestellverzögerungen.

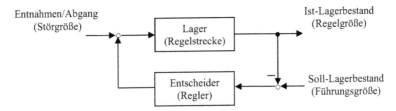

Bild 1.10: Lagerkontrollsystem

1.4 Zusammenfassung

Wesentliche Merkmale einer Regelung sind die **Vergleichsstelle von Soll- und Istwert** sowie die **Signalrückführung**. Bei einer Regelung ist diese so ausgelegt, dass die Differenz zwischen Soll- und Istwert betragsmäßig möglichst klein wird oder auch gegen null strebt. In diesem Falle spricht man von einem **negativ zurückgekoppelten System**.

Anstelle des Begriffs „negativ zurückgekoppeltes System" verwendet man auch den Ausdruck **Gegenkopplung** und entsprechend bei einem „positiv zurückgekoppeltem System" die Bezeichnung **Mitkopplung**. **Wachstumsprozesse**, wie sie in der Natur oder Ökonomie vorkommen, sind Mitkopplungen. Technisch realisierte Systeme sind vorwiegend **gegengekoppelte Systeme**. Durch die Rückführung eines Teils der Ausgangsgröße direkt oder in modifizierter Form auf den Eingang eines Systems entsteht eine kreisförmige Struktur, der **Regelkreis**. Wählt man die Bezeichnungen nach DIN 19226 für die Ein- und Ausgangsgrößen, erhält man den **Standard-Regelkreis** nach Bild 1.5.

Die **Regelstrecke** ist die Anlage oder ein Teil von ihr, wo die Ausgangsgröße, die Regelgröße durch Ändern der Eingangsgröße, die **Stellgröße**, beeinflusst werden kann. Sie ist konstruktionsbedingt vorgegeben und kann nachträglich bezüglich regelungstechnischer Anforderungen nicht verändert werden. Die Regler-Ausgangsgröße greift an dieser Stelle, dem **Stellort**, im Bedarfsfalle ein. Alle **Störungen**, die im Kreis auftreten können, fasst man zu einer Störgröße zusammen und lässt diese formal auch am Stellort eingreifen, was aber nicht zwingend notwendig ist. Die Störungen sind die Ursache, weshalb eine Regelung möglicherweise vorgesehen werden muss.

Die Arbeitsweise eines Reglers bezüglich der Bildung der Ausgangsgröße aus der Differenz am Eingang des Reglers hängt von dem Rechenalgorithmus des Reglers ab. Dieser Algorithmus definiert die **Reglercharakteristik**. Ein Regler, der zwischen Eingangsgröße und Ausgangsgröße ein proportionales Verhalten zeigt, nennt man **P-Regler**. Dabei kann die Ausgangsgröße durch die Reglerverstärkung gewichtet werden. Dieser Faktor ist ein **Kennwert des P-Reglers**.

Bei dem ökonomischen Modell **Preisbildung durch Angebot und Nachfrage** finden Anpassungs- und Ausgleichvorgänge statt, so z.B. Vergleiche zwischen Angebot und Nachfrage. Offenbar mobilisiert das System bei Marktungleichgewicht Marktkräfte, die so gerichtet sind, dass sich wieder ein neues Gleichgewicht einstellt. Es ist unverkennbar, dass im System **Rückkopplungszweige** vorhanden sein müssen, wegen der sich einstellenden Stabilität, **negative Rückkopplungen**. Diese Eigenschaften besitzt auch der **technische Regelkreis**. Deshalb sind beide in ihrer Wirkungsweise vergleichbar.

In den folgenden Kapiteln beschäftigen wir uns hauptsächlich mit **technischen Regelkreisen**, ihrem Aufbau und ihrer Wirkungsweise. Dabei ist von besonderem Interesse das Verhalten der Regelgröße bei einer Sollwertänderung oder wenn Störungen auf den Kreis einwirken. Zur qualitativen Beschreibung dieser Vorgänge benutzen wir **Differentialgleichungen**, deren Lösungen mithilfe des Regelwerks der **LAPLACE-Transformation** (Kapitel 3) gefunden werden. Voraussetzung bei der Anwendung sind die **komplexen Zahlen** und **Funktionen** (Kapitel 2), die auch in den weiteren Kapiteln als Grundlagen von Beschreibungsformen dienen.

2 Einführung in die komplexen Zahlen und Funktionen

Die **komplexen Zahlen** stellen eine Erweiterung der reellen Zahlen dar, so dass auch **Wurzeln aus negativen** Zahlen berechnet werden können. Der so konstruierte Zahlenbereich der komplexen Zahlen hat eine Reihe vorteilhafter Eigenschaften, die sich in vielen Bereichen der Natur- und Ingenieurwissenschaften als äußerst nützlich erwiesen haben. U.a. hat **jede algebraische Gleichung** über dem Bereich der komplexen Zahlen **eine Lösung**, was für reelle Zahlen nicht gilt. Ein weiterer Grund ist der **Zusammenhang zwischen trigonometrischen Funktionen und der Exponentialfunktion**, der über die komplexen Zahlen hergestellt werden kann.

Komplexe Zahlen und Funktionen spielen u.a. bei der **Berechnung von dynamischen Vorgängen** eine große Rolle. So lässt sich insbesondere die Behandlung von Differentialgleichungen zu Schwingungsvorgängen vereinfachen, da sich damit die komplizierten Beziehungen in Zusammenhang mit Produkten von Sinus- bzw. Kosinusfunktionen durch Produkte von Exponentialfunktionen ersetzen lassen, wobei lediglich die Exponenten addiert werden müssen.

Wir benötigen die **komplexen Zahlen und Funktionen** zunächst bei dem folgenden Kapitel **Einführung in die LAPLACE-Transformation** (Kapitel 3), in dem wir das **Regelwerk der LAPLACE-Transformation** vorstellen, das sich vorwiegend auf komplexe Funktionen stützt und in nahezu allen nachfolgenden Kapiteln ein **zentrales Werkzeug** bei der Beschreibung und Interpretation von **dynamischen Vorgängen** darstellt.

2.1 Die komplexen Zahlen

Betrachtet man eine der einfachsten quadratischen Gleichungen $z^2 = -1$, so erkennt man, dass diese keine Lösung im Bereich der reellen Zahlen $\mathbb{R}$ besitzt. Stellt man sich aber eine solche Lösung j vor, eine neue – „imaginäre" – Zahl, ergänzt den Bereich der reellen Zahlen mit dieser Lösung und bildet weitere – „komplexe" – Zahlen der Form $a + jb$ mit $a \in \mathbb{R}$ und $b \in \mathbb{R}$, dann nennt man

$$\mathbb{C} = \{z \mid z = a + jb, a \in \mathbb{R}, b \in \mathbb{R} \text{ und } j^2 = -1\} \tag{2.1}$$

Menge der komplexen Zahlen und j die *imaginäre Einheit* [6], [7], [8].

Die aus einer reellen und einer imaginären Zahl zusammengesetzte Form

$$\boxed{z = a + jb \ (a, b \in \mathbb{R})} \tag{2.2}$$

nennt man *komplexe Zahl*. Die Darstellung einer komplexen Zahl gemäß (2.2) heißt *Normalform einer komplexen Zahl*, kartesische oder auch *algebraische Form einer komplexen Zahl*. Man nennt $a = \text{Re}\{z\}$ den *Realteil* und $b = \text{Im}\{z\}$ den *Imaginärteil* von z.

Damit lässt sich die Normalform (2.2) auch in der Gestalt

$$z = \text{Re}\{z\} + j\text{Im}\{z\}$$ (2.3)

ausdrücken. Ist $a = \text{Re}\{z\} = 0$, ergeben sich mit $z = jb$ die *imaginären Zahlen*, deren Quadrat negativ oder für $b = 0$ null ist. Für $b = \text{Im}\{z\} = 0$, präsentieren sich mit $z = a$, dem Realteil einer komplexen Zahl, die reellen Zahlen als Sonderfall der komplexen Zahlen mit verschwindendem Imaginärteil. Die Reihenfolge von j bei der imaginären Zahl spielt keine Rolle, es gilt: $jb = bj$

Beispiel 2.1

Betrachtet wird eine quadratische Gleichung:

$$x^2 + px + q = 0 \text{ mit } p > 0 \text{ und } q > 0.$$

Führt man die quadratische Ergänzung $p/2$ in die Gleichung ein, wird aus der Ursprungsgleichung die neue Form:

$$\left(x + \frac{p}{2}\right)^2 - \frac{p^2}{4} + q = 0 \text{ oder umgestellt: } \left(x + \frac{p}{2}\right)^2 = \frac{p^2}{4} - q$$

Ist die rechte Seite $\frac{p^2}{4} - q < 0$, dann lässt sich das Minuszeichen ausklammern, der verbleibende Ausdruck ist positiv und vereinbarungsgemäß kann man für $j^2 = -1$ setzen:

$$\left(x + \frac{p}{2}\right)^2 = (-1)\left(q - \frac{p^2}{4}\right) = (j^2)\left(q - \frac{p^2}{4}\right)$$

Zieht man jetzt die Wurzel, erhält man als Lösung der quadratischen Gleichung ein komplexer Ausdruck:

$$x_{1/2} = -\frac{p}{2} \pm j\sqrt{q - \frac{p^2}{4}}$$

Wählt man z. B. für $p = 2$ und $q = 5$, ist die Lösung $x_{1/2} = -1 \pm j2$.

Probe: Da $x_{1/2}$ Lösungen der Ausgangsgleichung sind, müssen diese sie auch erfüllen:

$$x_1^2 + 2x_1 + 5 = (-1 + j2)^2 + 2(-1 + j2) + 5 = (1 - 4j - 4) - 2 + 4j + 5 =$$
$$= -3 - 4j - 2 + 4j + 5 = 0$$

Ebenso wird für die zweite Lösung:

$$x_2^2 + 2x_2 + 5 = (-1 - j2)^2 + 2(-1 - j2) + 5 = (1 + 4j - 4) - 2 - 4j + 5 =$$
$$= -3 + 4j - 2 + 4j + 5 = 0$$ ∎

Das Rechnen in Normalform

Für $z_1 = a_1 + jb_1$ und $z_2 = a_2 + jb_2$ gilt:

1. *Gleichheit*

$$a_1 + jb_1 = a_2 + jb_2 \Leftrightarrow a_1 = a_2 \wedge b_1 = b_2 \tag{2.4}$$

2. *Nullsetzen einer komplexen Zahl*

$$z = a + jb = 0 \Leftrightarrow a = 0 \wedge b = 0 \tag{2.5}$$

3. *Addition und Subtraktion*

$$z_1 \pm z_2 = (a_1 + jb_1) \pm (a_2 + jb_2) = (a_1 \pm a_2) + j(b_1 \pm b_2) \tag{2.6}$$

4. *Multiplikation*

$$z_1 z_2 = (a_1 + jb_2)(a_2 + jb_2) = (a_1 a_2 - b_1 b_2) + j(a_1 b_2 + a_2 b_1) \tag{2.7}$$

5. *Division*, $z_2 \neq 0$

$$\frac{z_1}{z_2} = \frac{a_1 + jb_1}{a_2 + jb_2} = \frac{a_1 + jb_1}{a_2 + jb_2} \cdot \frac{a_2 - jb_2}{a_2 - jb_2} = \frac{a_1 a_2 + b_1 b_2}{a_2^2 + b_2^2} + j\frac{a_2 b_1 - a_1 b_2}{a_2^2 + b_2^2} \tag{2.8}$$

Beispiel 2.2

Addition:

$$(3 + 2j) + (5 + 5j) = (3 + 5) + (2 + 5)j = 8 + 7j$$

Subtraktion:

$$(5 + 5j) - (3 + 2j) = (5 - 3) + (5 - 2)j = 2 + 3j$$

Multiplikation:

$$(2 + 5j) \cdot (3 + 7j) = (2 \cdot 3 - 5 \cdot 7) + (2 \cdot 7 + 5 \cdot 3)j = -29 + 29j = 29(j - 1)$$

Division:

$$\frac{(2 + 5j)}{(3 + 7j)} = \frac{(2 + 5j)}{(3 + 7j)} \cdot \frac{(3 - 7j)}{(3 - 7j)} = \frac{(6 + 35) + (15j - 14j)}{(9 + 49) + (21j - 21j)} = \frac{41 + j}{58} = \frac{1}{58}(41 + j) \qquad \blacksquare$$

2.1.1 Die GAUSSsche Zahlenebene

Darstellung der komplexen Zahlen als Punkte

Fasst man den Real- und den Imaginärteil einer komplexen Zahl $z = a + jb$ als kartesische Koordinaten eines Punktes P der x-y-Ebene auf, so lässt sich jeder komplexen Zahl z genau ein Bildpunkt $P(z) = (a; b)$ zuordnen und umgekehrt:

$$P(z) = (a;\ b) \leftrightarrow z = a + jb \tag{2.9}$$

Die so aufgespannte Bildebene heißt **komplexe Ebene** oder **GAUSSsche Zahlenebene**. Als Achsenbezeichnungen wählt man für die Abszisse die **reelle Achse**, für die Ordinate die **imaginäre Achse** und beschriftet sie mit Re oder Re$\{z\}$ bzw. Im oder jIm$\{z\}$.

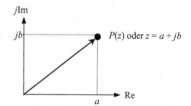

Darstellung der komplexen Zahlen als Zeiger

Anstelle des Bildpunktes $P(a;\ b)$ kann man aber auch den vom Ursprung aus nach P verlaufenden Vektor $\overrightarrow{OP}$ als Bild einer komplexen Zahl $z = a + jb$ auffassen.

Bild 2.1: Darstellung einer komplexen Zahl als Punkt oder als Zeiger in der **GAUSS**schen Zahlenebene.

Üblicherweise bezeichnet man aber die Vektoren in der komplexen Zahlenebene als **Zeiger**, um auf die unterschiedlichen Definitionen der multiplikativen Verknüpfungen bei komplexen Zahlen und Vektoren hinzuweisen.

2.1.2 Der Betrag einer komplexen Zahl

Unter dem **Betrag einer komplexen Zahl** versteht man den nichtnegativen Ausdruck

$$\boxed{|z| = \sqrt{a^2 + b^2} = \sqrt{[\text{Re}(z)]^2 + [\text{Im}(z)]^2}} \tag{2.10}$$

Geometrisch lässt sich der Betrag $|z|$ einer komplexen Zahl auch als Länge des zugeordneten Zeigers oder als Abstand des $(a; b)$ zugeordneten Bildpunktes vom Ursprung deuten.

Beispiel 2.3

Der Betrag der komplexen Zahl $z = -2 + 3j$ ist:

$$|z| = \sqrt{(-2)^2 + (3)^2} = \sqrt{4 + 9} = \sqrt{13} \quad \text{und}$$

ebenso ist für $z = 2 - 3j$ der Betrag:

$$|z| = \sqrt{(2)^2 + (-3)^2} = \sqrt{4 + 9} = \sqrt{13} \qquad\qquad \blacksquare$$

Das Rechnen mit Beträgen

> Für $z_1 = a_1 + jb_1$ und $z_2 = a_2 + jb_2$ gilt:
>
> $$|z_1 + z_2| \le |z_1| + |z_2| \qquad\qquad (2.11)$$
>
> $$|z_1 \cdot z_2| = |z_1| \cdot |z_2| \qquad\qquad (2.12)$$
>
> $$\left|\frac{z_1}{z_2}\right| = \frac{|z_1|}{|z_2|}, \quad (z_2 \ne 0) \qquad\qquad (2.13)$$

Beispiel 2.4

Für die beiden komplexen Zahlen $z_1 = a + jb$ und $z_2 = c + jd$ soll die Beziehung (2.11) nachgewiesen werden. Nach Umstellung und Quadrieren erhält man:

$$|z_1 + z_2| - |z_1| - |z_2| = \sqrt{(a+c)^2 + (b+d)^2} - \sqrt{a^2 + b^2} - \sqrt{c^2 + d^2} \le 0 \text{, oder in der Form}$$
$$a^2 + 2ac + c^2 + b^2 + 2bd + d^2 \le (a^2 + b^2 + c^2 + d^2 + 2\sqrt{(a^2 + b^2)(c^2 + d^2)}) \text{. Es bleibt:}$$
$$(ac + bd) \le \sqrt{(a^2 + b^2)(c^2 + d^2)} \text{, nochmals Quadriert:}$$
$$(ac + bd)^2 \le (a^2 + b^2)(c^2 + d^2) \text{, ausmultipliziert und geordnet:}$$
$$0 \le a^2 d^2 - 2acbd + b^2 c^2$$
$$0 \le (ad - bc)^2$$

∎

2.1.3 Die konjugiert komplexen Zahlen

Unterscheiden sich zwei komplexe Zahlen nur im Vorzeichen des Imaginärteils,

$$\boxed{z = a + jb, \quad \bar{z} = a - jb} \qquad\qquad (2.14)$$

nennt man sie ***konjugiert komplexe Zahlen***. Ihre Bildpunkte liegen spiegelbildlich zur reellen Achse, die Beträge sind gleich, die Winkel unterscheiden sich nur im Vorzeichen (Bild 2.2).

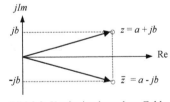

Bild 2.2: Konjugiert komplexe Zahlen

Beispiel 2.5

Für $z = a + jb$ und $\bar{z} = a - jb$ gilt:

a) $z + \bar{z} = (a + jb) + (a - jb) = 2a = 2\,\mathrm{Re}\{z\}$

b) $z - \bar{z} = (a + jb) - (a - jb) = 2jb = 2j\,\mathrm{Im}\{z\}$

c) $z \cdot \bar{z} = (a + jb)(a - jb) = a^2 + b^2 = |z|^2$

d) $\dfrac{\bar{z}}{z} = \dfrac{\bar{z} \cdot \bar{z}}{\bar{z} \cdot z} = \dfrac{a^2 - b^2}{a^2 + b^2} - j\dfrac{2ab}{a^2 + b^2} \quad (\bar{z} \ne 0)$

∎

2.1.4 Die trigonometrische Form komplexer Zahlen

Drückt man in der Zeigerdarstellung von Bild 2.3 den Vektor $\overrightarrow{OP}$ durch seine Länge $|z|$ und seine Richtung φ aus, erhält man eine neue Schreibweise einer komplexen Zahl. Da $a = r\cos\varphi$ und $b = r\sin\varphi$ gilt, lässt sich die komplexe Zahl auch in der Form schreiben:

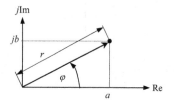

$$z = a + jb = r(\cos\varphi + j\sin\varphi)$$
$$r = |z| \geq 0$$
$$\varphi = \operatorname{arctg}\frac{b}{a} \quad \text{mit } -\pi < \varphi \leq \pi$$

(2.15)

Bild 2.3: Trigonometrische Form einer komplexen Zahl

Sie heißt **trigonometrische Form, goniometrische Form** oder auch **Polarform einer komplexen Zahl**. Der Winkel φ wird im I. und II. Quadranten positiv gezählt (Gegenuhrzeigersinn), im III. und IV. negativ (im Uhrzeigersinn). Vielfache von 2π ändern an der Lage des Bildpunktes von z nichts. Die im Bereich $-\pi < \varphi \leq \pi$ liegenden Werte von φ nennt man **Hauptwerte**.

Umrechnen der Normalform in die trigonometrische Form

Aus dem Bild 2.3 lassen sich für den Betrag r und den Winkel φ einer komplexen Zahl aus den Koordinaten der kartesischen Form mit Hilfe des **Satzes von PYTHAGORAS** entnehmen:

$$r = \sqrt{a^2 + b^2}$$

(2.16)

Die Berechnung des Winkels φ einer komplexen Zahl ist unter Umständen nicht eindeutig, da der Tangens eines Winkels 2π-periodisch ist. In der folgenden Tabelle ist ein Weg aufgezeigt, wie der Winkel direkt aus den Koordinaten a und b ermittelt werden kann:

$$a > 0,\ b > 0:\ \varphi > 0 \Rightarrow \tan\varphi = b/a$$
$$a < 0,\ b > 0:\ \varphi > 0 \Rightarrow \tan(180° - \varphi) = b/|a|$$
$$a < 0,\ b < 0:\ \varphi < 0 \Rightarrow \tan(180° + \varphi) = b/a$$
$$a > 0,\ b < 0:\ \varphi < 0 \Rightarrow \tan(-\varphi) = |b|/a$$

(2.17)

Beispiel 2.6

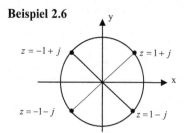

Mit den Koordinaten $a = -1$ und $b = 1$ aus dem Bild 2.6 beträgt der Winkel φ der komplexen Zahl $z = -1 + j$:

$$\Rightarrow \tan(180° - \varphi) = \frac{b}{|a|} = 1 \Rightarrow 180° - \varphi = \arctan 1 = 45°$$

$$\Rightarrow \varphi = 135°$$

Bild 2.4: Winkel einer komplexen Zahlen

∎

Das Rechnen mit der trigonometrischen Form

Das Rechnen in der trigonometrischen Form gestaltet sich besonders einfach bei der Multiplikation und Division: Bei der Multiplikation werden die Beträge multipliziert und die Winkel addiert, bei der Division werden entsprechend die Beträge dividiert und die Winkel subtrahiert.

Für $z_1 = r_1(\cos\varphi_1 + j\sin\varphi_1)$ und $z_2 = r_2(\cos\varphi_2 + j\sin\varphi_2)$ gilt:

1. *Addition und Subtraktion*

$$z_1 \pm z_2 = r_1\cos\varphi_1 \pm r_2\cos\varphi_2 + j(r_1\sin\varphi_1 \pm r_2 \sin\varphi_2) \qquad (2.18)$$

2. *Multiplikation*

$$z_1 z_2 = r_1 r_2[\cos(\varphi_1 + \varphi_2) + j\sin(\varphi_1 + \varphi_2)] \qquad (2.19)$$

3. *Division, $z_2 \neq 0$*

$$\frac{z_1}{z_2} = \frac{r_1}{r_2}\left[\cos(\varphi_1 - \varphi_2) + j\sin(\varphi_1 - \varphi_2)\right] \qquad (2.20)$$

2.1.5 Die Exponentialform einer komplexen Zahl

Eine weitere Möglichkeit komplexe Zahlen zu formulieren, bietet die **EULERsche Gleichung**, nach der komplexe trigonometrische Funktionen durch eine Exponentialfunktion dargestellt werden können:

$$\boxed{e^{j\varphi} = \cos\varphi + j\sin\varphi} \qquad (2.21)$$

Multipliziert man diese Gleichung mit r, dann stellt die rechte Seite von (2.21) die trigonometrische Form (2.15) einer komplexen Zahl dar, die linke Seite liefert eine neue Beschreibungsmöglichkeit komplexer Zahlen. Man nennt sie *Exponentialform einer komplexen Zahl*:

$$\boxed{\begin{array}{l} z = re^{j\varphi} \\[4pt] r = |z|, \quad \varphi = \text{arctg}\,\dfrac{b}{a} \quad (-\pi < \varphi \leq \pi) \end{array}} \qquad (2.22)$$

Das Rechnen mit der Exponentialform

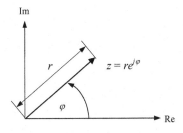

Im

r

$z = re^{j\varphi}$

φ

Re

Bild 2.5: Exponentialform einer komplexen Zahl

Für $z_1 = r_1 e^{j\varphi_1}$ und $z_2 = r_2 e^{j\varphi_2}$

1. *Multiplikation*

$$z_1 z_2 = r_1 r_2 e^{j(\varphi_1 + \varphi_2)} \qquad (2.23)$$

2. *Division, $z_2 \neq 0$*

$$\frac{z_1}{z_2} = \frac{r_1}{r_2} e^{j(\varphi_1 - \varphi_2)} \qquad (2.24)$$

Benutzt man den **Satz von MOIVRE**

$$(\cos\varphi + j\sin\varphi)^n = \cos n\varphi + j\sin n\varphi$$ (2.25)

dann lässt sich auf einfache Weise auch die Potenz z^n, $n \in \mathbb{Z}$, $z \neq 0$ berechnen:

$$z^n = r^n e^{jn\varphi} = r^n (\cos\varphi + j\sin\varphi)^n = r^n (\cos n\varphi + j\sin n\varphi)$$ (2.26)

2.2 Die komplexen Funktionen

Man betrachtet die von einem reellen Parameter t abhängige komplexe Zahl:

$$z = z(t) = x(t) + jy(t) \quad (a \le t \le b)$$ (2.27)

Durch diese Gleichung wird jedem Parameterwert t aus dem Intervall $[a, b]$ in eindeutiger Weise eine komplexe Zahl $z(t)$ zugeordnet. Eine solche Vorschrift definiert eine ***komplexwertige Funktion*** einer reellen Variablen. Mit dem Parameterwert t verändert sich auch die Lage der komplexen Zahl $z = z(t)$ in der **GAUSSschen Zahlenebene**. Die Spitze des zugehörigen Zeigers $z = z(t)$ beschreibt eine Kurve, denn zu jedem Parameterwert $t \in R$ gehört genau ein Zeiger und damit genau ein Kurvenpunkt. Die Bahnkurve des Zeigers $z = z(t) = x(t) + jy(t)$ $(a \le t \le b)$ heißt ***Ortskurve***.

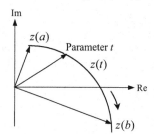

Bild 2.6: Ortskurve mit Zeiger

2.3 Beispiele

2.1 Gegeben sind die beiden komplexen Zahlen $z_1 = 2 - j3$ und $z_2 = -3 + j$. In Normalform gerechnet ist dann nach:

$$z_1 + z_2 = (2 - 3j) + (-3 + j) = -1 - 2j$$
$$z_1 - z_2 = (2 - 3j) - (-3 + j) = 5 - 4j$$
$$z_1 z_2 = (2 - 3j)(-3 + j) = -6 + 2j + 9j - 3j^2$$
$$= -3 + 11j$$
$$\frac{z_1}{z_2} = \frac{2 - j3}{-3 + j} = \frac{2 - j3}{-3 + j} \cdot \frac{-3 - j}{-3 - j} = -\frac{9}{10} + j\frac{7}{10}$$

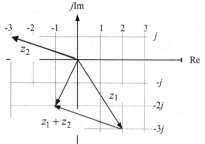

Bild 2.7: Grafische Addition komplexer Zahlen auf der Basis von Zeigern

Die Erweiterung des Bruches mit dem konjugiert komplexen Nenner führt auf die Normalform (Vgl. 2.2). Bei der grafischen Addition und Subtraktion wird von der Ähnlichkeit der Zeiger mit Vektoren Gebrauch gemacht.

2.2 Eine komplexe Zahl $z = a + jb$ wird fortlaufend mit der imaginären Einheit j multipliziert:

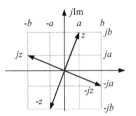

$$zj \;= (a+jb)j \;= -b+ja$$
$$zj^2 = (a+jb)j^2 = -a-jb = -z$$
$$zj^3 = (a+jb)j^3 = \;b-ja = -jz$$
$$zj^4 = (a+jb)j^4 = \;a+jb = z$$

Die Multiplikation einer komplexen Zahl mit der imaginären Einheit bedeutet eine Drehung um den Ursprung des Zeigers z um $\pi/2$ entgegen dem Uhrzeigersinn.

Bild 2.8: Multiplikation einer komplexen Zahl mit der imaginären Einheit j

2.3 Gegeben sind zwei komplexe Zahlen $z_1 = 2 + j2$ und $z_2 = -1 - 3j$. Die Betragsbildung liefert:

$$|z_1| = \sqrt{2^2 + 2^2} = \sqrt{8}$$

$$\left|\frac{z_1}{z_2}\right| = \left|\frac{8-4j}{10}\right| = \frac{2}{5}\sqrt{5}$$

$$|z_2| = \sqrt{(-1)^2 + (-3)^2} = \sqrt{10}$$

$$|z_1 + z_2| = \sqrt{1 + (-1)^2} = \sqrt{2}$$

$$|z_1 z_2| = |4 - 8j| = 4\sqrt{5}$$

2.4 Gegeben sind in der **GAUSS**schen Zahlenebene zwei Punkte und eine komplexe Zahl: $P_1(-1;\ 0)$, $P_2(1;\ 0)$ sowie $z = a - jb$. Dann gelten für die Differenzen:

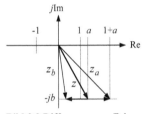

$$z_a = z - z_1 = a - jb - (-1 + 0j) = 1 + (a - jb) = 1 + z$$
$$z_b = z - z_2 = a - jb - (1 + 0j) = -1 + (a + jb) = -1 + z$$

Bild 2.9 Differenzen von Zeigern

2.5 Gegeben ist die Ungleichung $|z + j - 1| \leq 1$. Gesucht sind alle Punkte der **GAUSS**schen Zahlenebene, die diese Ungleichung erfüllen.

Mit $z = x + jy$ ist $|x + jy + j - 1| = \sqrt{(x-1)^2 + (y+1)^2} \leq 1$

$$\Rightarrow (x-1)^2 + (y+1)^2 \leq 1$$

Die Gleichung beschreibt alle Punkte im Einheitskreis und auf dem Rand mit $M(1;\ -1)$.

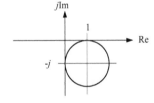

Bild 2.10: Punkte in der **GAUSS**schen Zahlenebene

2.6 Von der Polynomgleichung $P_3(z) = z^3 - 8z^2 + 21z - 20 = 0$ $(z \in \mathbb{C})$ ist $z_1 = 2 - j$ eine nichtnegative Nullstelle. Die fehlenden Nullstellen sind zu berechnen.

Die Koeffizienten von $P_3(z)$ sind sämtlich reell; deshalb treten nichtnegative Lösungen stets paarweise als konjugiert komplexe Zahlen auf, d. h. $z_2 = \bar{z}_1 = 2 + j$. Das Polynom lässt sich somit in Faktoren darstellen:

$\Rightarrow P_3(z) = (z - z_3)(z - z_2)(z - z_1) = (z - z_3)(z - 2 - j)(z - 2 + j) = (z - z_3)(z^2 - 4z + 5)$

$\Rightarrow P_3(z) : (z^2 - 4z + 5) = z - 4 \Rightarrow z_3 = 4$

2.7 Die Nullstellen der Gleichung $P_2(z) = z^2 + (2j - 3)z + 5 - j = 0$ sind zu berechnen.

Da die Koeffizienten in $P_2(z)$ nicht alle reell sind, treten die Lösungen nicht paarweise in konjugierter komplexer Form auf.

$$z_{1/2} = -\frac{2j - 3}{2} \pm \sqrt{\left(-\frac{2j - 3}{2}\right)^2 - (5 - j)} = \frac{3 - 2j \pm \sqrt{(1 - 4j)^2}}{2} = \begin{cases} 2 - 3j \\ 1 + j \end{cases}$$

2.8 Die trigonometrischen Formen der beiden komplexen Zahlen

$$z = -\frac{5}{2} + j\frac{5}{2}\sqrt{3} \quad \text{und} \quad \bar{z} = -\frac{5}{2} - j\frac{5}{2}\sqrt{3}$$

sind gesucht. Die Beträge und Winkel lauten:

$$|z| = |\bar{z}| = \sqrt{\left(-\frac{5}{2}\right)^2 + \left(\pm\frac{5}{2}\sqrt{3}\right)^2} = 5$$

Winkel von z: $a = -\frac{5}{2} < 0; \; b = \frac{5}{2}\sqrt{3} > 0; \; \Rightarrow \varphi > 0$

$\Rightarrow \tan(180° - \varphi) = \frac{b}{|a|} = \sqrt{3} \Rightarrow 180° - \varphi = 60° \Rightarrow \varphi = 120°$

$\Rightarrow z = 5(\cos 120° + j\sin 120°)$

Winkel von $\bar{z}$: $a = -\frac{5}{2} < 0; \; b = -\frac{5}{2}\sqrt{3} < 0; \Rightarrow \varphi < 0$

$\Rightarrow \tan(180° + \varphi) = \frac{b}{a} = \sqrt{3} \Rightarrow 180° + \varphi = 60° \Rightarrow \varphi = -120°$

$\Rightarrow \bar{z} = 5(\cos(-120°) + j\sin(-120°))$ oder $\bar{z} = 5(\cos(120°) - j\sin(120°))$

2.9 Die Normalformen der beiden komplexen Zahlen $z_1 = 2(\cos 30° - j\sin 30°)$ und $z_2 = 3(\cos 2 + j\sin 2)$ sollen berechnet werden.

$z_1 = 2(\cos 30° - j\sin 30°) = 2(\cos(-30°) + j\sin(-30°)) \Rightarrow r = 2, \; \varphi = -30°$
$\Rightarrow a = 2\cos(-30°) = 1{,}73$
$\Rightarrow b = 2\sin(-30°) = -1$
$\Rightarrow z_1 = 1{,}73 - j$

$z_2 = 3(\cos 2 + j\sin 2)$: Wegen $\pi > 2 > \pi/2$ liegt φ im 2. Quadranten!
$\Rightarrow a = 3\cos 2 = -1{,}248$
$\Rightarrow b = 3\sin 2 = 2{,}727$
$\Rightarrow z_2 = -1{,}248 + j2{,}727$

2.10 Das Produkt und der Quotient der beiden komplexen Zahlen

$$z_1 = 4(\cos 70° + j\sin 70°) \text{ und } z_2 = 2(\cos 20° - j\sin 20°)$$

sollen gebildet werden:

$$z_1 z_2 = 4(\cos 70° + j\sin 70°)2(\cos(-20°) + j\sin(-20°))$$
$$= 8(\cos 50° + j\sin 50°)$$
$$\frac{z_1}{z_2} = \frac{4}{2} \cdot \frac{\cos 70° + j\sin 70°}{\cos(-20°) + j\sin(-20°)}$$
$$= 2[\cos(70° - (-20°)) + j\sin(70° - (-20°))]$$
$$= 2[\cos 90° + j\sin 90°]$$
$$= 2j$$

2.11 Die Exponentialform von $z_1 = \frac{1}{2}\sqrt{3} + \frac{1}{2}j$ und die Normalform von $z_2 = 4e^{j\frac{\pi}{3}}$ sind gesucht.

$$|z_1| = r = \sqrt{\left(\frac{1}{2}\sqrt{3}\right)^2 + \left(\frac{1}{2}\right)^2} = 1$$

Wegen $a = \frac{1}{2}\sqrt{3} > 0$, $b = \frac{1}{2} > 0$ ist $\varphi > 0$ und liegt im I. Quadranten.

$$\tan\varphi = \frac{b}{a} = \frac{1}{\sqrt{3}} \Rightarrow \varphi = \frac{\pi}{6} \text{ oder } 30° \Rightarrow z_1 = e^{j\frac{\pi}{6}}$$

Ebenso ist:

$$z_2 = 4e^{j\frac{\pi}{3}} = 4(\cos\frac{\pi}{3} + j\sin\frac{\pi}{3})$$

$$\Rightarrow \text{Re}\{z_2\} = a = 4\cos\frac{\pi}{3} = 2$$

$$\Rightarrow \text{Im}\{z_2\} = b = 4\sin\frac{\pi}{3} = 2\sqrt{3}$$

$$\Rightarrow z_2 = 2 + j2\sqrt{3}$$

2.12 Die Potenz z^5 der komplexen Zahl $z = \frac{1}{2}\sqrt{2} + j\frac{1}{2}\sqrt{2}$ ist mit Hilfe des Satzes von **MOIVRE** zu berechnen.

$$z = \frac{1}{2}\sqrt{2} + j\frac{1}{2}\sqrt{2} \Rightarrow |z| = 1, \varphi = \arctan 1 = \frac{\pi}{4}$$

$$z = \cos\frac{\pi}{4} + j\sin\frac{\pi}{4}$$

$$z^5 = \left(\cos\frac{\pi}{4} + j\sin\frac{\pi}{4}\right)^5 = \cos(5\frac{\pi}{4}) + j\sin(5\frac{\pi}{4}) = \cos(2\pi - 3\frac{\pi}{4}) + j\sin(2\pi - 3\frac{\pi}{4})$$

$$z^5 = \cos(-3\frac{\pi}{4}) + j\sin(-3\frac{\pi}{4}) = -\frac{1}{2}\sqrt{2} - j\frac{1}{2}\sqrt{2}$$

2.13 Gegeben ist die komplexe Funktion $z = x(t) + jy(t)$ mit $t \in \mathbb{R}$ als Parameter. Ist

a) $y = u = $ konst. $\Rightarrow z(t) = x(t) + ju$. Die Ortskurve ist eine Parallele zur reellen Achse.

b) $x = v = $ konst. $\Rightarrow z(t) = v + jy(t)$. Die Ortskurve ist eine Parallele zur imaginären Achse.

Liegt die komplexe Zahl $z = z(t) = r(t)e^{jy(t)}$ in der Exponentialform vor, so ergeben sich als Ortskurven für

c) $r = $ konst. $\Rightarrow z(t) = re^{jy(t)}$ ein Kreis oder ein Kreisbogen vom Radius r um den Ursprung und wenn

d) $y = $ konst. $\Rightarrow z(t) = r(t)e^{jy}$ ein Strahl unter dem Winkel φ vom Ursprung aus.

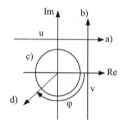

Bild 2.11: Ortskurven

2.14 Es ist die Ortskurve der komplexen Funktion

$$F(j\omega) = \frac{K_S}{1 + j\omega T_1} \quad (\omega \geq 0, K_S > 0, T_1 > 0)$$

aus der komplexen Ebene in die die x-y–Ebene zu übertragen.

Dazu eliminieren wir die imaginäre Einheit j durch Quadrieren von Real- und Imaginärteil der Ausgangsfunktion.

$$F(j\omega) = \frac{K_S}{1 + j\omega T_1} = \frac{K_S}{1 + j\omega T_1} \cdot \frac{1 - j\omega T_1}{1 - j\omega T_1} = \frac{K_S}{1 + (\omega T_1)^2} + j\frac{-K_S\omega T_1}{1 + (\omega T_1)^2}$$

Mit $x = \dfrac{K_S}{1 + (\omega T_1)^2}$ und $y = \dfrac{-K_S\omega T_1}{1 + (\omega T_1)^2}$ wird:

$$x^2 + y^2 = K_S \frac{K_S}{1 + (\omega T_1)^2} = K_S x$$

$$\Rightarrow \left(x - \frac{K_S}{2}\right)^2 + y^2 = \frac{K_S^2}{4} \quad \Rightarrow \text{ Kreisgleichung!}$$

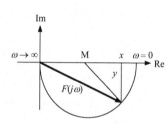

Bild 2.12: Ortskurve

Wegen $y = -K_S \dfrac{\omega T_1}{1 + (\omega T_1)^2} < 0 \Rightarrow$ Halbkreis mit $M\left(\dfrac{K_S}{2}; 0\right)$ und $r = \dfrac{K_S}{2}$.

2.15 Bei Stabilitätsbetrachtungen von dynamischen Systemen benutzt **NYQUIST** (vgl. Kapitel 7) die Ortskurve eines Übertragungssystemes und wertet diese nach bestimmten Kriterien aus. Dazu muss die Ortskurve in die komplexe Zahlenebene eingezeichnet werden. Zum Beispiel sei zu skizzieren:

$$F(j\omega) = \frac{K_S}{1 + j\omega T_1 + (j\omega T_2)^2 + (j\omega T_3)^3} \quad (K_S > 0, \omega \geq 0; T_1, T_2, T_3 > 0)$$

a) Im ersten Schritt trennt man die Funktion in Real- und Imaginärteil auf, indem man den Bruch mit dem konjugiert komplexen Nenner erweitert:

$$F(j\omega) = \frac{K_S}{1-(\omega T_2)^2 + j(\omega T_1 - (\omega T_3)^3)} = K_S \frac{\left(1-(\omega T_2)^2\right) - j\left(\omega T_1 - (\omega T_3)^3\right)}{\left(1-(\omega T_2)^2\right)^2 + \left(\omega T_1 - (\omega T_3)^3\right)^2}$$

b) Berechnen von Schnittpunkten der Funktion mit der reellen Achse. Sie liegen dort, wo der Imaginärteil null wird:

$$\text{Im}\{F(j\omega)\} := 0 \Rightarrow \omega_1 = 0 \text{ und } \omega_3 = \sqrt{\frac{T_1}{T_3^3}}$$

Die Parameterwerte ω setzt man in den Realteil der Funktion ein, woraus sich die Schnittpunkte ergeben:

$$\text{Re}\{F(j\omega_1)\} = K_S \Rightarrow S(K_S; 0) \text{ und}$$

$$\text{Re}\{F(j\omega_3)\} = -K_S \frac{T_3^3}{T_1 T_2^2 - T_3^3} < 0, \text{ sofern } T_1 T_2^2 > T_3^3, \Rightarrow S\left(\frac{K_S T_3^3}{T_3^3 - T_1 T_2^2}; 0\right)$$

c) Bei Schnittpunkten mit der imaginären Achse wird der Realteil null gesetzt. Aus dieser Gleichung ermittelt man den Parameterwert ω und setzt diesen in den Imaginärteil ein:

$$\text{Re}\{F(j\omega)\} = 0 \Rightarrow \omega_2 = \frac{1}{T_2}$$

$$\text{Im}\{F(j\omega_2)\} = -K_S \frac{T_2^3}{T_1 T_2^2 - T_3^3} < 0 \Rightarrow S\left(\frac{K_S T_2^3}{T_3^3 - T_1 T_2^2}; 0\right)$$

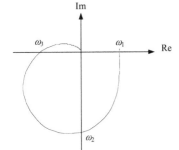

ω	$\text{Re}\{F(j\omega)\}$	$\text{Im}\{F(j\omega)\}$
0	K_S	0
$\dfrac{1}{T_2}$	0	$-K_S \dfrac{T_2^3}{T_1 T_2^2 - T_3^3}$
$\sqrt{\dfrac{T_1}{T_3^3}}$	$-K_S \dfrac{T_3^3}{T_1 T_2^2 - T_3^3}$	0
∞	0	0

Bild 2.13: Eine komplexe Funktion in der **GAUSS**-schen Zahlenebene

Tabelle 2.1: Zur Konstruktion der Ortskurve in Bild 2.13

2.16 In Abhängigkeit von T_a sind die Nullstellen der folgenden Funktion zu untersuchen:

$$F(j\omega) = K_S - \omega^2 T_1 T_a + j\left(\omega T_a - \omega^3 T_a T_2^2\right) \quad (K_S > 0, \ \omega > 0; \ T_a, T_1, T_2 > 0)$$

$$\text{Im}\{F(j\omega)\} = \omega T_a\left(1 - \omega^2 T_2^2\right) := 0 \Rightarrow \omega_1 = 0 \text{ oder } \omega_2 = \frac{1}{T_2}$$

$$\text{Re}\{F(j\omega_1)\} = K_S \Rightarrow \text{Keine Lösungen, da } K_S > 0 \text{ gilt.}$$

$$\mathrm{Re}\{F(j\omega_2)\} = K_S - \frac{1}{T_2^2}T_1T_a = 0 \Rightarrow T_a = K_S\frac{T_2^2}{T_1}$$

2.4　Übungsaufgaben

2.1 Gegeben sind die beiden komplexen Zahlen. $z_1 = -2 + j3$ und $z_2 = 1 - j$. Gesucht sind die Normalformen von

  a)　$z_1 + z_2$
  b)　$z_1 - z_2$
  c)　z_1z_2
  d)　z_1/z_2

Lsg.: a) $-1 + j2$,　b) $-3 + 4j$,　c) $1 + 5j$,　d) $0{,}5(-5 + j)$.

2.2 Gegeben ist die komplexe Zahl $z = (2 + 2j\sqrt{3})$. Bilde z^3 und stelle das Ergebnis in Normalform dar!

Lsg.: $z^3 = -64$.

2.3 Für welche $z = a + jb$, $(a, b) \in \mathbb{R}$, wird $z^2 + 2ja^2 = 0$?

Lsg.: $/L = \{ z^2 + 2ja^2 = 0 \,|(a = -b) \wedge z = a + jb\}$

2.4 Die trigonometrische Form und die Exponentialform von $z = \sqrt{2}(1 \pm j)$ sind gesucht.

Lsg.: $z = \sqrt{8}(\cos\pi/4 + j\sin\pi/4) = \sqrt{8}e^{j\pi/4}$, $z = \sqrt{8}(\cos(-\pi/4) + j\sin(-\pi/4)) = \sqrt{8}e^{-j\pi/4}$

2.5 Die Normalform von $z = 2(\cos 60° - j\sin 60°)$ ist gesucht.

Lsg.: $z = 1 - j\sqrt{3}$

2.6 Die Exponentialform von $z = \sqrt{3} + j$ ist zu bilden.

Lsg.: $z = e^{j\pi/6}$ oder $z = e^{j30^0}$

2.7 Die Normalform von $z = e^{-j\pi/4}$ ist gesucht.

Lsg.: $z = \frac{1}{2}\sqrt{2} - j\frac{1}{2}\sqrt{2}$

2.8 Berechne $z = (1 - j)^{17}$

Lsg.: $z = 256 - j256$

2.9 Die Nullstellen von $z^2 + (2j - 3)z + 5 - j = 0$ sind gesucht.

Lsg.: $z_1 = 2 - 3j$, $z_2 = 1 + j$.

2.10 Von der Gleichung $P(z) = z^4 - 3,5z^3 - 2z^2 + 22,5 = 0$ ist die Lösung $z_1 = 2 - j$ bekannt. Wie lauten die restlichen Lösungen?

Lsg.: $z_2 = 2 + j$, $z_3 = 2$, $z_4 = -2,5$.

2.11 Wo liegen in der **GAUSS**schen Zahlenebene alle Punkte $z = x + jy$, wenn gilt:

a) $\left| \dfrac{z-3}{z+3} \right| = 2$ b) $\left| \dfrac{3-4j}{z-1+2j} \right| < 5$

Lsg.: a) $(x + 5)^2 + y^2 = 4^2$. Ein Kreis mit Radius $r = 4$ und Mittelpunkt $M(-5; 0)$.
 b) $1 < (x - 1)^2 + (y + 2)^2$. Alle Punkte außerhalb des Kreises mit $r = 1$ und $M(1; -2)$.

2.12 Berechne die Beträge von

a) $F(j\omega) = \dfrac{K_I}{j\omega}$, b) $F(j\omega) = K_p(1 + j\omega T_v)$, c) $F(j\omega) = \dfrac{K_S}{(1 + j\omega T_1)(1 + j\omega T_2)}$

Lsg.: a) $|F(j\omega)| = \dfrac{K_I}{\omega}$ b) $|F(j\omega)| = K_p \sqrt{1 + (\omega T_v)^2}$ c) $|F(j\omega)| = \dfrac{K_S}{\sqrt{(1 - \omega^2 T_1 T_2)^2 + \omega^2 (T_1 T_2)^2}}$

2.13 Die Funktionen a) $F(j\omega) = \dfrac{K_I K_S}{-\omega^2 T_1 + j\omega(1 - \omega^2 T_2^2)}$ und b) $F(j\omega) = K_p K_I \dfrac{1 + j\omega T_v}{j\omega - \omega^2 T}$ sind in

Real- und Imaginärteil zu trennen.

Lsg.: a) $\mathrm{Re}\{F(j\omega)\} = -K_I K_S \dfrac{T_1}{(\omega T_1)^2 + (1 - \omega^2 T_2^2)^2}$

$\quad\quad \mathrm{Im}\{F(j\omega)\} = -K_I K_S \dfrac{1 - \omega^2 T_2^2}{(\omega T_1)^2 + (1 - \omega^2 T_2^2)^2}$

b) $\mathrm{Re}\{F(j\omega)\} = -K_p K_I \dfrac{T_1 - T_v}{\omega^2 T_1^2 + 1}$ und

$\quad\quad \mathrm{Im}\{F(j\omega)\} = -K_p K_I \dfrac{1 + \omega^2 T_v T_1}{\omega(\omega^2 T_1^2 + 1)}$

2.14 Für welche Werte von $K_I \in \mathbb{R}^+$ gilt $\mathrm{Re}\{F(j\omega)\} = \dfrac{K_I}{j\omega} e^{-j\omega T_t} = -1$?

Lsg.: $K_I = \dfrac{\pi}{2T_t} + k \dfrac{2\pi}{T_t}$ $(k \in \mathbb{Z})$.

2.5 Zusammenfassung

Die Einführung der imaginären Einheit j ermöglicht eine Erweiterung der reellen Zahlen zur Menge der komplexen Zahlen. In diesem Zahlenbereich ist es möglich, negativen Wurzelausdrücken einen Sinn zu geben, da mit dem Zeichen j wie mit den reellen Zahlen gerechnet werden kann.

Eine Stärke der komplexen Zahlen beim praktischen Rechnen liegt in den unterschiedlichen Darstellungsformen. In der **Normalform, kartesischen** oder **algebraischen Form** lassen sie sich besonders einfach addieren und subtrahieren, indem jeweils die Real- und Imaginärteile getrennt addiert bzw. subtrahiert werden. Die Darstellung in der **trigonometrischen Form** erleichtert eine Multiplikation und eine Division zweier komplexer Zahlen, weil lediglich die Winkel addiert bzw. subtrahiert werden müssen sowie die Beträge multipliziert bzw. dividiert. Bei der Potenzbildung ist die **Exponentialform** einer komplexen Zahl eine geeignete Ausgangsform, da nur der Betrag der komplexen Zahl potenziert und der Winkel mit der Potenz multipliziert wird. In der komplexen Zahlenebene lassen sie die mathematischen Operationen auf grafischem Wege nachvollziehen. So zum Beispiel die Addition und Subtraktion zweier komplexer Zahlen, ähnlich einer Vektoraddition bzw. Vektorsubtraktion, durch Aneinanderreihen von Zeigern.

In dem folgenden Kapitel **Einführung in die LAPLACE-Transformation** benutzen wir die komplexen Zahlen und Funktionen zum Aufstellen eines Tabellenwerkes, ähnlich einer Integraltafel, das Mittel und Wege aufzeigt, Differentialgleichungen in algebraische Gleichungen zu überführen und diese zu lösen. In nahezu allen nachfolgenden Kapiteln verwenden wir die komplexen Funktionen als **zentrales Werkzeug** zur Beschreibung und Interpretation dynamischer Vorgänge.

3 Einführung in die LAPLACE-Transformation

Viele Lösungskonzepte regelungtechnischer Aufgabenstellungen basieren auf der Untersuchung und Lösung von linearen Differentialgleichungen oder Differentialgleichungssystemen, die den Zusammenhang zwischen der Eingangsgröße eines Regelkreisgliedes und der Ausgangsgröße beschreiben.

Da wir nur Regelkreisglieder (RKG) mit einem Eingang und einem Ausgang sowie konstanten Parametern betrachten, wird der Zusammenhang durch eine lineare Differentialgleichung mit konstanten Koeffizienten und festgelegten Anfangsbedingungen beschrieben. Diese Differentialgleichung muss bei bekanntem Verlauf der Eingangsgröße gelöst werden, um die Ausgangsgröße zu erhalten, was bekanntlich bei Differentialgleichungen höherer Ordnung zu Schwierigkeiten führen kann.

Den unter Umständen auftretenden mathematischen Schwierigkeiten kann man aber aus dem Wege gehen, wenn man sich, ähnlich wie bei der Integralrechnung, aus einem Formelwerk der **LAPLACE-Transformation** bedient. Es ermöglicht, die **Integration einer Differentialgleichung** auf die Auflösung einer **algebraischen Gleichung** zurückzuführen [9], [10], [11].

Das folgende Bild 3.1 auf der nächsten Seite soll den Vorgang verdeutlichen: Bekanntlich lässt sich die lineare Differentialgleichung erster Ordnung mit konstanten Koeffizienten und zugehörigen Anfangsbedingungen im Zeitbereich lösen („Integration im Zeitbereich"). Alternativ wird die Differentialgleichung einschließlich ihrer Anfangsbedingungen mittels einer Tabelle, der **Korrespondenztabelle**, vom **Zeitbereich** in den **Bildbereich** (Liste der Transformationsergebnisse) transformiert, wo sie dann als algebraische Gleichung vorliegt. Je nach Umfang und Besetzung der Tabelle wird die Bildfunktion aufbereitet und nach der unabhängigen Variablen umgestellt („Rechnen im Bildbereich"). Die anschließende Rücktransformation vom Bild- in den Zeitbereich liefert die gesuchte Lösung der Differentialgleichung.

Vorteilhaft bei der Lösung von Differentialgleichungen mit Hilfe der **LAPLACE-Transformation** ist die Vereinfachung des Lösungsweges durch die algebraische Darstellungsform einer Differentialgleichung im Bildbereich. Durch Verwenden von Regelkreisglied charakterisierender Funktionsanteile, lässt sich der Zusammenhang zwischen Eingangsgröße und Ausgangsgröße einfacher ausdrücken. Die Differentialgleichung muss deshalb bei einer anderen Eingangsgröße nicht erneut gelöst werden wie im Zeitbereich.

3.1 Das Wesen der LAPLACE-Transformation

Betrachtet werden ausschließlich Zeitfunktionen, also *reellwertige Funktionen* einer *reellen Variablen t*. Sie bilden die Elemente des *Zeitbereiches*, den man auch *Originalraum*, manchmal auch *Oberbereich* nennt. Mit Hilfe einer *Integraltransformation* lässt sich einer großen Klasse von Zeitfunktionen $f(t)$ umkehrbar eindeutig eine *Bildfunktion* $F(s)$ zuordnen. $F(s)$ ist eine *komplexwertige Funktion* der *komplexen Variablen* $s = \sigma + j\omega$. Die Bildfunktionen $F(s)$ stellen Elemente des *Bildbereiches*, *Bildraumes* oder *Unterraumes* dar. Umgekehrt kann durch eine *inverse Transformation* jeder Bildfunktion $F(s)$ eine Zeitfunktion $f(t)$ zugeordnet werden (Bild 3.2, folgende Seite).

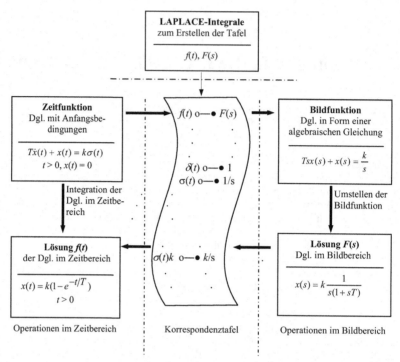

Bild 3.1: Konzept zur Lösung von Differentialgleichungen mit Hilfe der **LAPLACE**-Transformation

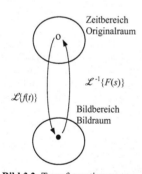

Bild 3.2: Transformationswege

Beim praktischen Rechnen benutzt man bequemerweise eine *symbolische Schreibweise*, um die Transformationsrichtungen zwischen dem Original- und Bildraum zu markieren. Das Symbol

$$\mathcal{L}\{f(t)\} = F(s)$$

bedeutet eine Transformation vom Zeit- in den Bildbereich und

$$\mathcal{L}^{-1}\{F(s)\} = f(t)$$

weist auf die Umkehrtransformation vom Bild- in den Zeitbereich hin. Verwendet wird aber auch das *Korrespondenzsymbol*

$$f(t) \circ\!\!-\!\!\bullet\ F(s) \text{ bzw. } F(s) \bullet\!\!-\!\!\circ f(t),$$

um die Transformationsrichtungen auszudrücken. Hilfreich beim Umgang mit der **LAPLACE**-Transformation ist auch die Kennzeichnung der Zeitfunktionen mit kleinen, die der Bildfunktionen mit großen Buchstaben.

3.2 Die Transformationsintegrale

Die Zuordnung einer Bildfunktion $F(s)$ zu einer Zeitfunktion $f(t)$ bzw. die Umkehrung ist durch die beiden Transformationsintegrale

$$\mathcal{L}\{f(t)\} = \int\limits_{0}^{\infty} e^{-st} f(t)dt = F(s)$$

$$\mathcal{L}^{-1}\{F(s)\} = \frac{1}{2\pi j} \int\limits_{\sigma-j\infty}^{\sigma+j\infty} e^{st} F(s)ds = \begin{cases} f(t), \, t > 0 \\ 0, \, t < 0 \end{cases}$$

(3.1a, b)

definiert, die Konvergenz der Integrale sei vorausgesetzt. Die Bildfunktion $F(s)$ heißt **LAPLACE-***Transformierte* von $f(t)$ und das Integral (3.1a) **LAPLACE-***Integral*. Das Integral (3.1b) nennt man *inverses* **LAPLACE-***Integral* oder *Umkehrintegral*, $s = (\sigma + j\omega) \in \mathbb{C}$ ist eine komplexe Variable. Für die zu transformierende Zeitfunktion $f(t)$ gilt:

$$f(t) = \begin{cases} f(t), \, t > 0 \\ 0, \, t < 0 \end{cases}$$

(3.2)

Den Funktionswert $f(0)$ in (3.2) lässt man offen, er kann anwendungsbezogen definiert werden. Die Funktion $f(t)$ muss auf der ganzen positiven reellen Achse integrierbar sein und darf nicht stärker wachsen als eine Exponentialfunktion mit beliebiger Konstante c im Exponenten. Technische Zeitfunktionen dürften diese Bedingungen erfüllen.

Da die Zeitfunktionen $f(t)$ nach (3.2) immer nur für $t > 0$ definiert sind, verzichten wir in Zukunft auf diese Angabe.

Beispiel 3.1

Die **LAPLACE**-Transformierten folgender Funktionen sind mit Hilfe des **LAPLACE**-Integrals zu berechnen.

a) $f(t) = kt$

$$(3.1a) \Rightarrow \mathcal{L}\{kt\} = k \int\limits_{0}^{\infty} te^{-st} dt = k \frac{e^{-st}}{s^2}(-st-1)\Big|_{t=0}^{t\to\infty} = k \lim_{t\to\infty}\left[\frac{-st}{s^2 e^{st}} - \frac{e^{-st}}{s^2}\right] - \frac{k}{s^2}(-1)$$

Da der Grenzwert des ersten Terms auf $\dfrac{\infty}{\infty}$ führt, ist nach der Regel von **L'HOSPITAL**:

$$\mathcal{L}\{kt\} = \lim_{t\to\infty}\left[\frac{-s}{s^3 e^{st}} - \frac{e^{-st}}{s^2}\right] + \frac{k}{s^2} = \frac{k}{s^2} = F(s)$$

b) $f(t) = A\sin\omega t$

$$(3.1a) \Rightarrow \mathcal{L}\{A\sin\omega t\} = A \int\limits_{0}^{\infty}\sin(\omega t)e^{-st} dt = A\frac{e^{-st}}{s^2+\omega^2}(-s\sin\omega t - \omega\cos\omega t)\Big|_{t=0}^{\infty}$$

$$= 0 - A\frac{1}{s^2+\omega^2}(-\omega) = A\frac{\omega}{s^2+\omega^2} = F(s) \qquad\blacksquare$$

3.3 Der Aufbau der Korrespondenztafel

Bei den praktischen Anwendungen wird man immer versuchen, die Tabellen zu benutzen und nicht auf die Transformationsintegrale zurückzugreifen. In diesen Listen sind gebräuchliche Funktionspaare nach unterschiedlichen Kriterien aufgeführt (Tabelle 3.1). Deshalb spricht man auch von *Korrespondenztafel* oder *Korrespondenztabelle*, weil hier einer ausgewählten Zeitfunktion die entsprechende Bildfunktion gegenübergestellt ist, wie in Tabelle 3.1 auf der folgenden Seite. Solche Listeneinträge zählen zu den Grundfunktionen. Weitere Funktionspaare lassen sich mit Hilfe von *Rechenregeln* aus den *Grundkorrespondenzen* herleiten, wie beispielsweise das Bild 3.3 zeigt.

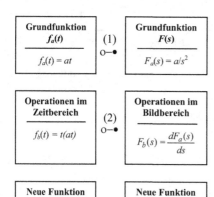

Bild 3.3: Alternativweg zur Gewinnung von Korrespondenzen mit Hilfe von Rechenregeln

Eine Zeitfunktion sei gegeben und deren Bildfunktion sei bekannt (1):

$$f_a(t) = at \quad \circ\!\!-\!\!\bullet \quad \frac{a}{s^2} = F_a(s)$$

Gesucht wird die mit t multiplizierte Bildfunktion von $f_a(t) = at$, $f_b(t) = t(at)$.

Nach der Multiplikationsregel (Nr. 7 von Tabelle 3.2) bedeutet eine Multiplikation mit t der Zeitfunktion eine Differentiation der Bildfunktion nach s (2):

$$\frac{d}{ds} F_a(s) = -2\frac{a}{s^3} = F_b(s)$$

Das ist die gesuchte Bildfunktion von $f_b(t) = at^2$ (3).

Diese Regeln oder *Sätze der* **LAPLACE–Transformation** sind ebenfalls Bestandteile der **Korrespondenztabelle**. Operationen an Zeitfunktionen wie das Differenzieren oder das Integrieren werden den korrespondierenden Operationen im Bildbereich zugeordnet. Die Namensgebung dieser Regeln erfolgt nach der Operation im Zeitbereich (Tabelle 3.2).

Beispiel 3.2

Es soll mit Hilfe der Tafel 3.1 (folgende Seite) transformiert werden:

a) $f(t) = t^3$, ergänzt: $f(t) = 3! \frac{1}{3!} t^3 \quad \circ\!\!-\!\!\bullet \quad F(s) = 3! \frac{1}{s^4}$ (Nr. 4)

b) $F(s) = \dfrac{K}{sT+1}$, umgeformt: $F(s) = \dfrac{K}{T} \dfrac{1}{s + \dfrac{1}{T}} \quad \bullet\!\!-\!\!\circ \quad f(t) = \dfrac{K}{T} e^{-\frac{1}{T}t}$ (Nr. 5 mit $a = -1/T$)

c) $F(s) = \dfrac{1}{s^2 + 2s + 4}$, umgeformt: $F(s) = \dfrac{1}{4} \dfrac{4}{s^2 + 2s + 4} \quad \bullet\!\!-\!\!\circ \quad f(t) = 1{,}15 e^{-t} \sin 1.73t$ (Nr. 17)

d) $F(s) = \dfrac{K_s}{s^2(1+2s)} = \dfrac{1}{2} \dfrac{K_s}{s^2(0{,}5+s)} \quad \bullet\!\!-\!\!\circ \quad f(t) = K_s(2e^{-0{,}5t} - 2 + t)$, (Nr. 14 mit $a = -0{,}5$) ∎

Nr.	Originalfunktion $f(t)$	Bildfunktion $F(s)$
1	$\delta(t)$ „Dirac-Stoß"	1
2	$\sigma(t) = 1$ „Sprungfunktion"	$\dfrac{1}{s}$
3	$\sigma(t - t_0) = 1(t - t_0) \quad t > t_0$ Um t_0 verschobene Sprungfunktion	$\dfrac{1}{s} e^{-st_0}$
4	$\dfrac{1}{n!} t^n, \; n \in \mathbb{N}$	$\dfrac{1}{s^{n+1}}$
5	e^{at}	$\dfrac{1}{s - a}$
6	$\dfrac{t^{n-1}}{(n-1)!} e^{at}, \; n \in \mathbb{N}$	$\dfrac{1}{(s-a)^n}$
7	$\sin at$	$\dfrac{a}{s^2 + a^2}$
8	$\cos at$	$\dfrac{s}{s^2 + a^2}$
9	$e^{bt} \sin at$	$\dfrac{a}{(s-b)^2 + a^2}$
10	$e^{bt} \cos at$	$\dfrac{s-b}{(s-b)^2 + a^2}$
11	$\sinh at$	$\dfrac{a}{s^2 - a^2}$
12	$\cosh at$	$\dfrac{s}{s^2 - a^2}$
13	$\dfrac{1}{a}(e^{at} - 1)$	$\dfrac{1}{s(s-a)}$
14	$\dfrac{1}{a^2}(e^{at} - 1 - at)$	$\dfrac{1}{s^2(s-a)}$
15	$\dfrac{1}{a^2}\left[1 + (at-1)e^{at}\right]$	$\dfrac{1}{s(s-a)^2}$
16	$\dfrac{ae^{at} - be^{bt}}{a - b}$	$\dfrac{s}{(s-a)(s-b)}$
17	$\dfrac{\omega_0}{\sqrt{1 - D^2}} e^{-D\omega_0 t} \sin(\omega_0 \sqrt{1 - D^2}\, t), \, D < 1$	$\dfrac{\omega_0^2}{s^2 + 2D\omega_0 s + \omega_0^2}$
18	$e^{-D\omega_0 t}\left[\cos(\omega_e t) - \dfrac{D}{\sqrt{1 - D^2}} \sin(\omega_e t)\right]$ mit $\omega_e = \omega_0 \sqrt{1 - D^2}$ und $0 < D < 1$	$\dfrac{s}{s^2 + 2D\omega_0 s + \omega_0^2}$

Tabelle 3.1: Grundkorrespondenzen

Nr.	Originalfunktion $f(t)$	Bildfunktion $F(s)$
1	Linearitätsregel $$f(t) = \sum_{i=1}^{n} c_i f_i(t)$$	$$F(s) = \sum_{i=1}^{n} c_i F_i(s)$$
2	Dämpfungsregel $e^{at} f(t)\,,\, a \in \mathbb{C}$	$F(s-a)$
3	Streckungsregel $f(at)\,,\, a > 0$	$\dfrac{1}{a} F\left(\dfrac{s}{a}\right)$
4	Verschiebungsregel $f(t-t_0)\,,\, t > t_0$	$e^{-st_0} F(s)$
5	Differentiationsregel $\dfrac{df(t)}{dt}$ $\dfrac{d^2 f(t)}{dt^2}$ $\dfrac{d^3 f(t)}{dt^3}$ ...	$sF(s) - f(+0)\big|_{t=0}$ $s^2 F(s) - s\,f(+0) - \dfrac{df(t)}{dt}\Big|_{t=0}$ $s^3 F(s) - s^2 f(+0) - s f'(+0) - \dfrac{d^2 f(t)}{dt^2}\Big|_{t=0}$ ... ($f^{(n)}(+0)$ = rechtsseitige Grenzwerte)
6	Integrationsregel $$\int_0^t f(u)\,du$$	$\mathscr{L}\{f(t)\} \cdot \dfrac{1}{s} = \dfrac{F(s)}{s}$
7	Multiplikationsregel $t^n f(t)$	$(-1)^n \dfrac{d^n F(s)}{ds^n}$
8	Faltungssatz $$f_1(t) * f_2(t) = \int_0^t f_1(\tau) f_2(t-\tau)\,d\tau$$ $$= \int_0^t f_1(t-\tau) f_2(\tau)\,d\tau$$	$F_1(s) \cdot F_2(s)$
9	Grenzwertsätze $f(0) = \lim_{t \to +0} f(t)$ „Anfangswertsatz" $f(\infty) = \lim_{t \to \infty} f(t)$ „Endwertsatz"	$\lim_{s \to \infty} sF(s)$ $\lim_{s \to 0} sF(s)$

Tabelle 3.2: Rechenregeln und Sätze der **LAPLACE**-Transformation

Beispiel 3.3

a) Für die Funktion $f(t) = \sin \omega t$ gilt nach Nr. 7 von Tabelle 3.1 die Bildfunktion:

$$\mathscr{L}\{f(t)\} = \mathscr{L}\{\sin \omega t\} = \frac{\omega}{s^2 + a^2}$$

Nach der Streckungsregel ist die neue Funktion $g(t) = \sin(b\omega t)$:

$$\mathscr{L}\{g(t)\} = \mathscr{L}\{\sin(b\omega t)\} = \frac{1}{b} \frac{\omega}{\left(\dfrac{s}{b}\right)^2 + a^2} = \frac{1}{b} F\left(\frac{s}{b}\right)$$

b) Gegeben sei $f(t) = at$ mit $\mathscr{L}\{f(t)\} = \mathscr{L}\{at\} = \dfrac{a}{s^2}$ nach Nr. 4 von Tabelle 3.1.

Für die neue, verschobene Funktion $g(t) = \begin{cases} at, t > t_0 \\ 0, t < t_0 \end{cases}$ ist nach der Verschiebungsregel:

$$\mathscr{L}\{g(t)\} = \mathscr{L}\{f(t)\} e^{-st_0} = \frac{a}{s^2} e^{-st_0} = e^{-st_0} F(s)$$

c) Es ist die Bildfunktion der Differentialgleichung $T_1 \dot{x} + 2x(t) = 5\sigma(t)$ mit $x(0) = 2$, $t > 0$ gesucht. Nach der Differentiationsregel gilt:

$$\mathscr{L}\{Dgl\} = T_1 s x(s) - 2 + 2x(s) = \frac{5}{s}, \text{ umgestellt nach der Variablen: } x(s) = \frac{5 + 2s}{s(2 + T_1 s)} \quad \blacksquare$$

3.4 Methoden zur Rücktransformation

Die Zeitfunktion ist durch das inverse **LAPLACE–Integral** (3.1b) definiert. Die Berechnung des Integrals erfordert allerdings einen gewissen Aufwand und ist deshalb im Rahmen praktischer Anwendungen der **LAPLACE–Transformation** kein geeigneter Weg.

Man versucht deshalb, gerade bei der Rücktransformation, die Korrespondenztabelle zu benutzen. Da ihr Umfang an Korrespondenzen aber beschränkt ist und die Einträge nicht immer in dem gewünschten Zuschnitt vorliegen, muss eine zu transformierende Bildfunktion zunächst in eine tabellengerechte Form gebracht werden, bevor die Rücktransformation durchgeführt werden kann. Ein gebräuchliches Verfahren ist die *Partialbruchzerlegung* bei rationalen Bildfunktionen sowie das *Faltungsintegral* bei einer bestimmten Klasse von Bildfunktionen, die in Produktform vorliegen.

3.4.1 Die Partialbruchzerlegung

Der Sinn einer Partialbruchzerlegung ist die Umwandlung der Bildfunktion von einem Bruch aus Polynomen in eine Summe von Teilbrüchen, die sich einfacher transformieren lassen. Die Bildfunktion

$$F(s) = Z(s)/N(s) = \frac{a_n s^n + a_{n-1} s^{n-1} + \ldots + a_2 s^2 + a_1 s + a_0}{b_m s^m + b_{m-1} s^{m-1} + \ldots + b_2 s^2 + b_1 s + b_0} \text{ mit } b_0 \neq 0 \quad (3.3)$$

sei echt gebrochen, andernfalls wird der ganzrationale Anteil durch Polynomdivision abgetrennt. Der Zählergrad sei n, der Nennergrad m, also $n < m$. Dann lassen sich je nach Aufbau des Nennerpolynoms die folgenden Ansätze machen:

Einfache reelle Polstellen der Bildfunktion $F(s)$:

Alle Nullstellen s_k ($k = 1, ..., n$) des Nenners $N(s)$, sie sind die Polstellen der Bildfunktion $F(s)$, sind einfach und voneinander verschieden. Für den Zähler gilt $Z(s_k) \neq 0$. Der Nenner lässt sich jetzt in Linearfaktoren zerlegen:

$$N(s) = (s - s_1)(s - s_2) \; ... \; (s - s_m) \tag{3.4}$$

Für die Bildfunktion $F(s)$ gilt dann der Ansatz:

$$F(s) = \frac{Z(s)}{N(s)} = \frac{A_1}{s - s_1} + \frac{A_2}{s - s_2} + \cdots + \frac{A_m}{s - s_m} = \sum_{k=1}^{m} \frac{A_k}{s - s_k} \tag{3.5}$$

Die Zeitfunktionen zur Darstellung (3.5) findet man in Tabelle 3.1, Korrespondenz Nr. 5:

$$\boxed{f(t) = \mathscr{L}^{-1}\left\{ \sum_{k=1}^{m} \frac{A_k}{s - s_k} \right\} = \sum_{k=1}^{m} A_k e^{s_k t}} \tag{3.6}$$

Bildet man für die Summe in (3.5) den Hauptnenner $N(s)$ und ordnet in diesem Bruch den Zähler nach Potenzen von s, dann lässt sich über einen Koeffizientenvergleich mit dem Zählerpolynom $Z(s)$ der Ausgangsfunktion ein Gleichungssystem aufstellen, dessen Lösung die Konstanten $A_1, ..., A_m$ sind.

Beispiel 3.4

Eine Bildfunktion $F(s) = \dfrac{Z(s)}{N(s)} = \dfrac{1}{(s + 2)(s - 3)}$ soll in den Zeitbereich zurücktransformiert werden. In diesem Falle wählt man den Ansatz nach (3.14) für die Partialbruchzerlegung:

$$F(s) = \frac{Z(s)}{N(s)} = \frac{1}{(s + 2)(s - 3)} = \frac{A_1}{s - s_1} + \frac{A_2}{s - s_2} = \frac{A_1}{s + 2} + \frac{A_2}{s - 3},$$

denn aus $s + 2 = 0 \Rightarrow s = -2 = s_1$ und aus $s - 3 = 0 \Rightarrow s = 3 = s_2$ folgen die Nullstellen von $N(s)$ oder die Polstellen von $F(s)$. Anschließend wird der Hauptnenner gebildet, die beiden Brüche zusammengefasst und den Zähler nach Potenzen von s geordnet.

$$F(s) = \frac{Z(s)}{N(s)} = \frac{1}{(s + 2)(s - 3)} = \frac{A_1(s - 3) + A_2(s + 2)}{(s + 2)(s - 3)} = \frac{(A_1 + A_2)s - (3A_1 - 2A_2)}{(s + 2)(s - 3)}$$

Ein Vergleich („Koeffizientenvergleich") des Zählers mit dem Zähler der ursprünglichen Funktion liefert ein Gleichungssystem mit zwei Gleichungen und zwei noch zu ermittelnden Unbekannten, die so gewählt sein müssen, dass die beiden Zähler identisch sind.

$$\begin{aligned} A_1 \;\; + \; A_2 &= 0 \\ -3A_1 \; + 2A_2 &= 1 \end{aligned}$$

Die Lösungen des Gleichungssystems lassen sich leicht finden: $A_1 = -\dfrac{1}{5}$ und $A_2 = \dfrac{1}{5}$. Damit kann die Ausgangsform in zwei Brüche geschrieben werde:

$$F(s) = \frac{Z(s)}{N(s)} = \frac{1}{(s+2)(s-3)} = -\frac{1}{5}\frac{1}{s+2} + \frac{1}{5}\frac{1}{s-3}$$

Zurücktransformiert erhält man als Zeitfunktion nach Tabelle 3.1, Nr. 5:

$$f(t) = \mathscr{L}^{-1}\left\{\frac{1}{(s+2)(s-3)}\right\} = -\frac{1}{5}\mathscr{L}^{-1}\left\{\frac{1}{s+2}\right\} + \frac{1}{5}\mathscr{L}^{-1}\frac{1}{s-3} = -\frac{1}{5}e^{-2t} + \frac{1}{5}e^{3t} \qquad \blacksquare$$

Eine weitere Möglichkeit, die Konstanten A_1, ..., A_n in der Partialbruchdarstellung (3.5) zu berechnen, bietet der ***Entwicklungssatz* von HEAVISIDE**. Folgender Weg ist dabei zweckmäßig: Zunächst wird die Gleichung (3.5) mit dem Faktor $(s - s_k)$ multipliziert:

$$\frac{Z(s)}{N(s)}(s-s_k) = A_k + (s-s_k)\left[\frac{A_1}{s-s_1} + \cdots + \frac{A_{k-1}}{s-s_{k-1}} + \frac{A_{k+1}}{s-s_{k+1}} + \cdots + \frac{A_n}{s-s_n}\right] \qquad (3.7)$$

Wird der Grenzübergang $s \to s_k$ vollzogen, liefert dieser den Wert für den Koeffizienten A_k:

$$\boxed{A_k = \lim_{s \to s_k} \frac{Z(s)}{N(s)}(s-s_k) \qquad (k=1,\dots,n)} \qquad (3.8)$$

Beispiel 3.5

Als Ausgangsformel wählen wir die Partialbruchdarstellung der Bildfunktion mit noch unbekannten Koeffizienten A_1 und A_2:

$$F(s) = \frac{Z(s)}{N(s)} = \frac{1}{(s+2)(s-3)} = \frac{A_1}{s-s_1} + \frac{A_2}{s-s_2} = \frac{A_1}{s+2} + \frac{A_2}{s-3}$$

Nach dem Verfahren von **HEAVISIDE** wird dieser Ansatz z. B: zunächst mit $s - s_1 = s + 2$ multipliziert und dann ein Grenzübergang $s \to s_1 = -2$ durchgeführt:

$$\frac{1}{(s+2)(s-3)}(s+2) = A_1 + \frac{A_2}{s-3}(s+2)$$

Aus $\displaystyle\lim_{s \to -2}\frac{1}{s-3}$ folgt für $A_1 = -\dfrac{1}{5}$

Anschließend wird die Bildfunktion mit $s - s_2 = s - 3$ multipliziert und ein Grenzübergang $s \to s_2 = 3$ vorgesehen:

$$\frac{1}{(s+2)(s-3)}(s-3) = \frac{A_1}{s+2}(s-3) + A_2 \Rightarrow \lim_{s \to 3}\frac{1}{s+2} = A_2 = \frac{1}{5} \qquad \blacksquare$$

Reelle Mehrfachnullstellen des Nenners von $F(s)$:

Alle Nullstellen s_k ($k = 1, ..., n$) des Nenners $N(s)$ von der Bildfunkton $F(s)$ sind reell, einige davon sind mehrfach, z. B. liegt in $s = 0$ eine p–fache und in $s = a$ eine q–fache Nullstelle. Für den Zähler soll wieder $Z(s_k) \neq 0$ gelten. Der Ansatz für die Partialbruchzerlegung enthält jetzt die Anteile:

$$F(s) = \frac{Z(s)}{N(s)} = \frac{Z(s)}{\cdots s^p (s - a)^q \cdots} = \cdots + \sum_{k=1}^{p} \frac{A_k}{s^k} + \sum_{k=1}^{q} \frac{B_k}{(s - a)^k} + \cdots \tag{3.9}$$

Für die Zeitfunktion findet man nach Tabelle 3.1 die Korrespondenz Nr. 6:

$$f(t) = \cdots + \sum_{k=1}^{p} \frac{A_k}{(k - 1)!} t^{k-1} + \sum_{k=1}^{q} \frac{B_k}{(k - 1)!} t^{k-1} e^{at} + \cdots \tag{3.10}$$

Die Konstanten A_k, B_k, ... lassen sich wieder über das zuvor geschilderte Verfahren berechnen, indem man ein lineares Gleichungssystem über einen Koeffizientenvergleich aufstellt und löst. Bei umfangreicheren Systemen kann aber das oben geschilderte Verfahren von **HEAVISIDE** vorteilhafter sein. Man multipliziert die Gleichung (3.9) z. B. mit dem Faktor s^p und erhält eine neue Form der Gleichung (3.9):

$$\frac{Z(s)}{N(s)} s^p = \sum_{k=1}^{p} A_k s^{p-k} + s^p \left[\sum_{k=1}^{q} \frac{B_k}{(s - a)^k} + \cdots + \right] \tag{3.11}$$

Nach dem Grenzübergang $s \rightarrow 0$ bleibt der Faktor mit dem höchsten Exponenten:

$$A_p = \lim_{s \to 0} \frac{Z(s)}{N(s)} s^p = \frac{Z(0)}{(-a)^q \ldots} \tag{3.12}$$

Differenziert man den Ausdruck $s^p Z(s)/N(s)$ k–mal ($k = 1, ..., p - 1$) und führt jedesmal den Grenzübergang $s \rightarrow 0$ durch, lassen sich die restlichen Konstanten A_k in aufsteigender Reihenfolge nacheinander berechnen:

$$A_k = \frac{1}{(p - k)!} \lim_{s \to 0} \frac{d^{(p-k)}}{ds^{(p-k)}} \left[\frac{Z(s)}{N(s)} s^p \right] \quad (k = 1, ..., p - 1) \tag{3.13}$$

Nach dem gleichen Verfahren lassen sich die Konstanten B_k. finden. Zunächst wird die Gleichung (3.9) mit dem Faktor $(s - a)^q$ multipliziert und anschließend der Grenzübergang $s \rightarrow a$ durchgeführt:

$$B_q = \lim_{s \to a} \frac{Z(s)}{N(s)} (s - a)^q = \frac{Z(a)}{(-a)^p \cdots} \tag{3.14}$$

Wie oben geschildert wird verfahren, um die noch ausstehenden B_k ($k = 1, ..., q - 1$) zu berechnen:

$$B_k = \frac{1}{(q - k)!} \lim_{s \to a} \frac{d^{(q-k)}}{ds^{(q-k)}} \left(\frac{Z(s)}{N(s)} (s - a)^q \right) \quad (k = 1, ..., q - 1) \tag{3.15}$$

Beispiel 3.6

Wir betrachten die Bildfunktion $F(s) = \dfrac{1}{s^3(s+a)^2}$. In $s = 0$ liegt wegen $p = 3$ ein 3-facher Pol vor, in $s = -a$ entsprechend ein 2-facher. Der Ansatz für die Partialbruchzerlegung lautet in diesem Falle:

$$F(s) = \frac{Z(s)}{N(s)} = \frac{A_1}{s} + \frac{A_2}{s^2} + \frac{A_3}{s^3} + \frac{B_1}{s+a} + \frac{B_2}{(s+a)^2}$$

Entsprechend dem Verfahren von **HEAVISIDE** wird der Ansatz für die Partialbruchzerlegung mit einem Nennerfaktor, beginnend bei einem solchen mit der höchsten Potenz, multipliziert, z. B. mit s^3:

$$F(s)s^3 = \frac{1}{s^3(s+a)^2}s^3 = \left[\frac{A_1}{s} + \frac{A_2}{s^2} + \frac{B_1}{s+a} + \frac{B_2}{(s+a)^2}\right]s^3 + A_3 = \frac{1}{(s+a)^2}$$

Aus dieser Gleichung folgt für den ersten Koeffizienten nach dem Grenzübergang $s \to 0$:

$$A_3 = \lim_{s \to 0} \frac{1}{(s+a)^2} = \frac{1}{a^2}$$

Die weiteren Koeffizienten ergeben sich aus der Vorschrift (3.13) mit $p = 3$ und $k = 1$ nach zweimaligem Differenzieren:

$$A_1 = \frac{1}{2!}\lim_{s \to 0}\frac{d^2}{ds^2}\frac{1}{(s+a)^2} = \frac{1}{2}\lim_{s \to 0}\frac{(-2)(-3)}{(s+a)^4} = \frac{3}{a^4}$$

Für $k = 2$ erhält man nach einmaligem Differenzieren den Wert des noch fehlenden Koeffizienten:

$$A_2 = \frac{1}{1!}\lim_{s \to 0}\frac{d}{ds}\frac{1}{(s+a)^2} = \lim_{s \to 0}\frac{-2}{(s+a)^3} = -\frac{2}{a^3}.$$

B_2 wird nach (3.14) formal ebenso berechnet:

$$F(s)(s+a)^2 = \frac{1}{s^3(s+a)^2}(s+a)^2 = \left(\frac{A_1}{s} + \frac{A_2}{s^2} + \frac{A_3}{s^3} + \frac{B_1}{(s+a)}\right)(s+a)^2 + B_2$$

$$\Rightarrow \quad B_2 = \lim_{s \to -a}\frac{1}{s^3} = -\frac{1}{a^3}$$

Wegen $k = 1$ findet man nach (3.15) für den restlichen Koeffizienten nach dem Differenzieren:

$$B_1 = \frac{1}{1!}\lim_{s \to -a}\frac{d}{ds}\frac{1}{s^3} = \lim_{s \to -a}\frac{-3}{s^4} = -\frac{3}{a^4}$$

Auf diese Weise erhält man die Partialbruchzerlegung:

$$F(s) = \frac{3}{a^4}\frac{1}{s} - \frac{2}{a^3}\frac{1}{s^2} + \frac{1}{a^2}\frac{1}{s^3} - \frac{3}{a^4}\frac{1}{s+a} - \frac{1}{a^3}\frac{1}{(s+a)^2}$$

Im Zeitbereich wird hierfür mit den Korrespondenzen Nr. 1, 4, 5 und 6 von Tabelle 3.1:

$$f(t) = \frac{3}{a^4} - \frac{2}{a^3}t + \frac{1}{2}\frac{1}{a^2}t^2 - \frac{3}{a^4}e^{-at} - \frac{1}{a^3}te^{-at} \qquad \blacksquare$$

Einfache komplexe Nullstellen des Nennerpolynoms von *F*(*s*)

Das Nennerpolynom $N(s)$ hat einfache komplexe Nullstellen. Unter der Annahme, dass Koeffizienten des Nennerpolynoms reell sind, treten diese Nullstellen paarweise konjugiert komplex auf, wobei $Z(s_k; \bar{s}_k) \neq 0$ erfüllt sein soll. Die Nullstelle $\bar{s}_k$ ist die zu s_k konjugiert komplexe Nullstelle. Faktoren im Nenner haben dann die Gestalt:

$$N(s) = \cdots \left[(s - s_k)(s - \bar{s}_k)\right]_k \cdots = \cdots \left[(s^2 + ps + q)\right]_k \cdots \qquad (3.16)$$

Im Ansatz für die Partialbruchzerlegung wird zweckmäßigerweise die Quadratform verwendet:

$$F(s) = \frac{Z(s)}{N(s)} = \frac{Z(s)}{\cdots (s^2 + ps + q)_k \cdots} = \cdots + \left[\frac{A + Bs}{s^2 + ps + q}\right]_k + \cdots \quad (k \in \{1, \ldots, n\}) \qquad (3.17)$$

Die Konstanten A, B usw. können wieder durch einen Koeffizientenvergleich und Aufstellen eines Gleichungssystems berechnet werden. Treten mehrfache k–te konjugiert komplexe Nullstellen auf, dann muss der Ansatz (3.17) entsprechend (3.9) angelegt werden.

Durch Rücktransformation des k-ten Bildfunktionsanteiles in (3.17) erhält man die anteilige Zeitfunktion:

$$f(t) = \cdots + e^{-\frac{p}{2}t}\left[B\cos\frac{\sqrt{4q - p^2}}{2}t + \frac{2A - pB}{\sqrt{4q - p^2}}\sin\frac{\sqrt{4q - p^2}}{2}t\right]_k + \cdots \qquad (3.18)$$

Beispiel 3.7

Wir betrachten eine Bildfunktion $F(s)$ mit einer Polstelle bei $s = -a$ und eine konjugiert komplexe Polstelle bei $(s - j2)(s + j2) = s^2 + 4$. Demnach lautet der Ansatz für die Partialbruchzerlegung der Bildfunktion

$$F(s) = \frac{1}{(s + a)(s^2 + 4)} = \frac{A}{s + a} + \frac{B + Cs}{(s^2 + 4)} = \frac{(A + C)s^2 + (B + Ca)s + (4A + Ba)}{(s + a)(s^2 + 4)}$$

Der Koeffizientenvergleich mit dem Zähler der Ausgangsfunktion führt auf ein Gleichungssystem mit drei Gleichungen und drei Unbekannten:

$$A \qquad + C = 0$$
$$\qquad B \qquad + aC = 0$$
$$4A \quad + aB \qquad = 1$$

Aufgelöst nach den Unbekannten A, B, C erhält man die Partialbruchdarstellung:

$$F(s) = \frac{1}{(s+a)(s^2+4)} = \frac{1}{a^2+4}\left[\frac{1}{s+a} + \frac{a-s}{(s^2+4)}\right] = \frac{1}{a^2+4}\left[\frac{1}{s+a} + \frac{a}{2}\frac{2}{(s^2+4)} - \frac{s}{(s^2+4)}\right]$$

Rücktransformiert nach Tabelle 3.1, Nr. 5, 7 und 8 wird die Zeitfunktion:

$$f(t) = \frac{1}{a^2+4}\left[e^{-at} + \frac{a}{2}\sin 2t - \cos 2t\right]$$

Benutzt man alternativ die Gleichung (3.18) für die Rücktransformation des Bruchs $\dfrac{a-s}{(s^2+4)}$, setzt

man in (3.17) darin für $A = a$, $B = -1$, $p = 0$ und $q = 4$ und erhält den Anteil $\dfrac{a}{2}\sin 2t - \cos 2t$. ∎

3.4.2 Das Faltungsintegral

Eine weitere Möglichkeit der Rücktransformation bietet das **Faltungsintegral**, wenn die Bildfunktion als Produkt der Form $F(s) = F_1(s)F_2(s)$ vorliegt. In solchen Fällen berechnet sich die Zeitfunktion nach Tabelle 3.2, Nr.8:

$$f(t) = \mathcal{L}^{-1}\{F(s)\} = \mathcal{L}^{-1}\{F_1(s)F_2(s)\} = \int_0^t f_1(\tau)f_2(t-\tau)d\tau \qquad (3.19)$$

Das hier vorkommende Integral

$$\int_0^t f_1(\tau)f_2(t-\tau)d\tau = f_1(t) * f_2(t-\tau) \qquad (3.20)$$

heißt *Faltungsintegral* und die Verknüpfung der beiden Zeitfunktionen $f_1(t)$ und $f_2(t)$ nennt man *Faltungsprodukt*. Da die Faltung kommutativ und auch assoziativ ist, lässt sich die Reihenfolge der Faltung wählen, was bei der Berechnung des Integrals von Vorteil sein kann.

Beispiel 3.8

Es sei die Bildfunktion $F(s) = \dfrac{1}{s(s+a)} = \dfrac{1}{s}\dfrac{1}{s+a} = F_1(s)F_2(s)$ in Form eines Produktes gegeben. Die Transformationen der einzelnen Faktoren sind aus einer Tabelle zu entnehmen:

$$f_1(t) = \mathcal{L}^{-1}\{F_1(s)\} = \mathcal{L}^{-1}\left\{\frac{1}{s}\right\} = \sigma(t) \quad \text{und} \quad f_2(t) = \mathcal{L}^{-1}\{F_2(s)\} = \mathcal{L}^{-1}\left\{\frac{1}{s+a}\right\} = e^{-at}$$

Mit den beiden Zeitfunktionen $f_1(t)$ und $f_2(t)$ wird das Integral (3.20) aufgestellt und die Zeitfunktion $f(t)$ berechnet:

$$\int_{\tau=0}^{t}\sigma(\tau)e^{-a(t-\tau)}d\tau = \int_{\tau=0}^{t}e^{a(\tau-t)}d\tau = \frac{1}{a}e^{a(\tau-t)}\bigg|_{\tau=0}^{t} = \frac{1}{a}(1-e^{-at})$$ ∎

3.5 Beispiele

3.1 Die Bildfunktion der Exponentialfunktion

$$f(t) = \begin{cases} ke^{\alpha t}, t > 0 \\ 0, t < 0 \end{cases} \quad \alpha \in \mathbb{C}, t > 0, k > 0$$

soll mit Hilfe des **LAPLACE**–Integrals berechnet werden. Da $\alpha = \sigma + j\omega$, $\omega \geq 0$ komplex angenommen wird, beschreibt die Zeitfunktion $f(t)$ eine Schwingung mit einer von σ abhängigen Amplitude:

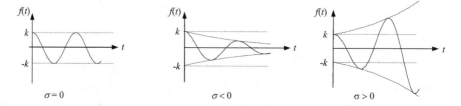

Bild 3.4: Schwingungsformen bei unterschiedlicher Schwingungsamplitude

$$F(s) = \int_{0}^{\infty}f(t)e^{-st}dt = k\int_{0}^{\infty}e^{\alpha t}e^{-st}dt = k\int_{0}^{\infty}e^{-(s-\alpha)t}dt = \frac{-k}{s-\alpha}e^{-(s-\alpha)t}\bigg|_{t=0}^{t\to\infty}$$

$$= \frac{k}{s-\alpha}, \quad s > \alpha$$

Alternative: Aus der Bildfunktion der Sprungfunktion $F(s) = 1/s$ kann mit dem Dämpfungssatz $e^{\alpha t}f(t)$ ○–● $F(s-a)$ die gewünschte Korrespondenz direkt angeben werden:

$$\mathscr{L}\{k\} = \frac{k}{s}$$

$$\mathscr{L}\{ke^{\alpha t}\} \xrightarrow{\text{Dämpfungssatz}} F(s) = \frac{k}{s-\alpha}$$

Mit diesem Ergebnis und unter Berücksichtigung der Linearitätsregel können auch die Bildfunktionen von $f(t) = k\cos\omega t$ und $f(t) = k\sin\omega t$ angegeben werden. Nach der **EULER**schen Formel lassen sich die folgenden Zeitfunktionen durch trigonometrische Funktionen ausdrücken:

$z = ke^{j\omega t} = k(\cos\omega t + j\sin\omega t) \text{ bzw.}$

$\bar{z} = ke^{-j\omega t} = k(\cos\omega t - j\sin\omega t)$

Eine Addition und Subtraktion ergeben:

$$f(t) = \frac{z+\bar{z}}{2} = \frac{k}{2}\left[e^{j\omega t} + e^{-j\omega t}\right] = k\cos\omega t \quad \circ\!\!-\!\!\bullet \quad F(s) = \frac{k}{2}\left[\frac{1}{s-j\omega} + \frac{1}{s+j\omega}\right] = k\frac{s}{s^2+\omega^2}$$

und

$$f(t) = \frac{z-\bar{z}}{2} = \frac{k}{2}\,\text{Im}\left\{e^{j\omega t} - e^{-j\omega t}\right\} = k\sin\omega t \quad \circ\!\!-\!\!\bullet \quad F(s) = \frac{k}{2}\,\text{Im}\left\{\frac{1}{s-j\omega} - \frac{1}{s+j\omega}\right\} = k\frac{\omega}{s^2+\omega^2}$$

3.2 Die Transformation des folgenden Impulses kann sowohl über das **LAPLACE**–Integral als auch mit Hilfe der Verschiebungsregel erfolgen:

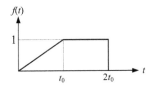

$$F(s) = t_0^{-1}\int\limits_0^{t_0} e^{-st}t\,dt + \int\limits_{t_0}^{2t_0} 1\cdot e^{-st}\,dt + \int\limits_{2t_0}^{\infty} 0\cdot e^{-st}\,dt$$

$$= \frac{1}{t_0}\left[-\frac{t_0}{s}e^{-st_0} - \frac{e^{-st_0}}{s^2} + \frac{1}{s^2}\right] + \left[-\frac{e^{-2st_0}}{s} + \frac{e^{-st_0}}{s}\right]$$

Bild 3.5: Transformation eines Einzel-Impulses mittels des **LAPLACE**–Integrals

$$= -\frac{e^{-st_0}}{t_0 s^2} + \frac{1}{t_0 s^2} - \frac{e^{-2st_0}}{s}$$

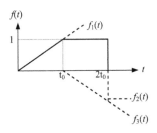

Bild 3.6: Aus Einzelfunktionen zusammengesetzter Impuls und partieller Transformation

Oder Transformation der Einzelfunktionen und anschließend zusammengesetzt:

$$f_1(t) = \frac{t}{t_0} \quad \circ\!\!-\!\!\bullet \quad \frac{1}{t_0 s^2}$$

$$f_2(t) = -\sigma(t-2t_0) \quad \circ\!\!-\!\!\bullet \quad -\frac{e^{-2t_0 s}}{s}$$

$$f_3 = \left(1-\frac{t}{t_0}\right),\, t > t_0 \quad \circ\!\!-\!\!\bullet \quad -\frac{e^{-st_0}}{t_0 s^2}$$

Durch Addition der Einzelfunktionen ergibt sich die obige Bildfunktion $F(s)$.

3.3 Die Bildfunktion $F(s) = \dfrac{s}{s^2+\omega^2}$ der Zeitfunktion $f(t) = \cos\omega t$ sei bekannt. Durch Anwenden der Transformationsregeln erhält man:

Linearitätsregel	$f_1(t) = \dfrac{1}{2}\cos\omega t$	$\circ\!\!-\!\!\bullet$	$\dfrac{1}{2}\dfrac{s}{s^2+\omega^2}$
Streckungsregel	$f_2(t) = \cos\dfrac{\omega}{2}t$	$\circ\!\!-\!\!\bullet$	$2\dfrac{2s}{4s^2+\omega^2}$

Dämpfungsregel	$f_3(t) = e^{-\frac{t}{2}} \cos \omega t$	o—•	$\dfrac{s + \dfrac{1}{2}}{\left(s + \dfrac{1}{2}\right)^2 + \omega^2}$
Differentiationsregel	$f_4(t) = \dfrac{d}{dt}(\cos \omega t)$	o—•	$s\dfrac{s}{s^2 + \omega^2} - 1$
Integrationsregel	$f_5(t) = \displaystyle\int_0^t \cos \omega u\, du$	o—•	$\dfrac{1}{s^2 + \omega^2}$
Multiplikationsregel	$f_6(t) = t \cos \omega t$	o—•	$\dfrac{s^2 - \omega^2}{\left(s^2 + \omega_2\right)^2}$

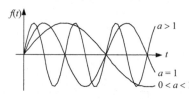

Bild 3.7: Kontraktion und Dilatation einer Zeitfunktion

3.4 Zu der Zeitfunktion $f(t) = \sin \omega t$ gehört die Bildfunktion $F(s) = \dfrac{\omega}{s^2 + \omega^2}$. Nach der Streckungsregel gilt für die neue Funktion $f(t) = \sin a\omega t$ mit $a > 0$ die Korrespondenz $F(s) = \dfrac{a\omega}{s^2 + (\omega a)^2}$. Ist $a > 1$, dann liegt eine **Kontraktion** vor, gilt $0 < a < 1$, dann spricht man von **Dilatation**.

3.5 Die Bildfunktion von $f(t) = t^2 \cos \omega t$ erhält man entsprechend der Multiplikationsregel durch zweimaliges Differenzieren der Bildfunktion $F(s) = \dfrac{s}{s^2 + \omega^2}$ von der Zeitfunktion $f(t) = \cos \omega t$:

$$t^2 \cos \omega t \quad \text{o—•} \quad (-1)^2 \frac{d^2 F(s)}{ds^2} = \frac{d}{ds}\left(\frac{\omega^2 - s^2}{(s^2 - \omega^2)^2}\right) = \frac{2s^3 - 6\omega^2 s}{(s^2 + \omega^2)^3}$$

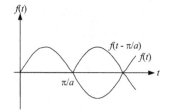

Bild 3.8: Konstruktion einer Sinushalbwelle

3.6 Die erste Halbwelle

$$f(t) = \begin{cases} A \sin at, & 0 < t \le \pi/a, \ a > 0 \\ 0, & \text{sonst} \end{cases}$$

kann durch Überlagern zweier um $t_0 = \dfrac{\pi}{a}$ zueinander verschobenen Sinusfunktionen konstruiert werden:

$$\mathscr{L}\{A \sin at\} = A\frac{a}{s^2 + a^2} \quad \text{sowie} \quad \mathscr{L}\{A \sin a(t - t_0)\} = A\frac{a}{s^2 + a^2} e^{-t_0 s}$$

Die Addition beider Bildfunktionen liefert die gewünschte Transformation von $f(t)$:

$$\mathscr{L}\{f(t)\} = A\frac{a}{s^2 + a^2}\left(1 + e^{-t_0 s}\right) = F(s)$$

3.7 Die Rücktransformation der Bildfunktion

$$F(s) = \frac{1-s}{s(s^2 + 2s + 3)}$$

soll durchgeführt werden. Sie erfolgt in mehreren Schritten. Zunächst werden die Nullstellen des Nenners ermittelt:

$$N(s) = s(s^2 + 2s + 3) = 0 \;\Rightarrow\; s_1 = 0 \;\text{ und }\; s_{2/3} = -1 \pm j\sqrt{2} \;\Rightarrow\; Z(s_1, s_2, s_3) \neq 0$$

Der Ansatz für die Partialbruchzerlegung hat unter Berücksichtigung von (3.17) die Form:

$$F(s) = \frac{Z(s)}{N(s)} = \frac{C}{s} + \frac{A + Bs}{s^2 + 2s + 3} = \frac{(B + C)s^2 + (A + 2C) + 3C}{s(s^2 + 2s + 3)}$$

Durch Koeffizientenvergleich bei den Zählerpolynomen lässt sich ein Gleichungssystem aufstellen:

$$\begin{aligned}
C + B \quad\;\;\; &= \; 0 \\
2C \quad\;\; + A &= \; -1 \\
3C \quad\quad\;\;\; &= \; 1
\end{aligned}$$

Die Lösungen lauten: $C = 1/3$, $B = -1/3$, $A = -5/3$. Die Partialbruchdarstellung der Bildfunktion kann damit in die Form

$$F(s) = \frac{Z(s)}{N(s)} = \frac{1}{3s} - \frac{5 + s}{3(s^2 + 2s + 3)} = \frac{1}{3}\left[\frac{1}{s} - 2\sqrt{2}\,\frac{\sqrt{2}}{(s+1)^2 + 2} - \frac{s+1}{(s+1)^2 + 2} \right]$$

gebracht werden. Die Rücktransformation der Teilbrüche mit Hilfe der Tabelle 3.1 auf Seite 31 ergibt die Zeitfunktion

$$f(t) = \frac{1}{3}\left[1 - 2\sqrt{2}e^{-t}\sin\sqrt{2}t - e^{-t}\cos\sqrt{2}t \right]$$

3.8 Die Nullstellen des Nenners der Bildfunktion

$$F(s) = \frac{Z(s)}{N(s)} = \frac{1}{s^3 - 3s^2 + 4}$$

lauten: $s_1 = -1$, $s_2 = 2$, $s_3 = 2$. Es liegt also eine Doppelnullstelle vor. Demnach wählt man den Partialbruchansatz in folgender Form:

$$F(s) = \frac{Z(s)}{N(s)} = \frac{1}{(s+1)(s-2)^2} = \frac{A_1}{s+1} + \frac{A_2}{s-2} + \frac{A_3}{(s-2)^2}$$

Nach Abschnitt 3.4.1 wird die Gleichung nach dem Verfahren von **HEAVISIDE** z. B. mit dem Faktor $s + 1$ multipliziert:

$$\frac{Z(s)}{N(s)}(s+1) = A_1 + \left[\frac{A_2}{s-2} + \frac{A_3}{(s-2)^2}\right](s+1)$$

Der Grenzübergang $s \to -1$ ergibt den Koeffizienten A_1, weil der zweite Term null wird:

$$\lim_{s \to -1}\frac{1}{(s-2)^2} = \frac{1}{9} = A_1$$

Ebenso wird verfahren, um die beiden restlichen Koeffizienten zu bestimmen. Es ist sinnvoll, den Faktor mit der höchsten Potenz zu wählen:

$$\frac{Z(s)}{N(s)}(s-2)^2 = A_3 + \frac{A_1}{s+1}(s-2)^2 + A_2(s-2)$$

Der Grenzübergang $s \to 2$ liefert:

$$\lim_{s \to 2}\left(\frac{Z(s)}{N(s)}(s-2)^2\right) = \lim_{s \to 2}\frac{1}{s+1} = \frac{1}{3} = A_3$$

Durch Differentiation und nochmaligem Grenzübergang $s \to 2$ erhält man den zweiten Koeffizienten:

$$\lim_{s \to 2}\left[\frac{d}{ds}\left(\frac{Z(s)}{N(s)}(s-2)^2\right)\right] = \lim_{s \to 2}\left[\frac{d}{ds}\left(\frac{1}{s+1}\right)\right] = \lim_{s \to 2}\left[\frac{-1}{(s+1)^2}\right] = -\frac{1}{9} = A_2$$

Setzt man die Koeffizienten in den Partialbruchansatz ein und transformiert in den Zeitbereich, wird:

$$F(s) = \frac{1}{9}\frac{1}{s+1} - \frac{1}{9}\frac{1}{s-2} + \frac{1}{3}\frac{1}{(s-2)^2} \quad \bullet\!\!-\!\!o \quad f(t) = \frac{1}{9}e^{-t} - \frac{1}{9}e^{2t} + \frac{1}{3}te^{2t}$$

Alternative: Da die Bildfunktion als Produkt vorliegt, kann die Zeitfunktion auch durch eine Faltung gewonnen werden:

$$F(s) = \frac{1}{(s-2)^2} \cdot \frac{1}{s+1} = F_1(s) \cdot F_2(s)$$

Mit den Einzeltransformationen aus der Tabelle 3.1

$$F_1(s) = \frac{1}{(s-2)^2} \quad \bullet\!\!-\!\!o \quad te^{2t} \quad \text{und} \quad F_2(s) = \frac{1}{s+1} \quad \bullet\!\!-\!\!o \quad e^{-t}$$

wird unter Anwendung von (3.20) die Zeitfunktion durch ein Integral definiert:

$$f(t) = \mathscr{L}^{-1}\{F_1(s)F_2(s)\} = \int_0^t f_1(t)f_2(t-\tau)d\tau$$

$$= \int_0^t \tau e^{2\tau}e^{-(t-\tau)}d\tau$$

$$f(t) = e^{-t} \int_0^t \tau e^{3\tau} d\tau$$

$$f(t) = \frac{1}{9}e^{-t} - \frac{1}{9}e^{2t} + \frac{1}{3}te^{2t}$$

3.9 Mit der Differentiationsregel wird aus der Differentialgleichung 1. Ordnung bei konstanten Koeffizienten und der Anfangsbedingung $y(0) = 0$,

$$\dot{y} + y(t) = t^2, \, t > 0,$$

die algebraische Gleichung

$$sy(s) - y(0) + y(s) = 2/s^3$$

Nach $y(s)$ umgestellt, erhält man das Produkt zweier Bildfunktionen, die wiederum mit Hilfe des Faltungsintegrals zurücktransformiert werden können:

$$y(s) = \frac{2}{s^3} \cdot \frac{1}{1+s} = y_1(s) \cdot y_2(s)$$

Mit den Transformationen

$$y_1(s) = \frac{2}{s^3} \quad \bullet\!\!-\!\!\circ \quad y_1(t) = t^2 \text{ und } y_2(s) = \frac{1}{s+1} \quad \bullet\!\!-\!\!\circ \quad y_2(t) = e^{-t}$$

wird das Faltungsintegral:

$$y(t) = \int_0^t e^{-\tau}(t-\tau)^2 d\tau = \int_0^t \tau^2 e^{-(t-\tau)} d\tau = e^{-t} \int_0^t \tau^2 e^{\tau} d\tau$$

$$= -2e^{-t} + t^2 - 2t + 2$$

3.10 Die Transformation der Differentialgleichung zweiter Ordnung

$$\ddot{y} - \dot{y} = 2\cos 3t, \quad y(0) = \dot{y}(0) = 0, \quad t > 0$$

ergibt im Bildbereich

$$s^2 y(s) - sy(0) - \dot{y}(0) - (sy(s) - y(0)) = 2\frac{s}{s^2+9} \; \Rightarrow \; y(s) = \frac{2}{s^2+9} \cdot \frac{1}{s-1} = y_1(s) \cdot y_2(s)$$

Mit den Korrespondenzen

$$y_1(s) = \frac{2}{3}\frac{3}{s^2+3^2} \quad \bullet\!\!-\!\!\circ \quad \frac{2}{3}\sin 3t \text{ und } y_2(s) = \frac{1}{s-1} \quad \bullet\!\!-\!\!\circ \quad e^t$$

lässt sich das Faltungsintegral für die Rücktransformation aufstellen:

$$y(t) = \frac{2}{3} \int_0^t \sin 3\tau e^{t-\tau} d\tau = \frac{2}{3} e^t \int_0^t \sin 3\tau e^{-\tau} d\tau$$

$$= \frac{1}{5} e^t - \frac{1}{5} \cos 3t - \frac{1}{15} \sin 3t$$

3.11 Der Funktionswerte $f(0)$ und der Grenzwert $f(\infty)$ einer Zeitfunktion $f(t)$ lassen sich mit dem Grenzwertsatz Nr. 9, Tabelle 3.2 direkt im Bildbereich ermitteln, wenn die **LAPLACE**–Transformierte $F(s)$ von $f(t)$ vorliegt. Für eine Bildfunktion $F(s) = \dfrac{s}{s^2 + \omega^2}$ ist nach dem *Anfangswertsatz* (Tabelle 3.2, Seite 32):

$$f(0) = \lim_{s \to \infty} s \cdot F(s) = \lim_{s \to \infty} s \frac{s}{s^2 + \omega^2} = \lim_{s \to \infty} \frac{1}{1 + \left(\dfrac{\omega}{s}\right)^2} = 1$$

Ebenso lässt sich $f(\infty)$ einer Bildfunktion $F(s) = \dfrac{U_0}{s(1 + sT)}$ mit dem *Endwertsatz* (Tabelle 3.2, Seite 32) ermitteln:

$$f(\infty) = \lim_{s \to 0} s \cdot F(s) = \lim_{s \to 0} s \frac{U_0}{s(1 + sT)} = U_0$$

3.6 Übungsaufgaben

3.1 Berechne mit Hilfe des **LAPLACE**–Integrals die Transformierte der folgenden Funktionen:

a) $\quad f(t) = \begin{cases} at, 0 < t \leq t_0 \\ at_0, t > t_0 \end{cases}$ b) $\quad f(t) = \begin{cases} 10, 0 < t < 5 \\ 0, \text{ sonst} \end{cases}$

Lsg.: a) $\quad F(s) = \dfrac{a}{s^2} - \dfrac{a}{s^2} e^{-st_0}$ b) $\quad F(s) = \dfrac{10}{s}(1 - e^{-5s})$

3.2 Durch Anwenden der Sätze der **LAPLACE**–Transformation bestimme man die Bildfunktionen der beiden Zeitfunktionen:

a) $\quad f(t) = t^2 \cos at$, $\mathscr{L}\{\cos at\}$ sei bekannt.

b) $\quad f(t) = e^{-2t}(3 \cos 6t - 5 \sin 6t)$ mittels Dämpfungsregel

Lsg.: a) $\mathscr{L}\{t^2 \cos at\} = \dfrac{2s^3 - 6a^2 s}{(s^2 + a^2)^3}$ b) $\mathscr{L}\{e^{-2t}(3 \cos 6t - 5 \sin 6t)\} = \dfrac{3s - 24}{s^2 + 4s + 40}$

3.3 Man prüfe die folgenden Korrespondenzen nach, indem man die Bildfunktionen in eine geeignete Partialbruchdarstellung überführt und die Koeffizienten entweder über ein Gleichungssystem oder nach dem Entwicklungssatz von **HEAVISIDE** bestimmt:

a) $F(s) = \dfrac{1+5s}{(s-1)^2(s+1)}$ •—o $f(t) = \left(\dfrac{1}{9}e^t - \dfrac{1}{9}e^{-t} + \dfrac{1}{3}te^t\right)9$

b) $F(s) = \dfrac{1-s}{s(s^2+2s+3)}$ •—o $f(t) = \dfrac{1}{3}\left(1 - 2\sqrt{2}e^{-t}\sin\sqrt{2}\,t - e^{-t}\cos\sqrt{2}\,t\right)$

c) $F(s) = \dfrac{2s^2-4}{(s+1)(s-2)(s-3)}$ •—o $f(t) = -\dfrac{1}{6}e^{-t} - \dfrac{4}{3}e^{2t} + \dfrac{7}{2}e^{3t}$

d) $F(s) = \dfrac{2s+1}{s^2+2s+2}$ •—o $f(t) = e^{-t}(2\cos t - \sin t)$

e) $F(s) = \dfrac{1+2s+2s^2}{s(1+s)(1+s^2)}$ •—o $f(t) = 1 - \dfrac{1}{2}e^{-t} + \dfrac{3}{2}\sin t - \dfrac{1}{2}\cos t$

3.4 Die folgenden Korrespondenzen sind mittels **LAPLACE**–Integral zu berechnen und über die Rechenregeln herzuleiten:

a) $F(s) = \dfrac{5(1-e^{-3s})}{s}$ •—o $f(t) = \begin{cases} 5, & 0 < t < 3 \\ 0, & t > 3 \end{cases}$

b) $F(s) = \dfrac{se^{-2\pi s/3}}{s^2+1}$ •—o $f(t) = \begin{cases} \cos(t - 2\pi/3), & t > 2\pi/3 \\ 0, & t < 2\pi/3 \end{cases}$

c) $F(s) = 2e^{-s}\dfrac{1}{s^3}$ •—o $f(t) = \begin{cases} (t-1)^2, & t > 1 \\ 0, & 0 < t < 1 \end{cases}$

3.7 Zusammenfassung

Bei der Untersuchung und Beschreibung linearer Regelkreise und linearer Regelkreisglieder stößt man immer wieder auf das Problem, eine lineare Differentialgleichung oder ein lineares Differentialgleichungssystem lösen und das Ergebnis interpretieren zu müssen. Der Lösungsweg ist im Zeitbereich nicht immer einfach, es können erhebliche mathematische Schwierigkeiten auftreten.

Hier bietet die **LAPLACE**-Transformation einen alternativen Weg: Ihre wichtigste Eigenschaft besteht darin, dass der Differentiation und Integration im Zeitbereich einfache algebraische Operationen im Bildbereich entsprechen.

Bei der praktischen Arbeit verwendet man eine Tabelle, die **Korrespondenztabelle**. In ihr sind Grundfunktionen wie die Sprungfunktion, die Exponentialfunktion oder die trigonometrischen Funktionen und ihre korrespondieren Bildfunktionen aufgelistet. Sie lassen sich ohne größeren Aufwand aus den **LAPLACE**-Integralen berechnen. Manche Funktionen sind in der Tabelle in unterschiedlichen Darstellungsformen zusammengestellt. Sie und der Umfang einer Tabelle begründen den Komfort eines Tabellenwerkes.

Neben den Korrespondenzen sind in der Tabelle auch die **Rechenregeln** der **LAPLACE**-Transformation aufgelistet. Mit ihrer Hilfe lassen sich aus den Grundkorrespondenzen neue, in der Tabelle nicht vorhandene Funktionspaare, herleiten, ohne den Weg über die Integrale gehen zu müssen. So bedeutet beispielsweise eine Multiplikation einer Zeitfunktion mit t eine Differentiation der Bildfunktion nach der komplexen Variablen s oder eine Differentiation im Zeitbereich eine Multiplikation mit s der Bildfunktion, was direkt bei der Transformation einer Differentialgleichung Anwendung findet. Besonders hilfreich bei der Berechnung eines stationären Wertes oder eines Anfangswertes sind die **Grenzwertsätze**. Sie erlauben, eine Berechnung der beiden Zustände direkt im Bildbereich durchzuführen, ohne den beschwerlichen Umweg über den Zeitbereich zu nehmen.

Bei der Transformation einer Differentialgleichung werden die einzelnen Terme mit Hilfe der Tabelle in den Bildbereich übertragen und dort zusammengestellt. Das Transformationsergebnis ist der Differentialgleichung äquivalent und liegt in algebraischer Form vor. Deshalb spricht man auch von einer **Algebraisierung** einer Differentialgleichung. Die Bildfunktion einer Differentialgleichung dient als Basis für viele darauf aufbauende Methoden und Verfahren, die in den weiteren Kapiteln vorgelstellt und vielfältig benutzt werden.

Bei der Rücktransformation der Bildfunktion in den Zeitbereich kann es je nach Umfang und Komfort einer Tabelle erforderlich sein, die Bildfunktion umzuformen oder in Grundfunktionen zu zerlegen, um ein geeignetes Transformationspaar zu finden. Lässt sich der Nenner einer Bildfunktion in eine Produktform bringen, kann über eine **Partialbruchzerlegung** die Ausgangsfunktion in Grundfunktionen zerlegt werden, die im Allgemeinen in einer Tabelle hinterlegt sind. Je nach Nullstellen des Nenners der Bildfunktion wählt man dabei unterschiedliche Ansätze. Die Nullstellen können einfach, mehrfach aber auch komplex sein. Eine Polynomform des Nenners lässt sich dann nach dem Fundamentalsatz der Algebra in eine Linearform überführen, wobei man aber bei komplexen Nullstellen im allgemeinen Ansatz der Partialbruchzerlegung die Linearform verlässt und eine Quadratform wählt. Die Teilbrüche werden zusammengefasst, auf einen Hauptnenner gebracht, der Zähler nach Potenzen von s geordnet und mit dem Zähler der Bildfunktion verglichen. Die Lösungen des daraus entstehenden Gleichungssystems sind die im Partialbruchansatz stellvertretend angenommenen Koeffizienten. Stellt sich die Bildfunktion in Produktform dar, ist der Weg zur Zeitfunktion über das Faltungsintegral vorteilhafter, weil die einzelnen Teilfunktionen jeweils separat zurücktransformiert werden können.

Die vielfältige Anwendbarkeit der **LAPLACE-Transformation** machen sie in Verbindung mit den komplexen Zahlen und Funktionen zu einem idealen **Handwerkszeug** besonders bei der Beschreibung des dynamischen Verhaltens von Regelkreisen. Hierbei beschränkt man sich aber nicht nur auf das Lösen von Differentialgleichungen, sondern wählt die Bildfunktion als Basis für viele Kennzeichnungen spezieller Eigenschaften von Regelkreisgliedern.

4 Die Beschreibung linearer kontinuierlicher Systeme im Zeitbereich

4.1 Systeme und ihre Eigenschaften

Will man in der physikalischen Welt etwas verändern, muß eine Anzahl von Vorgängen eingeleitet und ausgeführt werden, wie z. B. eine Masse in Bewegung setzen, die physikalischen Werte Temperatur und Feuchtigkeit bei der Raumklimatisierung steuern oder unter gegebenen Randbe-dingungen eine Stahlsorte, eine Zementmischung, einen Kunststoff herstellen. Einen Vorgang der geschilderten Art nennt man *physikalischer Prozess* [12]. In diesem Sinne sind demnach alle physikalischen Produktionsverfahren physikalische Prozesse. Werden in einem solchen Prozess die physikalischen Größen mit technischen Mitteln erfasst und beeinflusst, spricht man in der Normung (DIN 66201) von einem *technischen Prozess*. Bevor man aber einen technischen Prozess gezielt beeinflussen kann, muss man seine Eigenschaften analysieren, um seine Reaktion auf äußere Einwirkungen zu verstehen.

Bestandteile eines technischen Prozesses sind offensichtlich Masse, Energie und Informationen, die eingesetzt, transportiert und umgeformt werden, um eine vorgegebene Zielsetzung zu erreichen. Faktoren wie z. B. sporadische Änderungen in den Material-, Energie- und Informationsflüssen, die nicht gesteuert werden können, den Prozess aber nicht zielorientiert beeinflussen, bezeichnet man mit *Störungen*. Schematisch lässt sich dieser Vorgang mit dem folgenden Bild veranschaulichen:

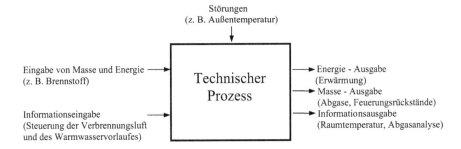

Bild 4.1: Darstellung eines technischen Prozesses; das Produkt des Prozessgeschehens sei eine vorgegebene Erwärmung

Alle im technischen Prozess eingesetzte Geräte und Maschinen, die durch ihr Zusammenwirken den Prozess ermöglichen, nennt man in ihrer Gesamtheit *technisches System.*

Zur Erläuterung betrachten wir eine hydraulische Anlage nach Bild 4.2, deren Komponenten wirkungsmäßig miteinander verbunden sind und die gegenüber ihrer Umgebung abgegrenzt ist. Eine von *außen* auf das System einwirkende Ventilsteuerung h_z ruft Änderungen der *im* System wirkenden Größen Zufluss Q_{zu}, Niveau h und Abfluss Q_{ab} zwangsläufig hervor und beeinflusst somit den *Systemzustand*. Solche auf das System einwirkenden Größen nennt man *Eingangsgrößen* (h_z), den Systemzustand beschreibende Größen *Systemgrößen* (h, Q_{zu}, Q_{ab}). Damit ist auch der *Wirkungsrichtung* der Beeinflussung erkennbar. Er ist eindeutig und nicht umkehrbar, eine Folge der Kausalität.

Eine Änderung der Eingangsgröße beeinflusst auch die zukünftigen Werte der Systemgrößen, was bedeutet, dass ein *dynamisches System* vorliegt. Diese enthalten immer Speicherglieder für Energie, Masse und Informationen. Wenn einzelne Systemgrößen nach außen über die *Systemgrenze*, eine gedankliche Hüllfläche um die das System bildende Gerätegruppe, hinauswirken bzw. von außen beobachtet oder gemessen werden können, spricht man von *Ausgangsgrößen*. (Q_{ab}, h).

Der Vorgang der Übertragung einer Eingangsgrößenänderung auf die System- bzw. Ausgangsgrößen heißt Übertragungsprozess (Speicher- und Auslaufvorgang). Er wird durch die Struktur des Systems bestimmt, also durch die den Übertragungsprozess beschreibenden physikalischen Gesetze und den in diese eingehenden *Systemparameter* (h_{z0}^{*}, A_z, A_a, A_B).

Man nennt den Zusammenhang zwischen dem Verlauf der Eingangsgröße ($h_z(t)$, Ursache) und dem Verlauf der Ausgangsgröße ($h(t)$ oder $Q_{ab}(t)$, Wirkung) *Übertragungsverhalten* oder *Zeitverhalten eines technischen Systems.*

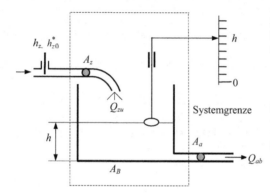

Bild 4.2: Technologisches Schema eines hydraulischen Systems mit den Komponenten:

    Zulauf mit Ventil
    Behälter mit Auslauf
    Pegelstandsanzeiger

Eingangsgröße: Ventilstellung h_z
Ausgangsgrößen: Abfluss Q_{ab},
                 Füllstand h

Systemparameter: Weg der Stellgröße h_{z0}^{*}
                    Zuflussquerschnitt A_z
                    Ausflussquerschnitt A_a
                    Behälterbodenfläche A_B

Im Allgemeinen ist es nicht erforderlich, die Funktionsweise aller Systemkomponenten genau zu kennen, um die Arbeitsweise des Gesamtsystems verstehen und abschätzen zu können. Statt dessen genügt es, das ganze System oder einzelne gerätetechnische oder funktionsmäßige Komponenten als *Block* mit Eingangs- und Ausgangsgrößen zu betrachten:

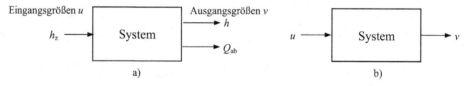

Bild 4.3: Blockschaltbild
a) eines hydraulischen Systems nach Bild 4.2
b) in allgemeiner Form mit einer Eingangsgröße $u = h_z$ und einer Ausgangsgröße $v = h$ oder Q_{ab}

Ein wesentlicher Punkt bei der Untersuchung dynamischer Systeme ist die Frage nach der *Reaktion des Systems* bei gegebener Eingangsgröße und bekanntem Übertragungsverhalten, eine Aufgabenstellung aus der *Systemanalyse*. Eine andere Fragestellung zielt auf das Übertragungsverhalten eines dynamischen Systems bei bekannten Verläufen von Eingangs- und Ausgangsgrößen, die *Systemidentifikation*, was praktisch auf das Aufstellen eines *mathematischen Modells* des Übertragungsprozesses hinausläuft. Man spricht hier auch vom *Prozessmodell* und versteht darunter ein durch mathematische Beziehungen beschriebenes *Abbild* bestimmter Eigenschaften des dynamischen Systems. In diesem Abbild werden nur die dem *Zweck des Modells* dienenden Systemeigenschaften abgebildet, also keine exakte Beschreibung des Verhaltens des abzubildenden Originalsystems angestrebt.

Wir werden uns im weiteren auf eine bestimmte Klasse von technischen Systemen beschränken, die durch Linearität, das Verschiebungsprinzip und die kontinuierliche Arbeitsweise gekennzeichnet sind.

Linearität

Es liegt ein System mit *einem* Eingang u und *einem* Ausgang v vor. Auf den Eingang wird eine beliebige Eingangsgröße $u(t)$ gelegt. Die zugehörige Ausgangsgröße sei $v(t)$. Das System erfüllt dann das **Verstärkungsprinzip**, wenn die mit einer beliebigen Konstante c multiplizierte Eingangsgröße $cu(t)$ eine ebenso „verstärkte" Ausgangsgröße $cv(t)$ zur Folge hat:

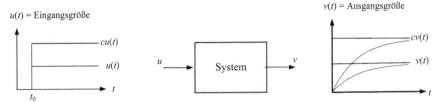

Bild 4.4: Zur Erläuterung des Verstärkungsprinzips

Man legt nacheinander auf den Eingang u eines gegebenen Systems n beliebige Eingangsgrößen $u_i(t)$ und bestimmt jeweils die Systemantworten. Das **Überlagerungsprinzip** ist dann erfüllt, wenn sich die Systemantwort auf die Summe der n Eingangsgrößen als Summe („Überlagerung") der n Systemantworten $v_i(t)$ ergibt:

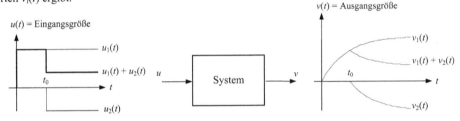

Bild 4.5: Zur Erläuterung des Überlagerungsprinzips

Sind bei einem System das Verstärkungsprinzip und das Überlagerungsprinzip erfüllt, heißt es **lineares System**. Die Eigenschaft der Linearität erlaubt beispielsweise den Einfluss verschiedener Eingangsgrößen $u_i(t)$ auf eine Ausgangsgröße $v(t)$ einzeln zu berechnen und die separat gewonnenen Systemantworten $v_i(t)$ anschließend zu überlagern:

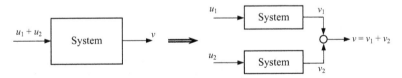

Bild 4.6: Entflechtung bei der Berechnung von Systemantworten

Verschiebungsprinzip

Bei einem System erzeugt eine Eingangsgröße $u_1(t)$ die Systemantwort $v_1(t)$. Führt die um die Zeitspanne t_0 verschobene Eingangsgröße $u_2(t) = u_1(t - t_0)$ zu einer ebenfalls um t_0 verschobenen und unverfälschten Systemantwort mit $v_2(t) = v_1(t - t_0)$, erfüllt das System das **Verschiebungsprinzip**.

Systeme, die das Verschiebungsprinzip erfüllen, nennt man *zeitinvariante Systeme* (Bild 4.7). Bei solchen sind die Systemparameter konstant.

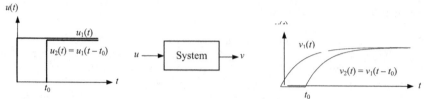

Bild 4.7: Zum Verschiebungsprinzip

Kontinuierliche Arbeitsweise

Bild 4.8: Kontinuierlicher Signalverlauf

Eine *kontinuierliche Arbeitsweise* liegt vor, wenn eine Systemvariable, z. B. die Eingangs- oder Ausgangsgröße, zu jedem Zeitpunkt gegeben und auch innerhalb gewisser Grenzen stetig veränderbar ist. Solche Systeme lassen sich durch lineare Differentialgleichungen beschreiben. Man verwendet deshalb auch in der Zusammenfassung der aufgeführten Eigenschaften von Systemen den Begriff *lineare, zeitinvariante, kontinuierliche Systeme* bzw. *Übertragungsglieder* oder kurz *LZI-Glieder*

Einschränkend werden nur Übertragungsglieder mit einer Eingangsgröße und einer Ausgangsgröße betrachtet. Der Wirkungssinn wird durch Pfeile markiert. Werden mehrere Übertragungsglieder in unterschiedlicher Konstellation miteinander verflochten, muss *Rückwirkungsfreiheit* vorausgesetzt werden, was besagt, dass die Ausgangsgröße eines Übertragungsgliedes nur von der zugehörigen Eingangsgröße abhängt, dagegen nicht von den nachfolgenden Übertragungsgliedern.

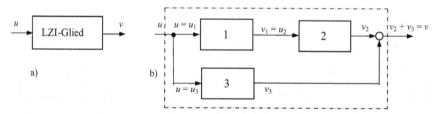

Bild 4.9: Übertragungsblock und Wirkungsplan
a) Elementarblock
b) Zusammengesetztes Übertragungssystem aus Elementarblöcken: Wirkungsplan

Verknüpfung	Symbol	Rechenregel
Verzweigung	u_1 ——•—→ v_2 ↓ v_3	$u_1 = v_2 = v_3$
Summation Subtraktion	u_1 ——○—→ v_3 ± ↑ u_2	$v_3 = u_1 \pm u_2$

Einige der gebräuchlichsten Regeln, die der Signalverknüpfung von Elementarblöcken zu Grunde liegen und in dem Bild 4.9 b Anwendung finden, sind in der nebenstehenden Tabelle zusammengestellt.

Tabelle 4.1: Einige Symbole und Regeln für die Signalverknüpfung

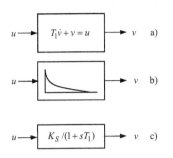

Bild 4.10: Kennzeichnungsmöglichkeiten eines Blockes durch sein Übertragungsverhalten

Das Übertragungsverhalten eines Blockes lässt sich symbolisch durch einen entsprechenden Eintrag in den Block kennzeichnen, z. B. durch

- die Differentialgleichung, die das Übertragungsverhalten zwischen der Eingangs- und Ausgangsseite im Zeitbereich beschreibt (Bild 4.10 a),
- den Verlauf der Gewichtsfunktion (siehe Kap. 4.4), (Bild 4.10, b) und
- die Übertragungsfunktion (siehe Kap. 5.1),(Bild 4.10, c).

Die grafische Darstellung der wirkungsmäßigen Zusammenhänge zwischen den physikalischen Größen in einem technischen System erfolgt im *Wirkungsplan* (Bild 4.11). Wesentliche Bestandteile dieser Pläne sind *Wirkungslinien*, *Pfeile* und *elementare Übertragungsglieder* (Tabelle 4.2).

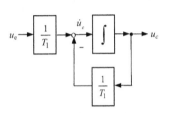

Bild 4.11: Blockschaltbild eines Systems erster Ordnung: Differentialgleichung

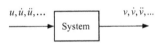

Bild 4.12: Zur mathematischen Beschreibung linearer kontinuierlicher Systeme

u Eingangsgröße und deren Ableitungen
v Ausgangsgröße und deren Ableitungen

Bausteinart	Symbol	Rechenregel
Proportionalglied (P-Glied)	$u \rightarrow \boxed{K_P} \rightarrow v$	$v = K_P u$
Integrierglied (I-Glied)	$u \rightarrow \boxed{\int} \rightarrow v$	$v = \int u\,dt$
Differenzierglied (D-Glied)	$u \rightarrow \boxed{\frac{d}{dt}} \rightarrow v$	$v = \frac{du}{dt}$
Multiplikationsglied	$u \rightarrow \boxed{\cdot} \rightarrow v$	$v = u_1 \cdot u_2$
Divisionsglied	$u \rightarrow \boxed{:} \rightarrow v$	$v = \frac{u_1}{u_2}$
Totzeitglied (T$_t$-Glied)	$u \rightarrow \boxed{T_t} \rightarrow v$	$v = u(t - T_t)$

Tabelle 4.2: Elementare Übertragungsglieder

4.2 Die Modellbildung eines Übertragungssystems

Ziel bei der theoretischen Modellbildung ist die mathematische Beschreibung der physikalischen Vorgänge, die den Signalübertragungsprozess bestimmen, in Form einer inhomogenen, linearen oder linearisierten Differentialgleichung n-ter Ordnung mit konstanten Koeffizienten (Bild 4.12):

$$a_n v^{(n)} + a_{n-1} v^{(n-1)} + \cdots + a_1 \dot{v} + a_0 v = b_0 u + b_1 \dot{u} + \cdots + b_{m-1} u^{(m-1)} + b_m u^{(m)} \tag{4.1}$$

Sie beschreibt den Zusammenhang zwischen der Eingangs- und Ausgangsgröße, von Ursache und Wirkung eines Übertragungssystemes. Die Ordnung m der Eingangsgröße sollte kleiner sein als die Ordnung n der Ausgangsgröße.

In der Differentialgleichung sind die $v^{(k)}$ ($k = 1, 2, ..., n$) die k-fachen Ableitungen der Ausgangsgröße $v(t)$ und $u^{(l)}$ ($l = 1, 2, ..., m$) die l-fachen Ableitungen der Eingangsgröße $u(t)$ nach der Zeit.

Die Ordnung n der Differentialgleichung richtet sich nach der höchsten Ableitung der Ausgangsgröße. Die Anfangsbedingungen $v(0)$, $\dot{v}(0)$, ..., $v^{(n-1)}(0)$ legen den Zustand des Systems zum Zeitpunkt $t = 0$ fest. Üblicherweise geht man von leeren Energiespeichern aus, d. h. die Anfangswerte sind null. Soll das durch die Differentialgleichung (4.1) beschriebene Prozessmodell technisch realisierbar sein, muss m kleiner n gelten. Die Konstanten a_0, a_1, ..., a_n setzen sich aus den Systemparametern zusammen und sind deshalb mit Einheiten behaftet, was im Allgemeinen auch für die Koeffizienten b_0, b_1, ..., b_m der Eingangsgröße der Differentialgleichung gilt. Die Lösung der Differentialgleichung (4.1) erfolgt beim „Rechnen im Zeitbereich" üblicherweise in zwei Schritten:

1. Bestimmen der allgemeinen Lösung $v_h(t)$ der zugehörigen homogenen Differentialgleichung und
2. Suchen einer partikulären Lösung $v_p(t)$ für die inhomogene Differentialgleichung

Die Summe der beiden Teillösungen $v = v_h + v_p$ ist dann die gesuchte allgemeine Lösung. Diese enthält genau n beliebige Konstanten c_1, c_2, ..., c_n, die sich aus den n Anfangsbedingungen berechnen lassen. Als Alternative bietet sich das Regelwerk der **LAPLACE**-Transformation an (siehe Kapitel 3). Hierbei wird die Differentialgleichung einschließlich ihrer Anfangsbedingungen in den Bildbereich transformiert, nach der Ausgangsvariablen umgestellt und anschließend wieder zurück in den Zeitbereich transformiert. Die Lösung der Differentialgleichung hängt von der Eingangsgröße und von dem Übertragungsverhalten des Regelkreisgliedes ab. Hier liegt eine Stärke beim Benutzen der **LAPLACE**-Transformation: Beim Wechseln der Eingangsgröße muss die Differentialgleichung nicht komplett neu gelöst werde wie im Zeitbereich, man kann sich auf Teile abstützen, die das Übertragungsverhalten eines Regelkreisgliedes charakterisieren.

Bei der *experimentellen Modellbildung* (Abschnitt 4.3) geht man von einem realen System aus, dessen Eingangs- und Ausgangsgröße messbar sind. Gemessen wird dann die Ausgangsgröße als Reaktion auf einen vorgegebenen Verlauf der Eingangsgröße, einer sogenannten *Testfunktion* (siehe Abschnitt 4.3.1). Aus dem Verlauf der Ausgangsgröße wird ein bestimmtes Übertragungsverhalten mathematisch festgelegt (Kapitel 8) [13].

Leitgedanke in beiden Fällen muss sein, je näher die Modellbildung dem realen Systemverhalten kommt, desto präziser lässt sich der Regler auswählen und an die Streckenparameter anpassen.

4.2.1 Das Aufstellen der Differentialgleichung

Der Weg zur mathematischen Beschreibung des Übertragungsverhaltens eines Systems mittels einer Differentialgleichung nach (4.1) führt über die Anwendung von physikalischen Gesetzen, denen der Übertragungsprozess unterliegt. In vielen Fällen reichen hier die **NEWTON**schen Gesetze oder die **LAGRANGE** Gleichungen, um die Bewegungsgleichungen zu ermitteln, sofern es sich um mechanische Systeme handelt [14].

In der Tabelle 4.3 auf der folgenden Seite sind einige mechanische und elektrische Bilanzgrößen zusammengestellt, die bei der Modellbildung von Übertragungssystemen hilfreich sein können.

Translatorisch (Kraft, Energie)	Rotation (Drehmoment, Energie)	Elektrisch (Spannung, Energie)
Feder: Federkraft $\quad F_k = k \cdot x$ Pot. Energie $\quad E_p = \frac{1}{2} k \cdot x^2$ k = Federkonstante	**Drehfeder:** Drehmoment $\quad M_k = k_R \cdot \varphi$ Pot. Energie $\quad E_p = \frac{1}{2} k_R \cdot \varphi^2$ k_R = Federkonstante, rot. φ = Drehwinkel	**Kondensator:** Kraft $\qquad F = \frac{1}{2}\frac{Q^2}{\varepsilon A}$ Energie $\qquad E_{el} = \frac{1}{2} C U_C^2$ Q = Ladung am Kondensator A = Fläche des Kondensators C = Kapazität des Kondensators ε = Dielektrizitätskonstante
Dämpfung: Dämpfungskraft: $F_d = d \cdot \dot{x}$ Energie: $\qquad E_v = d \cdot v \cdot x$ d = Dämpfungskonstante v = konst: Geschwindigkeit	**Dämpfung:** Drehmoment $\quad M_d = d_R \dot{\varphi} = d_R \omega$ Energie $\qquad E_v = d_R \cdot \omega \cdot \varphi$ ω = konst: Winkelgeschwindigkeit	**Widerstand** Spannung $\quad U_R = R \cdot I_R$ Energie $\qquad E_v = R \cdot I_R^2 \cdot t$ I = konst.
Masse: Kraft $\qquad F_m = m \cdot \ddot{x}$ Energie $\qquad E_k = \frac{1}{2} m \cdot \dot{x}^2$	**Masse:** **Drehmoment** $\quad M_J = J \cdot \ddot{\varphi} = J \cdot \dot{\omega}$ **Energie** $\qquad E_k = \frac{1}{2} J \cdot \omega^2$	**Induktivität:** Spannung $\quad U_L = L \cdot \dot{I}_L$ Energie, magn. $\quad E_m = \frac{1}{2} \cdot L \cdot I_L^2$

Tabelle 4.3: Mechanische und elektrische Bilanzgrößen

4.2.2 Systeme 1. Ordnung

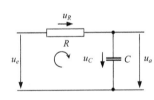

Bild 4.13: Modellbildung eines elektrischen Netzwerks
R Ohmscher Widerstand
C Kapazität
u_e Eingangsspannung
u_a Ausgangsspannung
u_R Spannungsabfall an R

Wir betrachten ein elektrisches Netzwerk, bestehend aus einem Widerstand R und einer Kapazität C (Bild 4.13). Nach der **KIRCHHOFF**schen Maschengleichung gilt:

$$u_e = u_R + u_c.$$

Die Spannungen am Widerstand und am Kondensator sind $u_R = iR$ und $u_C = \frac{1}{C}\int i dt$ bzw. differenziert und umgestellt, $C \dot{u}_C = i$. Mit $u_R = RC \dot{u}_C$ und $u_C = u_a$ folgt aus der Maschengleichung eine Differentialgleichung 1. Ordnung, die als Systemparameter die Zeitkonstante $T_1 = RC$ mit der Einheit Sekunde enthält:

$$[T_1] = \frac{V}{A} \cdot \frac{A \sec}{V} = \sec$$

$$u_e(t) = RC \dot{u}_C + u_C = T_1 \dot{u}_a + u_a(t) \qquad (4.2)$$

Lösung der Differentialgleichung 1. Ordnung

Wir lösen die Aufgabe im Bildbereich: Die Differentialgleichung wird unter Berücksichtigung von Anfangsbedingungen in den Bildbereich transformiert. Um Allgemeinheit zu erreichen, fügen wir bei der Eingangsgröße u_e noch einen konstanten Faktor hinzu, der sich in (4.2) zu $K = 1$ ergibt und wählen die allgemeinen Bezeichnungen für u_e und u_a, u und v für die Eingangs- und Ausgangsgröße:

$$T_1 \dot{v} + v(t) = K u(t) \quad \text{mit} \quad v(0) = U_0$$

Die komplette Gleichung wird **LAPLACE**-transformiert:

$$T_1 s v(s) + T_1 U_0 + v(s) = K u(s)$$

Umgestellt nach der Variablen $v(s)$:

$$v(s) = \frac{T_1}{1 + s T_1} U_0 + \frac{K}{1 + s T_1} u(s) \tag{4.3}$$

Der erste Term in dieser Gleichung beschreibt die nur von der Anfangsbedingung U_0 abhängige Reaktion des Systems, die ***Eigenbewegung***, das Produkt der beiden Bildfunktionen im zweiten Term ergibt die durch die Eingangsgröße $u(t)$ ***erzwungene Reaktion***. Die Rücktransformation von (4.3) ist nur teilweise möglich, da $u(t)$ noch unbekannt ist:

$$v(t) = U_0 e^{-\frac{t}{T_1}} + \mathcal{L}^{-1} \left\{ \frac{K}{1 + s T_1} u(s) \right\} \tag{4.4}$$

Bei einer sprungförmig verlaufenden Eingangsgröße (siehe Kap. 4.3) $u(t) = u_0$, $t > 0$ mit Amplitude u_0 erhält man unter Berücksichtigung leerer Energiespeicher (d. h. $U_0 = 0$) aus (4.4) mit

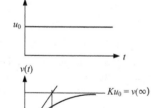

$$\mathcal{L}\{u\} = \frac{u_0}{s} \text{ den zu transformierenden Ausdruck:}$$

$$\mathcal{L}^{-1} \left\{ \frac{K}{1 + s T_1} \frac{u_0}{s} \right\} \tag{4.5}$$

Das Ergebnis der Rücktransformation, die Antwortfunktion, heißt ***Sprungantwort***, sie ist hier eine aufsteigende Funktion (Bild 4.14)

$$v(t) = K u_0 (1 - e^{-\frac{t}{T_1}}) \tag{4.6}$$

Bild 4.14: Antwortfunktion eines Systems 1. Ordnung auf eine sprungförmige Eingangsgröße

Eine Grenzwertbetrachtung für $t \to \infty$ liefert den ***stationären Wert***:

$$\lim_{t \to \infty} v(t) = v(\infty) = K u_0 \tag{4.7}$$

Den stationären Wert kann man aber auch direkt im Bildbereich mit dem Endwertsatz (Tabelle 3.2,) ermitteln:

$$\lim_{s \to 0} s \cdot \left\{ \frac{K}{1 + s T_1} \frac{u_0}{s} \right\} = K u_0$$

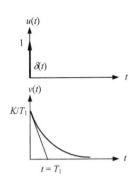

Bild 4.15: Antwort eines Systems 1. Ordnung auf einen **DIRAC**-Stoß

Bei einer ideal stoßförmig angenommenen Eingangsgröße (siehe Kapitel 4.3) $u(t) = \delta(t)$ wird nach (4.4) die Ausgangsgröße $v(t)$, die **Impulsantwort**, berechnet, wenn wieder als Anfangsbedingung $U_0 = 0$ angenommen wird:

$$v(s) = \frac{K}{T_1} \frac{1}{s + \dfrac{1}{T_1}} \mathcal{L}\{\delta(t)\} = \frac{K}{T_1} \frac{1}{s + \dfrac{1}{T_1}} \cdot 1$$

$$v(t) = \frac{K}{T_1} e^{-\frac{t}{T_1}} \tag{4.8}$$

Das System reagiert auf die stoßförmige Erregung mit seiner mit K/T_1 gewichteten Eigenbewegung. Für den stationären Wert $v(\infty)$ gilt:

$$v(\infty) = \lim_{t \to \infty} v(t) = \lim_{t \to \infty} \frac{K}{T_1} e^{-\frac{t}{T_1}} = 0 \tag{4.9}$$

4.2.3 Systeme 2. Ordnung

Sie werden durch eine Differentialgleichung zweiter Ordnung beschrieben und bestehen aus zwei unterschiedlichen physikalischen Energiespeichersystemen, z. B. für potentielle und kinetische Energie oder für magnetische und elektrische Energie. Deshalb besitzen sie Schwingungsfähigkeit, die unter Umständen gewollt sein kann z. B. beim Schwingkreis oder ungewollt, wenn dadurch nicht gewünschte Kräfte entstehen.

Das folgende Beispiel zeigt einen mechanischer Schwinger, der zwei physikalisch unterschiedlich angelegte Energiespeichersysteme enthält und dessen Bewegungsgleichung aufgestellt werden soll.

Beispiel 4.1

Ein mechanischer Schwinger (vgl. Bild 4.16), bestehend aus einer elastischen Feder mit der Federkonstanten c, einem Pendelkörper der Masse m und einer Dämpfungseinrichtung mit einem von der Geschwindigkeit unabhängigen Reibfaktor k, wird als ein zu modellierendes System betrachtet. Die Erregung des Systems $y(t)$ soll federseitig erfolgen, man spricht deshalb von einem „*Federkraftantrieb*". Die Ausgangsgröße des Systems sei der Weg des Pendelkörpers gegenüber einem Bezugspunkt.

Die Wege von Masse und Dämpfung seien x, der Federweg dagegen $x - y$. Für die Kräftebilanz gilt dann:

$$m\ddot{x} + k\dot{x} + cx = cy(t) \tag{4.10}$$

oder nach Division mit der Federkonstanten c:

$$\frac{m}{c}\ddot{x} + \frac{k}{c}\dot{x} + x = y(t) \tag{4.11}$$

Aufgrund der Einheiten der Brüche m/c und k/c mit sec^2 und sec, wählt man für die Systemparameter die Abkürzungen $T_2^2 = m/c$ und $T_1 = k/c$. T_1 und T_2 bedeuten hier Zeitkonstanten. Damit wird (4.11) neu formuliert:

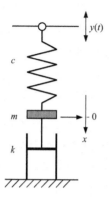

$$T_2^2 \ddot{x} + T_1 \dot{x} + x = y(t) \qquad (4.12)$$

Durch die Einführung der beiden Parameter T_1 und T_2 erreicht man eine Vergleichbarkeit zu unterschiedlich aufgebauten Systemen. Sie kennzeichnen ein System und treten immer in Verbindung mit der Variablen $s = \sigma + j\omega$ als dimensionslose Produkte $T_1 s, T_2^2 s^2, \cdots$ auf. ∎

Bild 4.16: Mechanischer Schwinger
$y(t)$ Weg der Aufhängung
c Federkonstante
m Masse der Anordnung
k Reibfaktor bei der Dämpfung
x Wegkoordinate der Masse

Das anschließende elektrische Beispiel hat hinsichtlich der Bewegungsgleichung identisches Verhalten wie die obige mechanische Konstruktion. Sie besteht ebenfalls aus zwei unterschiedlichen Energiespeicher für elektrische Energie (Kondensator) und magnetische Energie (Induktivität). Einheitliche Lösungsansätze gelten somit für beide Anordnungen.

Beispiel 4.2

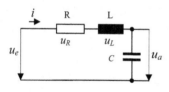

Bild 4.17: Reihenschwingkreis
u_e, u_a Ein- und Ausgangsspannung
u_R, u_L Spannung an R bzw. L
R   Ohmscher Widerstand
L   Induktivität
C   Kapazität
i   Strom

Nach **KIRCHHOFF** ist:

$$u_e(t) = u_R(t) + u_L(t) + u_a(t)$$

Der Spannungsabfall am Widerstand ist $u_R = i \cdot R$. Nach dem Induktionsgesetz ist $u_L = L \dfrac{di}{dt}$. Der Ladestrom i ist proportional der Spannungsänderung am Kondensator $i = C \dfrac{du_a}{dt}$. Damit ergibt sich für die Masche:

$$u_e(t) = u_a(t) + CR\dot{u}_a + LC\ddot{u}_a = u_a(t) + T_1 \dot{u}_a + T_2^2 \ddot{u}_a$$

Sofern man $CR = T_1$ und $LC = T_2^2$ in obiger Gleichung ersetzt, erhält man eine vergleichbare Form zu (4.12). ∎

Eine weitere Möglichkeit die Bewegungsgleichungen zu finden, erhält man durch die **LAGRANGE** Gleichungen. Zum Aufstellen der Gleichungen besorgt man sich für jede verallgemeinerte Koordinate die **kinetische** und **potentielle Energie** und differenziert diese Ausdrücke [14], [15]. Das nachfolgende Beispiel 4.3 zeigt die Anwendung des Verfahrens beim Ermitteln der Bewegungsgleichung eines seriellen Längsschwingers mit Feder, Dämpfung und Masse. Eine Anwendung auf elektromechanische Systeme ist in [16] gezeigt.

$$\frac{d}{dt}\left(\frac{\partial T}{\partial \dot{q}_j}\right) - \frac{\partial T}{\partial q_j} = -\frac{\partial U}{\partial q_j} - \frac{\partial F}{\partial \dot{q}_j}$$

(4.13)

Es bedeuten:

T = Kinetische Energie in Richtung der Koordinaten: translatorisch und rotatorisch
U = Potentielle Energie: Federkraft
F = Dämpfungskraft
q_j = Koordinaten
j = 1, ..., f: Koordinaten

Beispiel 4.3

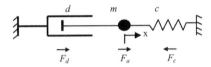

Bild 4.18: Serieller Längsschwinger mit Feder, Dämpfung und Masse

Für die kinetische Energie im System gilt: $T = 0{,}5m\dot{x}^2$

Die potentielle Energie ist: $U = 0{,}5cx^2$

Die Dämpfungskraft ist: $F = 0{,}5d\dot{x}^2$

Für die Koordinaten setzt man $q_1 = x$ und $\dot{q}_1 = \dot{x}$

Die Ableitungen im Einzelnen: $\dfrac{\partial T}{\partial \dot{x}} = m\dot{x}$ und $\dfrac{d(m\dot{x})}{dt} = m\ddot{x}$

$\dfrac{\partial T}{\partial x} = 0$ und $\dfrac{\partial U}{\partial x} = cx$ und $\dfrac{\partial F}{\partial \dot{x}} = d\dot{x}$

Nach (4.13) zusammengestellt: $m\ddot{x} = -cx - d\dot{x}$ oder umgeordnet:

$$m\ddot{x} + d\dot{x} + cx = 0$$ ∎

Der Lösungsweg für eine Differentialgleichung zweiter Ordnung (4.12) ist in dem folgenden Bild 4.18 aufgezeichnet. Man stellt sie nach der höchsten Ableitung um und führt aus Allgemeingründen noch einen Faktor K bei der Eingangsgröße ein:

$T_2^2\ddot{x} = -x(t) - T_1\dot{x} + Ky(t)$

Da es sich um ein lineares System handelt, ist es gleichgültig, ob die Eingangsgröße mit einer Konstanten K multipliziert wird oder die Ausgangsgröße x. Die Bilanzierung der einzelnen Größen erfolgt an der Subtraktionsstelle. Das Ergebnis ist $T_2^2\ddot{x}$ entsprechend obiger Gleichung. Aus dem Ausdruck $T_2^2\ddot{x}$ wird die Beschleunigung $\ddot{x}$ separiert, durch Integration in zwei Stufen erhält man die Geschwindigkeit $\dot{x}$ und den Weg x. Damit hat man die beiden Werte für die Rückführgröße $-[x(t) + T_1\dot{x}]$.

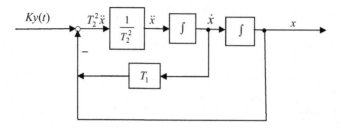

Bild 4.19: Blockschaltbild für eine Differentialgleichung zweiter Ordnung
$y(t)$ Eingangsgröße
$x(t)$ Ausgangsgröße
T_1, T_2 Systemparameter

Wir betrachten eine lineare Differentialgleichung zweiter Ordnung in der Form

$$\ddot{v} + \frac{T_1}{T_2^2}\dot{v} + \frac{1}{T_2^2}v = \frac{K}{T_2^2}u(t), t > 0, v(0) = v_0, \dot{v}(0) = \dot{v}_0 \qquad (4.14)$$

und führen neue Größen ein:

$$\omega_0 = \frac{1}{T_2}; \ \delta = \frac{T_1}{2T_2^2} \qquad (4.15a, b)$$

Man nennt ω_0 *Kennkreisfrequenz* eines ungedämpft schwingenden Systems und δ *Abklingkonstante* oder *Abklingkoeffizient*.

Die Kennkreisfrequenz ω_0 ist systemspezifisch, ihr Wert ist immer größer null und sie ist ein Maß für die Schnelligkeit eines Einschwingvorganges, z. B. die Reaktion eines Übertragungsgliedes auf eine sprungförmige Eingangsgrößenänderung. Die Abklingkonstante δ gibt einen Hinweis auf das Dämpfungsverhalten eines Einschwingvorganges. Eine positive Abklingkonstante signalisiert eine aufklingende Schwingung, ein Minuszeichen vor δ einen gedämpften Vorgang.

Zur Beurteilung des Dämpfungsverhaltens definiert man auch den dimensionslosen Parameter *Dämpfungszahl* oder *Dämpfungsgrad*:

$$D = \frac{\delta}{\omega_0} = \frac{T_1}{2T_2} \qquad (4.16)$$

Der Dämpfungsgrad bedeutet ein Maß für das Abklingen einer Schwingung. Eine Dauerschwingung ist durch $D = 0$ gekennzeichnet, Bewegungen im aperiodischen Gebiet, sogenannte kriechende Vorgänge, sind durch $D \geq 1$ markiert. Eine Schwingung mit $D = 1$ nennt man auch aperiodischen Grenzfall. Die gedämpften Schwingungen liegen im Bereich $0 < D < 1$ (Tabelle 4.4 und Bild 4.20).

Verwendet man die neuen Größen ω_0 und D in der Differentialgleichung (4.14), dann wird:

$$\ddot{v} + 2\omega_0 D\dot{v} + \omega_0^2 v(t) = K\omega_0^2 u(t) \quad v(0) = v_0, \; \dot{v}(0) = \dot{v}_0 \tag{4.17}$$

Nach den Regeln der **LAPLACE**-Transformation wird die Differentialgleichung (4.17) einschließlich ihrer Anfangsbedingungen in den Bildbereich transformiert und nach der Ausgangsgröße $v(s)$ umgestellt:

$$s^2 v(s) - sv(0) - \dot{v}(0) + 2\omega_0 D(sv(s) - v(0)) + \omega_0^2 v(s) = K\omega_0^2 u(s)$$

$$v(s)(s^2 + 2\omega_0 Ds + \omega_0^2) - 2\omega_0 Dv(0) - sv(0) - \dot{v}(0) = K\omega_0^2 u(s)$$

$$v(s) = \frac{1}{s^2 + 2\omega_0 Ds + \omega_0^2}\dot{v}(0) + \frac{s + 2\omega_0 D}{s^2 + 2\omega_0 Ds + \omega_0^2}v(0) + \omega_0^2 K\,\frac{u(s)}{s^2 + 2\omega_0 Ds + \omega_0^2} \tag{4.18}$$

Die mit den Anfangsbedingungen in Verbindung stehenden ersten beide Brüche repräsentieren die freie Antwort $v_F(s)$, der letzte Ausdruck steht für den durch die Eingangsgröße $u(s)$ erzwungenen Anteil $v_E(s)$. Die Lösung der Differentialgleichung findet man wieder durch Rücktransformation in den Zeitbereich, wobei die beiden ersten Terme entfallen, wenn die Anfangsbedingungen null sind. Der restliche Bruch lässt sich formal durch das Faltungsintegral darstellen:

$$v_E(t) = K\omega_0^2\, u(t) * f_1(t) = K\omega_0^2 \mathcal{L}^{-1}\{u(s) \cdot f_1(s)\}$$
$$= K\omega_0^2 \int_0^t u(\tau) f_1(t - \tau) d\tau \tag{4.19}$$

Beispiel 4.4

Das System 2. Ordnung

$$T_2^2 \ddot{v} + T_1 \dot{v} + v(t) = Ku(t) \quad \text{mit } v(0) = \dot{v}(0) = 0$$

soll für eine impulsförmige Erregung gelöst werden. Als Nebenbedingung wird eine aperiodische Dämpfung $D > 1$ angenommen.

Zunächst wird die Differentialgleichung umgeschrieben und auf die Form gebracht:

$$\ddot{v} + 2\omega_0 D\dot{v} + \omega_0^2 v(t) = K\omega_0^2 u(t)$$

Anschließend **LAPLACE**-transformiert und nach der Ausgangsgröße $v(s)$ umgestellt, ergibt der letzte Term von (4.18). Mit dem **LAPLACE**-transformierten **DIRAC**-Stoß $\mathcal{L}\{\delta(t)\} = 1$ (siehe Tabelle 3.1) wird die Bildfunktion:

$$v_E(s) = \omega_0^2 K\,\frac{1}{s^2 + 2\omega_0 Ds + \omega_0^2} \cdot 1$$

Wenn hierfür in einer Liste keine Korrespondenz zu finden ist, wird der Nenner von $v_E(t)$ in Linearfaktoren $s - s_1$ und $s - s_2$ zerlegt, wobei s_1 und s_2 die Nullstellen des Nennerpolynoms sind:

$$s_{1/2} = -\omega_0 D \pm \omega_0 \sqrt{D^2 - 1}$$

Wegen der Nebenbedingung $D > 1$, gibt es zwei verschiedene reelle Nullstellen

Die Partialbruchzerlegung ergibt zwei Brüche, deren Korrespondenzen sich leicht in einer Tabelle finden lassen:

$$v_E(s) = \omega_0^2 K \frac{1}{s^2 + 2\omega_0 D s + \omega_0^2} = \frac{\omega_0^2 K}{(s - s_1)(s - s_2)} = \frac{A}{s - s_1} + \frac{B}{s - s_2}$$

$$v_E(t) = \frac{\omega_0 K}{2\sqrt{D^2 - 1}} \left[e^{s_1 t} - e^{s_2 t} \right]$$

Spaltet man die Exponenten auf und übernimmt aus einer mathematischen Formelsammlung die Beziehung $e^x - e^{-x} = 2 \sinh x$, dann erhält man als Lösung die **_Impulsantwort_** des Systems:

$$v_E(t) = K \frac{\delta}{D\sqrt{D^2 - 1}} e^{-\delta t} \sinh\left(\omega_0 \sqrt{D^2 - 1} \; t \right), \quad D > 1 \qquad \blacksquare$$

In der nachstehenden Tabelle 4.4 sind die Impulsantworten für verschiedene Dämpfungszahlen D zusammengestellt:

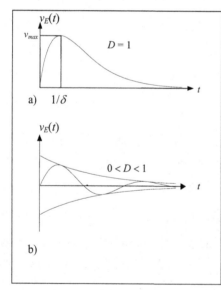

 a) $1/\delta$	**Aperiodischer Grenzfall**: Die beiden Nullstellen des Nenners sind negativ und fallen zusammen. $v_E(t) = K\omega_0^2 \mathcal{L}^{-1}\left\{ \dfrac{1}{(s + \delta)^2} \right\} = K\delta^2 t e^{-\delta t}$
 b)	**Periodischer Fall**: Es ergibt sich eine konjugiert komplexe Lösung mit negativem Realteil. $v_E(t) = K \dfrac{\delta}{D\sqrt{1 - D^2}} e^{-\delta t} \sin\left(\dfrac{\delta}{D}\sqrt{1 - D^2} \; t \right)$

Tabelle 4.4: Reaktion eines Systems zweiter Ordnung auf eine impulsförmige Eingangsgröße in Abhängigkeit der Dämpfungszahl D
 a) Aperiodischer Grenzfall $D = 1$
 b) Periodischer Fall $0 < D < 1$

Beispiel 4.5

Ein System mit Dämpfungsbereich $0 < D < 1$ wird sprungförmig erregt. Deswegen wird eine gedämpfte Schwingung als Reaktion erwartet. Die Energiespeicher seien leer. Infolgedessen können wir den letzten Bruch von (4.18) übernehmen und die Eingangsgröße $u(s) = u_0/s$ einsetzen:

$$v_E(s) = \omega_0^2 K \frac{1}{(s^2 + 2\omega_0 D s + \omega_0^2)} \cdot \frac{u_0}{s}$$

Wegen $0 < D < 1$ sind die Nullstellen des Nennerpolynoms komplex:

$$s_{1/2} = -\omega_0 D \pm j\omega_0 \sqrt{1 - D^2} = -\delta \pm j\omega_d \text{ und } s_3 = 0$$

Man erkennt aus der Umformung

$$\omega_0 \sqrt{1 - D^2} = \omega_0 \sqrt{\frac{\omega_0^2 - \delta^2}{\omega_0^2}} = \sqrt{\omega_0^2 - \delta^2} = \omega_d,$$

dass die im System real vorhandene Frequenz ω_d immer kleiner ist als ω_0. Wir wählen wegen den komplexen Nullstellen des Nenners den folgenden Partialbruchansatz:

$$v_E(s) = K u_0 \left[\frac{A}{s} + \frac{B + Cs}{s^2 + 2\omega_0 D s + \omega_0^2} \right]$$

Anschließend bilden wir den Hauptnenner, ordnen den Zähler nach Potenzen von s, führen einen Koeffizientenvergleich mit dem Zähler der Ausgangsfunktion durch, was auf das Aufstellen und Lösen eines Gleichungssystemes hinausläuft. Sind A, B und C bekannt, wird die Rücktransformation mit Hilfe der Gleichungen (3.17) und (3.18) durchgeführt. In diesen Formeln setzen wir: $A = 2\omega_0 D$, $B = 1$, $p = 2\omega_0 D$, $q = \omega_0^2$. Dann wird:

$$v_E(s) = K u_0 \left[\frac{1}{s} - \frac{2\omega_0 D + s}{s^2 + 2\omega_0 D s + \omega_0^2} \right]$$

und mit Hilfe der Formel die ***Sprungantwort***:

$$v_E(t) = K u_0 \left[1 - e^{-\delta t} \left(\cos \omega_0 \sqrt{1 - D^2}\, t + \frac{D}{\sqrt{1 - D^2}} \sin \omega_0 \sqrt{1 - D^2}\, t \right) \right] =$$

$$= K u_0 \left[1 - \frac{e^{-\delta t}}{\omega_d} (\delta \sin \omega_d t + \omega_d \cos \omega_d t) \right] \qquad \blacksquare$$

In dem folgenden Bild 4.20 sind die Sprungantworten eines Systems zweiter Ordnung mit $0 < D < 1$ dargestellt. Sämtliche Kurven in diesem Bild starten wegen $\dot{v}(0) = 0$ aus dem Ursprung heraus mit waagrechter Tangente und gehen für $t \to \infty$ in einen stationären Zustand $v(\infty) = u_0 K$ über, sofern nicht der idealisierte Fall eines ungedämpften Systems betrachtet wird, bei dem sich eine stationäre Dauerschwingung einstellt. Die Eigenwerte liegen bei diesem angenommenen idealen Zustand auf der imaginären Achse der komplexen Zahlenebene (Bild 4.20c).

Reale Einschwingvorgänge verlaufen stets gedämpft. Die Eigenwerte liegen in solchen Fällen in der linken Hälfte der komplexen Ebene. Betrachtet man beispielsweise die **Kreisfrequenz des gedämpft schwingenden Systems** ω_d als feste Größe, werden die Sprungantworten bei steigenden Werten der Abklingkonstante δ zunehmend gedämpft (Bild 4.20a). Wird dagegen die Abklingkonstante δ fest vorgegeben und die Kreisfrequenz ω_d variiert, bewegen sich alle Kurven innerhalb einer gemeinsamen Einhüllenden (Bild 4.20b). Unterschiedliche Dämpfungszahlen D führen ebenfalls zu gedämpft verlaufenden Einschwingvorgängen.

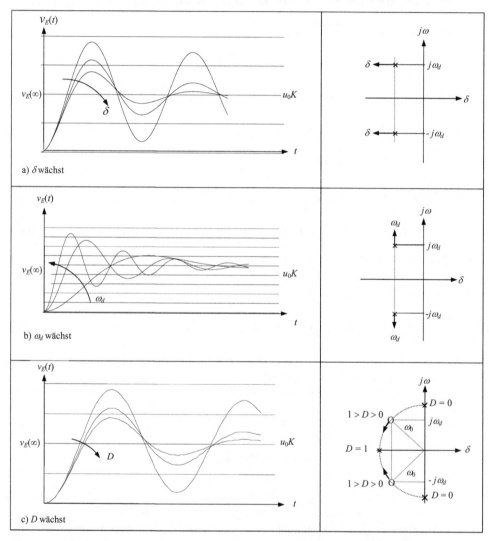

Bild 4.20: Sprungantworten eines schwingungsfähigen Systems zweiter Ordnung in Abhängigkeit von der Abklingkonstanten δ, der Kreisfrequenz des gedämpft schwingenden Systems ω_d oder von der Dämpfungszahl D sowie Lage der Eigenwerte $\lambda_{1/2} = -\delta \pm j\omega_d$ in der komplexen Ebene

Beispiel 4.6

Das System 2. Ordnung ist mit $D = 1$ aperiodisch gedämpft. Dann gilt $\delta = \omega_0 D = \omega_0$ und der Nenner der Bildfunktion lässt sich als Binom formulieren. In diesem Fall wird die Sprungantwort, wenn wieder $v_0(0) = \dot{v}_0 = 0$ angenommen wird:

$$v_E(s) = \omega_0^2 K u_0 \frac{1}{s(s^2 + 2\omega_0 Ds + \omega_0^2)} = \delta^2 K \frac{1}{(s + \delta)^2} \cdot \frac{u_0}{s}$$

Zurücktransformiert wird die Zeitfunktion:

$$v_E(t) = K u_0 \left[1 - (1 + \delta t)e^{-\delta t} \right] \qquad \blacksquare$$

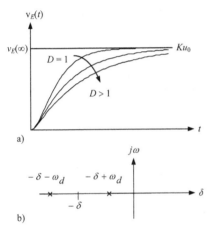

a)

b)

In dem nebenstehendem Bild 4.21 ist die Sprungantwort für ein System 2. Ordnung und $D = 1$ sowie $D > 1$ dargestellt. Es treten keine Überschwingungen auf. Sie nähern sich asymptotisch dem stationären Wert $v_E(\infty) = K u_0$. Die Kurve mit $D = 1$ zeigt im Vergleich mit allen Kurven mit $D > 1$ die höchste Steigung in der Übergangsphase.

Bild 4.21: Dynamisches Verhalten und Eigenwerte eines Systems zweiter Ordnung
a)   Reaktion auf eine sprungförmige Eingangsgröße bei unterschiedlichen Dämpfungszahlen
b)   Eigenwerte des Systems in der komplexen Ebene
     Für $D = 1$ ist $\omega_d = 0$ und in $s_{1/2} = -\delta$ liegt eine Doppelnullstelle
     Für $D > 1$ gilt $s_{1/2} = -\delta \pm \omega_d$, zwei reelle Nullstellen

4.2.4 Systeme höherer Ordnung

Sie ergeben sich bei der Modellierung von Translations- oder Rotationsbewegungen eines oder mehrerer Körper. Die Ordnung der so entstehenden Differentialgleichung steht dabei in einem engen Bezug zu der Anzahl der Freiheitsgrade dieser Körper, wie beispielsweise das System einer vereinfachten Fahrzeugdämpfung (Bild 4.22) zeigt:

Am Rad und an der Karosserie wirken folgende Kräfte:

$$m\ddot{x}_R = c_A(x_K - x_R) + d_A(\dot{x}_K - \dot{x}_R) = -c_R(x_R - x_e) - d_R(\dot{x}_R - \dot{x}_e) \tag{4.20}$$

$$M\ddot{x}_K = -c_A(x_K - x_R) - d_A(\dot{x}_K - \dot{x}_R) \tag{4.21}$$

Die Bewegung erfolgt aus einer Gleichgewichtslage heraus, deswegen können alle Anfangsbedingungen null gesetzt werden. Addiert man beide Gleichungen und transformiert das Ergebnis in den Bildbereich, wird aus (4.20) und (4.21):

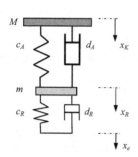

Bild 4.22: Modell einer Fahrzeugdämpfung: gekoppelte Systeme.

M, m Massen von Karosserieteil und Rad
         mit Aufhängung
d_A, d_R Dämpfungsbeiwerte von Aufhän-
         gung und Reifen
c_A, c_R Federsteifigkeit von Aufhängung
         und Reifen
x_K, x_R Auslenkung von Karosserie und
         Aufhängung
x_e Auslenkung z. B. durch eine Ver-
         tiefung im Straßenbelag

$$Ms^2 x_K + ms^2 x_R = -c_R(x_R - x_e) - d_R s(x_R - x_e) \tag{4.22}$$

Die Transformation von (4.21) ergibt:

$$Ms^2 x_K = -c_A(x_K - x_R) - d_A s(x_K - x_R) \tag{4.23}$$

Eliminiert man aus (4.21) und (4.22) die Hilfsvariable x_R und transformiert das Ergebnis in den Zeitbereich zurück, erhält man eine Differentialgleichung 4. Ordnung mit x_e als Eingangsgröße und x_K als Ausgangsgröße.

Zusammengestellt:

$$
\begin{aligned}
Mm x_K^{(4)} &+ (d_A m + M d_A + M d_R)x_K^{(3)} \\
&+ (mc_A + Mc_R + mc_A + d_A d_R)\ddot{x}_K \\
&+ (d_A c_R + d_R c_A)\dot{x}_K + c_A c_R x_K \\
&= d_A d_R \ddot{x}_e + (c_A d_R + d_A c_R)\dot{x}_e + c_A c_R x_e
\end{aligned} \tag{4.24}
$$

Nach Division mit $c_A c_R$ und Einführen der Zeitkonstanten T_1 bis T_4 anstelle der Systemparameter bei der Ausgangsgröße x_K erhält man eine Zusammenfassung von (4.24):

$$T_4^4 x_K^{(4)} + T_3^3 \dddot{x}_K + T_2^2 \ddot{x}_K + T_1 \dot{x}_K + x_K = x_e + \tau_1 \dot{x}_e + \tau_2^2 \ddot{x}_e \tag{4.25}$$

Am Eingang des Beispiels „Fahrzeugdämpfung" liegen x_e und deren Ableitungen $\dot{x}_e$ und $\ddot{x}_e$. Das System reagiert deshalb nicht nur auf Wegänderungen, sondern auch auf die dabei auftretenden Geschwindigkeiten und Beschleunigungen, was sich mit entsprechenden Komponenten in der Ausgangsgröße „Karosserieauslenkung" x_K bemerkbar macht.

Lösungswege bei Differentialgleichungen höherer Ordnung

Für die Differentialgleichung n-ter Ordnung

$$T_n^n v^{(n)} + \cdots + T_2^2 \ddot{v} + T_1 \dot{v} + v = Ku(t) \tag{4.26}$$

mit konstanten Koeffizienten, den Anfangsbedingungen $v(0) = \dot{v}(0) = \cdots = v^{(n-1)}(0)$ und vorgegebener Eingangsgröße $u(t)$, $t > 0$ hält die einschlägige Literatur zugeschnittene Verfahren für eine Lösung im Zeitbereich bereit [24].

Wählt man dagegen einen Lösungsweg über die **LAPLACE**-Transformation, dann ist dieser nur zielgerichtet, wenn sich das Nennerpolynom der Bildfunktion in Linearfaktoren darstellen lässt, damit anschließend eine Partialbruchzerlegung durchgeführt werden kann. Müssen keine Anfangsbedingungen berücksichtigt werden, erleichtert das den gesamten Vorgang.

Beispiel 4.7

Für eine Differentialgleichung dritter Ordnung mit leeren Energiespeichern soll die Antwortfunktion für eine impulsförmige Erregung berechnet werden.

$$T_1 \ddot{u} + \ddot{u} = v(t) \text{ und } \ddot{u}(0) = \dot{u}(0) = u(0) = 0$$

Die Differentialgleichung wird **LAPLACE**-transformiert wobei $\mathcal{L}\{\delta(t)\} = 1$ gilt. Nach der Ausgangsvariablen umgestellt, wird die Bildfunktion:

$$u(s) = \frac{1}{s^2(sT_1 + 1)} \cdot 1$$

Wegen der Mehrfachnullstelle wird der der Partialbruchansatz $u(s) = \dfrac{A}{s} + \dfrac{B}{s^2} + \dfrac{C}{1 + sT_1}$ gewählt. Nach einem Koeffizientenvergleich liefert er die zerlegte Bildfunktion:

$$u(s) = -\frac{T_1}{s} + \frac{1}{s^2} + \frac{T_1^2}{sT_1 + 1}$$

Zurücktransformiert ergibt das die Impulsantwort:

$$u(t) = -T_1 \sigma(t) + t + T_1 e^{-\frac{t}{T_1}} \qquad \blacksquare$$

4.2.5 Linearisiertes System

Die hydraulische Anlage nach Bild 4.2 wird modelliert. Bei unterschiedlichem Zu- und Abfluss ist die Volumenänderung

$$\frac{dV}{dt} = Q_{zu} - Q_{ab} = A_B \dot{h} \tag{4.27}$$

Nach dem Ausflussgesetz von **TORRICELLI** ist die abfließende Menge $Q_{ab} = A_a v = A_a \sqrt{2gh}$. Fügt man diesen Ausdruck in die obige Gleichung ein, ergibt sich wegen der Wurzel eine nichtlineare Differentialgleichung erster Ordnung:

$$A_B \dot{h} + A_a \sqrt{2gh} = Q_{zu} \tag{4.28}$$

Bei einem Fließgleichgewicht $Q_{zu} = Q_{ab}$ wird die Niveauänderung $\dot{h} = 0$, und es stellt sich eine stationäre Höhe bei $h = h_0$ ein:

$$h_0 = \frac{1}{2g}\left(\frac{Q_{zu0}}{A_a}\right)^2 \text{ mit } Q_{zu0} = Q_{ab0} = A_a \sqrt{2gh_0} \tag{4.29}$$

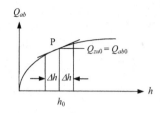

Bild 4.23: Linearisierung der Ausfluss-kennlinie in einem Arbeitspunkt P

Definiert man bei einer Spiegelhöhe $h = h_0$ einen Arbeitspunkt $P(h_0; A_a\sqrt{2gh_0})$ und legt mit $h_0 \pm \Delta h$, $\Delta h \ll h_0$ einen Arbeitsbereich fest, lässt sich die Ausflusskennlinie in diesem Abschnitt durch eine Gerade annähern:

$$Q_{ab} = Q_{zu0} + A_a^2 \frac{g}{Q_{zu0}}(h - h_0) \tag{4.30}$$

Setzt man die Geradengleichung (4.30) in die Bilanz (4.27)ein, wird die Differentialgleichung:

$$A_B \dot{h} + A_a^2 \frac{g}{Q_{zu0}}(h - h_0) = Q_{zu} - Q_{zu0} \tag{4.31}$$

Der Zufluss Q_{zu0} erfolgt bei einer Stellgliedstellung h_{z0}. Abweichende Zuflüsse lassen sich durch $Q_{zu} = Q_{zu0} h_z / h_{z0}$ erfassen. Ersetzt man in der Eingangsfunktion von (4.31) Q_{zu} durch $Q_{zu0} h_z / h_{z0}$, dividiert die Gleichung durch den Faktor $A_a^2 g / Q_{zu0}$ und benutzt aus (4.29) für $Q_{zu0}^2 = A_a^2 2gh_0$, dann wird aus (4.31):

$$A_B \frac{2h_0}{Q_{zu0}} \dot{h} + (h - h_0) = \frac{2h_0}{h_{z0}}(h_z - h_{z0}) \tag{4.32}$$

Führt man die Abkürzungen $T_1 = 2A_B h_0 / Q_{zu0}$ und $K_S = 2h_0 / h_{z0}$ in die Differentialgleichung (4.32) ein und berücksichtigt, dass $(h - h_0)^\bullet = \dot{h} - \dot{h}_0 = \dot{h}$ gilt, dann erhält man eine neue Form der Näherungsgleichung für (4.28), eine lineare Differentialgleichung erster Ordnung:

$$T_1 (h - h_0)^\bullet + (h - h_0) = K_S (h_z - h_{z0}) \tag{4.33}$$

Die Eingangsgröße der Differentialgleichung ist die Differenz zwischen der den Arbeitspunkt definierenden Zuflussventilstellung h_{z0} und dem Momentanwert h_z. Die Ausgangsgröße $h - h_0$ ist ein Näherungswert für die im Flüssigkeitstank auftretende Spiegelabweichung von h_0.

4.2.6 Gekoppelte Systeme

Die *Mechatronik* verknüpft mechanische, elektrische und datenverarbeitende Komponenten miteinander. Sie soll die einzelnen Gebiete miteinander verschmelzen und anstelle von mehreren separaten Modellen das Gesamtsystem beschreiben.

Ein *mechatronisches System* (Bild 4.24) verfügt üblicherweise über eine mechanische Grundstruktur. Sensoren, die den Zustand dieser Grundstruktur und der Systemumgebung feststellen, leiten die Signale an eine informationsverarbeitende Einheit weiter. Dort werden die Sensorsignale aufbereitet und nach festgelegten Regeln Stellgrößen erzeugt. Aktoren schließlich nutzen diese Stellgrößen, um das Verhalten des mechanischen Grundsystems zu beeinflussen [17], [18].

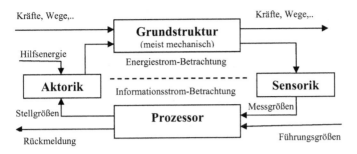

Bild 4.24: Grundstruktur mechatronischer Systeme.

Das folgende elektromechanische System (EMS) zeigt die enge Verknüpfung zwischen der Elektrotechnik und der Mechanik in Form einer gekoppelten Bewegungsgleichung [19], [20].

In einer elektromechanischen Anordnung hat ein Kondensator eine bewegliche Platte. Das mechanische Teilsystem stellt ein gedämpftes Feder-Masse-System dar, wobei die Lagekoordinate x gleichzeitig der Plattenabstand des Kondensators ist. Die Position bei entspannter Feder sei x_0. Das elektrische Netzwerk besteht aus einem Fundamentalkreis mit Spannungsquelle, Widerstand und der wegabhängigen Kapazität. Die Kapazität ist in dieser Anordnung abhängig von der mechanischen Koordinate x. Für die Kapazität gilt $C(x) = C_0/x$. C_0 ist die Kapazität bei dem Plattenabstand $x = x_0$. Das mechanische System hat eine Dämpfung mit der Dämpfungskonstanten $d \neq 0$. Die Erdbeschleunigung soll hier nicht beachtet werden.

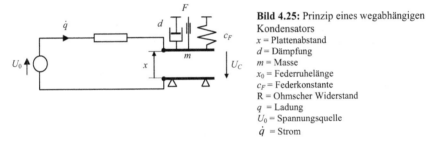

Bild 4.25: Prinzip eines wegabhängigen Kondensators
x = Plattenabstand
d = Dämpfung
m = Masse
x_0 = Federruhelänge
c_F = Federkonstante
R = Ohmscher Widerstand
q = Ladung
U_0 = Spannungsquelle
$\dot{q}$ = Strom

Die EMS-Bewegungsgleichungen bestehen aus der mechanischen Bewegungsgleichung

$$m\ddot{x} + d\dot{x} + c_F(x - x_0) = F \tag{4.34}$$

und dem **KIRCHHOFF**schen Maschensatz

$$R\dot{q} + \frac{q}{C(x)} = U_0 \tag{4.35}$$

Aus der wegabhängigen Kapazität

$$C(x) = \frac{C_0}{x} \tag{4.36}$$

folgt die elektrisch erzeugte Kraft zwischen den beiden Platten zu

$$F_{el} = -\frac{1}{2}\frac{q^2}{C_0} \tag{4.37}$$

Unter der Annahme, die auf die bewegliche Platte einwirkende Kraft soll nur durch das elektrostatische Feld erzeugt werden, also $F_{el} = F_{mech}$, ergeben sich die folgenden Bewegungs-gleichungen:

$$m\ddot{x} + d\dot{x} + c_F(x - x_0) = -\frac{1}{2}\frac{q^2}{C_0} \tag{4.38}$$

$$R\dot{q} + \frac{q}{C(x)} = U_0 \tag{4.39}$$

In der Ruhelage x_{RL} stellt sich eine Gleichgewichtslage ein:

$$F_{mech} = F_{el} \Rightarrow c_F(x_{RL} - x_0) = -\frac{q_{RL}^2}{2C_0} \quad\text{und bei } U_0 = U_C \Rightarrow U_0 = \frac{q_{RL}}{C(x)} = q_{RL}x_{RL}\frac{1}{C_0} \Rightarrow q_{RL} = \frac{U_0C_0}{x_{RL}}$$

Wird q_{RL} in die obige Beziehung eingesetzt, erhält man eine kubische Gleichung, aus der die Ruhelage x_{RL} ausgerechnet werden kann:

$$c_F(x_{RL} - x_0) = -\left(\frac{U_0C_0}{x_{RL}}\right)^2\frac{1}{2C_0} \Rightarrow 2c_Fx_{RL}^2(x_{RL} - x_0) + U_0^2C_0 = 0 \tag{4.40}$$

In dem folgenden Blockschaltbild für die beiden Differentialgleichungen lässt sich die Verkoppelung der beiden Teilgebiete Elektrotechnik und Mechanik erkennen.

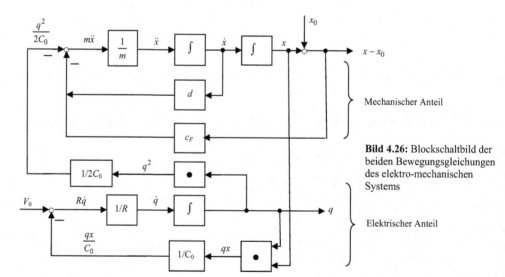

Bild 4.26: Blockschaltbild der beiden Bewegungsgleichungen des elektro-mechanischen Systems

Beispiel 4.8

Ein Mikrospiegel ist derart mittels Federstrukturen an einem raumfesten Rahmen befestigt, dass seine Hauptbewegungen eine Drehung um die körperfeste x-Achse ist. Andere Bewegungen sollen wegen der Federstruktur ausgeschlossen bleiben. Der Antrieb des Spiegels erfolgt über die beiden Kondensatoren, die von jeweils einer Spiegelhalbplatte und der darunter liegenden Elektrode gebildet werden. In dem folgenden Bild ist die Konstruktion dargestellt. Die Länge des Rechteckspiegels sei l, die Breite b. $h(\alpha)$ ist der von α abhängige Plattenabstand. Die Kapazität soll modelliert werden [20].

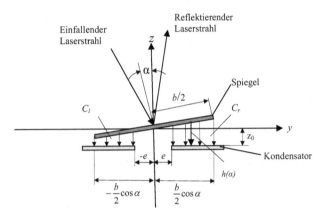

Bild 4.27: Modellieren eines Spiegelsystem
C_l, C_r linke/rechte Kapazität
b/l Breite/Länge des Spiegels des Spiegels
e Abstand des Kondensators von der x-z-Ebene
z_0 Abstand des Kondensators von der x-y-Ebene
α Winkel bezüglich der x-z-Ebene
$h(\alpha)$ Abstand Spiegel-Kondensator

Für die von dem Winkel α abhängige Kapazität gilt:

$$dC(\alpha) = \frac{\varepsilon l}{h(\alpha)} dy = \frac{\varepsilon l}{z_0 + y \tan \alpha} dy$$

Mit $h_r(\alpha) = z_0 + y \tan \alpha$ wird die rechte Kapazität:

$$C_r(\alpha) = \int\limits_{y=e}^{\frac{b}{2}\cos\alpha} \frac{\varepsilon l}{z_0 + y \tan \alpha} dy = \frac{\varepsilon l}{\tan \alpha} \ln(z_0 + y \tan \alpha)\Big|_{y=e}^{\frac{b}{2}\cos\alpha} = \frac{\varepsilon l}{\tan \alpha} \ln \frac{z_0 + \frac{b}{2}\sin\alpha}{z_0 + e \tan \alpha}$$

Und die linke Kapazität mit $h_l(\alpha) = z_0 + y \tan \alpha$ wird:

$$C_l(\alpha) = \int\limits_{\frac{-b}{2}\cos\alpha}^{-e} \frac{\varepsilon l}{z_0 + y \tan \alpha} dy = \frac{\varepsilon l}{\tan \alpha} \ln(z_0 + y \tan \alpha)\Big|_{y=-\frac{b}{2}\cos\alpha}^{-e} = \frac{-\varepsilon l}{\tan \alpha} \ln \frac{z_0 - \frac{b}{2}\sin\alpha}{z_0 - e \tan \alpha}$$

Als Lösung der Aufgabenstellung erhält man die beiden Modellgleichungen. Für sehr kleine Winkel lässt sich die Formel in Potenzreihen entwickeln und eine Näherungsform angeben. Bei $\alpha = 0$ sind die beiden Ausdrücke nicht definiert. Da sie von der Form $\dfrac{0}{0}$ sind, kann die Regel von **L'HOPITAL** angewandt werden, um den Wert von $C(\alpha = 0)$ zu berechnen:

$$C(\alpha = 0) = \lim_{\alpha \to 0} \frac{\varepsilon l}{\tan \alpha} \ln \frac{z_0 + \dfrac{b}{2} \sin \alpha}{z_0 + e \tan \alpha} = \varepsilon l \lim_{\alpha \to 0} \frac{\dfrac{bz_0}{2} \cos^3 \alpha + \dfrac{be}{2} \cos^3 \alpha \tan \alpha - z_0 e - \dfrac{be}{2} \sin \alpha}{(z_0 + \dfrac{b}{2} \sin \alpha)(z_0 + e \tan \alpha)}$$

$$= \varepsilon l \frac{b - 2e}{2h} = C_0$$

Diese Fassung für C_0 ergibt sich auch dann, wenn der Spiegel parallel zu dem Kondensator liegt.

■

4.3 Die Beschreibung eines Systems durch seine Antwortfunktion

Eine weitere Möglichkeit der Systembeschreibung bieten *Kennfunktionen*, die aus speziellen *Antwortfunktionen* hergeleitet werden können und das **Zeitverhalten** eines Systems eindeutig angeben. Sie bieten eine **Vergleichsmöglichkeit** zwischen verschiedenen Übertragungssystemen oder bei Parametervariation eines Systems. Die Ausgangsfunktion kann bei vorgegebenem zeitlichem Verlauf der Eingangsgröße berechnet werden, wenn die Parameter des Übertragungssystems bekannt sind. Verwendet werden hier *Testfunktionen* wie die *Impulsfunktion*, die *Sprungfunktion* oder die *Rampenfunktion*. Deshalb spricht man auch bei der Systemreaktion von der *Impulsantwort*, der *Sprungantwort* oder der *Rampenantwort*. Man erhält normierte Ausgangsfunktionen, die einen Vergleich erleichtern.

Für die praktische Untersuchung empfiehlt sich, die Testfunktionen zum Zeitpunkt $t = 0$ als Eingangsgröße aufzuschalten und die Ausgangsgröße aufzuzeichnen. Die Ausgangsgröße geht bei stabilen Systemen (vgl. Kapitel 7) von einem stationären Zustand in einen neuen stationären Zustand. Das dynamische Verhalten ist durch dieses Übergangsverhalten bestimmt.

4.3.1 Testfunktionen

Um festzustellen, wie die Ausgangsgröße einer Regelstrecke auf den Verlauf einer speziell ausgewählten Eingangsgröße reagiert, man spricht von *Prozessidentifikation*, kann man entweder die im Betrieb auftretenden natürlichen Eingangssignale verwenden oder künstlich erzeugte Signale, man nennt sie *Testfunktionen* oder *Testsignale*. Besonders dann, wenn die natürlichen Eingangssignale den Prozess nicht genügend anregen, muss man künstliche Testsignale verwenden. Hierfür werden Signale bevorzugt, die folgende Eigenschaften haben [13]:

Einfache und reproduzierbare Erzeugung
Einfach mathematisch beschreibbar für die jeweilige Identifikationsmethode
Realisierbar mit den gegebenen Stelleinrichtungen
Anwendbar auf den Prozess
Ausreichende Anregbarkeit für den zu identifizierenden Prozess

Für einen großen Bereich zur Identifikationen reichen impulsförmige, sprungförmige und rampenförmige Testfunktionen, um das statische und dynamische Verhalten eines Systems, das Zeitverhalten, zu ermitteln. Ausgenommen sind Prozesse, wo das Prozessgeschehen nicht „künstlich" gestört werden darf. Hier kann man versuchen, die Identifikation mithilfe der Produktionsprotokolle und den Analysenwerten vorzunehmen, wie z.B. bei Chargenprozessen.

Die Sprungfunktion

Die Sprungfunktion ist eine der wichtigsten Testfunktionen, um das Zeitverhalten eines Übertragungssystems zu untersuchen. Dabei wird die Eingangsfunktion von null auf einen konstanten Wert verändert. Durch die Sprungantwort wird das Übertragungsverhalten eines Systems vollständig beschrieben. Man definiert:

Die dimensionslose Zeitfunktion

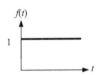

$$f(t) = \sigma(t) = \begin{cases} 1, & t > 0 \\ 0, & t < 0 \end{cases}$$

$$\mathcal{L}\{\sigma(t)\} = \frac{1}{s}$$

(4.41)

Bild 4.28: Einheitssprungfunktion

heißt *Einheitssprungfunktion* und wird mit $\sigma(t)$ symbolisiert. Mit ihrer Hilfe wird die *Sprungerregung* definiert. Man versteht darunter die Erregung $u(t)$, bei der eine physikalische Größe, etwa ein Weg, eine Kraft, ein Strom oder eine Spannung vom Wert null auf eine feste Größe A springt:

$$u(t) = A\sigma(t) = \begin{cases} A, & t > 0 \\ 0, & t < 0 \end{cases}$$

$$A\mathcal{L}\{\sigma(t)\} = \frac{A}{s}$$

(4.42)

Die verschobene Sprungfunktion

Im Gegensatz zur Einheitssprungfunktion $\sigma(t)$ erfolgt bei der verschobenen Sprungfunktion der Sprung nicht zurzeit $t = 0$, sondern erst zum Zeitpunkt $t = t_0 > 0$:

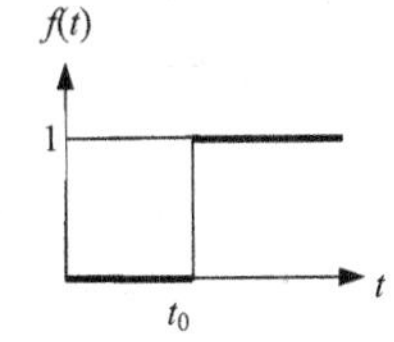

$$\sigma(t - t_0) = \begin{cases} 1, & t > t_0 \\ 0, & t < t_0 \end{cases}$$

$$\mathcal{L}\{\sigma(t - t_0)\} = \frac{1}{s}e^{-st_0}$$

(4.43)

Bild 4.29: Einheitssprungfunktion mit der Sprungstelle t_0

Die Bildfunktion der verschobenen Sprungfunktion ist die Bildfunktion der nichtverschobenen Sprungfunktion multipliziert mit dem Faktor e^{-st_0}.

Impulsfunktion

Die aus Einheitssprungfunktionen zusammengesetzte Funktion (Bild 4.30)

$$f(t) = \begin{cases} 0, t < 0 \\ \dfrac{1}{\tau}, 0 < t < \tau \\ 0, t > \tau \end{cases} \tag{4.44}$$

$$\mathcal{L}\{f(t)\} = \frac{1}{\tau} \cdot \frac{1 - e^{-s\tau}}{s}$$

heißt **Impulsfunktion**. Die Bildfunktion der Impulsfunktion lässt sich aus den Bildfunktionen verschobener und nicht verschobener Sprungfunktionen zusammensetzen (vgl. Bild 4.30).

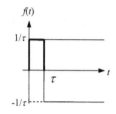

Bild 4.30: Impulsfunktion

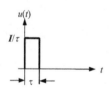

Bild 4.31: Impulserregung

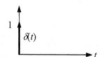

Bild 4.32: Symbolik eines DIRAC-Impulses

Als **Impulserregung** bezeichnet man die mit einem Faktor I multiplizierte Impulsfunktion (Bild 4.31):

$$u(t) = If(t) = \begin{cases} 0, \ t < 0 \\ \dfrac{I}{\tau}, \ 0 < t < \tau \\ 0, \ t > \tau \end{cases} \tag{4.45}$$

$$I\mathcal{L}\{f(t)\} = \frac{1}{\tau} \cdot \frac{1 - e^{-s\tau}}{s} I$$

Wenn man unter I den Impuls einer physikalischen Größe $u(t)$ versteht, d.h. das Zeitintegral von der Dimension Größe × Zeit, z.B. ein Spannungsstoß in Vsec, so nimmt die Größe $u(t)$ nur während einer sehr kurzen Zeitspanne τ den Wert I/τ an, außerhalb ist sie null. Die Spanne τ ist dabei so kurz anzusehen, dass in einem impulserregten Netzwerk während dieser Zeit noch keine „messbaren" Veränderungen vor sich gegangen sind. Bei der theoretischen Untersuchung von impulserregten Systemen kann man deshalb von einer idealisierten Form der Impulserregung ausgehen, was im Wesentlichen zu denselben Ergebnissen führt wie die Verwendung der Impulserregung nach (4.45). Man benutzt hierbei den **DIRAC-Impuls** oder **DIRAC–Stoß**, gekennzeichnet mit $\delta(t)$ (Bild 4.32). Seine Definition erfolgt über ein Integral. Er ist ein Rechteckimpuls mit einer zeitlichen Ausdehnung, die gegen null geht. Seine Amplitude geht gegen unendlich, die Impulsfläche hat den Grenzwert eins.

$$\delta(t) = \begin{cases} \to \infty, t = 0 \\ 0, t \neq 0 \end{cases} \text{und} \int_{-\infty}^{\infty} \delta(t) dt = 1 \tag{4.46}$$

$$\mathcal{L}\{\delta(t)\} = 1$$

Beispiel 4.9

Aus der Bildfunktion für einen realen Impuls (4.44) lässt sich der **DIRAC**-Stoß durch einen Grenzübergang mittels der Regel von **L'HOSPITAL** berechnen:

$$\mathcal{L}\{f(t)\} = \lim_{\tau \to 0} \frac{1}{s} \cdot \frac{1 - e^{-s\tau}}{\tau} = \lim_{\tau \to 0} \frac{e^{-s\tau}}{1} = 1 = \mathcal{L}\{\delta(t)\}$$

Für die Fläche gilt: $A = \lim_{\tau \to 0} \frac{1}{\tau} \cdot \tau = \lim_{\tau \to 0} \frac{1}{1} \cdot 1 = 1$ ∎

Impulserregte Systeme antworten mit der Impulsantwort, die man auch *Gewichtsfunktion* nennt. Impulsantwort und Gewichtsfunktion sind sprachlich identisch, begrifflich unterscheiden sie sich aber: Die Impulsantwort ist die Reaktion eines Systems auf eine impulsförmige Erregung, die Gewichtsfunktion dagegen eine von den Systemeigenschaften abhängige Systemgröße. Man benutzt die Impulserregung z. B. bei der Untersuchung von schwingungsfähigen Systemen. Oft weicht man aber auf die Sprungfunktion aus, da die Erzeugung eines geeigneten schmalen und hohen Impulses Schwierigkeiten bereiten kann. Die Impulserregung eines Systems liefert die **Eigenbewegungen** oder **freie Schwingungen** eines Übertragungssystems.

Die Rampenfunktion

Man nennt sie auch *Anstiegsfunktion* und benutzt sie dort, wo physikalische Größen einen bestimmten *Anstiegsgradienten* nicht überschreiten dürfen wie beispielsweise bei Erwärmungsvorgängen:

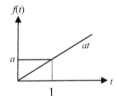

$$f(t) = \begin{cases} at, t > 0 \\ 0, t < 0 \end{cases}$$

$$\mathcal{L}\{at\} = \frac{a}{s^2}$$

(4.47)

Bild 4.33: Rampenfunktion

4.3.2 Kennwertermittlung

Wenn es nicht möglich ist, ein System mathematisch zu beschreiben und zu modellieren, versucht man, ein vereinfachtes Modell aufzustellen und dessen Parameter durch messtechnisch ermittelte Größen festzulegen.

Wir betrachten ein System mit Eingangsgröße $u(t)$ und Ausgangsgröße $v(t)$, belegen die Eingangsgröße mit unterschiedlich gewählten Testfunktionen und ermitteln die Ausgangsgrößen, die Antwortfunktionen:

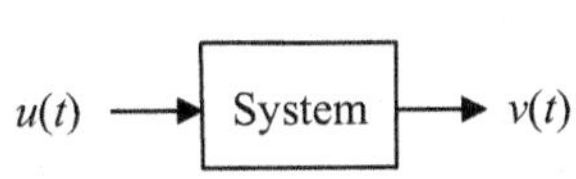

$$u(t) \longrightarrow \boxed{\text{System}} \longrightarrow v(t)$$

Bild 4.34: Zu untersuchendes System

Sprungantwort

Eine sprungförmig verlaufende Eingangsgröße $u(t) = u_0\sigma(t)$ liefert als Kennfunktion eine auf die Eingangssprungamplitude u_0 bezogene Sprungantwort, die ***Übergangsfunktion***:

$$h(t) = \frac{v(t)}{u_0}, \ t > 0 \qquad\qquad (4.48)$$

Sie beschreibt den zeitlichen Verlauf eines Überganges vom Ausgangszustand zum stationären Wert bei $t \to \infty$. Demnach dient sie vorwiegend zur Beurteilung des dynamischen Verhaltens eines Systems. Zu diesem Zweck werden an zwei typischen Einschwingvorgängen Kenngrößen definiert.

Beim schwingenden Übergang kann aus zwei aufeinanderfolgenden Amplitudenwerten die Dämpfungszahl D ermittelt werden:

Aus der Bedingung für einen Extremwert $\dot{v}(t) = 0$ folgt, dass die letzte Gleichung in Beispiel 4.5 bei $t_1 = \pi / \omega_d$ ihr erstes Maximum hat. Der Funktionswert an dieser Stelle

$$v(t_1) = u_0 K(1 + e^{-\delta\pi / \omega_d}) \qquad\qquad (4.49)$$

ist das erste Amplitudenmaximum, die ***maximale Überschwingweite*** h_m. Aus der Differenz

$$v(t_1) - v(\infty) = u_0 K e^{-\delta\pi / \omega_d} = h_m \qquad\qquad (4.50)$$

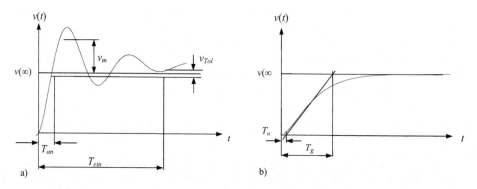

Bild 4.35: Kenngrößen von Sprungantworten bei unterschiedlichem Übergangsverhalten
a)   Schwingender Übergang
b)   Nicht schwingender Übergang
T_{an} Anschwingzeit: Zeit bis die Ausgangsgröße das Toleranzband zum ersten Mal erreicht
T_{ein} Einschwingzeit: Zeit bis die Ausgangsgröße das Toleranzband zum ersten Mal nicht mehr verlässt
v_m Überschwingweite: Maximaler Amplitudenwert der Ausgangsgröße bezüglich des stationären Wertes
v_{Tol} Toleranzbereich in $\pm k\%$ von $v(\infty)$: Amplitudenbereich um den stationären Wert, k wählbar
$v(\infty)$ Stationärer Zustand: Wert der Ausgangsgröße, wenn die Zeit $t \to \infty$ geht
T_u Verzugszeit: Zeit bis zum Schnittpunkt der Wendetangente und der t-Achse
T_g Ausgleichzeit: Zeit bis zum Schnittpunkt der Wendetangente und der $v(\infty)$-Linie

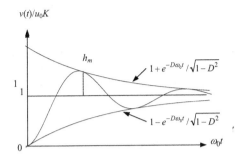

lässt sich mit Abklingkonstante $\delta = D\omega_0$ und $\omega_d = \sqrt{\omega_0^2 - \delta^2} = \omega_0 \sqrt{1 - D^2}$ die Dämpfungszahl eliminieren:

$$D = \frac{1}{\sqrt{1 + \left(\pi \Big/ \ln\!\left(\dfrac{u_0 K}{h_m}\right)\right)^2}} = f(h_m) \qquad (4.51)$$

Bild 4.36: Bestimmen der Dämpfungszahl D aus der gemessenen Sprungantwort eines gedämpft schwingenden Systems

Impulsantwort

Ist die Erregerfunktion impulsförmig, dann hängt die Wirkung der stoßartigen Erregung eines Systems von der Impulsfläche I ab (Bild 4.31). Als Kennfunktion wird die auf die Impulsfläche I bezogene Impulsantwort verwendet. Sie ist formal gleich der Gewichtsfunktion:

$$g(t) = \frac{v(t)}{I}, \ t > 0 \qquad (4.52)$$

Bei der Berechnung der Impulsantwort mit einer Erregerfunktion nach der Definition (4.45) geht man von der Annahme einer „hinreichend" kleinen Impulsbreite $0 < t < t_0$" aus, einer Zeitspanne, wo noch keine messbaren Veränderungen in einem System vor sich gegangen sind. Man interessiert sich also nur für die Systemreaktion nach der Zeitspanne t_0, wo die impulsförmige Erregung schon wieder abgeklungen ist. Deshalb ist es völlig ausreichend, die Lösung der Differentialgleichung für die Zeit $t_0 > 0$ zu ermitteln, in der die Eingangsgröße $u(t) = 0$ ist. Wählt man dagegen als formale Eingangsgröße den mit der Impulsfläche I multiplizierte **DIRAC**-Stoß $I\delta(t)$, ist auch die Ausgangfunktion mit diesem Faktor gewichtet und muss entsprechend (4.52) noch durch die Impulsfläche I dividiert werden.

Ist die Gewichtsfunktion durch Messung oder Berechnung der Impulsantwort bekannt, dann lässt sich über die Beziehung

$$h(t) = \int_0^t g(\tau)d\tau \qquad (4.53)$$

die Übergangsfunktion berechnen.

Rampenantwort

Eine rampenförmige Eingangsgröße $u(t) = at$ mit Steigung a liefert die **Rampen-** oder **Anstiegsantwort**. Wird diese auf die Steigung a bezogen, heißt die Kennfunktion **bezogene Anstiegsantwort**:

$$v_A(t) = \frac{v(t)}{a}, \ t > 0$$ (4.54)

Rampenförmige Testfunktionen finden dort Verwendung, wo die Steigung der Eingangsgröße begrenzt ist, z.B. bei Temperaturänderungen unter Berücksichtigung von Materialspannungen. Neben den vorgestellten Testfunktionen werden auch harmonische Funktionen verwendet, z.B. eine Sinusfunktion als Eingangsgröße, so kann man die Ausgangsfunktion als Sinusantwort bezeichnen. Das Verhältnis von Ausgangsgröße zu Eingangsgröße ist der *Frequenzgang* (siehe Kapitel 5). Der Frequenzgang charakterisiert das Verhalten von Regelkreisgliedern im Frequenzbereich.

4.4 Beispiele

4.1 Von dem folgenden mechanischen System soll die Bewegungsgleichung ermittelt werden. Zur Vereinfachung nehmen wir gleichgroße Massen m und Federn mit übereinstimmenden Federkonstanten an. Das System soll dämpfungsfrei sein. Zum Zeitpunkt $t = 0$ gilt: $x_1 = a$; $x_2 = x_3 = 0$.
Ebenso seien die Geschwindigkeiten $\dot{x}_1 = \dot{x}_2 = \dot{x}_3 = 0$.

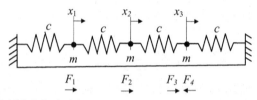

Bild 4.37: Mehrfachschwinger
  c Federkonstanten
  m Masse
  x_i Wege der Massen
  F Kräfte

Zum Aufstellen der Bewegungsgleichung benutzen wir die **LAGRANGE** Gleichungen (4.13):

$$\frac{d}{dt}\left(\frac{\partial T}{\partial \dot{q}_j}\right) - \frac{\partial T}{\partial q_j} = -\frac{\partial U}{\partial q_j} - \frac{\partial F}{\partial \dot{q}_j}$$

Die kinetische Energie der Anordnung ist:

$$T = \frac{1}{2}m\left[\dot{x}_1^2 + \dot{x}_2^2 + \dot{x}_3^2\right]$$

Die potentielle Energie berechnet sich zu:

$$U = \frac{1}{2}cx_1^2 + \frac{1}{2}c[x_2 - x_1]^2 + \frac{1}{2}c[x_3 - x_2]^2 + \frac{1}{2}cx_3^2$$

In der **LAGRANGE**-Gleichung setzen wir für die Koordinaten $\dot{q}_i = \dot{x}_i$ und $q_i = x_i$.

Die einzelnen Ableitungen sind:

$$\frac{\partial T}{\partial \dot{x}_1} = m\dot{x}_1 \quad \text{und} \quad \frac{\partial T}{\partial x_1} = 0 \quad \text{ebenso} \quad \frac{\partial U}{\partial x_1} = c[2x_1 - x_2] \quad \text{und} \quad \frac{d}{dt}(m\dot{x}_1) = m\ddot{x}_1$$

$$\frac{\partial T}{\partial \dot{x}_2} = m\dot{x}_2 \quad \text{und} \quad \frac{\partial T}{\partial x_2} = 0 \qquad \frac{\partial U}{\partial x_2} = c[2x_2 - x_1 - x_3] \quad \text{und} \quad \frac{d}{dt}(m\dot{x}_2) = m\ddot{x}_2$$

$$\frac{\partial T}{\partial \dot{x}_3} = m\dot{x}_3 \quad \text{und} \quad \frac{\partial T}{\partial x_3} = 0 \qquad \frac{\partial U}{\partial x_3} = c[2x_3 - x_2] \quad \text{und} \quad \frac{d}{dt}(m\dot{x}_3) = m\ddot{x}_3$$

Zusammengefasst und in die **LAGRANGE** Gleichung eingesetzt, ergeben sich drei Bewegungsgleichungen:

$$m\ddot{x}_1 + c[2x_1 - x_2] = 0$$
$$m\ddot{x}_2 + c[2x_2 - x_1 - x_3] = 0$$
$$m\ddot{x}_3 + c[2x_3 - x_2] = 0$$

Dividiert man diese Ausdrücke durch die Masse m führt die Kreisfrequenz $\frac{c}{m} = \omega_0^2$ ein, erhält man die Bewegungsgleichungen für den Mehrfachschwinger:

$$\ddot{x}_1 + 2\omega_0^2 x_1 - \omega_0^2 x_2 = 0$$
$$\ddot{x}_2 - \omega_0^2 x_1 + 2\omega_0^2 x_2 - \omega_0^2 x_3 = 0$$
$$\ddot{x}_3 - \omega_0^2 x_2 + 2\omega_0^2 x_3 = 0$$

4.2 Ein quaderförmiger Flüssigkeitsbehälter der Höhe h und der Bodenfläche A soll modelliert werden, d. h. eine Differentialgleichung ist gesucht, die eine Beziehungen zwischen dem Zufluss q_e, dem Abfluss q_a und dem Niveau x herstellt.

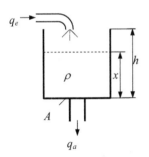

Die Massenänderung ist proportional der Differenz von Zufluss und Abfluss:

$$\frac{dm}{dt} = q_e - q_a$$

Für die Beziehung zwischen Niveau x, Masse m und Volumen V gilt:

$$m = \rho V = \rho A x$$

Bild 4.38: Flüssigkeitsbehälter
q_e, q_a Zufluss, Abfluss
h, A Behälterhöhe, Behälterbodenfläche
x Flüssigkeitsniveau
ρ Dichte des Fluids

Wird diese Gleichung nach der Zeit differenziert und in der obigen Mengenbilanz verwendet, erhält man für die Massenänderung:

$$\frac{dm}{dt} = \rho A \frac{dx}{dt} = q_e - q_a$$

Umgestellt nach der Niveauänderung:

$$\dot{x} = \frac{1}{\rho A}\left(q_e(t) - q_a(t)\right) \quad (0 \le x \le h)$$

Die Niveauänderung $\dot{x}$ ist somit proportional der Differenz zwischen Zu- und Abfluss. Da hier die Variable x in der Differentialgleichung fehlt, weist die Gleichung auf ein integrales Verhalten des Flüssigkeitsbehälters hin. Durch Integration erhält man:

$$x(t) - x_0 = \frac{1}{\rho A}\int\left(q_e(t) - q_a(t)\right)dt \qquad \text{mit } x(0) = x_0$$

4.3 Das Übertragungsverhalten eines RC-Tiefpasses soll durch Aufstellen einer Differentialgleichung erfasst werden.

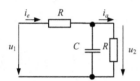

Die Ladungsänderung am Kondensator ist proportional der Stromdifferenz:

$$i_c = i_e - i_a = \frac{dQ}{dt}$$

Bild 4.39: Elektrisches Netzwerk: RC-Tiefpass

u_1, u_2	Spannungen am Eingang, Ausgang
i_e, i_a	Ströme am Eingang, Ausgang
R	Ohmscher Widerstand
C	Kapazität

Für den Strom i_a am Netzwerkausgang gilt mit $Q = Cu_2$:

$$i_a = \frac{u_2}{R} = \frac{Cu_2}{RC} = \frac{1}{RC}Q$$

Setzt man diese Gleichung in die Strombilanz ein, ergibt sich eine Differentialgleichung 1. Ordnung.

$$i_e - i_a = i_e - \frac{1}{RC}Q = \dot{Q}$$

$RC = T_1$ ist die Zeitkonstante. Durch Multiplikation mit diesem Parameter erhält die Gleichung ihre endgültige Form:

$$T_1\dot{Q} + Q = T_1 i_e$$

Wählt man für $i_e = (u_1 - u_2)/R$ und für $Q = Cu_2$ bzw. $\dot{Q} = C\dot{u}_2$, dann ergibt sich ebenfalls eine Differentialgleichung erster Ordnung, aber mit nur einer halb so großen Zeitkonstanten T_1:

$$i_e - i_a = \dot{Q} = \frac{u_1 - u_2}{R} - \frac{1}{RC}Q = C\dot{u}_2 \quad \text{oder nach Multiplikation mit RC:}$$

$$u_1 - u_2 - u_2 = RC\ddot{u}_2 \quad \Rightarrow \quad \frac{T_1}{2}\dot{u}_2 + u_2 = \frac{1}{2}u_1$$

4.4 Ein mathematisches Pendel wird betrachtet. Hier ist die gesamte Pendelmasse m in einem Punkt A konzentriert, wo auch das Pendelgewicht $G = mg$ sowie die von außen einwirkende Kraft F angreifen. Der Pendelausschlag φ sei die Ausgangsgröße des Systems.

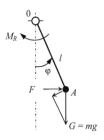

Bezüglich der Pendelaufhängung in 0 gilt die Momentenbilanz:

$$J\ddot{\varphi} = M_F + M_G + M_R$$

In dieser Gleichung bedeuten:

$J = ml$	Trägheitsmoment bezüglich 0
$M_F = Fl\cos\varphi$	Moment infolge der äußeren Kraft F
$M_G = -mgl\sin\varphi$	Rückstellmoment infolge des Pendelgewichts
$M_R = -c_R\dot{\varphi}$	Moment auf Grund von Lagerreibung

Bild 4.40: Mathematisches Pendel
F Eingangskraft
φ Pendelausschlag
$G = mg$ Gewicht des Pendels
l Pendellänge
M_R Reibmoment in der Aufhängung

Benutzt man diese Ausdrücke in der obige Bilanzgleichung und dividiert mit ml^2, ergibt sich eine nichtlineare Differentialgleichung zweiten Grades:

$$\ddot{\varphi} + \frac{c_R}{ml^2}\dot{\varphi} + \frac{g}{l}\sin\varphi = \frac{F}{ml}\cos\varphi$$

Für „kleine" Winkelausschläge φ ist $\sin\varphi \approx \varphi$ und $\cos\varphi \approx 1$. Mit diesen Näherungen ist eine Linearisierung der Differentialgleichung möglich:

$$\ddot{\varphi} + \frac{c_R}{ml^2}\dot{\varphi} + \frac{g}{l}\varphi = \frac{F(t)}{ml}$$

Der Winkelausschlag φ ist die Ausgangsgröße und die Kraft F die Eingangsgröße des Systems „Mathematisches Pendel".

4.5 Modellieren eines Rührkesselreaktors.

In einem geschlossenen Behälter mit Volumen V und Oberfläche A wird eine Flüssigkeit mit der Dichte ρ und spezifischer Wärme c so bewegt, dass die Flüssigkeitstemperatur $\square$ gegenüber der Umgebungstemperatur zu einer homogenen Temperaturverteilung im Behälter führt. Mit einer Heiz- und Kühleinrichtung wird der Flüssigkeit die Leistung $P(t)$ zugeführt

Die Wärmebilanz der Flüssigkeit zum Zeitpunkt t setzt sich dann wie folgt zusammen:

Zunahme der gespeicherten Wärme pro Zeiteinheit
plus abfließender Wärmeleistung
gleich zugeführte Leistung, also

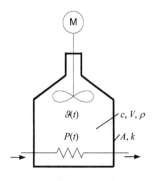

$$cV\rho\frac{d\vartheta}{dt} + kO\vartheta = P(t)$$

Mit den Abkürzungen $T_1 = \dfrac{cV\rho}{kO}$ und $K = 1/kA$ erhält man eine lineare Differentialgleichung 1. Ordnung:

$$T_1\dot{\vartheta} + \vartheta = KP(t)$$

Betrachtet man die physikalische Dimension des Koeffizienten T_1,

Bild 4.41: Rührkesselreaktor

$\vartheta(t)$	Flüssigkeitstemperatur
$P(t)$	Zu- bzw. abgeführte Wärmeleistung
O	Oberfläche des Behälters
k	Wärmedurchgangszahl der Gefäßwand
ρ	Dichte der Flüssigkeit
c	Spezifische Wärme der Flüssigkeit
V	Behältervolumen

$$[T_1] = \frac{[c][V][\rho]}{[k][A]} = \frac{\mathrm{JK^{-1}kg^{-1}m^3kgm^{-3}}}{\mathrm{WK^{-1}m^{-2}m^2}} = \sec,$$

deshalb nennt man T_1 Zeitkonstante.

4.6 Die Kennfunktionen eines Systems erster Ordnung mit Eingangsgröße $u(t)$ und Ausgangsgröße $v(t)$ sind gesucht. Die Differentialgleichung sei:

$$T_1\dot{v}(t) + v(t) = u(t), \ \ v(0) = 0, \ t \geq 0$$

Die Erregerfunktion wird impulsförmig mit $u(t) = I\delta(t)$ angenommen. Dann ist im Zeitbereich zu lösen:

$$T_1\dot{v}(t) + v(t) = \delta(t)I, \ t \geq 0$$

Es genügt aber, die Gleichung $T_1\dot{v}(t) + v(t) = 0$ für t > 0 zu lösen (vgl. Seite 77: Impulsfunktion).

Die Lösung der Differentialgleichung $v(t) = \dfrac{1}{T_1}e^{-t/T_1}$ entspricht der Gewichtsfunktion $g(t)$.

Benutzt man den Bildbereich als Lösungsweg, lautet das Transformationsergebnis:

$$T_1sv(s) + v(s) = u(s)$$

Mit der transformierten Eingangsgröße $u(s) = I\mathcal{L}\{\delta(t)\} = I \cdot 1$ wird die Differentialgleichung im Bildbereich:

$$T_1sv(s) + v(s) = I \cdot 1$$

Wird sie nach $v(s)$ umgestellt und in den Zeitbereich transformiert, erhält man als Impulsantwort:

$$v(t) = I\frac{1}{T_1}e^{-t/T_1}, \ \ t > 0$$

Nach (4.52) wird hieraus durch Division mit I die Gewichtsfunktion:

$$g(t) = \frac{v(t)}{I} = \frac{1}{T_1} e^{-\frac{t}{T_1}} \, , \ t > 0$$

Die Sprungantwort berechnet sich bei diesem System mit der Eingangsfunktion $u(s) = u_0/s$ zu:

$$v(t) = u_0 (1 - e^{-t/T_1}) , \ \ t > 0$$

Durch Division mit u_0 entsprechend der Definition (4.48) erhält man die Übergangsfunktion:

$$h(t) = \frac{v(t)}{u_0} = (1 - e^{-t/T_1}) , \ \ t > 0$$

Mit der Gewichtsfunktion lässt sich die Übergangsfunktion auch nach (4.53) berechnen:

$$h(t) = \int_0^t g(\tau) d\tau = \frac{1}{T_1} \int_0^t e^{-t/T_1} d\tau$$

$$= \frac{1}{T_1} (-T_1) e^{-t/T_1} \Big|_0^t$$

$$= 1 - e^{-t/T_1} , \ \ t > 0$$

Die Rampenantwort, die sich infolge einer Systemerregung mit $u(t) = at$, $t > 0$ ergibt, berechnet sich im Bildbereich, indem die komplette Differentialgleichung **LAPLACE**-transformiert wird:

$$T_1 s v(s) + v(s) = a \frac{1}{s^2}$$

Umgestellt nach $v(s)$ und zurücktransformiert:

$$v(s) = \frac{a}{T_1} \frac{1}{s^2 (s + \frac{1}{T_1})}$$

$$v(t) = a(t - T_1(1 - e^{-t/T_1})) , t > 0$$

Die bezogene Anstiegsantwort ist nach (4.54):

$$v_A(t) = t - T_1(1 - e^{-t/T_1}) , t > 0$$

4.7 Die Kennfunktionen eines Systems mit integralem Verhalten werden auf unterschiedlichen Wegen berechnet. Die Differentialgleichung sei mit Anfangsbedingung $v(0) = 0$:

$$T_1 \dot{v}(t) = K u(t) \text{ oder umgestellt:}$$

$$v(t) = \frac{K}{T_1} \int_0^t u(\tau) d\tau$$

Lösen der Differentialgleichung im Zeitbereich mit unterschiedlichen Eingangsgrößen:

Sprungantwort: $u(t) = u_0$, $t > 0$ $v(t) = \dfrac{K}{T_1} u_0 \displaystyle\int_0^t d\tau = \dfrac{K}{T_1} u_0 t$

Übergangsfunktion (4.48): $h(t) = \dfrac{v(t)}{u_0} = \dfrac{K}{T_1} t$

Rampenantwort: $u(t) = at$, $t > 0$ $v(t) = \dfrac{K}{T_1} a \displaystyle\int_0^t \tau\, d\tau = \dfrac{K}{T_1}\dfrac{a}{2} t^2$

Bezogene Rampenantwort (4.53): $v_A(t) = \dfrac{K}{T_1}\dfrac{1}{2} t^2$

Lösen der Differentialgleichung im Bildbereich:

Impulsantwort: $u(t) = I\delta(t)$ $T_1 \dot{v}(t) = Ku(t) = KI\delta(t)$

$$v(s) = \dfrac{K}{T_1}\dfrac{1}{s} I \cdot 1$$

$$v(t) = KI\,\dfrac{1}{T_1}$$

Gewichtsfunktion (4.51): $g(t) = \dfrac{K}{T_1}$

Berechnungen mit Hilfe der Gewichtsfunktion:

Übergangsfunktion (4.52): $h(t) = \displaystyle\int_0^t g(\tau)d\tau = \dfrac{K}{T_1}\displaystyle\int_0^t d\tau = \dfrac{K}{T_1} t$

Rampenantwort (4.53): $v(t) = \dfrac{K}{T_1} a \displaystyle\int_0^t \tau\, d\tau = \dfrac{K}{T_1} a \displaystyle\int_0^t (t-\tau)d\tau = \dfrac{K}{T_1} a \dfrac{1}{2} t^2$

4.8 Gegeben ist ein System, das durch die Differentialgleichung $T_1\ddot{v}(t) + \dot{v}(t) = K_I u(t)$ mit den Anfangsbedingungen $v(0) = v_0$, $\dot{v}(0) = \dot{v}_0$ beschrieben ist. Man spricht hier auch von einem „I-T$_1$-Verhalten", weil die Ausgangsgröße das Integral der Eingangsgröße ist und außerdem noch verzögert erscheint. Die Antwortfunktionen bzw. Kennfunktionen sollen berechnet werden:

a) Lösung der Differentialgleichung mit Hilfe der **LAPLACE**-Transformation unter Berücksichtigung der Anfangsbedingungen für eine sprungförmige Erregung mit $u(t) = u_0$, $t > 0$. Die beiden ersten Terme stehen für die Eigenbewegungen des Systems, der letzte Term zeichnet sich für die von außen auf das System eingebrachte Erregung verantwortlich:

$$v(t) = v_0 + T_1(1 - e^{-t/T_1})\dot{v}_0 + K_I u_0 (t - T_1 + T_1 e^{-t/T_1})$$

b) Sprungantwort und Übergangsfunktion:

$$v(t) = K_I u_0 \left[t - T_1(1 - e^{-t/T_1}) \right] \quad \text{und} \quad h(t) = \frac{v(t)}{u_0} = K_I \left[t - T_1(1 - e^{-t/T_1}) \right]$$

c) Anstiegsantwort und bezogene Anstiegsantwort

$$v(t) = K_I a \left[T_1^2 (1 - e^{-t/T_1}) + T_1 t + \frac{1}{2} t^2 \right] \quad \text{und} \quad v_A(t) = \frac{v(t)}{a} = K_I \left[T_1^2 (1 - e^{-t/T_1}) + T_1 t + \frac{1}{2} t^2 \right]$$

d) Impulsantwort und Gewichtsfunktion

$$v(t) = K_I I(1 - e^{-t/T_1}) \quad \text{und} \quad g(t) = \frac{v(t)}{I} = \frac{dh(t)}{dt} = K_I(1 - e^{-t/T_1})$$

e) Die Lösung der Differentialgleichung im Zeitbereich:

$$v(t) = K_I u_0 t + \frac{C_1}{T_1} e^{-t/T_1} + C_2$$

f) Anpassen der Integrationskonstanten an die Anfangsbedingungen:

$$C_1 = T_1^2 (K_I u_0 - \dot{v}_0) \quad \text{und} \quad C_2 = v_0 - T_1 K_I u_0 + T_1 \dot{v}_0$$

Eine umfangreiche Sammlung von weiteren Übungsaufgaben und Beispielen findet man in den beiden Bänden „Mechatronik 1" und „Mechatronik, Aufgaben und Lösungen", [22] und [23].

4.5 Übungsaufgaben

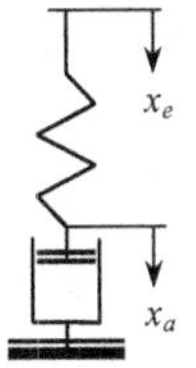

Bild 4.42: Feder-Dämpfer-System
x_e, x_a Eingangs-, Ausgangsgröße
r Reibungskoeffizient
c Federsteife

4.1 Das massenlos angenommene Feder-Dämpfer-System ist zu modellieren. Der Ferderanfang wird zum Zeitpunkt $t = t_0$ um den Weg $x_e = x_{e0}$ ausgelenkt. Die Feder wird damit um den Federweg $x_e - x_a$ zusammengedrückt. Die Federkraft $c(x_e - x_a)$ ist proportional der Dämpfungskraft $x_a \dot{r}$, lineare Verhältnisse seien vorausgesetzt. Die Differentialgleichung ist aufzustellen.

Lsg.: $T_1 \dot{x}_a(t) + x_a(t) = x_e(t)$, $t > 0$, $T_1 = r/c$

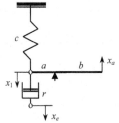

Bild 4.43: Hebelsystem mit Dämpfungs-glied und Feder
a, b Hebelarme
x_e, x_a Eingangs-, Ausgangsgröße
r Reibungskoeffizient
c Federsteife
x_1 Federweg

4.2 Hebel-Dämpfungs-System: Die Eingangsgröße x_e liegt am Dämpfungszylinder, eine Zwischengröße ist der Federweg x_1. Diese Größe fungiert als Eingangsgröße für die Hebelanordnung. Die Ausgangsgröße des Systems ist die Hebelauslenkung x_a. Die Masse soll wieder vernachlässigbar sein. Die Differentialgleichung ist aufzustellen.

Lsg.: $T_1 \dot{x}_a(t) + x_a(t) = K_D \dot{x}_e(t)$, $T_1 = \dfrac{r}{c}$, $K_D = T_1 K$, $K = \dfrac{a}{b}$

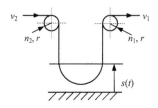

Bild 4.44: Schlinge
v_1, v_2 Geschwindigkeiten
n_1, n_2 Drehzahlen
r Walzenradius
s Durchhang

4.3 Schlingenregelung: Bei elastischen Endlosprodukten wie Stoff- oder Gewebebahnen, Bänder, Folien usw. ist der Durchhang $s(t)$ in Abhängigkeit der Drehzahldifferenz $n_2 - n_1$ zu modellieren.

Lsg.: $s(t) = \pi r \displaystyle\int (n_1 - n_2)\, dt$

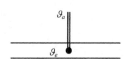

Bild 4.45: Erwärmungsprozess
ϑ_e, ϑ_a Eingangs- Ausgangstemp.
m Masse des Fühlers
c Spez. Wärme des Fluids
A Umspülte Oberfläche

4.4 Die Ausgangstemperatur $\vartheta_a(t)$ des Wärmefühlers wird durch den Wärmestrom vom Fluid zum Fühler bestimmt. Dieser ist von der Wärmekapazität mc des Fühlers und dem Wärmeübergang vom Fluid an den Fühler abhängig. Wie lautet die Differentialgleichung?

Lsg.: $T_1 \dot{\vartheta}_a(t) + \vartheta_a(t) = \vartheta_e(t)$, $T_1 = \dfrac{mc}{\alpha A}$

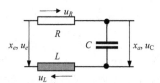

Bild 4.46: Elektrischer Schwingkreis
x_e, x_a Eingangs-, Ausgangsgröße
R, C, L Ohmscher Widerstand,
             Kapazität, Induktivität
u_R, u_C, u_L Spannungen an den Bauteilen

4.5 Ein elektrischer Schwingkreis ist zu modellieren. Die Eingangsspannung u_e ist die Eingangsgröße, die Spannung am Kondensator u_C, die Ausgangsgröße. Die Anwendung des **KIRCHHOFF**schen Maschensatzes liefert das gewünschte Ergebnis.

Lsg.: $T_2^2 \ddot{x}_a(t) + T_1 \dot{x}_a(t) + x_a(t) = x_e(t)$,
$T_2^2 = LC$, $T_1 = RC$

4.6 Zusammenfassung

Bestandteile eines technischen Prozesses sind Masse, Energie und Informationen, die eingesetzt, transportiert und umgeformt werden, um eine vorgegebene Zielsetzung zu erreichen. Mit den im technischen Prozess eingesetzten Geräten und Maschinen bilden sie in ihrer Gesamtheit ein technisches System. Oft laufen die Prozesse in dem technischen System nicht wunschgemäß ab, weil Störungen, die von außen auf den Prozess einwirken, den Prozessablauf in einem nicht gewünschten Sinne beeinflussen. Durch den Einsatz eines Reglers versucht man, den Störungen entgegen zu wirken und den Prozess auf das gesetzte Ziel auszurichten. Eine Voraussetzung für die Auswahl eines geeigneten Reglers ist die Kenntnis um den Zusammenhang zwischen dem Verlauf der Eingangs- und Ausgangsgröße, dem **Übertragungsverhalten** eines technischen Systems.

Das Übertragungsverhalten eines technischen Systems ist eine **Systemeigenschaft** und lässt sich im Allgemeinen ohne Eingriffe in den technischen Prozess nicht ändern. Durch Modellieren des Prozessgeschehens oder durch Messen von Ein- und Ausgangsgrößen lässt sich aber das Übertragungsverhalten eines technischen Systems hinreichend gut beschreiben.

Beim Modellieren stellt man ein **mathematisches Abbild des Prozessablaufes** auf, das die Beschreibung des Systems und dessen Komponenten in Form von mathematischen Gleichungen und Funktionszusammenhänge darstellt. Bei dieser Tätigkeit greift man auf die physikalischen Wechselbeziehungen zurück, denen der Prozess unterworfen ist. Ein wichtiges Ziel ist hierbei das Aufstellen der **Bewegungsgleichung**, eine Differentialgleichung oder ein System von Differentialgleichungen, die die Verbindung zwischen den Eingangs- und Ausgangsgrößen eines Systems darstellen. Um den mathematischen Aufwand nicht ausufern zu lassen, schränken wir ein: Es werden nur Systeme mit einem Eingang und einem Ausgang, die **Eingrößensysteme,** betrachtet. In solchen Situationen genügt zur Beschreibung des Übertragungsverhaltens nur eine Differentialgleichung, in seltenen Fällen eine algebraische Gleichung. Erfüllen die Systeme das **Verstärkungs-** und das **Überlagerungsprinzip**, sind sie **zeitinvariant** und liegt eine **kontinuierliche Arbeitsweise** vor, haben wir es mit **linearen Systemen** zu tun, die sich durch **lineare Differentialgleichungen** beschreiben lassen. Manche Systeme, wie der Füllstand in einem Behälter mit Zu- und Auslauf, lassen sich nur durch eine nichtlineare Differentialgleichung beschreiben, die aber in einem gewählten Arbeitspunkt linearisiert werden kann.

Die Lösung der Differentialgleichungen kann sowohl im Zeitbereich als auch im Bildbereich erfolgen. Zweckmäßig ist aber der Weg im Bildbereich, obwohl er als längerer Umweg erscheint. Der Rechenaufwand ist geringer und Teile der Zwischenergebnisse sind Basis für weiterführende Betrachtungen wie z. B. im folgenden Kapitel die **Übertragungsfunktion**.

Das Laden eines Kondensators in einem RC-Glied oder der Erwärmungsvorgang einer Masse kann mit einer Differentialgleichung erster Ordnung beschrieben werden. In diesem Falle spricht man auch von einem **System erster Ordnung**. Sie haben nur einen systemspezifischen Parameter, er hat die Einheit Zeit, deshalb nennt man ihn auch **Zeitkonstante**. Die Sprungantwort solcher Systeme verläuft von einem Ausgangswert ausgehend ohne Überschwingen auf einen neuen stationären Wert, der nur von der Eingangssprungamplitude und dem Verstärkungsfaktor des Systems abhängt.

Betrachtet man beispielsweise den Erwärmungsvorgang von Wasser mithilfe eines Tauchsieders oder die Heizung in einer Waschmaschine, so beeinflusst schon eine geringe Kalkschicht auf der Heizwendel den Wärmetransport von der Wärmequelle zu dem zu erwärmenden Medium. Es entsteht eine Verzögerung, die in der Differentialgleichung additiv durch eine weitere Ableitung der Ausgangsgröße berücksichtigt wird. Es liegt jetzt ein **System zweiter Ordnung** vor, das aber nicht schwingungsfähig ist. Die Sprungantwort verläuft nun kriechen mit einer Dämpfungszahl $D > 1$. Schwingungsfähige Systeme zweiter Ordnung haben **zwei physikalisch unterschiedliche Energiespeichersysteme**. Bei einem elektrischen System beispielsweise ein Speicher für magnetische Energie (Induktivität) und einen Speicher für elektrische Energie (Kondensator). Bei mechanischen Anordnungen, den Feder-Masse-Dämpfungssystemen, haben wir einen Wechsel zwischen potentieller und kinetischer Energie. Systeme zweiter Ordnung besitzen zwei Systemparameter, die Zeitkonstanten T_1 und T_2. Ausgehend von den beiden Zeitkonstanten definiert man bei Systemen zweiter Ordnung die **Kennkreisfrequenz** ω_0, die **Abklingkonstante** δ und die **Dämpfungszahl** D. Die Kennkreisfrequenz ist ein Maß für die Schnelligkeit eines Einschwingvorganges, die Abklingkonstante gibt einen Hinweis auf das Dämpfungsverhalten. Ein positiver Wert von δ weist auf einen sich vergrößernden Einschwingvorgang hin, ein aus der Rechnung sich ergebendes Minuszeichen vor δ, symbolisiert eine abklingende Schwingung. Während δ und ω_0 die Einheit sec^{-1} haben, ist die Dämpfungszahl dimensionslos. Sie ist eine Verhältniszahl, gebildet aus den beiden Zeitkonstanten T_1 und T_2. Ist $D = 0$, ergibt sich eine Dauerschwingung. Kriechende Übergänge erhält man bei $D \geq 0$. Gedämpfte Schwingungen haben wir im Bereich von $0 < D < 1$. Die sich hierbei einstellende Kreisfrequenz ω_d ist kleiner als die Kennkreisfrequenz ω_0.

Beim Modellieren von Systemen mit einer höheren Anzahl von Freiheitsgraden, wie beispielsweise das System „Karosserie-Radaufhängung" bei der Fahrzeugdämpfung, ergeben sich **Differentialgleichungen höherer Ordnung,** die sich aber auch mithilfe der gängigen Verfahren bei gegebener Eingangsgröße lösen lassen: Nach der **LAPLACE**-Transformation der Differentialgleichung erhält der Nenner der Bildfunktion eine Polynomform. Durch Aufsuchen der Nullstellen, die auch komplex sein können, kann das Polynom in eine Linearform umgewandelt werden, wobei man aber bei komplexen Nullstellen eine Quadratform beibehält. Über eine Partialbruchzerlegung lässt sich dann die Lösung finden.

Gekoppelte Systeme, wie in der **Mechatronik**, können auf **nichtlineare Differentialgleichungen** führen, wie das Beispiel „Prinzip eines wegabhängigen Kondensators" zeigt. Auch bei diesen Systemen versucht man, über eine Linearisierung in einem Arbeitspunkt, die Aufgabe zu lösen.

Bei der messtechnischen Untersuchung eines Systems belegt man die Eingangsgrößen mit Testfunktionen wie **Impulsfunktion**, **Sprungfunktion** oder **Rampenfunktion** und zeichnet die Antwortfunktionen auf. Aus ihrem Verlauf werden **Kennfunktionen** ermittelt, die Rückschlüsse auf das Übertragungsverhalten des technischen Systems ermöglichen. Ziel hierbei ist die Suche nach einem „Ersatz-Übertragungssystem", das ähnliche Übertragungseigenschaften besitzt wie das Originalsystem.

In diesem Kapitel haben wir die **LAPLACE**-Transformation als Werkzeug benutzt, um Differentialgleichungen zu lösen. In dem folgenden Kapitel werden wir uns die **LAPLACE**-transformierte Differentialgleichung, die Bildfunktion, näher anschauen. Ein Schwerpunkt ist hierbei das **Frequenzverhalten eines Übertragungssystems.**

5 Die Beschreibung linearer kontinuierlicher Systeme im Bildbereich

Anhand von Modellvorstellungen von technischen Systemen haben wir im vorigen Kapitel das Zeitverhalten dieser Übertragungsglieder untersucht. Zu diesem Zweck haben wir die Bewegungsgleichungen aufgestellt, die das Ein/Ausgangsverhalten dieser Systeme, mit einer gewissen Näherung gut beschreibt. Diese Gleichung lässt sich sowohl im Zeitbereich als auch im Bildbereich lösen, sofern der Verlauf der Eingangsgröße vorliegt.

Im Bildbereich können aber viele funktionelle Zusammenhänge übersichtlicher dargestellt und untersucht werden. Ein Beispiel ist die nur im Bildbereich definierte **Übertragungsfunktion**. Sie eröffnet einen weiteren Weg, Systemantworten zu berechnen, das Frequenzverhalten von Übertragungsgliedern zu untersuchen sowie vermaschte und zusammengesetzte Übertragungssysteme analytisch zu behandeln aber auch grafisch darzustellen und zu entflechten, was im Zeitbereich nicht so einfach möglich ist.

5.1 Die Übertragungsfunktion

5.1.1 Definitionen

Wir betrachten nur Systeme mit einem Eingang und einem Ausgang, die Ein-Größensysteme. Im Zeitbereich wird das Übertragungsverhalten solcher Systeme durch eine lineare Differentialgleichung n-ter Ordnung mit konstanten Koeffizienten beschrieben:

$$a_n v^{(n)} + ... + a_1 \dot{v} + a_0 v(t) = b_0 u(t) + b_1 \dot{u} + ... + b_m u^{(m)} \tag{5.1}$$

Häufig interessiert aber nur das Übertragungsverhalten eines Systems bei einer definierten Eingangsgröße, nämlich die Systemreaktionen wie Impulsantwort und Sprungantwort, dagegen nicht die Eigenbewegung des Systems infolge nicht verschwindender Anfangsbedingungen. Deshalb ist es ausreichend, die Differentialgleichung (5.1) ohne ihre Anfangsbedingungen in den Bildraum zu transformieren, also das System im Anfangszustand energiefrei anzunehmen. Das Ergebnis der Transformation ist eine algebraische Gleichung mit der komplexen Variablen $s = \sigma + j\omega$:

$$v(s)\left[a_n s^n + ... + a_1 s + a_0\right] = u(s)\left[b_0 + b_1 s + ... + b_m s^m\right] \tag{5.2}$$

Der Quotient aus der **LAPLACE**-transformierte Ausgangsgröße und der **LAPLACE**-transformierte Eingangsgröße heißt *Übertragungsfunktion.* Sie beschreibt wie die Differentialgleichung das technische System:

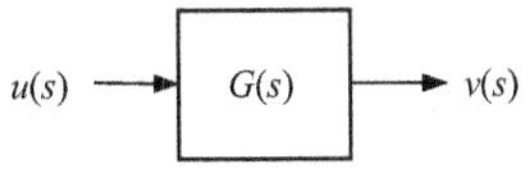

$$G(s) = \frac{v(s)}{u(s)} = \frac{b_m s^m + ... + b_1 s + b_0}{a_n s^n + ... + a_1 s + a_0} = \frac{Z(s)}{N(s)} \tag{5.3}$$

Bild 5.1: Blocksymbol von $G(s)$

Die Übertragungsfunktion ist für ein System immer dieselbe, unabhängig von der Wahl eines speziellen Ein/Ausgangssignales. Deshalb beschreibt sie das gesamte mögliche Verhalten des Systems, sofern das System zum Zeitpunkt $t = 0$ im Ruhezustand ist. Mathematisch gesehen ist die Übertragungsfunkton eine gebrochen rationale Funktion in s, deren Koeffizienten nur von der inneren Struktur und den Parametern des Systems abhängen. Die m Nullstellen des Zählerpolynoms sind gleichzeitig die **Nullstellen der Übertragungsfunktion**, die n Nullstellen des Nennerpolynoms führen zu den **Polen der Übertragungsfunktion**. Bei realisierbaren Systemen gilt immer Grad$\{Z(s)\}$ kleiner als Grad$\{N(s)\}$, also $m < n$.

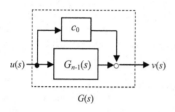

$G(s)$

Bild 5.2: Realisierung einer Übertragungsfunktion, wenn Zählergrad gleich Nennergrad gilt.

Im Sonderfall Zählergrad *gleich* Nennergrad lässt sich durch Polynomdivision ein konstanter Anteil $c_0 = b_n / a_n$ abspalten, der Rest ist eine echt gebrochene rationale Funktion $G_{n-1}(s)$:

$$G(s) = \frac{Z_n(s)}{N_n(s)} = \frac{Z_{n-1}(s)}{N_n(s)} + c_0 = G_{n-1}(s) + c_0 \qquad (5.4)$$

Symbolisch lässt sich dieser mathematische Vorgang durch eine realisierbare Parallelschaltung zweier Teilblöcke mit den Übertragungsfunktionen $G_{n-1}(s)$ und c_0 ausdrücken.

Beispiel 5.1

Die Übertragungsfunktion eines Systems, das durch die folgende Differentialgleichung beschrieben wird, ist gesucht:

$$\dddot{v} + 2\ddot{v} + 3\dot{v} + 5v(t) = 6u(t) + 2\dot{u} \quad \text{mit } \ddot{v}(0) = \dot{v}(0) = v(0) = 0$$

Nach Definition 5.1 wird die komplette Differentialgleichung in den Bildraum transformiert:

$$v(s)s^3 + 2v(s)s^2 + 3v(s)s + 5v(s) = 6u(s) + 2u(s)s$$

Der Quotient aus **LAPLACE**-transformierter Ausgangsgröße und **LAPLACE**-transformierter Eingangsgröße ergibt die Übertragungsfunktion:

$$G(s) = \frac{v(s)}{u(s)} = \frac{6 + 2s}{s^3 + 2s^2 + 3s + 5} \qquad \blacksquare$$

5.1.2 Beziehungen zwischen Übertragungs-, Gewichts- und Übergangsfunktion

Bei einer impulsförmigen Systemerregung $u(t) = \delta(t)$ gilt zwischen der Übertragungsfunktion und der Gewichtsfunktion im Bildbereich:

$$v(s) = u(s)G(s) = \mathcal{L}\{\delta(t)\}G(s) = G(s) = \mathcal{L}\{g(t)\} \quad \text{mit } \mathcal{L}^{-1}\{G(s)\} = g(t) \qquad (5.5)$$

Die im Bildbereich definierte Übertragungsfunktion ist somit eine weitere Kennfunktion, die das Übertragungsverhalten eines Systems eindeutig wiedergibt. Wählt man anstelle einer stoßförmigen

Erregung eine sprungförmige Auslenkung der Eingangsgröße, erhält man die **LAPLACE**-transformierte *Übergangsfunktion h(t)*, eine auf die Sprungamplitude u_0 bezogenen Sprungantwort (vgl. (4.53)):

$$v(s) = u(s)G(s) = \frac{1}{s}G(s) = \mathcal{L}\{h(t)\} \tag{5.6}$$

In der folgenden Tabelle sind die Beziehungen aus (5.5) und (5.6) zusammengestellt, wobei zu berücksichtigen ist, dass eine Multiplikation der Bildfunktion mit s eine Differentiation der Zeitfunktion und eine Division mit s entsprechend eine Integration der Zeitfunktion bedeutet.

	Übertragungsfunktion $G(s)$	Gewichtsfunktion $g(t)$	Übergangsfunktion $h(t)$
Übertragungsfunktion $G(s)$		$G(s) = \mathcal{L}\{g(t)\}$	$G(s) = s\mathcal{L}\{h(t)\}$
Gewichtsfunktion $g(t)$	$g(t) = \mathcal{L}^{-1}\{G(s)\}$		$g(t) = \dfrac{d}{dt}h(t)$
Übergangsfunktion $h(t)$	$h(t) = \mathcal{L}^{-1}\left\{\dfrac{G(s)}{s}\right\}$	$h(t) = \displaystyle\int_0^t g(\tau)d\tau$	

Tabelle 5.1: Beziehungen zwischen den Kennfunktionen

5.1.3 Umformen von Blockstrukturen

Systeme können aus einer Vielzahl von Elementen bestehen wie z. B. Übertragungsglieder, die seriell oder parallel angeordnet sind, Additions-, Subtraktions- und Verzweigungsstellen, rückgekoppelte Strukturen oder ineinandergreifende Schleifen. Die folgenden auf der Übertragungsfunktion basierenden *Umformungsregeln* dienen dazu, verzweigte und ausgedehnte Anordnungen so umzuordnen und aufzulösen, dass Signalübertragungswege übersichtlicher hervortreten oder die resultierende Übertragungsfunktion leichter ermittelbar ist. Um diese Maßnahmen durchführen zu können, setzen wir *gerichtete* und *rückwirkungsfreie* Übertragungssysteme voraus. Bei gerichteten Systemen ist der *Wirkungssinn* vom Eingang zum Ausgang und ein Ausgangssignal macht sich nicht als Echo wieder auf der Eingangsseite bemerkbar, ist also rückwirkungsfrei.

I. Serien- oder Kettenschaltung

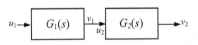

Bild 5.3: Kettenschaltung von Übertragungsgliedern

Unter Berücksichtigung der Definition (5.3) lässt sich aus dem nebenstehenden Bild 5.3 entnehmen:

$v_1(s) = u_1(s)G_1(s)$ und
$v_2(s) = u_2(s)G_2(s)$

Die Ausgangsgröße des ersten Übertragungsgliedes v_1 ist gleich der Eingangsgröße des folgenden Übertragungsgliedes u_2:

$$u_2 = v_1 \implies v_2(s) = u_1(s)G_1(s)G_2(s)$$

Die resultierende Übertragungsfunktion $G(s)$ über zwei in Serie liegende Blöcke hinweg ist das Produkt aus den beiden einzelnen Übertragungsfunktionen:

$$G(s) = v_2/u_1 = G_1(s)G_2(s)$$

Bei n in Reihe liegenden Blöcken mit den Übertragungsfunktionen $G_i(s)$ ($i = 1, 2, 3,..., n$) ist demnach die Gesamtübertragungsfunktion das **Produkt aller einzelnen Übertragungsfunktionen**:

$$G(s) = G_1(s)G_2(s)\cdots G_n(s) = \prod_{i=1}^{n} G_i(s) \qquad (5.7)$$

II. Parallelschaltung

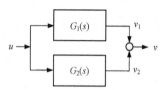

Bild 5.4: Parallelschaltung von Übertragungsgliedern

Beide Übertragungsglieder liegen an demselben Eingang. Die Ausgänge werden am Summationspunkt zusammengeführt:

$$v(s) = v_1(s) + v_2(s) = u(s)(G_1(s) + G_2(s))$$

Damit addieren sich die Übertragungsfunktionen der beiden parallel liegenden Blöcken:

$$G(s) = \frac{v(s)}{u(s)} = G_1(s) + G_2(s)$$

Bei einer Erweiterung auf n parallel geschalteten Blöcken mit den Übertragungsfunktionen $G_i(s)$ ist dann die Gesamtübertragungsfunktion die **Summe der einzelnen Übertragungsgliedern**:

$$G(s) = G_1(s) + G_2(s) + \cdots + G_n(s) = \sum_{i=1}^{n} G_i(s) \qquad (5.8)$$

III. Kreisstruktur oder Rückwirkungsschaltung

In der Anordnung nach Bild 5.5 bezeichnet man den Signalweg über den Block mit Übertragungsfunktion $G_1(s)$ mit *Vorwärtsweg*, entsprechen jener mit Übertragungsfunktion $G_2(s)$ mit *Rückwärtsweg* oder **Rückführung**. Bei positiver Signalrückführung spricht man von **Mitkopplung**, bei negativer Rückführung von **Gegenkopplung**. Wird die Kreisstruktur an einer Stelle aufgetrennt, liegt eine Kettenschaltung beider Blöcke vor. In diesem Falle heißt das Produkt der beiden Übertragungsfunktionen $G_0(s) = G_1(s)G_2(s)$ *Übertragungsfunktion des aufgetrennten Kreises*.

Durch das Trennen einer Kreisstruktur entsteht an der Schnittstelle ein Eingang und ein Ausgang. Die aufgeschnittene Kreisstruktur kann wie ein einzelnes Übertragungsglied behandelt werden. Die Untersuchung einer aufgeschnittenen Kreisstruktur gestaltet sich oft einfacher als das Studium des geschlossenen Kreises und wird u. a. bei der Stabilitätsuntersuchung benutzt (Vgl. Kapitel 7).

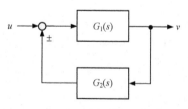

Bild 5.5: Kreisstruktur oder Rückwirkungsschaltung von Übertragungsgliedern

Für die Ausgangsgröße im Bild 5.5 gilt:

$$v(s) = G_1(s)u(s) \pm v(s)G_1(s)G_2(s)$$

Getrennt nach Eingangs- und Ausgangsgröße:

$$v(s)(1 \mp G_1(s)G_2(s)) = G_1(s)u(s)$$

Hieraus folgt die Übertragungsfunktion der Kreisstruktur

$$G(s) = \frac{v(s)}{u(s)} = \frac{G_1(s)}{1 \mp G_1(s)G_2(s)} \tag{5.9}$$

In der Formel für die Übertragungsfunktion stellen sich gegenüber der schaltungstechnischen Realisierung der Summationsstelle entgegengesetzte Vorzeichen ein: Im Nenner ein Minuszeichen für die Mitkopplung und ein Pluszeichen für die Gegenkopplung.

Beispiel 5.2

Die Übertragungsfunktion der folgenden Gegenkopplungsschaltung ist anzugeben.

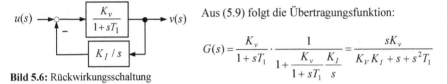

Aus (5.9) folgt die Übertragungsfunktion:

$$G(s) = \frac{K_v}{1 + sT_1} \cdot \frac{1}{1 + \dfrac{K_v}{1 + sT_1}\dfrac{K_I}{s}} = \frac{sK_v}{K_V K_I + s + s^2 T_1}$$

Bild 5.6: Rückwirkungsschaltung

IV. Umformungsregeln

Regel	Aufgabe	Ausgangsstruktur	Zielstruktur
1	Verlegen einer Summationsstelle	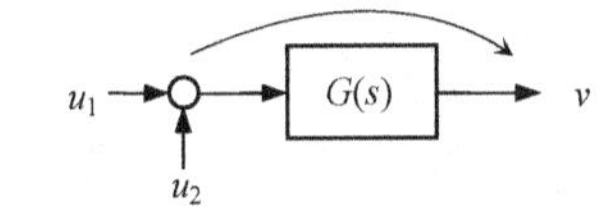 u_1 →O→ $G(s)$ → v u_2 $v = (u_1 + u_2)G(s)$	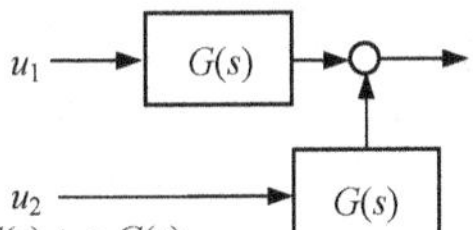 u_1 → $G(s)$ →O→ v u_2 → $G(s)$ $v = u_1 G(s) + u_2 G(s)$
2	Rückverlegen einer Summationsstelle	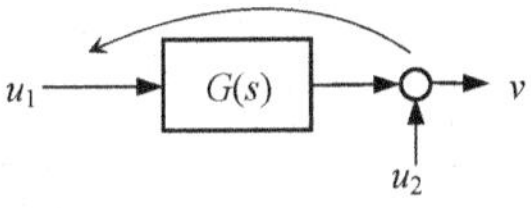 u_1 → $G(s)$ →O→ v u_2 $v = u_1 G(s) + u_2$	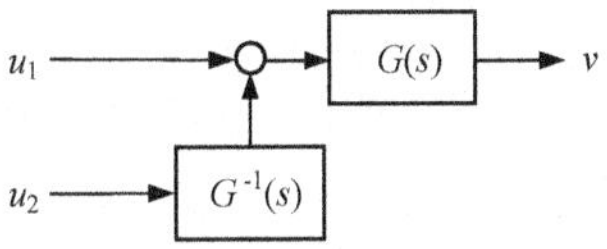 u_1 →O→ $G(s)$ → v u_2 → $G^{-1}(s)$ $v = (u_1 + u_2 G^{-1}(s))G(s)$
3	Verlegen einer Verzweigungsstelle	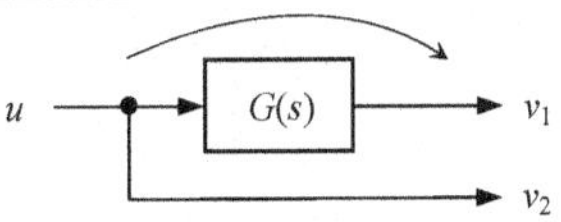 u →•→ $G(s)$ → v_1 → v_2 $v_1 = uG(s)$ $v_2 = u$	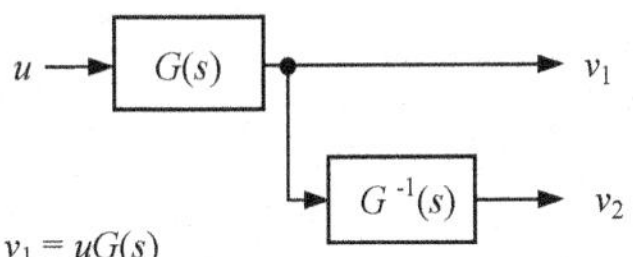 u → $G(s)$ →•→ v_1 → $G^{-1}(s)$ → v_2 $v_1 = uG(s)$ $v_2 = uG(s)G^{-1}(s)$
4	Rückverlegen einer Verzweigungsstelle	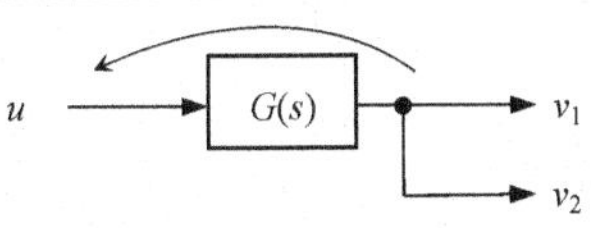 u → $G(s)$ →•→ v_1 → v_2 $v_1 = uG(s)$ $v_2 = uG(s)$	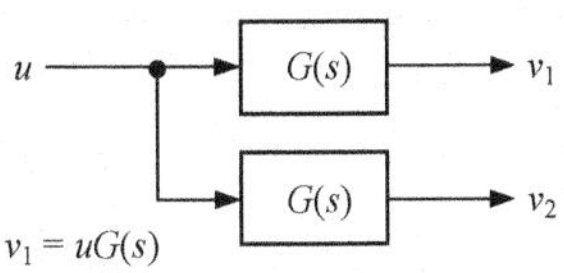 u →•→ $G(s)$ → v_1 → $G(s)$ → v_2 $v_1 = uG(s)$ $v_2 = uG(s)$

Tabelle 5.2: Umformen von Blockstrukturen: Teil 1

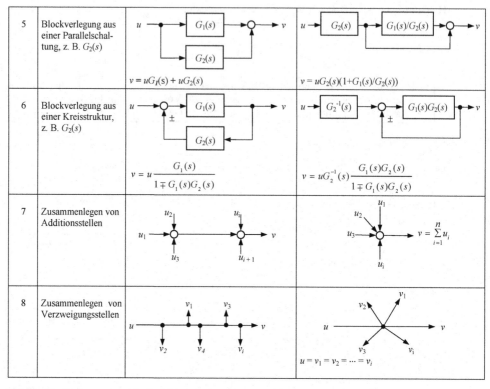

5	Blockverlegung aus einer Parallelschaltung, z. B. $G_2(s)$	$v = uG_1(s) + uG_2(s)$	$v = uG_2(s)(1+G_1(s)/G_2(s))$
6	Blockverlegung aus einer Kreisstruktur, z. B. $G_2(s)$	$v = u \dfrac{G_1(s)}{1 \mp G_1(s)G_2(s)}$	$v = uG_2^{-1}(s)\dfrac{G_1(s)G_2(s)}{1 \mp G_1(s)G_2(s)}$
7	Zusammenlegen von Additionsstellen		$v = \displaystyle\sum_{i=1}^{n} u_i$
8	Zusammenlegen von Verzweigungsstellen		$u = v_1 = v_2 = \dots = v_i$

Tabelle 5.2: Umformen von Blockstrukturen: Teil 2

Beispiel 5.3

Bei dem folgenden Beispiel werden wir obige Regeln verwenden, um das Netzwerk zu entflechten und die Gesamtübertragungsfunktion anzugeben:

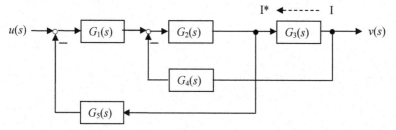

a) Abzweig von I nach I* verlegen. Der Block mit $G_3(s)$ muss ergänzend in den neuen Zweig eingefügt werden, es entsteht ein weiterer Rückwirkungskreis:

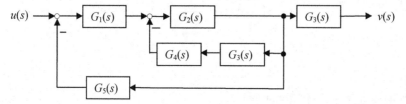

b) Im inneren Rückführungszweig liegt im Hauptzweig der Block $G_2(s)$, im Rückführzweig die Serienschaltung der beiden Blöcke $G_3(s)$ und $G_4(s)$, also $G_3(s)G_4(s)$: Zusammengefasst erhält man:

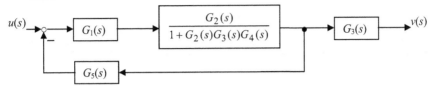

c) Die Rückwirkungsschleife lässt sich nun auflösen:

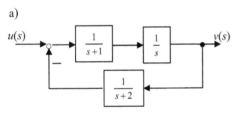

d) Das Produkt der beiden Übertragungsfunktionen ist die Gesamtübertragungsfunktion:

$$G(s) = \frac{G_1(s)G_2(s)G_3(s)}{1 + G_2(s)G_3(s)G_4(s) + G_1(s)G_2(s)G_5(s)}$$ ∎

Beispiel 5.4:

Das Netzwerk mit Eingang $u(s)$ und Ausgang $v(s)$ soll so umgestellt werden, dass eine neue Blockstruktur mit Einheitsrückführung $G_r(s) = 1$ entsteht:

a)

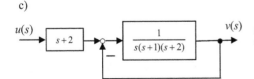

b)

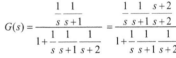

c)

Bild 5.7: Umformen einer Blockstruktur in eine Serienschaltung mit vorgegebenen Eigenschaften

a) Die Gesamtübertragungsfunktion $G(s)$ wird aufgestellt und anschließend mit $G_E(s) = \dfrac{s+2}{s+2}$ erweitert:

$$G(s) = \frac{\dfrac{1}{s}\dfrac{1}{s+1}}{1 + \dfrac{1}{s}\dfrac{1}{s+1}\dfrac{1}{s+2}} = \frac{\dfrac{1}{s}\dfrac{1}{s+1}\dfrac{s+2}{s+2}}{1 + \dfrac{1}{s}\dfrac{1}{s+1}\dfrac{1}{s+2}}$$

b) Die Übertragungsfunktion wird der gewählten Blockstruktur gleichgesetzt:

$$G(s) = \frac{\dfrac{1}{s}\dfrac{1}{s+1}\dfrac{s+2}{s+2}}{1 + \dfrac{1}{s}\dfrac{1}{s+1}\dfrac{1}{s+2}} \overset{!}{=} G_n(s) + \frac{G_v(s)}{1 + G_v(s) \cdot G_r(s)}$$

c) Vereinbarungsgemäß ist $G_r(s) = 1$. Aus einem Vergleich der beiden Übertragungsfunktionen ergeben sich:

$$G_v(s) = \frac{1}{s}\frac{1}{s+1}\frac{1}{s+2} \quad \text{und} \quad G_n(s) = s+2$$ ∎

5.2 Der Frequenzgang

Der Frequenzgang ist eine weitere Kennfunktion eines Übertragungsgliedes. Diese Funktion hängt aber nicht von der Zeit t, sondern von der Kreisfrequenz ω ab und beschreibt den Zusammenhang zwischen einer sinusförmigen Testfunktion und der zugehörigen Antwortfunktion im **eingeschwungenem Zustand**. Er veranschaulicht somit das dynamische Verhalten im Frequenzbereich oder die Frequenzabhängigkeit des Ausgangssignals eines Übertragungsgliedes.

5.2.1 Definition des Frequenzganges

Wird auf den Eingang eines Übertragungsgliedes eine sinusförmige Testfunktion

$$u(t) = \hat{u}\sin\omega t \tag{5.10}$$

gelegt, so erhält man als Reaktion des Systems, wenn alle Einschwingvorgänge abgeklungen sind, eine sinusförmige Antwortfunktion mit der Amplitude $\hat{v}$ und einer gegenüber der Testfunktion veränderten Phasenlage φ:

$$v(t) = \hat{v}\sin(\omega t + \varphi) \tag{5.11}$$

Sowohl die Amplitude $\hat{v}$ als auch die Phasenverschiebung φ hängen von den Eigenschaften des Systems, ab. Bei variabler Kreisfrequenz $\omega \geq 0$ ändern sich im allgemeinen die Größen $\hat{v}$ und φ, bis auf wenige Ausnahmen sind sie frequenzabhängig, also gilt $\hat{v} = \hat{v}(\omega)$ und $\varphi = \varphi(\omega)$.

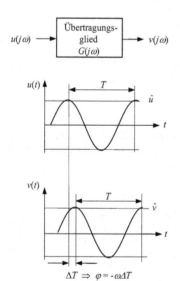

Bild 5.8: Zur Definition des Frequenzganges

Verwendet man die komplexe Schreibweise für die sinusförmigen Vorgänge, dann werden:

$$\underline{u}(t) = \hat{u}e^{j\omega t} \text{ und}$$

$$\underline{v}(t) = \hat{v}e^{j(\omega t + \varphi)}$$

Der Quotient aus Ausgangsgröße und Eingangsgröße

$$G(j\omega) = \frac{\underline{v}(t)}{\underline{u}(t)} = \frac{\hat{v}(\omega)e^{j(\omega t + \varphi(\omega))}}{\hat{u}e^{j\omega t}} = \frac{\hat{v}(\omega)}{\hat{u}}e^{j\varphi(\omega)} \tag{5.12}$$

heißt *komplexer Frequenzgang*. Er gibt das Verhältnis der sinusförmigen Ausgangsschwingung zur sinusförmigen Eingangsschwingung in komplexer Schreibweise für alle Kreisfrequenzen $\omega \geq 0$ an. Es handelt sich hier um eine komplexwertige Funktion der reellen Veränderlichen ω. Diese frequenzabhängige Funktion lässt sich entweder in Real- und Imaginärteil auftrennen oder durch Betrag und Phase darstellen:

$$G(j\omega) = \text{Re}\{G(j\omega)\} + j\text{Im}\{G(j\omega)\} = |G(j\omega)|\, e^{j\varphi(\omega)}$$

Der Betrag $A(\omega) = |G(j\omega)|$ heißt **Amplitudengang**, der Phasenwinkel $\varphi(\omega) = \sphericalangle G(j\omega)$, **Phasengang**. Ist $A(\omega) > 1$, wird das Ausgangssignal verstärkt, für $0 < A(\omega) < 1$ erfolgt eine Abschwächung und für $A(\omega) = 1$ sind die beiden Signalpegel gleich. Liegt ein positiver Phasenwinkel vor, eilt das Ausgangssignal dem Eingangssignal voraus, ist er negativ, eilt es diesem nach.

Der Frequenzgang lässt sich im Zeitbereich aus der Differentialgleichung (5.1) berechnen. Benutzt man die komplexe Schreibweise für die sinusförmigen Vorgänge, erhält man für die Eingangsgröße nach m-facher Differentiation:

$$\underline{u}(t) = \hat{u}e^{j\omega t}, \quad \underline{\dot{u}}(t) = (j\omega)\hat{u}e^{j\omega t}, \quad \dots, \quad \underline{u}^{(m)}(t) = (j\omega)^m \hat{u}e^{j\omega t}$$

Für die phasenverschobene Ausgangsgröße erhält man nach n-maligem Differenzieren:

$$\underline{v}(t) = \hat{v}(\omega)e^{j\omega t}e^{j\varphi(\omega)}, \quad \underline{\dot{v}}(t) = (j\omega)\hat{v}(\omega)e^{j\omega t}e^{j\varphi(\omega)}, \quad \dots, \quad \underline{v}^{(n)}(t) = (j\omega)^n \hat{v}(\omega)e^{j\omega t}e^{j\varphi(\omega)}$$

Werden die vorbereiteten Ausdrücke in die Differentialgleichung (5.1) eingesetzt und gemeinsame Faktoren ausgeklammert, erhält man:

$$[\,a_n(j\omega)^n + \cdots + a_1 j\omega + a_0\,]\,\hat{v}(\omega)e^{j\omega t}e^{j\varphi(\omega)} = [\,b_m(j\omega)^m + \cdots + b_1 j\omega + b_0\,]\,e^{j\omega t}\hat{u} \tag{5.13}$$

Entsprechend der Definition (5.12) erhält man nach Umstellung obiger Gleichung eine **allgemeine Form der Frequenzganggleichung**:

$$G(j\omega) = \frac{\hat{v}(\omega)}{\hat{u}}e^{j\varphi(\omega)} = \frac{b_m(j\omega)^m + \cdots + b_1(j\omega) + b_0}{a_n(j\omega)^n + \cdots + a_1(j\omega) + a_0} \tag{5.14}$$

Betrachtet man die sinusförmige Testfunktion $\underline{u}(t) = \hat{u}e^{j\omega t}$ als Sonderfall einer Funktion mit der komplexen Variablen $s = \sigma + j\omega$ und $\sigma = 0$, $\underline{u}(t) = \hat{u}e^{st} = \hat{u}e^{(\sigma + j\omega)t} = \hat{u}e^{j\omega t}$, eröffnet sich ein Weg, um auf einfache Weise aus der Übertragungsfunktion den Frequenzgang zu ermitteln: Man ersetzt in der Übertragungsfunktion s durch die imaginäre Variable $j\omega$. Damit lässt sich der Frequenzgang als Übertragungsfunktion auf der imaginären Achse der komplexen s-Ebene deuten.

Beispiel 5.5

Ein System wird durch die Differentialgleichung $T_2^2\ddot{v} + T_1\dot{v} + v = u(t)$, $\dot{v}(0) = v(0) = 0$ beschrieben. Der Frequenzgang lässt sich auf zwei unterschiedlichen Wegen berechnen:

a) Ausgehend von der Differentialgleichung.

Die sinusförmige Eingangsgröße sei: $\underline{u}(t) = \hat{u}e^{j\omega t}$

Die Ausgangsgröße entsprechend: $\underline{v}(t) = \hat{v}(\omega)e^{j\omega t}e^{j\varphi(\omega)}$

Und ihre Ableitungen: $\dot{v}(t) = \hat{v}(\omega)e^{j\omega t}e^{j\varphi(\omega)}\,j\omega$

$\ddot{v}(t) = \hat{v}(\omega)e^{j\omega t}e^{j\varphi(\omega)}\,(j\omega)^2$

Die vorbereiteten Ausdrücke werden in die Ausgangsdifferentialgleichung eingesetzt und gemeinsame Faktoren ausgeklammert. Man erhält eine komplexe Funktion:

$$[T_2^2 (j\omega)^2 + T_1 j\omega + 1]\,\hat{v}(\omega)e^{j\omega t}e^{j\varphi(\omega)} = \hat{u}e^{j\omega t}$$

Nach der Definition (5.12) berechnet sich der Frequenzgang zu:

$$G(j\omega) = \frac{\hat{v}(\omega)}{\hat{u}}e^{j\varphi(\omega)} = \frac{1}{1 + j\omega T_1 - \omega^2 T_2^2}$$

b)   Man geht von der Übertragungsfunktion aus:

$$G(s) = \frac{v(s)}{u(s)} = \frac{1}{1 + sT_1 + s^2 T_2^2}$$

Wird s durch $j\omega$ in der Übertragungsfunktion ersetzt, erhält man direkt den Ausdruck für den Frequenzgang.   ∎

5.2.2 Die Ortskurve

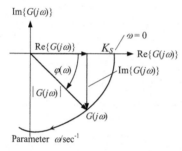

Bild 5.9: Zur Entstehung einer Ortskurve

Die graphische Darstellung des Frequenzganges in der komplexen $G(j\omega)$-Ebene führt zur Ortskurve. Für einen festen Wert der Kreisfrequenz ω bedeutet die Zerlegung $G(j\omega) = \mathrm{Re}\{G(j\omega)\} + j\,\mathrm{Im}\{G(j\omega)\}$ ein Punkt in der $G(j\omega)$-Ebene. Trägt man für den Bereich $0 \le \omega < \infty$ alle Punkte in die Ebene ein, erhält man einen Kurvenzug, den man mit *Ortskurve* bezeichnet.

Aus dem Verlauf der Ortskurve von Übertragungssystemen lässt sich entnehmen, ob sich dieses System stabil oder instabil verhält. Man erkennt dieses Systemverhalten daran, ob die Ortskurve für wachsende Kreisfrequenzen ω „links" oder „rechts" am *kritischen Punkt* vorbei geht oder ihn schneidet. Der kritische Punkt ist hierbei der Punkt $(-1; 0j)$ auf der reellen Achse. Dieser Sachverhalt ist auch Bestandteil des **NYQUIST**-Stabilitätskriteriums (vgl. Abschnitt 7.5.2 und Bild 7.10 und 7.11).

> Wichtige Punkte zur Skizzierung der Ortskurve sind der Anfangspunkt $\omega \to 0$ und der Endpunkt $\omega \to \infty$. Der Anfangspunkt ist abhängig von der Anzahl der I-Anteile, das sind Pole der Übertragungsfunktion im Ursprung der komplexen Zahlenebene. Sind keine I-Anteile vorhanden (P-Verhalten), fängt die Ortskurve bei der stationären Verstärkung K_S auf der reellen Achse an (vgl. Bild 5.9 und Beispiel 2.14). Bei einem I-Anteil (Einfach-I-Verhalten) verläuft die Ortskurve aus $-j\infty$ (negativ imaginär unendlich), bei einem weiteren I-Anteil (Doppel-I-Verhalten) aus $-\infty$ (negativ reell unendlich).

Die Anzahl der Polstellen ist gleich der Systemordnung. Diese ergibt die Anzahl der durchlaufenen Quadranten. Bei z. B. 3 Polstellen durchläuft sie 3 Quadranten (vgl. Beispiel 2.15, ein System 3. Ordnung).

In der Praxis ist es in vielen Fällen ausreichend, die Punkte bei $\omega \to 0$ und $\omega \to \infty$ sowie evtl. Schnittpunkte mit der reellen oder imaginären Achsen auszurechnen.

Aus der Ortskurve lassen sich auch die Verstärkung $|G(j\omega)|$ und die Phasenlage $\varphi(\omega)$ eines Übertragungssystemes entnehmen. Aufschlussreicher ist aber das **BODE**-Diagramm, in dem diese Werte über der Frequenz ω aufgetragen sind. Beide Diagramme spielen eine große Rolle bei der Stabilitätsbetrachtung von geschlossenen Regelkreisen (vgl. Abschnitt 7.5.2.1.2).

5.2.3 Das BODE-Diagramm

Beim **BODE**-Diagramm werden Amplitudengang $A(\omega) = |G(j\omega)|$ und Phasengang $\varphi = \varphi(\omega)$ über der Kreisfrequenz ω aufgetragen. Dabei wird ein **logarithmischer Maßstab** verwendet (Basis 10):

- Der **Amplitudengang** $A(\omega) = |G(j\omega)|$ wird logarithmiert und in dB („Dezibel") angegeben, also der „Betrag $A(\omega)$ in dB" ist $|G(j\omega)|_{dB} = 20\log|G(j\omega)|$. Für den logarithmierten Amplitudengang wird eine lineare Ordinatenteilung verwendet, die Abszisse erhält wegen $\log|\omega|$ eine logarithmische Teilung.

- Der **Phasengang** $\varphi = \varphi(\omega)$ wird in einem weiteren Diagramm mit linearer Ordinatenteilung und ebenfalls logarithmischer Abszissenteilung dargestellt.

Beide Diagramme bilden das **BODE-Diagramm** oder die *Frequenzkennlinien*. Den dargestellten Amplitudengang nennt man auch die *Betragskennlinie* und entsprechend den Phasengang die *Phasenkennlinie*.

Die logarithmische Darstellung von Amplitudengang und Phasengang im **BODE**-Diagramm bringt Vorteile bei der graphischen Konstruktion der resultierenden Frequenzkennlinien einzelner Übertragungsglieder. Liegt beispielsweise eine Kettenschaltung von zwei Übertragungsgliedern mit den Frequenzgängen $G_1 = G_1(j\omega)$ und $G_2 = G_2(j\omega)$ vor, berechnet sich für den resultierenden Frequenzgang:

$$G(j\omega) = G_1(j\omega)G_2(j\omega) = |G_1(j\omega)|e^{j\varphi_1(\omega)}|G_2(j\omega)|e^{j\varphi_2(\omega)} \tag{5.15}$$

Die logarithmierte Form dieser Gleichung lautet:

$$\log|G(j\omega)| + j\varphi(\omega)\log e = \log|G_1(j\omega)| + \log|G_2(j\omega)| + j(\varphi_1(\omega) + \varphi_2(\omega))\log e \tag{5.16}$$

Die Phasenkennlinie $\varphi = \varphi(\omega)$ der Serienschaltung setzt sich additiv aus den einzelnen Phasenkennlinien $\varphi_1(\omega)$ und $\varphi_2(\omega)$ zusammen, die sich ergebende Betragskennlinie ist die Summe der beiden Einzelkennlinien:

$$|G(j\omega)|_{dB} = |G_1(j\omega)|_{dB} + |G_2(j\omega)|_{dB} \tag{5.17}$$

Beispiel 5.6

Wir betrachten eine komplexe Funktion, deren Betragsfunktion zu untersuchen ist:

$$G(j\omega) = \frac{K_S}{1 + sT_1} \qquad (K_S = 30, T_1 = 10 \text{ sec}, \omega > 0)$$

Der Frequenzgang lautet:

$$G(j\omega) = \frac{K_S}{1 + j\omega T_1} \quad (K_S = 30, T_1 = 10 \text{ sec}, \omega > 0)$$

Der Bruch wird mit dem konjugiert komplexen Nenner erweitert. Dabei wird der Nenner reell. Man erhält:

$$|G(j\omega)| = \left| \frac{K_S}{1 + j\omega T_1} \cdot \frac{1 - j\omega T_1}{1 - j\omega T_1} \right| = K_S \frac{|1 - j\omega T_1|}{1 + (\omega T_1)^2} = \frac{K_S}{\sqrt{1 + (\omega T_1)^2}}$$

Die Asymptoten der Betragsfunktion ergeben sich durch folgende Abschätzung:

$$|G(j\omega)| = \frac{K_S}{\sqrt{1 + (\omega T_1)^2}} = \begin{cases} K_S, & \omega T_1 \ll 1 \\ K_S / \sqrt{2}, & \omega T_1 = 1 \\ K_S / \omega T_1, & \omega T_1 \gg 1 \end{cases}$$

Für die unterschiedlichen graphischen Darstellungen der Betragsfunktion $|G(j\omega)|$ werden die Daten aus Tabelle 5.3 der folgenden Seite benutzt: Zeichnet man die Werte aus der ersten Hälfte der Tabelle in ein Diagramm mit **linear** geteilten Achsen ein, ergibt sich ein hyperbolischer Verlauf der Betragskurve (a). Logarithmiert man die Betragsfunktion

$$\lg |G(j\omega)| = \lg K_S - \frac{1}{2}\lg(1 + (\omega T_1)^2)$$

und trägt die logarithmierten Werte aus der zweiten Tabellenhälfte ebenfalls in ein Diagramm mit **linearer** Achsenteilung ein, ergibt sich ein Kurvenzug, der durch die beiden Asymptoten geprägt ist (b). Das gleiche Ergebnis erhält man aber auch, wenn die ursprüngliche Betragsfunktion in ein Diagramm mit **logarithmischer** Achsenteilung eingezeichnet wird (c). Der logarithmische Maßstab übernimmt hierbei die Aufgabe des Logarithmierens. In praktischen Anwendungsfällen ist es aber oft ausreichend, die Kurve durch ihre Asymptoten anzunähern. Die größte Abweichung von ca. 30% ergibt sich dabei im Schnittpunkt der beiden Asymptoten, bei $\omega T_1 = 1$, während unterhalb und oberhalb dieser Stelle die Kurve sich stark an ihre Asymptoten anlehnt.

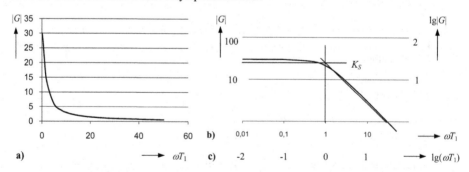

Bild 5.10: Betragsfunktion in Diagrammen mit unterschiedlicher Achsenteilung:
    a) $|G(j\omega)|$ in der ωT_1-$|G|$ - Ebene mit linearer Achsenteilung
    b) Die Betragsfunktion in der ωT_1-$|G|$ - Ebene mit logarithmischer Achsenteilung
    c) Die logarithmierte Betragsfunktion in der $\lg\omega T_1$-$\lg|G|$ - Ebene mit linearer Achsenteilung

ω	ωT_1	$|G(j\omega T_1)|$	$\lg(\omega T_1)$	$\lg|G(j\omega T_1)|$
0,01	0,1	29,85	-1	1,474
0,05	0,5	26,83	-0,301	1,428
0,1	1	21,21	0	1,326
0,5	5	5,88	0,698	0,769
1	10	2,98	1	0,474
1,5	15	1,99	1,176	0,300
2,0	20	1,49	1,301	0,175
5,0	50	0,59	1,698	-0,221

Tabelle 5.3: Kurvenpunkte für die Betragsfunktion $|G|$

5.2.4 Das BODE-Diagramm elementarer Übertragungsglieder

Zerlegt man das Zähler- und Nennerpolynom der Übertragungsfunktion (5.3) in Linearfaktoren, dann lässt sich auch eine Produktform dieser Gleichung angeben:

$$G(s) = \frac{b_m}{a_n} \frac{(s-z_1)\cdots(s-z_m)}{(s-s_1)\cdots(s-s_n)} \tag{5.18}$$

Hier bedeuten $z_i \in C$ die Nullstellen der Übertragungsfunktion und $s_i \in C$ die Polstellen. Die Konstante $K = b_m/a_n$ stellt einen Proportionalitätsfaktor der Übertragungsfunktion dar. Setzt man für $s = j\omega$, dann erhält man eine Produktform der Gleichung für den Frequenzgang:

$$G(j\omega) = K \frac{(j\omega-z_1)\cdots(j\omega-z_m)}{(j\omega-s_1)\cdots(j\omega-s_n)} \tag{5.19}$$

In vielen Anwendungen wird allerdings eine modifizierte Form von der Gleichung (5.19) bevorzugt:

$$G(j\omega) = K_S \frac{(1+j\omega T_{Z1})\cdots(1+j\omega T_{Zm})}{(1+j\omega T_1)\cdots(1+j\omega T_n)} \tag{5.20}$$

Für die m Zeitkonstanten im Zähler gelten die Abkürzungen $T_{Zi} = -1/z_i$ und für die n Zeitkonstanten im Nenner entsprechend $T_j = -1/s_j$. Der Index Z weist auf eine Zählerzeitkonstante hin, für eine Nennerzeitkonstante wird gegebenenfalls der Index N verwendet. Der Faktor $K_S = b_0/a_0$ heißt ***Übertragungswert***.

Man erkennt, beide Darstellungsformen für den Frequenzgang sind aus ***elementaren Grundformen*** von Kettengliedern aufgebaut:

Grundform I

Der Übertragungsbeiwert K_S in (5.20) hat als Betragskennlinie

$$|G(j\omega)|_{dB} = 20\log|K_S| = |K_S|_{dB} \tag{5.21}$$

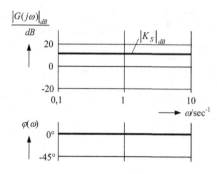

Bild 5.11: BODE-Diagramm bei P-Verhalten

einen konstanten Verlauf über ω, die Phasenkennlinie ist null. Wegen des proportionalen Verhaltens wird hier auch vom **P-Verhalten** gesprochen. Verläuft die Amplitudenkennlinie im positiven Bereich, liegt wegen $K_S > 1$ eine Verstärkung vor, für $|G(j\omega)|_{dB} < 0$, gilt aber nur noch $0 < K_S < 1$.

Grundform II

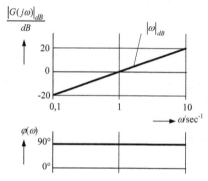

Bild 5.12: BODE-Diagramm bei D-Verhalten

Ist in der Gleichung (5.19) eine Zählernullstelle null, wie z. B. $z_1 = 0$, verbleibt im zugehörigen Klammerausdruck:

$$G_D(j\omega) = j\omega \qquad (5.22)$$

Nach Betragsbildung lauten die Frequenzkennlinien:

$$|G_D(j\omega)|_{dB} = 20\log|\omega| = |\omega|_{dB} \quad \text{und}$$
$$\varphi(\omega) = 90° \qquad (5.23a, b)$$

Die Betragskennlinie weist eine Steigung von 20 dB/Dekade auf, die Phasenkennlinie verläuft konstant bei 90°. Zu diesem Frequenzgang gehört die Übertragungsfunktion $G_D(s) = s$. Sie drückt die mathematische Operation **„Differenzieren"** aus, worauf der Index D hinweisen soll. Diese Eigenschaft eines Übertragungsgliedes nennt man **D-Verhalten**.

Grundform III

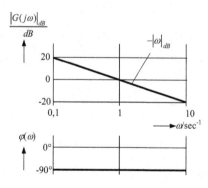

Bild 5.13: BODE-Diagramm bei I-Verhalten

Liegt in (5.19) ein Pol vor, z. B. bei $s_1 = 0$, verbleibt in der zugehörigen Klammer $j\omega$ bzw. bezogen auf diese Klammer der Bruch

$$G_I(j\omega) = \frac{1}{j\omega} \qquad (5.24)$$

Die Frequenzkennlinien berechnen sich hieraus zu:

$$|G_I(j\omega)|_{dB} = -20\log|\omega| = -|\omega|_{dB} \quad \text{und}$$
$$\varphi(\omega) = -90° \qquad (5.25a, b)$$

Die Betragskennlinie fällt um 20 dB/Dekade ab, die Phasenkennlinie verläuft konstant bei –90°. Die zugehörige Übertragungsfunktion $G_I(s) = 1/s$ weist mit ihrem Index I auf die Rechenvorschrift **„Integrieren"** hin. Man spricht deshalb von einem **I-Verhalten**.

Grundform IV

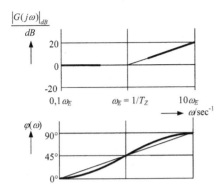

Bild 5.14: BODE-Diagramm bei einer Kombination von P- und D-Verhalten

Wählt man in der Gleichung (5.20) aus dem Zähler einen Klammerausdruck z. B. $(1+j\omega T_Z)$ aus, dann lässt sich für ihn der Frequenzgang

$$G_Z(j\omega) = 1+j\omega T_Z \tag{5.26}$$

angeben. Hieraus folgend die Frequenzkennlinien:

$$\left|G_Z(j\omega)\right|_{dB} = 20\log\sqrt{1+(\omega T_Z)^2} \quad \text{und}$$

$$\varphi_Z(\omega) = \arctan\omega T_Z \tag{5.27a, b}$$

Näherungsweise kann man das Frequenzverhalten auch aus dem asymptotischen Verhalten der Frequenzkennlinien ablesen, ein in der Praxis durchaus gebräuchliches Verfahren:

Für die Betragskennlinie gilt die Abschätzung:

$$\left|G_Z(j\omega)\right|_{dB} \approx \begin{cases} 0, \omega T_Z \ll 1 \\ 20\log\omega T_Z = \left|\omega T_Z\right|_{dB}, \omega T_Z \gg 1 \end{cases} \tag{5.28}$$

Und für die Phasenkennlinie erhält man entsprechend:

$$\varphi_Z(\omega) \approx \begin{cases} 0°, \omega T_Z \rightarrow 0 \\ 90°, \omega T_Z \rightarrow \infty \end{cases} \tag{5.29}$$

Die beiden Asymptoten der Betragskennlinie schneiden sich bei $\omega = 1/T_Z = \omega_E$, der **Eckfrequenz**. Hier ist die Betragskennlinie wegen $\left|G_Z(j\omega_E)\right|_{dB} = 20\log\sqrt{2} = 3$ dB um 3 dB angehoben. Die Phasenkennlinie hat an dieser Stelle einen Wendepunkt, ihr Wert liegt bei $\varphi(\omega_E) = 45°$.

Grundform V

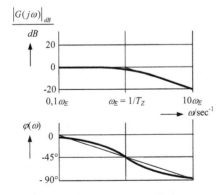

Bild 5.15: BODE-Diagramm bei einer Kombination von P- und I-Verhalten

Wählt man einen Klammerausdruck im Nenner von Gleichung (5.20), z. B. den Bruch

$$G_N(j\omega) = \frac{1}{1+j\omega T_N}, \tag{5.30}$$

dann lauten die Frequenzkennlinien:

$$\left|G_N(j\omega)\right|_{dB} = 20\log\frac{1}{\sqrt{1+(\omega T_N)^2}} \quad \text{und}$$

$$\varphi_N(\omega) = -\arctan\omega T_N \tag{5.31a, b}$$

Die Kurven können wieder mit Hilfe ihrer Asymptoten skizziert werden.

Eine Abschätzung ergibt für den Amplitudengang

$$\left|G_N(j\omega)\right|_{dB} \approx \begin{cases} 0, \omega T_N \ll 1 \\ -20\log\left|\omega T_N\right| = -\left|\omega T_N\right|_{dB}, \omega T_N \gg 1 \end{cases}$$

und für den Phasengang

$$\varphi_N(j\omega) \approx \begin{cases} 0, \omega T_N \to 0 \\ -90°, \omega T_N \to 0 \end{cases} \tag{5.32a, b}$$

Die Eckfrequenz liegt wie zuvor bei $\omega_E = 1/T_N$. Die Betragskennlinie erfährt hier wegen $\left|G_N(j\omega_E)\right|_{dB} = 20\log(1/\sqrt{2}) = -3\,\text{dB}$ eine Absenkung. Die Frequenzkennlinien verhalten sich gegenüber der Grundform IV spiegelbildlich.

Beispiel 5.7

Die Funktion $G(s) = \dfrac{2+s}{s(1+8s+15s^2)}$ ist in Grundkomponenten zu zerlegen.

Der Nenner wird in Linearfaktoren aufgespalten und die Polynomform in eine Produktform umgeschrieben:

$$G(s) = \frac{2}{s} \cdot \frac{1+0{,}5s}{15\left(s^2 + \dfrac{8}{15}s + \dfrac{1}{15}\right)} = \frac{2}{s} \cdot \frac{1+0{,}5s}{(5s+1)(3s+1)}$$

Ersetzt man s durch $j\omega$, folgt der Frequenzgang, aus dem die einzelnen Grundkomponenten abgelesen werden können:

$$G(j\omega) = 2 \cdot \frac{1}{j\omega} \cdot (1+0{,}5j\omega) \cdot \frac{1}{5j\omega+1} \cdot \frac{1}{3j\omega+1}$$

Wir haben P-, I-, PD- und zweimal PI-Verhalten.   ∎

5.3 Elementare Übertragungsglieder

Vielfach lassen sich Übertragungsglieder in Regelkreisen aus den vorgestellten Grundformen zusammensetzen bzw. in diese zerlegen. Hierbei unterscheidet man bezüglich des Übertragungsverhaltens zwischen

- regulären Übertragungsgliedern oder Phasenminimumsysteme, kurz **PM-Systeme** und
- irregulären Übertragungsgliedern.

Die **regulären Übertragungsglieder** oder **Phasenminimumsysteme** haben bei einem gegebenen Amplitudengang die geringste Phasenverschiebung. Verhalten sich diese Systeme stabil, dann hat die Übertragungsfunktion nur Pole und Nullstellen mit negativem Realteil. Die **irregulären Übertragungsglieder** erfüllen beide Kriterien nicht.

5.3.1 Reguläre Übertragungsglieder

Hinsichtlich des Übertragungsverhaltens werden diese Systeme in solche mit proportionalem Verhalten (P-Verhalten), differenzierendes Verhalten (D-Verhalten) und integrierendes Verhalten (I-Verhalten oder I-T_1-Verhalten) ohne und mit Verzögerung erster Ordnung gegliedert.

5.3.1.1 Das Proportionalglied (P-Glied)

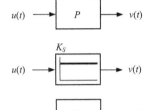

Das Ausgangssignal $v(t)$ folgt idealerweise unmittelbar dem Eingangssignal $u(t)$. Deshalb treten in der Differentialgleichung (5.1) auch keine Ableitungen auf:

$$v(t) = K_S u(t) \qquad (5.33)$$

Die Übergangsfunktion ist ebenfalls sprungförmig (Bild 5.16):

$$h(t) = K_S \sigma(t) \qquad (5.34)$$

Bild 5.16: Symbole zur Beschreibung eines P-Gliedes

Da die Übergangsfunktion für $t \to \infty$ einem festen Wert zustrebt, zeigt das P-Glied stabiles Verhalten.

Die Übertragungsfunktion ist mit $G(s) = K_S$ reell, für den Frequenzgang erhält man mit $G(j\omega) = K_S$ das gleiche Ergebnis. Das **BODE**-Diagramm entspricht der Grundform I, Bild 5.11, die Ortskurve ist auf einen Punkt auf der reellen Achse konzentriert (Bild 5.18).

Bild 5.17: Übergangsfunktion eines P-Gliedes

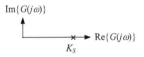

Bild 5.18: Ortskurve des P-Gliedes

In der Praxis zeigen beispielsweise Hebelsysteme, deren Massen vernachlässigbar sind und deren elastische Eigenschaften unberücksichtigt bleiben, typisches P-Verhalten. Bei kleinen Ausschlägen im Hebelsystem nach Bild 5.19a gilt:

$$\frac{v}{u} = -\frac{b}{a} \;\Rightarrow\; v = -\frac{b}{a} u = -K_S u \qquad (5.35)$$

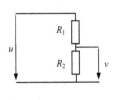

a)

Das Minuszeichen signalisiert eine Änderung des Wirkungssinnes bei einer Auslenkung.

Wenn Leitungsinduktivitäten und Parallelkapazitäten vernachlässigt werden, gilt für den ideal angenommenen Spannungsteiler im Teil b) des Bildes 5.19:

b)

$$\frac{v}{u} = \frac{R_2}{R_1 + R_2} \;\Rightarrow\; v = \frac{R_2}{R_1 + R_2} u = K_S u \qquad (5.36)$$

Bild 5.19: Beispiele von P-Verhalten
a)   Hebelsystem
b)   Spannungsteiler

5.3.1.2 Das Verzögerungsglied 1. Ordnung (P-T$_1$-Glied)

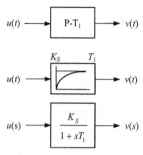

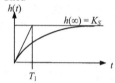

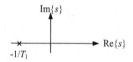

Bild 5.20: Symbole für ein P-T$_1$-Glied

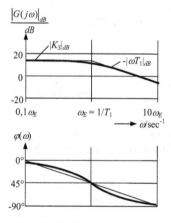

Bild 5.21: Übergangsfunktion des P-T$_1$-Gliedes

Bild 5.22: Pol des P-T$_1$-Gliedes

Bild 5.23: BODE-Diagramm des P-T$_1$-Gliedes

Das Ausgangssignal ist gegenüber dem Eingangssignal verzögert, was sich durch eine Differentialgleichung 1. Ordnung beschreiben lässt:

$$b_1 \dot{v}(t) + b_0 v(t) = a_0 u(t) \tag{5.37}$$

Führt man die Abkürzungen $T_1 = b_1/b_0$ und $K_S = a_0/b_0$ ein, erhält man neue Form der Differentialgleichung:

$$T_1 \dot{v}(t) + v(t) = K_S u(t) \tag{5.38}$$

Die Übergangsfunktion

$$v(t) = h(t) = K_S (1 - e^{-t/T_1}) \tag{5.39}$$

zeigt für $t \to \infty$ stationäres Verhalten (Bild 5.21):

$$h(\infty) = \lim_{t \to \infty} v(t) = K_S \tag{5.40}$$

Die Übertragungsfunktion folgt aus der in den Bildbereich transformierten Differentialgleichung $T_1 s v(s) + v(s) = K_S u(s)$:

$$G(s) = \frac{v(s)}{u(s)} = \frac{K_S}{1 + s T_1} \tag{5.41}$$

Der Pol der Übertragungsfunktion $s = -1/T_1$ liegt in der linken Hälfte der s-Ebene (Bild 5.22), weshalb das P-T$_1$-Glied stabiles Verhalten zeigt, denn seine Gewichtsfunktion geht asymptotisch gegen null (vgl. Abschnitt 7.5).

Der Frequenzgang ergibt sich aus der Übertragungsfunktion, wenn für $s = j\omega$ gesetzt wird:

$$G(j\omega) = \frac{K_S}{1 + j\omega T_1} = \frac{K_S}{1 + (\omega T_1)^2} + j \frac{-K_S \omega T_1}{1 + (\omega T_1)^2} \tag{5.42}$$

Formal entspricht er bis auf den Faktor K_S der Grundform V, Bild 5.15. Für kleine Frequenzen $\omega \ll \omega_E$ liegt das Amplitudenverhältnis konstant bei K_S, bei hohen Frequenzen $\omega \gg \omega_E$ fällt die Betragskennlinie um 20 dB/Dekade ab. In diesem Bereich stellt sich auch eine Phasenverschiebung bis zu 90° ein, die Ausgangsschwingung ist gegenüber der Eingangsschwingung um bis zu 90° nacheilend.

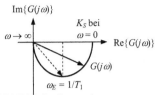

Bild 5.24: Ortskurve eines P-T$_1$-Gliedes

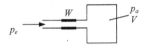

Bild 5.25: Druckbehälter

p_e	Eingangsdruck
p_a	Behälterdruck
V	Speichervolumen
W	Strömungswiderstand
ϑ	Temperatur
R	Gaskonstante
$\dot{m}$	Massenstrom

Für die Ortskurve erwarten wir für den Bereich $0 \leq \omega < \infty$ ein Halbkreis im IV. Quadranten der $G(j\omega)$-Ebene mit dem Mittelpunkt M($K_S/2$; 0) und dem Radius $r = K_S/2$. Für $\omega = 0$ ist $G(j\omega) = K_S$. Bei steigendem ω nimmt der Betrag von $G(j\omega)$, $|G(j\omega)| = K_S / \sqrt{1+(\omega T_1)^2}$ und damit die Verstärkung stetig ab (Bild 5.24).

Beispiel 5.8

Das Bild 5.25 zeigt einen Druckbehälter, für den sich ein P-T$_1$-Verhalten ergibt. Für den Zufluss in den Behälter gilt:

$$\dot{m} = \frac{p_e(t) - p_a(t)}{W} \tag{5.43}$$

Nach dem Gasgesetz ist die Masse proportional dem Druck:

$$m(t) = \frac{V}{R \cdot \vartheta} p_a(t) \tag{5.44}$$

Für den Massenstrom gilt:

$$\dot{m} = \frac{V}{R \cdot \vartheta} \dot{p}_a = \frac{p_e(t) - p_a(t)}{W} \tag{5.45}$$

Stellt man diese Gleichung um, erhält man eine Differentialgleichung 1. Ordnung:

$$\frac{V \cdot W}{R \cdot \vartheta} \dot{p}_a(t) + p_a(t) = p_e(t) \tag{5.46}$$

Die Einheit des Bruchs ist eine Zeit, deshalb bezeichnet man ihn auch als Zeitkonstante T_1:

$$\left[\frac{V \cdot W}{R \cdot \vartheta}\right] = \frac{[V] \cdot [W]}{[R] \cdot [\vartheta]} = \frac{m^3 \cdot \dfrac{P_a \cdot \sec}{m^3}}{\dfrac{J}{m^3 \cdot K} \cdot K} = \frac{P_a \cdot \sec \cdot m^3}{J} = \frac{1}{m^3} \sec \cdot m^3 = \sec \qquad \blacksquare$$

5.3.1.3 Das Verzögerungsglied 2. Ordnung (P-T$_2$-Glied)

Das Übertragungsverhalten lässt sich allgemein durch eine Differentialgleichung 2. Ordnung beschreiben:

$$b_2 \ddot{u} + b_1 \dot{u} + b_0 u(t) = a_0 v(t) \tag{5.47}$$

Nach Division mit b_0 und den Abkürzungen $K_S = a_0 / b_0$, $T_1 = b_1 / b_0$ sowie $T_2^2 = b_2 / b_0$ erhält man eine äquivalente Form der Differentialgleichung:

$$T_2^2 \ddot{u} + T_1 \dot{u} + u = K_S v \tag{5.48}$$

Mit der Dämpfungszahl $D = T_1/2T_2$ und der Kennkreisfrequenz $\omega_0 = 1/T_2$ erhält man eine neue Schreibweise der Differentialgleichung:

$$\ddot{u} + 2D\omega_0 \dot{u} + \omega_0^2 u = \omega_0^2 K_S v \tag{5.49}$$

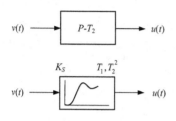

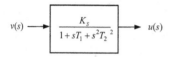

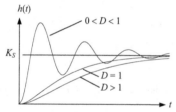

Bild 5.26: Symbole für ein P-T$_1$-Glied

Die Übergangsfunktion $h(t)$ hängt bei festgehaltenem ω_0 von dem Parameter D, der Dämpfungszahl, ab. Die Lösung der Differentialgleichung für eine sprungförmige Eingangsgröße lässt sich bequem mit Hilfe der Tabelle 3.1, Seite 31 über den Bildbereich finden.

Die Übertragungsfunktion gewinnt man wieder aus der **LAPLACE**-transformierten Differentialgleichung:

$$G(s) = \frac{K_S}{1 + sT_1 + s^2 T_2^2} \tag{5.50}$$

Die Pole der Übertragungsfunktion liegen in der linken Hälfte der s-Ebene, das P-T$_2$-Glied zeigt deshalb stabiles Verhalten, weil seine Gewichtsfunktion asymptotisch für $t \rightarrow \infty$ gegen null geht.

$$s_{1/2} = -D\omega_0 \pm \omega_0 \sqrt{D^2 - 1} \tag{5.51}$$

Je nach Lage der Pole (Bild 5.28) ergeben sich bei der Übergangsfunktion $h(t)$ (Bild 5.27) charakteristische Einschwingvorgänge. Bei $D = 0$ stellt sich eine stationäre Dauerschwingung um den Wert $h(t) = K_S$ ein. Liegt die Dämpfungszahl im Bereich $0 < D < 1$, dann ergibt sich ein gedämpft oszillatorisch verlaufender Einschwingvorgang. Nur im Fall $D > 1$ geht die Übergangsfunktion ohne Überschwingen asymptotisch auf den stationären Wert $h(\infty) = K_S$ zu.

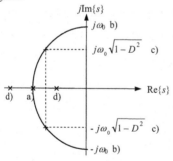

Bild 5.27: Übergangsverhalten von einem P-T$_2$-Glied bei unterschiedlicher Dämpfungszahl

Bild 5.28: Lage der Pole eines P-T$_2$-Gliedes in Abhängigkeit der Dämpfungszahl D in der komplexen Ebene: Man unterteilt in

a) Aperiodischer Grenzfall: $\quad\quad D = 1$
$$s_{1/2} = -\omega_0$$

b) Dauerschwingungen: $\quad\quad\quad D = 0$
$$s_{1/2} = \pm j\omega_0$$

c) Gedämpfte Schwingungen: $\quad\quad 0 < D < 1$
$$s_{1/2} = -D\omega_0 \pm j\omega_0 \sqrt{1 - D^2}$$

d) Aperiodisch gedämpft: $\quad\quad\quad D > 1$
$$s_{1/2} = -D\omega_0 \pm \omega_0 \sqrt{1 - D^2}$$

5.3.1.4 P-T$_2$-Glied als Serienschaltung zweier P-T$_1$-Glieder

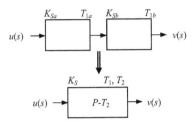

Wird das P-T$_2$-Glied durch zwei *Einspeichersysteme gleicher physikalischer Art* aber mit verschiedenen Zeitkonstanten aufgebaut, erhält man ein eingeschränktes Übertragungsverhalten (D ≥ 1) gegenüber einem solchen, das aus zwei *Energiespeichersystemen unterschiedlicher physikalischer Art* aufgebaut ist, wie z. B. ein Feder-Masse-Dämpfungssystem für potentielle und kinetische Energieumsetzung oder ein elektrischer Schwingkreis für magnetischen und elektrischen Energieaustausch.

Bild 5.29: Synthese eines P-T$_2$-Gliedes aus zwei P-T$_1$-Gliedern mit den zusammengesetzten Parametern
$K_S = K_{Sa}K_{Sb}$
$T_1 = T_{1a} + T_{1b}$
$T_2^2 = T_{1a}T_{1b}$

Die Übertragungsfunktionen der beiden P-T$_1$-Glieder mit Zeitkonstanten $T_{1a} \neq T_{1b}$ seien:

$$G_1(s) = \frac{K_{Sa}}{1 + sT_{1a}} \quad \text{und} \quad G_2(s) = \frac{K_{Sb}}{1 + sT_{1b}} \qquad (5.52), (5.53)$$

Weil eine Kettenschaltung vorliegt, werden beide Übertragungsfunktionen miteinander multipliziert:

$$G(s) = \frac{K_{Sa}}{1 + sT_{1a}} \frac{K_{Sb}}{1 + sT_{1b}} = \frac{K_{Sa}K_{Sb}}{1 + s(T_{1a} + T_{1b}) + s^2 T_{1a}T_{1b}} \qquad (5.54)$$

Die Pole der resultierenden Übertragungsfunktion liegen in der linken Hälfte der s-Ebene, was auf ein stabiles Verhalten hindeutet:

$$s_{1/2} = -\frac{1}{T_{1a}}; \quad -\frac{1}{T_{1b}} \qquad (5.55)$$

Die Übergangsfunktion lässt sich nach einer Partialbruchzerlegung und Rücktransformation in den Zeitbereich finden:

$$h(t) = K_{Sa}K_{Sb}\left[1 + \frac{T_{1b}}{T_{1a} - T_{1b}} e^{-t/T_{1b}} - \frac{T_{1a}}{T_{1a} - T_{1b}} e^{-t/T_{1a}}\right] \qquad (5.56)$$

Wegen der Dämpfungszahl $D = \dfrac{T_{1a} + T_{1b}}{2\sqrt{T_{1a}T_{1b}}} > 1$ verläuft sie aperiodisch.

Sind die beiden Zeitkonstanten $T_{1a} = T_{1b} = T_1$ identisch, dann erhält man durch die Kettenschaltung eine Übertragungsfunktion mit einem Doppelpol bei $s_{1/2} = -1/T_1$:

$$G(s) = \frac{K_{Sa}}{(1 + sT_1)} \frac{K_{Sb}}{(1 + sT_1)} = \frac{K_S}{(1 + sT_1)^2} \qquad (5.57)$$

Da sich jetzt eine Dämpfungszahl von $D = 1$ ergibt, wird die Übergangsfunktion nach Tabelle 3.1, Seite 31:

$$h(t) = K_S \left[1 - \left(1 + \frac{t}{T_1} \right) e^{-t/T_1} \right]$$

(5.58)

Die beiden Übergangsfunktionen entsprechend (5.56) und (5.58) sind in dem Bild 5.27 dargestellt. Der Schwingungsfall kommt bei der Kopplung von gleichartigen Energiespeichersystemen wegen $D \geq 1$ nicht vor.

Der Frequenzgang eines P-T$_2$-Gliedes folgt aus der Übertragungsfunktion (5.50), wenn wieder für die komplexe Variable $s = j\omega$ gesetzt wird:

$$G(j\omega) = \frac{K_S}{1 - (\omega T_2)^2 + j\omega T_1} = K_S \frac{1 - (\omega T_2)^2 - j\omega T_1}{(1 - (\omega T_2)^2)^2 + (\omega T_1)^2}$$

(5.59)

Führt man die Abkürzungen $T_1 = 2D/\omega_0$ und $T_2 = 1/\omega_0$ ein, erhält man eine normierte Form der obigen Gleichung:

$$G(j\omega) = K_S \frac{1 - \left(\dfrac{\omega}{\omega_0} \right)^2}{\left[1 - \left(\dfrac{\omega}{\omega_0} \right)^2 \right]^2 + \left[2D \dfrac{\omega}{\omega_0} \right]^2} + j \frac{-2D \dfrac{\omega}{\omega_0}}{\left[1 - \left(\dfrac{\omega}{\omega_0} \right)^2 \right]^2 + \left[2D \dfrac{\omega}{\omega_0} \right]^2}$$

(5.60)

Die Frequenzkennlinien eines Systems zweiter Ordnung: Das Bodediagramm

Die Amplitudenkennlinie und die Phasenkennlinie berechnen sich aus (5.60) zu:

$$A(\omega) = K_S \frac{1}{\sqrt{\left[1 - \left(\dfrac{\omega}{\omega_0} \right)^2 \right]^2 + \left[2D \dfrac{\omega}{\omega_0} \right]^2}} \quad \text{und} \quad \varphi(\omega) = \arctan \frac{-2D \dfrac{\omega}{\omega_0}}{1 - \left(\dfrac{\omega}{\omega_0} \right)^2}$$

(5.61a, b)

Eine Abschätzung zeigt, bei niedrigen Frequenzen $\omega \ll \omega_0$ kann die Betragskennlinie durch eine zur Nulllinie parallel verlaufende Gerade, die nur von K_S abhängt, ersetzt werden. Der Phasenwinkel ist mit $\varphi(\omega) \approx 0$ sehr klein, so dass in diesem Frequenzbereich die Nulllinie eine Asymptote für die Phasenkennlinie ist:

$$\left| G(j\omega) \right|_{dB} = 20 \log \left| K_S \right| = \left| K_S \right|_{dB} \quad \text{und} \quad \varphi(\omega) = 0°$$

(5.62a,b)

Für Frequenzen $\omega \gg \omega_0$ oder $\omega/\omega_0 \gg 1$ bzw. $(\omega/\omega_0)^2 \gg 1$ kann die „1" unter der Wurzel in (5.61a) vernachlässigt werden und wegen $(\omega/\omega_0)^4 \gg 2D(\omega/\omega_0)^2$ kann auch der Term $2D(\omega/\omega_0)$ unberücksichtigt bleiben. Damit steht unter der Wurzel näherungsweise nur noch das Verhältnis $(\omega/\omega_0)^4$. Für die Betragskennlinie erhält man hieraus eine weitere Asymptote:

$$\left| G(j\omega) \right|_{dB} = 20 \log \frac{K_S}{\left(\dfrac{\omega}{\omega_0} \right)^2} = 20 \log K_S - 40 \log \left| \frac{\omega}{\omega_0} \right| = \left| K_S \right|_{dB} - 2 \left| \frac{\omega}{\omega_0} \right|_{dB}$$

(5.63)

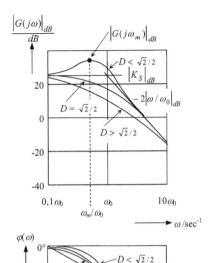

Bei Frequenzen weit oberhalb ω_0 fällt die Betragskennlinie um 40 dB/Dekade ab. Die Phasenkennlinie verläuft hier bei -180°. In der Umgebung der Eckfrequenz ω_E = ω = ω_0 hängen die Frequenzkennlinien allerdings stark von der Dämpfungszahl D ab.

Die Betragskennlinie hat für alle Werte von $D < \sqrt{2}/2$ bei der Resonanzfrequenz ω/ω_0 = ω_m/ω_0 = $\sqrt{1-2D^2}$ einen Maximalwert, man nennt ihn **Resonanzüberhöhung**.

$$|G(j\omega_m)|_{dB} = 20\log\frac{K_S}{2D\sqrt{1-D^2}} \qquad (5.64)$$

Bei zunehmender Dämpfung verschiebt sich ω_m zu niedrigeren Frequenzen hin und die Resonanzüberhöhung flacht ab. Für $D = \sqrt{2}/2$ bildet sich kein Maximum mehr aus; die Betragskennlinie schmiegt sich eng an die Asymptote $|G(j\omega)|_{dB}$ an. Wird $D > \sqrt{2}/2$, dann senkt sich die Betragskennlinie immer früher zu niedrigeren Frequenzen hin ab.

Bild 5.30: Frequenzkennlinien eines P-T$_2$-Gliedes bei unterschiedlichen Dämpfungszahlen D

Die Ortskurve eines Systems zweiter Ordnung

Die Phasenkennlinien erfahren – unabhängig von der Dämpfung – bei ω = ω_0 eine Winkeländerung von -90°. Unterhalb und oberhalb dieser Kreisfrequenz hängen die Kurven stark von D ab, je kleiner der Wert von D ist, desto stärker ist die Winkeländerung in dieser Umgebung.

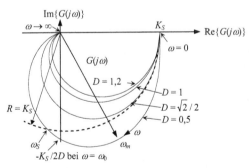

Die Ortskurve spiegelt die Verhältnisse im **BODE**-Diagramm. Bei einer Systemdämpfung von $D \geq \sqrt{2}/2$ nimmt die Länge des Zeigers $G(j\omega)$ mit wachsender Frequenz stetig ab, gilt dagegen $D < \sqrt{2}/2$, dann macht sich die Resonanzüberhöhung auch in der Zeigerlänge bemerkbar. Sie übersteigt bis zu einer Frequenz von $\omega_S/\omega_0 = \sqrt{2(1-2D^2)}$, dem Schnittpunkt einer Ortskurve mit $D < \sqrt{2}/2$ und einem Kreisbogen mit dem Radius $R = K_S$, den Wert $G(j0) = K_S$.

Bild 5.31: Ortskurven eines P-T$_2$-Gliedes bei unterschiedlichen Dämpfungszahlen

Beispiel 5.9

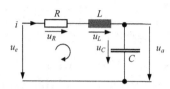

Das elektrische Netzwerk im nebenstehenden Bild 5.32 enthält Speicherglieder für elektrische und magnetische Energie, die miteinander in Wechselwirkung stehen. Das System besitzt deshalb Schwingungsfähigkeit.

Nach der Maschenregel ist die Summe aller Teilspannungen in dem Netzwerk null:

Bild 5.32: Elektrisches Netzwerk mit P-T$_2$-Verhalten

u_e, u_a	Eingangs-, Ausgangsspannung
i	Eingangsstrom
R, L, C	Widerstand, Induktivität, Kapazität
u_R, u_L, u_C	Spannungen über den Widerständen

$$u_e = u_R + u_L + u_C$$

$$= Ri + L\frac{di}{dt} + \frac{1}{C}\int i\,dt \text{ oder mit } i = C\dot{u}_C = C\dot{u}_a \text{ ist}$$

$$u_e = RC\dot{u}_a + LC\ddot{u}_a + u_a \tag{5.65}$$

Mit den Zeitkonstanten $T_1 = RC$, $T_2^2 = LC$ und deren Einheiten $[RC] = \frac{V}{A} \cdot \frac{A\sec}{V} = \sec$ sowie $[LC] = \frac{V\sec}{A} \cdot \frac{A\sec}{V} = \sec^2$ bei $K_S = 1$ erhält die Differentialgleichung zweiter Ordnung (5.65) die Form:

$$T_2^2\ddot{u}_a + T_1\dot{u}_a + u_a(t) = K_S u_e(t) \tag{5.66}$$

Die Kennkreisfrequenz liegt bei $\omega_0 = \frac{1}{T_2} = \frac{1}{\sqrt{LC}}$ und die Systemdämpfung bei $D = \frac{T_1}{2T_2} = \frac{R}{2}\sqrt{\frac{C}{L}}$.

∎

5.3.1.5 Verzögerungsglieder höherer Ordnung (P-T$_n$-Glieder)

Durch eine Kettenschaltung von P-T$_1$- und P-T$_2$-Gliedern entstehen Verzögerungsglieder höherer Ordnung, sog. P-T$_n$-Glieder, deren Übertragungsfunktionen Sonderfälle von Gleichung (5.3) darstellen. Multipliziert man alle Übertragungsfunktionen der einzelnen Kettenglieder miteinander, schreibt für den Übertragungsbeiwert der gesamten Anordnung $K_S = K_{Sa}K_{Sb}\cdots$, ordnet den Nenner nach Potenzen von s und setzt für die Koeffizienten von s die Zeitkonstanten T_1, T_2^2, ..., dann erhält man für die Übertragungsfunktion der gesamten Anordnung:

$$G(s) = \frac{v(s)}{u(s)} = \frac{K_S}{1 + sT_1 + ... + s^n T_n^n} \tag{5.67}$$

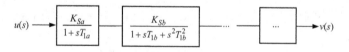

Bild 5.33: Kettenschaltung von n P-T$_1$- und P-T$_2$-Gliedern

Die zugehörige Differentialgleichung hat die Ordnung n. Die Übergangsfunktion $h(t)$ beginnt bei echt gebrochenen rationalen Übertragungsfunktionen stets bei

$$h(+0) = \lim_{t \to 0} v(t) = \lim_{s \to \infty} s \frac{1}{s} v(s) = 0$$

und führt auf den stationären Wert

$$h(\infty) = \lim_{t \to \infty} h(t) = \lim_{s \to 0} s \frac{1}{s} G(s) = K_S \qquad (5.68\text{a, b})$$

Ihr Verlauf hängt davon ab, ob schwingungsfähige Glieder in der Kettenschaltung vorhanden sind und wie deren Dämpfungen ausgelegt sind.

Besteht die Übertragungskette nur aus Einspeichersystemen gleicher physikalischer Art wie beispielsweise beim Wärmeübergang unterschiedlich strukturierter Schichten, wird die Schwingungsfähigkeit aus dem System herausgenommen.

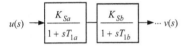

$u(s) \longrightarrow \boxed{\dfrac{K_{Sa}}{1 + sT_{1a}}}\ \boxed{\dfrac{K_{Sb}}{1 + sT_{1b}}} \cdots v(s)$

Bild 5.34a: Kettenschaltung von n gleichartigen Speichergliedern

Die Übergangsfunktion der Kettenschaltung (Bild 5.34a) erhält an durch Rücktransformation:

$$h(t) = K_S \mathscr{L}^{-1}\left\{ \frac{1}{s} G(s) \right\}$$

$$= K_S \mathscr{L}^{-1}\left\{ \frac{A_0}{s} + \frac{A}{1 + sT_{1a}} + \frac{B}{1 + sT_{1b}} + \cdots \right\}$$

$$= K_S\left\{ 1 - A e^{-t/T_{1a}} - B e^{-t/T_{1b}} - \cdots \right\} \qquad (5.69)$$

Für bekannte Zeitkonstanten T_{1a}, T_{1b}, ... können die Konstanten A, B, ... aus dem Partialbruchansatz mit Hilfe des Entwicklungssatzes (Abschnitt 3.4.1) berechnet werden. Der stationäre Wert beträgt wieder $h(\infty) = K_S$. Sind alle Zeitkonstanten der einzelnen Kettenglieder gleich, $T_1 = T_{1a} = T_{1b} = \cdots$, dann gilt für die Übergangsfunktion (Bild 5.34b):

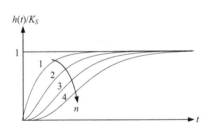

Bild 5.34b: Übergangsfunktionen einer Kettenschaltung von P-T$_1$-Gliedern in Abhängigkeit der Gliederanzahl n

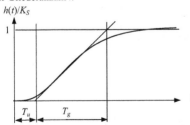

Bild 5.35: Zur Konstruktion von Verzugszeit T_u und Ausgleichzeit T_g

$$h(t) = K_S \mathscr{L}^{-1}\left\{ \frac{1}{s} \frac{1}{(1 + sT_1)^n} \right\}$$

$$= K_S \mathscr{L}^{-1}\left\{ \frac{1}{s} - T_1 \frac{1}{1 + sT_1} - T_1 \frac{1}{(1 + sT_1)^2} - \cdots \right\}$$

$$= K_S\left\{ 1 - e^{-t/T_1} \sum_{k=1}^{n} \frac{t^{k-1}}{(k-1)! T_1^{k-1}} \right\} \qquad (5.70)$$

Bei experimentell aufgenommenen Übergangsfunktionen lässt sich allerdings nicht ohne weiteres auf die Ordnung der Kettenschaltung schließen. Man sucht deshalb im Rahmen eines Näherungsverfahrens durch Anlegen der Wendetangente über das Verhältnis von Verzugs- und Ausgleichzeit T_u und T_g die Ordnung zu rekonstruieren (Bild 5.35).

Ist die Kettenschaltung aus zwei P-T$_1$-Gliedern mit unterschiedlichen Zeitkonstanten $T_{1a} \neq T_{1b}$ zusammengesetzt, liegt eine feste Zuordnung zwischen dem Verhältnis T_u/T_g und T_{1a}/T_{1b} vor. Bei einer höheren Ordnung können die einzelnen Zeitkonstanten aus dem Verlauf der Übergangsfunktion nicht mehr exakt ermittelt werden.

In solchen Fällen greift man zu einem Näherungsverfahren: Man vergleicht das Kennwerteverhältnis T_u/T_g einer gemessenen Sprungantwort (Bild 5.35) mit einem solchen, das sich aus der Sprungantwort einer aus n hintereinander geschalteten P-T$_1$-Gliedern gebildeter Kettenschaltung ergibt (Bild 5.34b), benutzt aber für die Kennwertermittlung die Tabelle 5.3.

n	T_g/T_1	T_u/T_1	T_u/T_g
1	1,00	0,00	0,00
2	2,72	0,28	0,10
3	3,70	0,80	0,22
4	4,46	1,42	0,32
5	5,12	2,10	0,41
6	5,70	2,81	0,49
7	6,22	3,55	0,57
8	6,71	4,31	0,64
9	7,16	5,08	0,71
10	7,60	5,87	0,77

Tabelle 5.4: Kennwerte der Sprungantworten für Kettenschaltungen aus n Verzögerungsgliedern erster Ordnung mit gleichen Zeitkonstanten

Liegt beispielsweise eine experimentell aufgezeichnete Sprungantwort eines Systems mit unbekannter Übertragungsfunktion vor, wird, falls möglich, die Wendetangente eingezeichnet und die Verzugszeit T_u sowie die Ausgleichzeit T_g aus der Skizze entnommen. Mit dem Kennwerteverhältnis T_u/T_g folgt aus der nebenstehenden Tabelle 5.4 die Anzahl der Glieder der Modellstrecke. Damit ist es möglich, das zu untersuchende System durch eine Strecke n-ter Ordnung mit der Gesamtübertragungsfunktion $G_S(s) = K_S /(1 + sT_1)^n$ zu ersetzen.

Die Ortskurve eines P-T$_n$-Systems

Der Frequenzgang von Systemen höherer Ordnung folgt aus der Übertragungsfunktion (5.3):

$$G(j\omega) = \frac{K_S}{1 + j\omega T_1 + (j\omega)^2 T_2^2 + \ldots + (j\omega)^n T_n^n}$$

$$= \frac{K_S}{(1 - (\omega T_2)^2 + (\omega T_4)^4 - +\ldots) + j(\omega T_1 - (\omega T_3)^3 + (\omega T_5)^5 - +\ldots)} \tag{5.71}$$

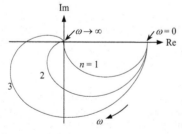

Bild 5.36: Ortskurve eines P-T$_n$-Gliedes

Ortskurven von Frequenzgängen n-ter Ordnung beginnen für $\omega = 0$ bei $G(j0) = K_S$, durchlaufen im Bereich $0 \leq \omega < \infty$ n Quadranten und gehen für $\omega \to \infty$ tangential zu den Achsen in den Ursprung. Sie erfahren dabei eine Winkeländerung von $-90°$ pro Quadranten, also summiert sich die gesamte Winkeländerung auf $\varphi(\omega) = -n90°$ (Vergleiche hierzu die Beispiele 2.14, 2.15 sowie 5.6).

Sprungfähige Systeme

Betrachtet man den allgemeinen Fall einer Übertragungsfunktion nach (5.3) mit Zählergrad m und Nennergrad n, dann gilt für den Anfangswert der Übergangsfunktion:

$$h(+0) = \lim_{s\to\infty} s \frac{1}{s} G(s) = \begin{cases} 0, & m < n \\ b_n / a_n = K, & m = n \end{cases} \tag{5.72}$$

Ein System, dessen Übergangsfunktion einen Anfangswert $h(+0) \neq 0$ besitzt, heißt **sprungfähiges System**. Sprungfähigkeit besitzt beispielsweise das D-T_1-Glied mit der Übertragungsfunktion:

$$G(s) = K_D \frac{s}{1 + sT_1} \tag{5.73}$$

Der Anfangswert und der stationäre Wert der Übergangsfunktion lauten in diesem Falle:

$$h(+0) = K_D \lim_{s\to\infty} s \frac{1}{s} \frac{s}{1 + sT_1} = K_D \lim_{s\to\infty} \frac{1}{1/s + T_1} = \frac{K_D}{T_1} \tag{5.74}$$

$$h(\infty) = K_D \lim_{s\to 0} s \frac{1}{s} \frac{s}{1 + sT_1} = 0 \tag{5.75}$$

5.3.1.6 Das Integrierglied (I-Glied)

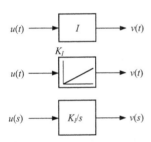

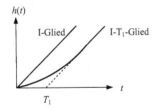

Bild 5.37: Symbole für ein I-Glied

Bild 5.38: Übergangsfunktion eines I-Gliedes und eines I-T_1-Gliedes

Die Ausgangsgröße ist dem Integral der Eingangsgröße proportional. Ein solches Übertragungsverhalten lässt sich durch die Differentialgleichung

$$b_0 u(t) = a_1 \dot{v} \text{ mit } a_0 \equiv 0 \tag{5.76}$$

beschreiben. Durch Integration dieser Gleichung erhält man für die Ausgangsgröße:

$$v(t) = K_I \int_0^t u(\tau) d\tau \tag{5.77}$$

Die Konstante $K_I = b_0/a_1$ heißt **Integrierbeiwert** bzw. der reziproke Ausdruck $T_I = 1/K_I$ **Integrierzeitkonstante**, falls K_I die Einheit „Zeit" hat. Besitzt das System Speichervermögen, ergeben sich Verzögerungen, was zu einem I-T_1-Verhalten führt, das durch eine weitere Ableitung in der Differentialgleichung gekennzeichnet ist:

$$a_2 \ddot{v} + a_1 \dot{v} = b_0 u(t) \tag{5.78}$$

Benutzt man die Zeitkonstante $T_1 = a_2/a_1$ in obiger Gleichung, erhält man die Form:

$$T_1 \ddot{v} + \dot{v} = K_I u(t) \tag{5.79}$$

Die Übergangsfunktionen lauten für das I-Glied und für das I-T_1-Glied:

$h(t) = K_I t$ und

$$h(t) = K_I(t - T_1(1 - e^{-t/T_1}))$$ (5.80), (5.81)

Für $t \to \infty$ haben diese beiden Übergangsfunktionen keinen festen Wert. Systeme, deren Übergangsfunktionen das dargelegte Verhalten zeigen, bezeichnet man als *Systeme ohne Ausgleich*. Sie sind instabil (vgl. Abschnitt 7.4).

Die Übertragungsfunktion eines I- und eines I-T_1-Gliedes

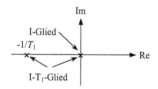

Bild 5.39: Aufbau eines I-T_1-Gliedes aus einer Serienschaltung von Grundbausteinen

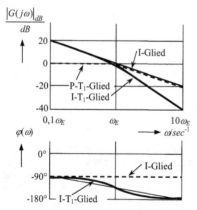

Bild 5.40: Polverteilung beim I- und I-T_1-Glied in der s-Ebene

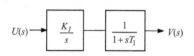

Bild 5.41: BODE-Diagramm des I- und des I-T_1-Gliedes

Die Übertragungsfunktionen folgen aus den Differentialgleichungen (5.76) und (5.79):

$$G_I(s) = \frac{v(s)}{u(s)} = \frac{K_I}{s} = \frac{1}{sT_I}$$ (5.82)

$$G_{I-T_1}(s) = \frac{v(s)}{u(s)} = \frac{K_I}{s(1 + sT_I)}$$ (5.83)

Man kann sich die Übertragungsfunktion des I-T_1-Gliedes auch entstanden denken aus der Kettenschaltung eines I-Gliedes und eines Verzögerungsgliedes 1. Ordnung (Bild 5.39):

Der Pol der Übertragungsfunktion des I-Gliedes liegt im Ursprung der komplexen s-Ebene. Das I-T_1-Glied hat einen zusätzlichen Pol auf der negativen reellen Achse (Bild 5.40). Dies hat Auswirkungen auf das Stabilitätsverhalten des Übertragungsgliedes (vgl. Abschnitt 7.4):

I-Glied: $s_1 = 0$; I-T_1-Glied: $s_1 = 0$ und $s_2 = -1/T_1$

Die Frequenzkennlinen eines I- und I-T_1-Gliedes

Die Frequenzgänge der beiden Übertragungsfunktionen berechnen sich unter Berücksichtigung, dass $K_I = 1/T_1$ gilt, zu:

$$G_I(j\omega) = \frac{K_I}{j\omega} = \frac{1}{j\omega T_I} = -j\frac{1}{T_I\omega}$$ (5.84)

$$G_{I-T_1}(j\omega) = \frac{K_I}{j\omega(1 + j\omega T_1)} = \frac{-\omega T_1 - j}{\omega T_I(1 + (\omega T_1)^2)}$$ (5.85)

Das **BODE**-Diagramm für das I-Glied entspricht der Grundform III (I-Verhalten), die Frequenzkennlinien des I-T_1-Gliedes werden zusammengesetzt aus den Grundformen III und V (P-T_1-Verhalten, Bild 5.41).

Ein konstanter Faktor $K \neq 1$ bei den Übertragungsfunktionen führt wegen der logarithmischen Darstellung zu einer Verschiebung nur bei den Amplitudenkennlinien entlang der Ordinate, auf die Phasenkennlinie hat er keinen Einfluss.

Beide Übertragungsglieder haben zu niedrigen Frequenzen $\omega \ll \omega_E$ hin eine wachsende Verstärkung, bei höheren Frequenzen $\omega \gg \omega_E$ nimmt diese aber ab, beim I-T_1-Glied wegen -2·20 dB/Dekade doppelt so schnell wie beim I-Glied. Der Phasenverlauf liegt beim I-Glied konstant bei $\varphi(\omega) = -90°$ über dem gesamten Frequenzbereich. Beim I-T_1-Glied fällt aber die Phasenkennlinie im hohen Frequenzbereich noch weiter ab bis $\varphi(\infty) = -180°$.

Die Ortskurven eines I- und I-T_1-Gliedes

Die Ortskurve eines I-Gliedes verläuft im Frequenzbereich $0 \leq \omega < \infty$ auf dem negativen Teil der imaginären Achse. Für $\omega = 0$ beginnt sie bei $-j\infty$ und endet für $\omega \to \infty$ im Ursprung. Durch die Verzögerung 1. Ordnung wird die Ortskurve des I-T_1-Gliedes in den III. Quadranten verschoben, weil der Winkel von $\varphi(\omega = 0) = -90°$ ausgehend bei steigenden Frequenzen abnimmt. Bei $\omega \to \infty$ erreicht er einen Wert von $\varphi(\infty) = -180°$.

ω	I-Glied $\mathrm{Im}\{G(j\omega)\}$	I-T_1-Glied $\mathrm{Re}\{G(j\omega)\}$	I-T_1-Glied $\mathrm{Im}\{G(j\omega)\}$
0	$-\infty$	$-T_1/T_I$	$-\infty$
$\omega_E = 1/T_1$	$-T_1/T_I$	$-T_1/2T_I$	$-T_1/2T_I$
∞	0	0	0

Tabelle 5.5: Kurvenpunkte zur Konstruktion der Ortskurve eines I-Gliedes und eines I-T_1-Gliedes

Bild 5.42: Ortskurve eines I- und eines I-T_1-Gliedes

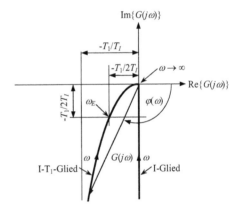

Beispiel 5.10

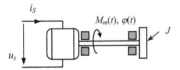

Bild 5.43: Antriebssystem

u_S	Steuerspannung
i_S	Steuerstrom
J	Trägheitsmoment aller rotierender Teile
$M_m(t)$	Motormoment
$\varphi(t)$	Drehwinkel
$M_R(t)$	Reibmoment
c_R, c_m	Proportionalitätsfaktoren

Näherungsweise zeigt das Antriebssystem im Bild 5.43 ein I- oder I-T_1-Verhalten: Ein Gleichstrommotor mit der Eingangsgröße u_S und der Ausgangsgröße φ treibt ein mechanisches System an. Die Eingangsspannung u_S steuert eine Stromquelle. Das vom Gleichstrommotor erzeugte Drehmoment M_m ist der Stromstärke i_S näherungsweise proportional. Deshalb gilt: $M_m = c_m u_S$. Die Konstante c_m ist der Proportionalitätsfaktor. Die Summe aller Reibmomente wird mit der Gleichung $M_R = c_R \dot{\varphi}$ erfasst, c_R ist ebenfalls ein Proportionalitätsfaktor. Wenn die zu bewegende Masse und damit die Trägheit nicht zu vernachlässigen ist, gilt die Momentengleichung:

$$M_B = M_m - M_R \quad \text{oder} \quad \frac{J}{c_R}\ddot{\varphi} + \dot{\varphi} = \frac{c_m}{c_R}u_S \tag{5.86}$$

Wegen der Einheiten von $[J/c_R]$ = sec und $[c_m/c_R]$ = $V^{-1}sec^{-1}$ ist es sinnvoll, die Abkürzungen $T_1 = J/c_R$ und $K_I = c_m / c_R$ in der Differentialgleichung zu verwenden:

$$T_1\ddot{\varphi} + \dot{\varphi} = K_I u_S(t) \tag{5.87}$$

Die Konstante K_I berücksichtigt hier die unterschiedlichen Einheiten auf der Eingangs- und auf der Ausgangsseite des Antriebssystems. Ist die zu bewegende Masse vernachlässigbar, beschreibt die Gleichung (5.86) ein I-Verhalten, sonst ein I-T_1-Verhalten. ∎

5.3.1.7 Das Differenzierglied (D-Glied)

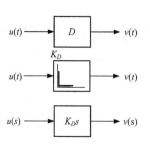

$u(t)$ ⟶ D ⟶ $v(t)$

K_D

$u(t)$ ⟶ ⟶ $v(t)$

$u(s)$ ⟶ $K_D s$ ⟶ $v(s)$

Bild 5.43: Symbole für ein D-Glied

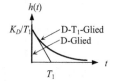

Bild 5.44: Übergangsfunktion eines D- und eines D-T_1-Gliedes

Die Ausgangsgröße ist der zeitlichen Änderung der Eingangsgröße proportional:

$$a_0 v(t) = b_1 \dot{u}(t) \text{ mit } b_0 \equiv 0$$

oder umgeformt:

$$v(t) = K_D \dot{u}(t) \tag{5.88}$$

Die Konstante $K_D = b_1/a_0$ heißt **Differenzierbeiwert**: Die Übertragungsfunktion folgt aus der **LAPLACE**-transformierten Differentialgleichung $v(s) = K_D s u(s)$:

$$G_D(s) = \frac{v(s)}{u(s)} = K_D s \tag{5.89}$$

Die Übergangsfunktion

$$h(t) = \mathcal{L}^{-1}\left\{\frac{1}{s}K_D s\right\} = K_D \mathcal{L}^{-1}\{1\} = K_D \delta(t) \tag{5.90}$$

hat entsprechend der Definition des **DIRAC**-Impulses $\delta(t)$ den Wert null für alle t außer für $t = 0$. Das durch diese Gleichung beschriebene Zeitverhalten lässt sich keinem realen System zuordnen, da bei technischen Ausführungen immer Trägheiten vorhanden sind, die bei der mathematischen Modellierung in Form von Verzögerungen berücksichtigt werden müssen. Ein erster Schritt zu einer realen Beschreibung des Übertragungsverhaltens eines Differenziergliedes ist die Hinzunahme mindestens *einer* Verzögerung 1. Ordnung, was sich durch eine weitere Ableitung in der Differentialgleichung bemerkbar macht:

$$a_1 \dot{v}(t) + a_0 v(t) = b_1 \dot{u}(t) \tag{5.91}$$

Führt man die Zeitkonstante $T_1 = a_1/a_0$ ein, erhält man die Differentialgleichung eines „realen" Differenziergliedes:

$$T_1 \dot{v}(t) + v(t) = K_D \dot{u}(t) \tag{5.92}$$

Hieraus folgt die Übertragungsfunktion

$$G_{D-T_1}(s) = K_D s \frac{1}{1+sT_1} \tag{5.93}$$

Sie lässt sich auch als Kettenschaltung eines D-Gliedes und einem Verzögerungsglied 1. Ordnung interpretieren. Deshalb spricht man von einem D-T_1-Glied. Die Übergangsfunktion

$$h(t) = K_D \mathscr{L}^{-1}\left\{ \frac{1}{s} \frac{s}{1+sT_1} \right\} = \frac{K_D}{T_1} e^{-t/T_1} \tag{5.94}$$

hat an der Stelle $t = 0$ mit $h(+0) = K_D/T_1$ einen endlichen Wert ungleich null, das D-T_1-Glied besitzt also Sprungfähigkeit (Definition 5.72). Für $t \to \infty$ erreicht die Übergangsfunktion den stationären Wert $h(\infty) = 0$ (Bild 5.45).

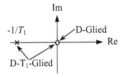

Die Übertragungsfunktion des D-Gliedes weist eine Nullstelle im Ursprung auf, jene des D-T_1-Gliedes hat noch zusätzlich einen Pol in der linken Hälfte der s-Ebene:

D-Glied: Nullstelle bei $s_1 = 0$
D-T_1-Glied: Nullstelle bei $s_1 = 0$ und Polstelle bei $s_2 = -1/T_1$

Bild 5.45: Pol- und Nullstellen eines D-Gliedes und eines D-T_1-Gliedes

Frequenzgang und Frequenzkennlinien des D- und D-T_1-Gliedes

Der Frequenzgang der beiden Übertragungsglieder lautet:

$$G_D(j\omega) = j\omega K_D \quad \text{und}$$

$$G_{D-T_1}(j\omega) = K_D \frac{\omega^2 T_1}{1+(\omega T_1)^2} + j\omega K_D \frac{1}{1+(\omega T_1)^2} \tag{5.95},(5.96)$$

Das **BODE**-Diagramm des D-Gliedes entspricht der Grundform II und die Frequenzkennlinien für das D-T_1-Glied lassen sich aus den Grundformen II und V zusammensetzen.

Für das D-Gliedes folgt aus dem Frequenzgang (5.97):

$$\left| G_D(j\omega) \right|_{dB} = 20\log\left| \omega K_D \right| = \left| \omega K_D \right|_{dB} \quad \text{und} \quad \varphi(\omega) = 90° \tag{5.97a, b}$$

Setzt man für $\omega = \omega_E = 1/K_D$, hat die Betragskennlinie (5.97a) an dieser Stelle den Wert

$$\left| G_D(j\omega_E) \right|_{dB} = 20\log 1 = 0 \ \text{dB} \tag{5.98}$$

Ist dagegen $\omega = \omega_E = 1/T_1 \neq 1/K_D$, dann verschiebt sich die Betragskennlinie wegen

$$\left| G_D(j\omega) \right|_{dB} = 20\log\left(\frac{\omega}{\omega_E} \omega_E K_D \right) = 20\log(1) + 20\log\frac{K_D}{T_1} = \left| \frac{K_D}{T_1} \right|_{dB} = \left| a \right|_{dB} \tag{5.99}$$

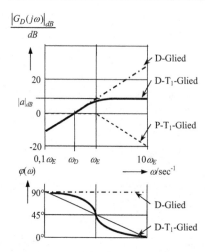

Bild 5.46: BODE-Diagramm des D-Gliedes und des D-T_1-Gliedes

entlang der Ordinate und schneidet die Null-dB-Linie bei der Durchtrittsfrequenz ω_D (Bild 5.47). Die Phasenkennlinie bleibt hiervon unberührt.

Die Betragskennlinie des D-Gliedes hat eine Steigung von 20 dB/Dekade, die Verstärkung wächst mit zunehmender Frequenz, ein Vorgang, den kein reales System aufweist. Trotzdem kann es zweckmäßig sein, differenzierende Übertragungsglieder als „ideal" anzusehen, wenn nur niederfrequente Eingangsgrößen auftreten und damit bei der mathematischen Beschreibung solcher Systeme Rechenwege abgekürzt werden können. Zur Übertragung von Gleichsignalen sind allerdings Glieder mit differenzierender Wirkung nicht geeignet, da der Frequenzgang $G(j\omega = 0) = 0$ ist

Die Frequenzkennlinien für das D-T_1-Glied lassen sich durch graphische Addition der Betrags- und Phasenkennlinie von D- und P-T_1-Glied konstruieren (Bild 5.46). Bei niedrigen Frequenzen lehnt sich das D-T_1-Verhalten an jenes des D-Gliedes an, bei hohen Frequenzen treten die „realen" Verhältnisse durch den waagrechten Verlauf der Betragskennlinie in den Vordergrund, die Verstärkung nimmt einen konstanten Verlauf an. Die Phasenkennlinie geht von anfangs $\varphi(\omega) = 90°$ bei niedrigen Frequenzen gegen 45° bei steigenden Frequenzen und weiter bei hohen Frequenzen gegen null.

Eine genauere Betrachtung von differenzierenden Übertragungsgliedern führt dazu, dass der Modellansatz für ein D-Verhalten mindestens Verzögerungen 2. Ordnung beinhalten muss, weil reale Systeme bei hohen Frequenzen keine Verstärkung mehr zulassen. Diese Eigenschaft bezeichnet man auch mit *Tiefpassverhalten*.

Die Ortskuven von D- und D-T_1-Gliedern

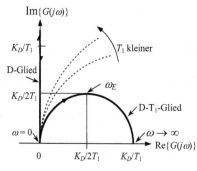

Bild 5.47: Ortskurve eines D-Gliedes und eines D-T_1-Gliedes

Die Ortskurve des D-Gliedes liegt auf der positiven imaginären Achse. Sie beginnt nach (5.95) für $\omega = 0$ im Ursprung und wächst für $\omega \to \infty$ über alle Grenzen.

Der Verlauf der Ortskurve des D-T_1-Gliedes entspricht exakt einem Halbkreis im I. Quadranten der $G(j\omega)$-Ebene mit Mittelpunkt M($K_D/2T_1$; 0) und Radius $r = K_D/2T_1$. Die Kurve beginnt für $\omega = 0$ ebenfalls im Ursprung und endet für $\omega \to \infty$ auf der reellen Achse. Hier gilt der stationäre Wert $G(j\omega \to \infty) = K_D/T_1$ (Bild 5.47).

Eine Verkleinerung der Zeitkonstanten T_1, beispielsweise durch effizientere Bauelemente, vergrößert den Radius der Ortskurve und verschiebt diese in Richtung idealem D-Glied.

Beispiel 5.11

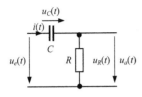

Bild 5.48: Reales Differenzierglied
u_e, u_a Eingangs- und Ausgangsspannung
$i(t)$ Eingangsstrom
C, R Kapazität, ohmscher Widerstand
u_C Spannung am Kondensator
u_R Spannung am Widerstand

D-T_1-Verhalten zeigt beispielsweise das nebenstehende real angenommene elektrische Differenzierglied (Bild 5.48), bestehend aus Kondensator und ohmschem Widerstand. Zwischen Eingangsspannung $u_e(t)$ und Ausgangsspannung $u_a(t)$ besteht die Beziehung:

$$u_e(t) = u_c(t) + u_a(t)$$

$$= \frac{1}{C} \int i(t)dt + u_a(t) \qquad (5.100)$$

Mit dem Eingangsstrom $i(t) = u_e(t)/R$ und der Zeitkonstanten $T_1 = RC = K_D$ erhält man eine Differentialgleichung 1. Ordnung mit $\dot{u}_e(t)$ als Störfunktion:

$$T_1 \dot{u}_a(t) + u_a(t) = K_D \dot{u}_e(t) \qquad (5.101)$$

Die Anordnung nach Bild 5.48 ist geschwindigkeitsempfindlich, sie reagiert auf „Änderungen der Eingangsgröße". Sind diese nicht mehr vorhanden, verschwindet die Ausgangsgröße. ∎

Das folgende Beispiel mit differenzierenden Eigenschaften zeigt ein Feder-Dämpfermodell, bei dem Dämpfung und Elastizität gemeinsam auftreten, das ***Kelvin-Voigt-Modell*** [15] für einen ***viskoelastischen Dämpfer***.

Beispiel 5.12

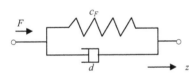

Bild 5.49: Viskoelastischer Dämpfer
F externe Kraft
c_f Federkonstante
d Dämpfungskonstante

Die externe Kraft $F(t)$ ist die Summe von Federkraft $F_f(t)$ und Dämpfungskraft $F_d(t)$:

$$F(t) = -F_f(t) - F_d(t)$$

$$= c_f z(t) + d\dot{z}$$

Nach der **LAPLACE**-Transformation erhält man die Bildfunktion

$$F(s) = (c_f + ds)z(s).$$

Stellt man die Übertragungsfunktion auf,

$$G(s) = \frac{F(s)}{z(s)} = c_f \left[1 + \frac{d}{c_f} s \right] = c_f [1 + T_D s],$$

erkennt man die proportional-differenzierende Wirkung der Anordnung. Bei einer sinusförmigen Erregung der Eingangsgröße

$$z(t) = z_0 \sin \omega t$$

erwarten wir eine sinusförmige Ausgangsgröße mit der Amplitude $F_0(\omega)$ und der Phasenverschiebung $\varphi(\omega)$:

$$F(t) = F_0(\omega)\sin(\omega t + \varphi(\omega))$$

Aus der Ortskurvendarstellung des Frequenzganges (Bild 5.50) des Dämpfers

$$G(j\omega) = \frac{F(t)}{z(t)} = \frac{F_0(\omega)}{z_0}e^{j\varphi(\omega)} = c_f + j\omega d$$

mit Betrag

$$|G(j\omega)| = \left|\frac{F_0}{z_0}e^{j\varphi}\right| = \frac{F_0}{z_0} = c_f\sqrt{1 + \omega^2 T_D^2}$$

und Phasenverschiebung

$$\varphi(\omega) = \arctan \omega T_D$$

geht hervor, dass die Kraft $F(t)$ der Auslenkung $z(t)$ um den Vorhaltwinkel $\varphi(\omega)$ vorauseilt. Die Vorauseilung ist umso größer, je stärker die Frequenz zunimmt, und erreicht bei 90° einen größten Wert. Auch die Dämpfungskraft wächst mit zunehmender Frequenz. Die Zeitkonstante T_D hat hier einen vergleichbaren Einfluss wie die Vorhaltzeit T_v beim PD-Regler.

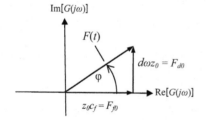

Bild 5.50: Ortskurve des Frequenzganges des **Kelvin-Voigt-Modells**

F_0	Kraftamplitude
$d\omega z_0$	Dämpfungskraft
$c_f z_0$	Federkraft

5.3.2 Irreguläre Übertragungsglieder

Die im vorangegangenen Abschnitt 5.3.1 besprochenen Übertragungsglieder zeigen eine eindeutige Zuordnung zwischen einem gegebenen Amplitudengang und dem Phasengang:

- Die Betragskennlinie des **P-Gliedes** weist eine Steigung von 0 dB/Dekade auf und liegt in einem Abstand von $|K_S|_{dB}$ parallel zur 0-dB-Linie. Die Phasenkennlinie hat einen Wert von 0° über dem gesamten Frequenzbereich (Bild 5.11).

- Beim **D-Glied** ergibt sich für die Betragskennlinie eine Steigung von 20dB/Dekade, die Phasenkennlinie ist eine parallele Gerade im Abstand von 90° zur 0°-Linie (Bild 5.12).

- Beim **I-Glied** beträgt die Steigung der Betragskennlinie –20dB/Dekade, die Phasenkennlinie verläuft im Abstand von –90° parallel zur 0°-Linie (Bild 5.13).

Die Übertragungsfunktion keines der vorgestellten Übertragungsglieder weist Pole- und Nullstellen rechts von der imaginären Achse der s-Ebene auf. Bei einem irregulären Übertragungsglied hat die Übertragungsfunktion dagegen einen oder mehrere Pole- und Nullstellen rechts von der imaginären Achse. Außerdem lässt sich bei einem gegebenen Amplitudengang nicht ohne weiteres auf den Phasengang schließen.

5.3.2.1 Das Allpassglied

Lässt sich die Übertragungsfunktion eines Übertragungsgliedes auf die folgende Form bringen,

$$G(s) = K \frac{(1 - T_1 s)(1 - T_2 s) \cdots (1 - \dfrac{2D}{\omega_0} s + \dfrac{1}{\omega_0^2} s^2) \cdots}{(1 + T_1 s)(1 + T_2 s) \cdots (1 + \dfrac{2D}{\omega_0} s + \dfrac{1}{\omega_0^2} s^2) \cdots}, \tag{5.102}$$

dann spricht man von einem *Allpass* höherer Ordnung. Eine allgemeine Eigenschaft dieser Übertragungsglieder besteht darin, dass sie alle aufgeschalteten Sinusschwingungen, gleich welcher Frequenz, mit derselben Amplitude passieren lassen, d. h. die Betragskennlinie hat über dem gesamten Frequenzbereich einen konstanten Wert.

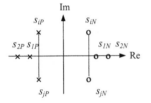

Die reellen Pole der Übertragungsfunktion $s_{1P} = -1/T_1$, $s_{2P} = -1/T_2$, usw. sind negativ, die Nullstellen $s_{1N} = 1/T_1$, $s_{2N} = 1/T_2$, usw. liegen spiegelbildlich zur imaginären Achse. Treten eventuell noch quadratischen Formen im Zähler und im Nenner der Übertragungsfunktion auf, haben die konjugiert komplexe Pole $s_{i,j} = -\omega_0 D \pm j\omega_0 \sqrt{1 - D^2}$, $0 < D < 1$, einen negativen Realteil, die Nullstellen entsprechend einen positiven Wert.

Bild 5.51: Pol-Nullstellenverteilung eines Allpasses in der s-Ebene

Der Frequenzgang der Übertragungsfunktion eines Allpassgliedes:

$$G(j\omega) = K \frac{(1 - T_1 j\omega)(1 - T_2 j\omega) \cdots (1 - \dfrac{2D}{\omega_0} j\omega - \dfrac{1}{\omega_0^2} \omega^2) \cdots}{(1 + T_1 j\omega)(1 + T_2 j\omega) \cdots (1 + \dfrac{2D}{\omega_0} j\omega - \dfrac{1}{\omega_0^2} \omega^2) \cdots} \tag{5.103}$$

Die einzelnen Beträge aus den Faktoren der Übertragungsfunktion $\sqrt{1 + (\omega T_1)^2}$, $\sqrt{1 + (\omega T_2)^2}$, ... ,

$\sqrt{(1 - \dfrac{\omega^2}{\omega_0^2})^2 + 4D^2 (\dfrac{\omega}{\omega_0})^2}$ sind im Zähler und im Nenner gleich und kürzen sich deshalb gegenseitig.

Damit gilt für den Betrag der Übertragungsfunktion, wenn $K = 1$ gesetzt wird: $|G(j\omega)| = 1$.

Die Phasenkennlinie setzt sich zusammen aus den Kennlinien der im Zähler und im Nenner paarweise angeordneten linearen Anteilen und den Phasenverläufen möglicherweise auftretenden quadratischen Ausdrücken (Grundformen IV und V):

$$\varphi(\omega) = -2\left(\sum_i \arctan \omega T_i + \arctan \frac{-2D\dfrac{\omega}{\omega_0}}{1 - \left(\dfrac{\omega}{\omega_0}\right)^2} + \cdots \right) \tag{5.104}$$

Der Allpass hat gegenüber dem P-T_n-Glied mit Amplitudenkennlinie $A_{P\text{-}T_n}(\omega) = 1$ die doppelte Phasennacheilung, was besonders bei der Stabilitätsbetrachtung von Regelkreisen nicht außer Acht gelassen werden darf.

Die Übergangsfunktion für einen Allpass n-ter Ordnung nimmt im stationären Fall den Wert

$$h(\infty) = \lim_{s \to 0} s\frac{1}{s}G(s) = K \tag{5.105}$$

an. Der Anfangswert der Übergangsfunktion ist abhängig von der Ordnung des Allpasses:

$$h(0+) = \lim_{s \to 0} s\frac{1}{s}G(s) = \begin{cases} K, & n \text{ gerade} \\ -K, & n \text{ ungerade} \end{cases} \tag{5.106}$$

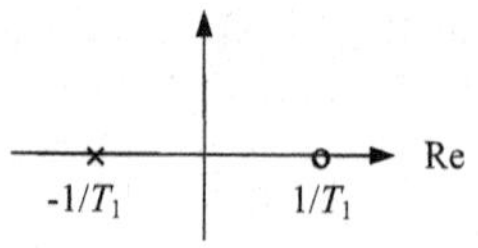

Die Übertragungsfunktion eines Allpasses 1. Ordnung,

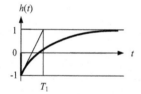

$$G(s) = \frac{1 - sT_1}{1 + sT_1}, \tag{5.107}$$

Bild 5.52: Pol- Nullstellenverteilung bei einem Allpass 1. Ordnung

hat mit $s_N = 1/T_1$ eine Nullstelle rechts von der imaginären Achse und symmetrisch dazu mit $s_P = -1/T_1$ einen Pol in der linken Hälfte der s-Ebene (Bild 5.52). Die Übergangsfunktion

$$h(t) = \mathcal{L}^{-1}\left\{ \frac{1}{s}\frac{1 - sT_1}{1 + sT_1} \right\} = 1 - 2\,e^{-t/T_1}, \; t > 0 \tag{5.108}$$

Bild 5.53: Übergangsfunktion eines Allpasses 1. Ordnung

nimmt zunächst entgegen der Sprungrichtung der Eingangsgröße einen negativen Wert von -1 an und läuft dann unter der Zeitkonstanten T_1 auf den stationären Wert $h(\infty) = 1$ zu (Bild 5.53).

Der Frequenzgang des Allpasses 1. Ordnung:

$$G(j\omega) = \frac{1 - j\omega T_1}{1 + j\omega T_1} = \frac{1 - (\omega T_1)^2 - j2\omega T_1}{1 + (\omega T_1)^2} \tag{5.109}$$

hat den Betrag

$$|G(j\omega)| = 1 \tag{5.110}$$

und ist konstant, die Betragskennlinie hat den Wert

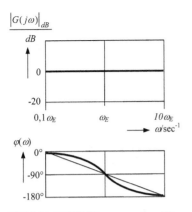

$$|G(j\omega)|_{dB} = 20\log 1 = 0 \text{ dB.} \tag{5.111}$$

Der Phasenwinkel

$$\varphi(\omega) = -2\arctan\omega T_1 \tag{5.112}$$

erfährt bei hohen Frequenzen eine Phasennacheilung von bis zu $-180°$, was einem $P\text{-}T_2$-Verhalten bezüglich der Phasenkennlinie entspricht (vgl. Bild 5.30). Ein Allpassglied in Kettenschaltungen hat wegen (5.111) keinen Einfluss auf die Betragskennlinie der gesamten Anordnung, dagegen wirkt es sich stark auf den Phasenverlauf aus.

Bild 5.54: BODE-Diagramm eines Allpasses 1. Ordnung

Beispiel 5.13

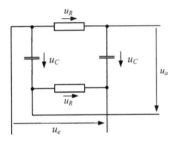

Bild 5.55: Modell eines Allpasses 1. Ordnung: RC-Phasenbrücke
u_C, u_R Spannungen am Kondensator und am Widerstand
u_e, u_a Eingangs, Ausgangsspannung

Allpassverhalten zeigt zumindest näherungsweise eine Brückenschaltung, in deren Zweige abwechselnd Wider-stände und Kondensatoren angebracht sind (Bild 5.54). Für die Eingangs- und Ausgangsspannung gilt:

$$u_e = u_C + u_R \text{ sowie } u_a = u_C - u_R$$

Für das Übertragungsverhalten gilt:

$$\frac{u_a(s)}{u_e(s)} = \frac{u_C(s) - u_R(s)}{u_C(s) + u_R(s)} = \frac{1/sC - R}{1/sC + R} = \frac{1 - RCs}{1 + RCs} \tag{5.113}$$

Mit der Zeitkonstanten $T_1 = RC$ wird die Übertragungsfunktion:

$$G(s) = \frac{1 - sT_1}{1 + sT_1} = \frac{u_a(s)}{u_e(s)} \tag{5.114}$$

Hieraus lässt sich die Differentialgleichung für das Beispiel angeben:

$$u_a(t) + T_1\dot{u}_a(t) = u_e(t) - T_1\dot{u}_e(t) \tag{5.115}$$

Eine Lösung im Zeitbereich dieser Differentialgleichung setzt sich zusammen aus der Lösung $u_a(t)$ für die Eingangsgröße $u_e(t)$ bei $\dot{u}_e(t) = 0$ und wegen der zu differenzierenden Eingangsgröße $\dot{u}_e(t)$ dem $(-T_1)$-fachen der abgeleiteten Lösung $\dot{u}_a(t)$. ∎

Die Übergangsfunktion und die Ortskurve eines Allpassgliedes

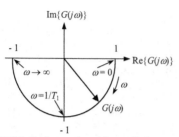

Bild 5.56: Ortskurve eines Allpassgliedes 1. Ordnung

Für die Übergangsfunktion $h(t)$ erhält man:

$$u_a(t) = 1 - e^{-t/T_1} + (-T_1)\frac{d}{dt}(1 - e^{-t/T_1})$$

$$= 1 - e^{-t/T_1} - e^{-t/T_1}$$

$$= 1 - 2e^{-t/T_1} \tag{5.116}$$

Die Ortskurve $G(j\omega)$ des Allpassgliedes beschreibt einen Halbkreis mit dem Mittelpunkt im Ursprung der $G(j\omega)$-Ebene und dem Radius $|G(j\omega)| = 1$ (Bild 5.56).

5.3.2.2 Das Totzeitglied (T_t-Glied)

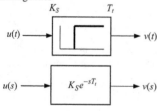

Bild 5.57: Totzeit behaftetes System

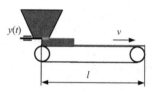

Bild 5.58: Übergangsfunktion eines Totzeitgliedes

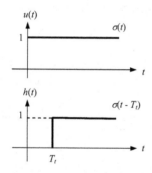

Bild 5.59: Symbole des Totzeitgliedes

Totzeiten treten dort auf, wo Transportvorgänge in Erscheinung treten, wie beispielsweise beim Transportieren von Informationen, Massen und Energie. Bei einer Eingangsgrößenänderung $y(t)$ um einen bestimmten Betrag benötigt die sich daraus resultierende Massenänderung entsprechend der endlichen Förderbandgeschwindigkeit v eine gewisse Zeit $t = l/v$, die **Totzeit** T_t, bis sie sich am Förderbandende bemerkbar macht. Das Ausgangssignal eines Totzeitgliedes ist demnach gegenüber dem Eingangssignal um die Totzeit T_t verschoben:

$$v(t) = u(t - T_t) \tag{5.117}$$

Mit dem Verschiebungssatz der **LAPLACE**-Transformation (vgl. Tabelle 3.2, Nr. 4, Seite 32) erhält man die Übertragungsfunktion:

$$G(s) = \frac{v(s)}{u(s)} = e^{-sT_t} \tag{5.118}$$

Im Gegensatz zu der rationalen Form der Übertragungsfunktion (5.3) liegt hier ein irrationaler Ausdruck vor. Damit ist eine Beschreibung des Totzeitverhaltens durch eine lineare Differential-gleichung nicht möglich und deshalb sind numerisch angelegte Stabilitätsverfahren wie das **HURWITZ**-Kriterium (vgl. Kapitel 7) für Totzeit behaftete Systeme nicht geeignet.

Die Übergangsfunktion ist ein um die Totzeit T_t verschobener Sprung:

$$h(t) = \mathcal{L}^{-1}\left\{\frac{1}{s}e^{-sT_t}\right\} = \sigma(t - T_t) \tag{5.119}$$

Der Frequenzgang und die Ortskurve eines Totzeitgliedes

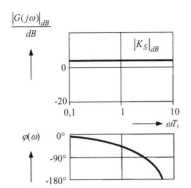

Bild 5.60: Frequenzkennlinien des Totzeit-gliedes

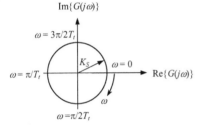

Bild 5.61: Ortskurve eines Totzeitgliedes

Der Frequenzgang lautet in allgemeiner Form:

$$G(j\omega) = K_S e^{-j\omega T_t} = K_S(\cos \omega T_t - j\sin \omega T_t) \qquad (5.120)$$

Die Betragskennlinie

$$|G(j\omega)|_{dB} = 20\log|K_S| = |K_S|_{dB} \qquad (5.121)$$

hat einen konstanten Wert, die Phasenkennlinie

$$\varphi(\omega) = -\omega T_t \qquad (5.122)$$

verläuft bei niedrigen Frequenzen parallel zur 0°-Linie und suggeriert P-Verhalten, bei wachsenden Frequenzen fällt sie aber steil ab und dominiert die Phasenlage in totzeitbehafteten Systemen.

Als Ortskurve ergibt sich ein Kreis mit dem Mittelpunkt im Ursprung und dem Radius K_S.

Vergleicht man das Totzeitglied mit einem Allpass beliebiger Ordnung, dann haben beide Übertragungsglieder eine von der Frequenz unabhängige Verstärkung, die Betragskennlinien sind Parallelen zur 0-dB-Linie bzw. liegen auf dieser Linie, wenn $K_S = 1$ angenommen wird. Beim Totzeitglied ist allerdings die Phasennacheilung bei steigenden Frequenzen wesentlich stärker ausgeprägt als beim Allpass.

5.4 Beispiele

5.1 Funktionen als Blockschaltbild interpretiert:

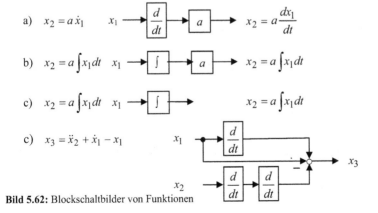

Bild 5.62: Blockschaltbilder von Funktionen

5.2 Von einem Netzwerk mit zwei Rückwirkungsschleifen ist die Übertragungsfunktion zu ermitteln:

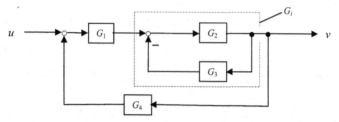

Bild 5.63: Netzwerk I mit Rückwirkungsschaltungen

a) Zunächst wird nach (5.9) die Teilübertragungsfunktion G_i der inneren Schleife berechnet:

$$G_i(s) = \frac{G_2(s)}{1 + G_2(s)G_3(s)}$$

b) Das gleiche Verfahren für die äußere Schleife unter Berücksichtigung von $G_i(s)$ nochmals angewandt und anschließend vereinfacht:

$$G_{ges}(s) = \frac{G_1(s)G_i(s)}{1 - G_1(s)G_i(s)G_4(s)} = \frac{G_1(s)\dfrac{G_2(s)}{1 + G_2(s)G_3(s)}}{1 - G_1(s)G_4(s)\dfrac{G_2(s)}{1 + G_2(s)G_3(s)}} =$$

$$= \frac{G_1(s)G_2(s)}{1 + G_2(s)G_3(s) - G_1(s)G_2(s)G_4(s)}$$

5.3 Durch Umzeichnen kann das folgende Netzwerk in eine Struktur von zwei geschachtelten Parallelschaltungen gebracht werden:

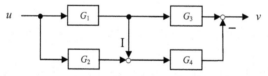

Bild 5.64: a) Netzwerk II mit Kreisstrukturen

a) Der Abzweig I wird mit einem zusätzlichen G_4 zu einem neuen Parallelzweig:

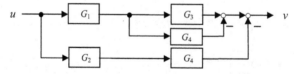

Bild 5.64: b) Entflochtenes Netzwerk II mit Parallelstrukturen

a) Der innere Parallelzweig ist die Differenz $G_i(s) = G_3(s) - G_4(s)$ der beiden Übertragungsfunktionen.

b) Mit dem äußeren Zweig der Serienschaltung $G_2(s)G_4(s)$ wird die Übertragungsfunktion:

$$G_{ges}(s) = G_1(s)G_i(s) - G_2(s)G_4(s) = G_1(s)[G_3(s) - G_4(s)] - G_2(s)G_4(s)$$

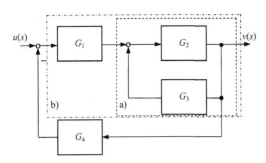

Bild 5.65: Netzwerk IV

5.4 Bestimmen der Gesamtübertragungs-funktion: Netzwerk IV:

a) Rückwirkungsschaltung von G_2 und G_3:

$$\frac{G_2}{1 - G_3 G_2}$$

b) Kettenschaltung mit G_1: $\frac{G_2}{1 - G_3 G_2} G_1$

c) Rückwirkungsschaltung mit G_1 und G_4:

$$G(s) = \frac{G_1 G_2}{1 - G_2 G_3 + G_1 G_2 G_4}$$

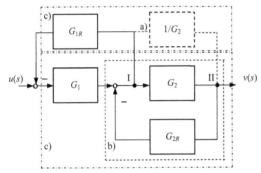

Bild 5.66: Netzwerk V

5.5 Netzwerk V:

a) Abgriff von I nach II verlegen (gestrichelte Linien)

b) Rückwirkungsschaltung

$$\frac{G_2}{1 + G_2 G_{2R}} = G'$$

c) Serienschaltung: G_{1R}/G_2, $G_1 G'$

d) Rückwirkungsschaltung

$$G(s) = \frac{G_1 G_2}{1 + G_2 G_{2R} + G_1 G_{1R}}$$

5.6 Netzwerk VI:

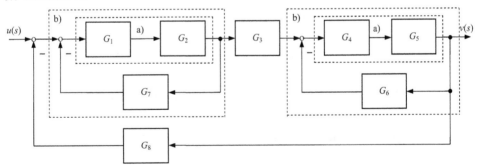

Bild 5.67: Netzwerk VI

a) Kettenschaltungen: $G_1 G_2$ und $G_4 G_5$

b) Rückwirkungsschaltungen: $\dfrac{G_1 G_2}{1 + G_1 G_2 G_7}$ und $\dfrac{G_4 G_5}{1 + G_4 G_5 G_7}$

c) Serienschaltung: $\dfrac{G_1 G_2}{1 + G_1 G_2 G_7} \cdot \dfrac{G_4 G_5}{1 + G_4 G_5 G_7} \, G_3 = Z_1$

d) Rückwirkungsschaltung: $\dfrac{Z_1}{1 + Z_1 G_8} = G_{ges}(s)$

5.7 Netzwerk VII

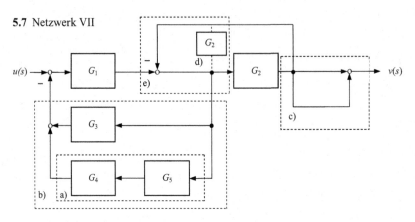

Bild 5.68: Netzwerk VII

a) Serienschaltung von G_4 und G_5: $G_4 G_5$

b) Parallelschaltung von G_3 und $G_4 G_5$: $G_4 G_5 + G_3$

c) Ersetzbar durch $G' = 2$

d) Verlegen des Abgriffes vor G_2 und Einfügen eines weiteren Blockes mit G_2 (gestrichelte Linie)

e) Rückwirkungsschaltung: $1/(1 + G_2)$

f) Serienschaltung mit G_1: $G_1/(1 + G_2)$

g) Rückwirkungsschaltung mit b): $\dfrac{G_1}{1 + G_2 + G_1 G_3 + G_1 G_4 G_5}$

h) Serienschaltung mit G_2 und $G' = 2$: $G_{ges} = \dfrac{G_1}{1 + G_2 + G_1 G_3 + G_1 G_4 G_5} \, 2 G_2$

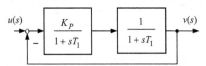

Bild 5.69: Rückgekoppeltes System

5.8 Untersuchung eines Systems, das aus zwei P-T$_1$-Gliedern aufgebaut ist, auf Schwingungsfähigkeit.

Die Übertragungsfunktion ergibt sich aus der Rückwirkungsschaltung:

$$G(s) = \frac{K_P}{K_P + (1 + sT_1)^2}$$

Durch Umformen erhält man:

$$G(s) = \frac{K_P}{1 + K_P + 2T_1 s + T_1^2 s^2} = \frac{K_P}{T_1^2} \cdot \frac{1}{\dfrac{1 + K_P}{T_1^2} + \dfrac{2}{T_1} s + s^2} = \frac{K_P}{T_1^2} \cdot \frac{1}{\omega_0^2 + \delta s + s^2}$$

Durch einen Koeffizientenvergleich findet man:

Abklingkonstante $\qquad\qquad\qquad\qquad\delta = 1/T_1$

Kreisfrequenz des ungedämpften Systems $\qquad \omega_0 = \dfrac{\sqrt{1 + K_P}}{T_1}$

Kreisfrequenz des real schwingenden Systems $\quad \omega_d = \sqrt{\omega_0^2 - \delta^2} = \dfrac{\sqrt{K_P}}{T_1}$

Dämpfungszahl $\qquad\qquad\qquad\qquad D = \delta/\omega_0 = \dfrac{\delta}{\omega_0} = \dfrac{1}{\sqrt{1 + K_P}} < 1$

Da die Dämpfungszahl $D < 1$ ist, kann das System gedämpft verlaufende Schwingungen ausführen.

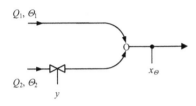

Bild 5.70: Mischanlage
Q_1, Q_2 Durchfluß an Rohr 1 und 2
Θ_1, Θ_2 Temperatur des Fluids 1 und 2
x_Θ Mischtemperatur
y Stellgröße für Fluid 2

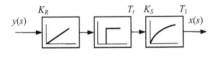

Bild 5.71: Blockschaltbild der Mischanlage

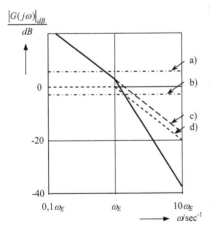

5.9 In der Mischanlage für die beiden Fluids (Temperaturen Θ_1, Θ_2, Durchflüsse Q_1, Q_2) sollen die beiden Komponenten so gemischt werden, dass am Messort die Mischtemperatur $x_\Theta = f(Q_1, Q_2, \Theta_1, \Theta_2)$ erreicht wird. Unter Berücksichtigung von gegebenen Randbedingungen lässt sich die Temperatur x_Θ am Stellort über die Stellgröße y beeinflussen. Es ist anzugeben:

a) Blockschaltbild
b) Übertragungsfunktion
c) Frequenzgang
d) **BODE**-Diagramm

a) Der erste Block betrifft das Übergangsverhalten eines motorisch angetriebenen Ventils. Evtl. auftretende Verzögerungen werden hier nicht berücksichtigt. Die Totzeit erfasst die Laufzeit des Massestromes vom Stellort bis zum Messort. Auftretende Verzögerungen in der Mischanlage, am Messort oder in der Messeinrichtung werden durch ein P-T$_1$-Glied berücksichtigt.

b) Die Übertragungsfunktion lautet:

$$G(s) = \frac{x(s)}{y(s)} = \frac{K_R}{s} \cdot \frac{K_S}{1 + sT_1} \cdot e^{-sT_t}$$

c) Der Frequenzgang ergibt sich aus der Übertragungsfunktion, wenn $s = j\omega$ gesetzt wird:

$$G(j\omega) = -K_R K_S \frac{j + \omega T_1}{\omega(1 + (\omega T_1)^2)} e^{-j\omega T_t}$$

Bild 5.72: Teil 1, Amplitudenkennlinien

a) $\left| K_S \right|_{dB}$ c) $\left| \omega/\omega_E \right|_{dB}$

b) $\left| K_R/\omega_E \right|_{dB}$ d) $\left| G_{P-T_1}(j\omega/\omega_E) \right|_{dB}$

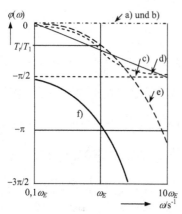

Bild 5.72: Teil 2, Phasenkennlinie
a), b) Phasenverlauf der P-Glieder
c)   Phasenverlauf des I-Gliedes
d)   Phasenverlauf des P-T$_1$-Gliedes
e)   Phasenverlauf des Totzeitgliedes
f)   Summenkurve

d) Für das **BODE**-Diagramm (Bild 5.72, Teil 1) wird zunächst die Amplitudenkennlinie berechnet und graphisch durch Addition der Einzelbeträge konstruiert:

$$A(\omega) = K_R K_S \frac{1}{\omega\sqrt{1 + (\omega T_1)^2}}$$

$$\left|G(j\omega)\right|_{dB} = 20\log K_S \frac{K_R}{\omega} \frac{1}{\sqrt{1 + (\omega T_1)^2}}$$

$$\left|G(j\omega)\right|_{dB} = 20\log K_S \frac{K_R}{\omega_E} \frac{\omega_E}{\omega} \frac{1}{\sqrt{1 + (\frac{\omega}{\omega_E})^2}}$$

$$= 20\log K_S + 20\log \frac{K_R}{\omega_E} - 20\log \frac{\omega}{\omega_E}$$

$$- 20\log \sqrt{1 + \left(\frac{\omega}{\omega_E}\right)^2}$$

In Dezibel ausgedrückt:

$$\left|G(j\omega)\right|_{dB} = \left|K_S\right|_{dB} + \left|\frac{K_R}{\omega_E}\right|_{dB} - \left|\frac{\omega}{\omega_E}\right|_{dB} + \left|G_{P-T_1}(j\omega / \omega_E)\right|_{dB}$$

Die Phasenkennlinie (Bild 5.72, Teil 2) ergibt sich ebenfalls aus der Addition der Einzelkennlinien c), d) und e). Der Phasenverlauf des Totzeitgliedes ist hierbei unter Berücksichtigung von $\omega_E = 1/T_1$ mit

$$\varphi(\omega) = -\omega T_t = -\frac{\omega}{\omega_E} \cdot \frac{T_t}{T_1}$$

anzusetzen.

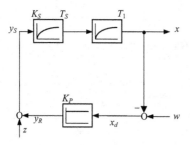

Bild 5.73: Blockschaltbild eines Regelkreises mit P-Regler

5.10 Das folgende Blockschaltbild zeigt einen Regelkreis, der einen P-Regler enthält. Dieser berechnet unmittelbar aus einer Eingangsgröße eine mit dem Verstärkungsfaktor K_P multiplizierte Ausgangsgröße (vgl. Abschnitt 6.1). In dem Regelkreis soll das stationäre Verhalten analysiert werden.

Ziel der Untersuchung ist eine Gleichung $x = f(w, z)$ zu finden, aus der sich die Änderung $\Delta x = x_d(\infty)$ ausrechnen lässt, die sich im stationären Zustand ergibt, wenn sich die Führungsgröße $w = w_0$ um 2 V und die Störgröße $z = z_0$ um -0,2 V sprungförmig ändern.

Aus dem Blockschaltbild lässt sich entnehmen:

$x_d = w - x$ sowie

$$x = y_S \frac{1}{1+sT_1} \frac{K_S}{1+sT_S} = (z + x_d K_R) \frac{1}{1+sT_1} \frac{K_S}{1+sT_S}$$

Wird die Hilfsvariable x_d aus der ersten Gleichung in die zweite Gleichung eingesetzt und diese anschließend nach x umgestellt, erkennt man den Einfluss, den die Störgröße und die Führungsgröße im Regelkreis haben:

$$x(s) = \frac{K_P K_S}{(1+sT_S)(1+sT_1) + K_P K_S} w(s) + \frac{K_S}{(1+sT_S)(1+sT_1) + K_P K_S} z(s) = G_w(s)w + G_z(s)z$$

Mit Hilfe des Grenzwertsatzes (Tabelle 3.2, Nr. 9, Seite 32) findet man den stationären Wert:

$$x(\infty) = \lim_{s \to 0} s \frac{w_0}{s} G_w(s) + \lim_{s \to 0} s \frac{z_0}{s} G_z(s)$$

$$= \frac{K_P K_S}{1 + K_P K_S} w_0 + \frac{K_S}{1 + K_P K_S} z_0$$

Da für den Bruch $\dfrac{K_R K_S}{1 + K_R K_S} < 1$ gilt, kann bei konstanter Störgröße der stationäre Wert der Regelgröße außer für $K_P \to \infty$ nie den gewünschten Sollwert erreichen (vgl. Abschnitt 7.3). Es verbleibt eine stationäre Regeldifferenz $x_d(\infty)$. Werden die nachstehenden Werte in die Gleichung eingesetzt, dann ergeben sich:

K_P = 5
w_0 = 2 V
z_0 = -0,2 V
T_S = 0,1 sec
T_1 = 1 sec
K_S = 10 V

$$x(\infty) = \frac{5 \cdot 10}{1 + 5 \cdot 10 \cdot} \cdot 2 \text{ V} +$$

$$+ \frac{10}{1 + 5 \cdot 10 \cdot} \cdot (-0,2 \text{ V}) = 1,9608 \text{ V} - 0,0392 \text{ V} = 1,9216 \text{ V}$$

$$\Delta x = x_d(\infty) = w_0 - x(\infty) = 2 \text{ V} - 1.9216 \text{ V} = 0,0784 \text{ V}$$

5.11 Die folgende Differentialgleichung beschreibt das dynamische Verhalten eines Übertragungssystems. Es ist die Sprungantwort des Systems zu berechnen:

$$\ddot{y} + 3\dot{y} + 2y(t) = 4u(t) \quad \text{mit } \dot{y}(0) = y(0) = 0 \text{ und } u(t) = u_0, \; t > 0$$

Die Übertragungsfunktion folgt direkt aus der Differentialgleichung durch **LAPLACE**-Transformation:

$$G(s) = \frac{4}{2 + 3s + s^2}$$

Für die Sprungantwort gilt der Ansatz:

$$y(s) = \frac{u_0}{s} \cdot \frac{4}{2 + 3s + s^2} = \frac{u_0}{s} \cdot \frac{4}{(s+1)(s+2)}$$

$$= 2u_0 \left[\frac{1}{s} - \frac{2}{s+1} + \frac{1}{s+2} \right]$$

$$y(t) = 2u_0 \left[1 - 2e^{-t} + e^{-2t} \right]$$

5.12 Von der nachstehenden Übertragungsfunktion soll die Ortskurve skizziert werden.

$$G(s) = \frac{1}{sT_n} \cdot \frac{1}{1 + sT} \cdot \frac{K_S}{1 + sT_1} = \frac{K_S}{sT_n} \cdot \frac{1}{1 + s(T_1 + T) + s^2 T_1 T}$$

Hieraus folgt der Frequenzgang, wenn $s = j\omega$ gesetzt wird:

$$G(j\omega) = -\frac{K_S}{T_n} \cdot \frac{\omega^2 (T_1 + T) - j(\omega^3 TT_1 - \omega)}{(\omega^2 (T_1 + T))^2 + (\omega^3 TT_1 - \omega)^2}$$

Der Bruch lässt sich trennen in Real- und Imaginärteil. Eine Vereinfachung z. B. durch Kürzen ist sinnvoll, da sich Grenzwertbetrachtungen leichter durchführen lassen, das Ausmultiplizieren von Binomen ist aber nicht zweckdienlich:

$$\mathrm{Re}\{G(j\omega)\} = -\frac{K_S}{T_n} \cdot \frac{T_1 + T}{\omega^2 (T_1 + T)^2 + (\omega^2 T_1 T - 1)^2} \quad \text{und}$$

$$\mathrm{Im}\{G(j\omega)\} = -\frac{K_S}{T_n} \cdot \frac{-(\omega^2 TT_1 - 1)}{\omega^3 (T_1 + T)^2 + \omega(\omega^2 TT_1 - 1)^2}$$

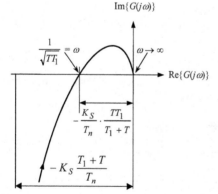

Bild 5.74: Ortskurvenverlauf

Mit Hilfe der folgenden Tabellenwerte lässt sich die Ortskurve konstruieren (Bild 5.74):

ω	$\mathrm{Re}\{G(j\omega)\}$	$\mathrm{Im}\{G(j\omega)\}$
0	$-\dfrac{K_S}{T_n}(T_1 + T)$	$-\infty$
$\dfrac{1}{\sqrt{TT_1}}$	$-\dfrac{K_S}{T_n} \cdot \dfrac{TT_1}{T + T_1}$	0
∞	0	0

Tabelle 5.6: Zur Konstruktion der Ortskurve

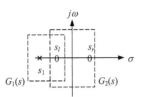

Bild 5.75: Pol- Nullstellenverteilung von $G_1(s)$ und $G_2(s)$ in der s-Ebene

5.13 Es sind die Übertragungsfunktionen zweier Übertragungsglieder zu vergleichen:

$$G_1(s) = \frac{1 + sT_1}{1 + sT} \quad \text{und} \quad G_2(s) = \frac{1 - sT_1}{1 + sT}.$$

Die Pole sind mit $s_l = -1/T$ bei beiden Funktionen gleich, die Nullstellen dagegen liegen symmetrisch zur imaginären Achse bei $s_l = -1/T$ bzw. $s_r = 1/T$ (Bild 5.75).

Die Frequenzgänge der beiden Übertragungsglieder unterscheiden sich nur im Zähler. Sie sind konjugiert komplex:

$$G_1(j\omega) = \frac{1 + j\omega T_1}{1 + j\omega T} \quad \text{und} \quad G_2(j\omega) = \frac{1 - j\omega T_1}{1 + j\omega T}$$

Die Beträge der beiden Frequenzgänge

$$\left| G_1(j\omega) \right| = \frac{\sqrt{(1 + \omega^2 TT_1)^2 + \omega^2(T_1 - T)^2}}{1 + \omega^2 T^2} \quad \text{und}$$

$$\left| G_2(j\omega) \right| = \frac{\sqrt{(1 - \omega^2 TT_1)^2 + \omega^2(T_1 + T)^2}}{1 + \omega^2 T^2}$$

sind wegen

$$\left| G_{1/2}(j\omega) \right| = \frac{\sqrt{1 + \omega^2(T_1^2 + T^2) + \omega^4 T^2 T_1^2}}{1 + \omega^2 T^2} = \frac{\sqrt{1 + (\omega T_1)^2}}{\sqrt{1 + (\omega T)^2}}$$

gleich. Der Phasenverlauf der beiden Systeme ist dagegen unterschiedlich:

$$\varphi_1(\omega) = \arctan \omega T_1 - \arctan \omega T \quad \text{und}$$

$$\varphi_2(\omega) = -\arctan \omega T_1 - \arctan \omega T.$$

Obwohl beide Übertragungsglieder eine übereinstimmende Amplitudenkennlinie aufweisen, hat das zweite System eine größere Phasennacheilung. Damit ist das zweite System ein Nichtphasenminimumsystem, verursacht durch die Nullstelle in der rechten Hälfte der s-Ebene.

Durch Umschreiben der Übertragungsfunktion $G_2(s)$ erhält man mit

$$G_2(s) = \frac{1 - sT_1}{1 + sT} \cdot \frac{1 + sT_1}{1 + sT_1} = \frac{1 + sT_1}{1 + sT} \cdot \frac{1 - sT_1}{1 + sT_1} = G_{PM}(s) \cdot G_A(s)$$

eine Serienschaltung aus einem Phasenminimumsystem $G_{PM}(s) = G_1(s)$ und einem Allpass 1. Ordnung mit Betrag $\left| G_A(j\omega) \right| = 1$ und Phasenkennlinie $\varphi_A(\omega) = -2 \arctan \omega T_1$.

5.14 Ein mit einer Totzeit behaftetes P-T$_1$-Glied mit Übertragungsfunktion

$$G(s) = \frac{1}{1 + sT_1} e^{-sT_t}$$

ist zu untersuchen.

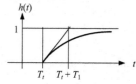

Die Übergangsfunktion lautet:

$$h(t) = \mathcal{L}^{-1}\left\{\frac{1}{s} \cdot \frac{1}{1 + sT_1} e^{-sT_t}\right\} = 1 - e^{-\frac{t-T_t}{T_1}}, \, t \geq T_t$$

Bild 5.76: Übergangsfunktion eines mit
einer Totzeit behafteten P-T$_1$-Gliedes

Die Ortskurve des Systems erhält man aus der Übertragungsfunktion, wobei nach **EULER** für die Exponentialfunktion gesetzt wird:

$$e^{-j\omega T_t} = \cos \omega T_t - j \sin \omega T_t$$

Man erhält:

$$G(j\omega) = \frac{1}{1 + j\omega T_1} e^{-j\omega T_t} = \frac{1 - j\omega T_1}{1 + (\omega T_1)^2} (\cos \omega T_t - j \sin \omega T_t)$$

Die Funktion lässt sich nach Real- und Imaginärteil trennen:

$$\text{Re}\{G(j\omega)\} = \frac{\cos \omega T_t - \omega T_1 \sin \omega T_t}{1 + (\omega T_1)^2} \quad \text{und}$$

$$\text{Im}\{G(j\omega)\} = -\frac{\sin \omega T_t + \omega T_1 \cos \omega T_t}{1 + (\omega T_1)^2}$$

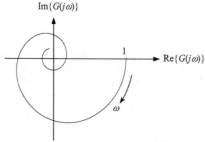

In dem Bild 5.77 ist der Verlauf einer Ortskurve eines Systems 1. Ordnung, das eine Totzeit enthält, dargestellt. Die Kurve beginnt bei einem Parameterwert von $\omega = 0$ auf der reellen Achse und endet bei $\omega \to \infty$ im Ursprung.

Bild 5.77: Ortskurve eines mit Totzeit behafteten Systems

5.5 Übungsaufgaben

5.1 Von den folgenden Netzwerken ist die Übertragungsfunktion gesucht:

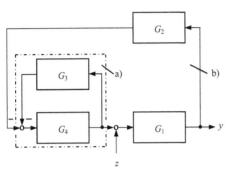

Bild 5.78: Netzwerk I

Netzwerk I (Bild 5.78):

a) Kreisstruktur aufgelöst:

$$G_i(s) = \frac{G_4(s)}{1 + G_3(s)G_4(s)}$$

b) Äußerer Kreis, Rückführungsschaltung; $G_i(s)$ und $G_2(s)$ liegen im Rückführzweig:

$$G(s) = \frac{y(s)}{z(s)} = \frac{G_1(s)(1 + G_3(s)G_4(s))}{1 + G_3(s)G_4(s) + G_1(s)G_2(s)G_4(s)}$$

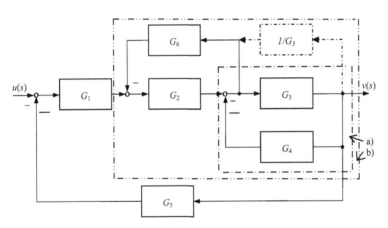

Bild 5.79: Netzwerk II

Netzwerk II (Bild 5.79): Durch Verlegen des Eingangs für G_6 nach Ausgang von G_3 und Einschieben eines Blockes mit $1/G_3(s)$ erhält man zwei Kreisstrukturen:

$$G_a(s) = \frac{G_3(s)}{1 + G_3(s)G_4(s)} \quad \text{und} \quad G_b(s) = \frac{G_2(s)G_a(s)}{1 + G_2(s)G_a(s)G_6(s)\dfrac{1}{G_3(s)}}$$

Im Vorwärtszweig liegen jetzt $G_1(s)$ und $G_b(s)$ in Serie, im Rückführungszweig $G_5(s)$. Sie bilden zusammen den äußeren Rückwirkungskreis:

$$G(s) = \frac{G_1 G_2 G_3}{1 + G_3 G_4 + G_2 G_6 + G_1 G_2 G_3 G_5}$$

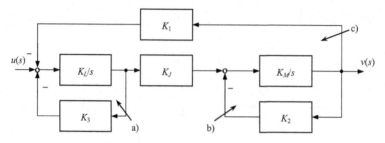

Bild 5.80: Netzwerk III

Netzwerk III (Bild 5.80): Es liegen insgesamt drei Rückwirkungsschaltungen vor:

$$G_a(s) = \frac{K_L}{s + K_3 K_L}; \quad G_b(s) = \frac{K_M}{s + K_2 K_M}; \quad G_c(s) = \frac{G_a(s) K_J G_b(s)}{1 + G_a(s) K_J G_b(s) K_1}$$

$$G(s) = G_c(s) = \frac{K_M K_L K_J}{(s + K_L K_3)(s + K_2 K_M) + K_1 K_L K_J K_M}$$

5.2 Die Entflechtung eines ausgedehnten Netzwerkes erfolgt schrittweise bis die resultierende Übertragungsfunktion gefunden ist:

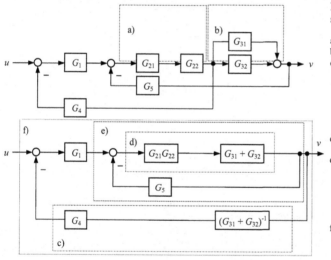

Bild 5.81: Auflösen von Blockstrukturen

a) Serienschaltung $G_{21}G_{22}$
b) Parallelschaltung $G_{31} + G_{32}$
c) Verlegen des Abgriffes von Block 4 auf den Ausgang und Einfügen eines neuen Blockes mit der reziproken Übertragungsfunktion $(G_{31} + G_{32})^{-1}$, Serienschaltung: $G_4(G_{31} + G_{32})^{-1}$
d) Serienschaltung: $G_{21}G_{22}(G_{31} + G_{32})$
e) Kreisstrukturen auflösen und Multiplikation mit G_1 wegen Serienschaltung:
$$\frac{G_{21}G_{22}(G_{31} + G_{32})}{1 + G_5 G_{21} G_{22}(G_{31} + G_{32})} G_1$$
f) Kreisstruktur auflösen, Resultierende Übertragungsfunktion bilden:

$$G_{ges}(s) = \frac{G_{21}G_{22}(G_{31} + G_{32})}{1 + G_5 G_{21} G_{22}(G_{31} + G_{32}) + G_{21}G_{22}G_{31}(G_{31} + G_{32})G_1 G_4} G_1$$

5.3 Das Übertragungsverhalten eines Systems wird durch eine Differentialgleichung dritter Ordnung
$$\dddot{y} + 2\ddot{y} + 4\dot{y} = 8u(t) \text{ mit } \ddot{y}(0) = \dot{y}(0) = y(0) = 0 \text{ beschrieben. Es ist zu bestimmen:}$$
a) Übertragungsfunktion
b) Pol- und Nullstellen
c) Frequenzgang, getrennt nach Real- und Imaginärteil mit Ortskurve
d) Sprungantwort, Übergangsfunktion und Gewichtsfunktion

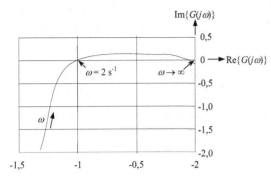

Bild 5.82: Ortskurve eines Systems mit I-Verhalten und einer Verzögerung 2. Ordnung

Lsg.:

a) $G(s) = \dfrac{y(s)}{u(s)} = \dfrac{8}{s(s^2 + 2s + 4)}$

b) Nullstellen: keine

   Polstellen: $s_1 = 0,\ s_{2/3} = -1 \pm j\sqrt{3}$

c) $G(j\omega) = -j\,\dfrac{8}{\omega((4-\omega^2) + 2j\omega)}$

$\Rightarrow \mathrm{Re}\{G(j\omega)\} = -\dfrac{16}{(4-\omega^2)^2 + 4\omega^2}$

$\Rightarrow \mathrm{Im}\{G(j\omega)\} = -\dfrac{8}{\omega}\,\dfrac{4-\omega^2}{(4-\omega^2)^2 + 4\omega^2}$

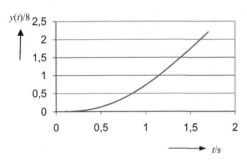

Bild 5.83: Übergangsfunktion eines Systems mit I-Verhalten und Verzögerung 2. Ordnung

d) Antwortfunktionen:

$$y(t) = 8\left[-1 + 2t + e^{-t}\left(\cos\sqrt{3}t - \frac{1}{\sqrt{3}}\sin\sqrt{3}t\right)\right]$$

$$h(t) = \left[-1 + 2t + e^{-t}\left(\cos\sqrt{3}t - \frac{1}{\sqrt{3}}\sin\sqrt{3}t\right)\right]$$

$$g(t) = 2 - 2e^{-t}\left[\cos\sqrt{3}t + \frac{1}{\sqrt{3}}\sin\sqrt{3}t\right]$$

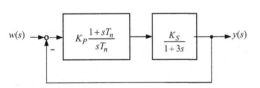

Bild 5.84: Regelkreis, bestehend aus einer Strecke 1. Ordnung und einem PI-Regler

5.4 Von dem in Bild 5.84 dargestellten Blockschaltbild eines Regelkreises ist die Übertragungsfunktion und der stationäre Wert zu berechnen, der sich ergibt, wenn sich der Sollwert $w(t)$ ab einem Zeitpunkt $t > 0$ sprungförmig um den Betrag w_0 ändern würde

Lsg.: Übertragungsfunktion:

$$G(s) = \frac{y(s)}{w(s)} = \frac{K_P K_S (1 + sT_n)}{K_P K_S (1 + sT_n) + sT_n(1 + 3s)}$$

Stationärer Wert, wenn $w(t) = w_0,\ t > 0$ gilt:

$$y(\infty) = \lim_{s \to 0} s\,\frac{w_0}{s}\,G(s) = w_0$$

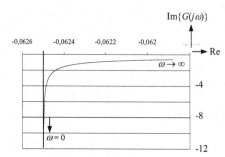

Bild 5.85: Ortskurve eines I-Gliedes mit Verzögerung erster Ordnung

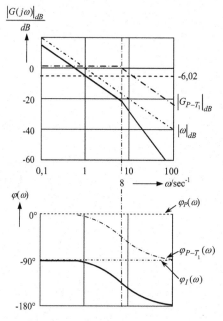

Bild 5.86: BODE-Diagramm eines Systems mit I-Verhalten und Verzögerung erster Ordnung

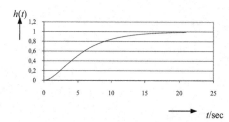

Bild 5.87: Übergangsfunktion eines D-T_2-Systems

5.5 Von einem System mit I-Verhalten und Verzögerung erster Ordnung ist die Übertragungsfunktion gegeben:

$$G(s) = \frac{4}{s(s+8)}$$

Die Ortskurve und das **BODE**-Diagramm sind gesucht.

Lsg.: Real- und Imaginärteil der Ortskurve ergeben sich aus dem Frequenzgang:

$$\mathrm{Re}\{G(j\omega)\} = \frac{-4}{\omega^2+64}, \ \mathrm{Im}\{G(j\omega)\} = \frac{-32}{\omega(\omega^2+64)}.$$

Die Asymptote der Ortskurve folgt aus $\omega \to 0$ zu $\mathrm{Re}\{G(j\omega)\} = -1/16$ und $\mathrm{Im}\{G(j\omega)\} = 0$ (Bild 5.85).

Die Amplituden- und Phasenkennlinie für das **BODE**-Diagramm (Bild 5.86) folgen aus dem Frequenzgang, der durch die Grundglieder vom Typ P-, I- und P-T_1 ausgedrückt werden kann:

$$G(j\omega) = 0,5 \frac{1}{j\omega} \frac{1}{1+j\frac{1}{8}\omega} \ \text{mit} \ \omega = 1/T_1 = 8 \ \text{sec}^{-1}$$

$$\Rightarrow |G(j\omega)|_{dB} = 20\lg 0,5 - 20\lg\omega - 20\lg\sqrt{1+(\frac{1}{8}\omega)^2}$$

$$= |0,5|_{dB} - |\omega|_{dB} - |G_{P-T_1}(j\omega)|_{dB}$$

Für die Phasenkennlinie gilt:

$$\varphi(\omega) = \varphi_P(\omega) + \varphi_I(\omega) + \varphi_{P-T_1}(\omega)$$

$$= 0° - 90° - \arctan(\omega/8)$$

5.6 Es ist die Übertragungsfunktion zu untersuchen:

$$G(s) = \frac{1+s}{(1+2s)(1+4s)}.$$

Man berechne:

a) Die Differentialgleichung des Systems
b) Die Übergangsfunktion
c) Der Frequenzgang, getrennt nach Real- und Imaginärteil
d) Die Ortskurve
e) Das **BODE**-Diagramm

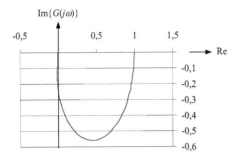

Bild 5.88: Ortskurve eines Übertragungssystems zweiter Ordnung

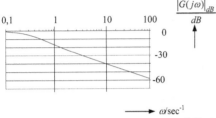

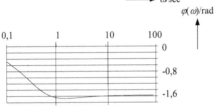

Bild 5.89: BODE-Diagramm eines Systems zweiter Ordnung mit $T_1 = 1$ sec, $T_{1a} = 2$ sec, $T_{1b} = 4$ sec von Beispiel 5.6

Lsg.:

a) Die Differentialgleichung folgt aus der Übertragungsfunktion durch Rücktransformation:

$$8\ddot{v} + 6\dot{v} + v(t) = u(t) + \dot{u}(t)$$

b) Die Übergangsfunktion setzt sich zusammen aus der Lösung $v_1(t)$ für die sprungförmig verlaufende Eingangsgröße $u(t) = \sigma(t)$ ohne dabei $\dot{u}(t)$ zu berücksichtigen und der Ableitung der Lösung, $\dot{v}_1(t)$:

$$v_1(t) = 1 + e^{-t/2} - 2e^{-t/4}$$
$$\dot{v}_1(t) = -0{,}5e^{-t/2} + 0{,}5e^{-t/4}$$
$$v(t) = v_1(t) + \dot{v}_1(t) = 1 + 0{,}5e^{-t/2} - 1{,}5e^{-t/4}$$

c) Der Frequenzgang, aufgeteilt in Real- und Imaginärteil, lautet:

$$\text{Re}\{G(j\omega)\} = \frac{1 - 2\omega^2}{(1 - 8\omega^2)^2 + 36\omega^2} \quad \text{und}$$

$$\text{Im}\{G(j\omega)\} = -\frac{5\omega + 8\omega^3}{(1 - 8\omega^2)^2 + 36\omega^2}$$

d) Die Ortskurve ist in Bild 5.88 dargestellt

e) Das **BODE**-Diagramm (Bild 5.89) ergibt sich aus dem Frequenzgang:

$$G(j\omega) = \frac{1 + j\omega}{(1 + 2j\omega)(1 + 4j\omega)}$$

mit den Eckfrequenzen $\omega_a = 1/T_{1a} = 0{,}5$ sec^{-1} und $\omega_b = 1/T_{1b} = 0{,}25$ sec^{-1}.

Die Amplitudenkennlinie berechnet sich aus dem Frequenzgang:

$$|G(j\omega)|_{dB} = 20\lg\sqrt{1 + \omega^2} - 20\lg\sqrt{1 + (2\omega)^2} - 20\lg\sqrt{1 + (4\omega)^2}$$

$$= |G_D(j\omega)|_{dB} - |G_{P-T_{1a}}(j\omega)|_{dB} - |G_{P-T_{1b}}|_{dB}$$

Für die Phasenkennlinie folgt entsprechend:

$$\varphi(\omega) = \arctan\omega - \arctan(2\omega) - \arctan(4\omega)$$

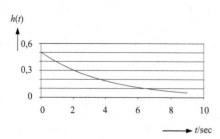

Bild 5.90: Übergangsfunktion eines D-T$_1$-Gliedes mit den Parameterwerten $K_D = 2$ sec und $T_1 = 4$ sec

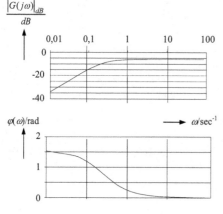

Bild 5.91: BODE-Diagramm eines D-T$_1$-Gliedes

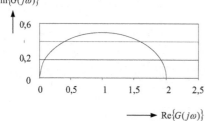

Bild 5.92: Ortskurve eines D-T$_1$-Gliedes

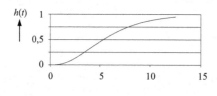

Bild 5.93: Übergangsfunktion eines Einspeichersystems dritter Ordnung

5.7 Gegeben ist die Übertragungsfunktion eines D-T$_1$-Gliedes:

$$G(s) = \frac{sK_D}{1 + sT_1}$$

Zu berechnen und zu skizzieren sind die Übergangsfunktion, das **BODE**-Diagramm und die Ortskurve.

Lsg.: Die Übergangsfunktion lautet (Bild 5.90):

$$h(t) = \frac{K_D}{T_1} e^{-t/T_1}$$

Für die Amplituden- und Phasenkennlinie gelten (Bild 5.91):

$$|G(j\omega)|_{dB} = |\omega K_D|_{dB} - |G_{P-T_1}(j\omega)|_{dB} \quad \text{und}$$

$$\varphi(\omega) = \pi / 2 - \arctan(\omega T_1).$$

Für die Ortskurve wird der Frequenzgang nach Real- und Imaginärteil getrennt dargestellt (Bild 5.92):

$$\text{Re}\{G(j\omega)\} = \frac{\omega^2 T_1 K_D}{1 + (\omega T_1)^2}, \; \text{Im}\{G(j\omega)\} = \frac{\omega K_D}{1 + (\omega T_1)^2}$$

5.8 Berechne von einem System mit Übertragungsfunktion

$$G(s) = \frac{5}{(1 + 2s)^3}$$

die Amplituden- und Phasenkennlinie sowie die Übergangsfunktion.

Lsg.: $|G(j\omega)|_{dB} = 20\log 5 - 3 \cdot 20\log\sqrt{1 + (2\omega)^2}$

$$= |5|_{dB} - 3|G_{P-T_1}(j\omega)|_{dB} \quad \text{und}$$

$$\varphi(\omega) = -3\arctan(2\omega) \quad \text{sowie}$$

$$h(t) = 1 - \left[1 + \frac{t}{2} + \frac{t^2}{8}\right]e^{-t/2} \quad \text{(Bild 5.93)}.$$

5.6 Zusammenfassung

Die Differentialgleichung beschreibt das Übertragungsverhalten eines linearen kontinuierlichen Systems. Transformiert man die Differentialgleichung in den Bildraum, bleibt diese Eigenschaft erhalten. Setzt man die Anfangsbedingungen auf null und bildet den Quotienten aus **LAPLACE**-transformierter Ausgangsgröße und **LAPLACE**-transformierter Eingangsgröße, definiert man so die **Übertragungsfunktion**. Sie beschreibt, wie die Differentialgleichung im Zeitbereich, vollständig das Übertragungsverhalten eines Systems im Bildbereich. Die Übertragungsfunktion ist eine gebrochen rationale Funktion in s, deren Koeffizienten nur von der Struktur und den Parametern des Systems abhängen.

Die Rücktransformation der Übertragungsfunktion in den Zeitbereich ist die **Gewichtsfunktion**, eine reine Systemgröße. Sie ist formal gleich der **Impulsantwort**, also der Systemreaktion auf ein impulserregtes Übertragungssystem. Die Gewichtsfunktion ist neben der Differentialgleichung und der Übertragungsfunktion eine weitere **Kennfunktion** zur Beschreibung des Übertragungsverhaltens eines linearen Systems.

Stellt man den Ausdruck für die Übertragungsfunktion nach der Ausgangsgröße um und belegt die Eingangsgröße mit einer Testfunktion wie **Impulsfunktion**, **Sprungfunktion** oder **Rampenfunktion**, lassen sich im Bildbereich auf einem algebraischen Weg die Antwortfunktionen ermitteln. Die Impulsantwort umfasst den freien Ausschwingvorgang eines Übertragungssystems. Normiert man die Amplitude der Sprungfunktion auf „eins", gelangt man zur **Übergangsfunktion**. Sie lässt sich damit vor allem bei praktischen Untersuchungen des unbekannten Zeitverhaltens von Regelstrecken unter normierten Bedingungen einsetzen.

Beim Benutzen einer sinusförmigen Wechselgröße als Testfunktion, erhält man im eingeschwungenen Zustand aus dem Quotienten von Ausgangsgröße und Eingangsgröße, den **Frequenzgang**, eine weitere Kennfunktion. Da er eine komplexwertige Funktion ist, spricht man auch vom **komplexen Frequenzgang**. Diese Kennfunktion liefert in unterschiedlichen Darstellungsformen Informationen über die Frequenzabhängigkeit eines Übertragungsgliedes, über die Phasenverschiebung zwischen Eingangs- und Ausgangssignal sowie über die Verstärkung in Abhängigkeit der Kreisfrequenz.

Wird die komplexe Funktion „Frequenzgang" in Real- und Imaginärteil zerlegt und in der **GAUSS**'schen Zahlenebene graphisch dargestellt, entsteht die **Ortskurve**. Aus dem Bild lassen sich der **Betrag**, das ist die Verstärkung eines Übertragungsgliedes **und** die **Phasenlage** entnehmen. Diese beiden Werte können aber auch in zwei getrennten Diagrammen eingezeichnet werden: Der Betrag des Frequenzganges über der Kreisfrequenz ergibt den **Amplitudengang** und die Phase über der Kreisfrequenz den **Phasengang**. Man nennt diese beiden Diagramme auch **Frequenzkennlinien** oder auch **BODE-Diagramm**. Sowohl die Ortskurve als auch die Frequenzkennlinien spielen eine große Rolle bei der Stabilitätsbetrachtung von geschlossenen Regelkreisen (vgl. Abschnitt 7.5).

In einer Zusammenstellung von elementaren Übertragungsgliedern, die nach dem Zeitverhalten sich in proportionales, integrales und differentiales Verhalten gliedern lassen und deren Ausgangssignale verzögert sein können, werden die Kennfunktionen, Ortskurven und Frequenzkennlinien ausführlich beschrieben und aufgelistet.

Da unter dem allgemein gewählten Begriff „Übertragungsglied" auch die im nächsten Kapitel beschriebenen Regler zu verstehen sind, können die gefundenen Ergebnisse, speziell das Zeitverhalten, auch auf die Regler übertragen werden.

6 Der Regler und sein Zeitverhalten

Der Regler ist ein eigenständiges Übertragungsglied und Teil des Regelkreises. Er hat die Aufgabe, das statische und vor allem das dynamische Verhalten des geschlossenen Regelkreises in einem regelungstechnisch definierten Sinn zu beeinflussen.

Der stetige Regler vergleicht kontinuierlich den durch Messen ermittelten Istwert der Regelgröße mit dem Sollwert und berechnet den Unterschied der beiden Werte, die Regeldifferenz. Hieraus formt er eine Stellgröße, die so auf die Regelstrecke einwirkt, dass der Istwert der Regelgröße möglichst nahe bei dem Sollwert zu liegen kommt und auch dort verharrt.

Wie aus der gemessenen Differenz zwischen Soll- und Istwert die Stellgröße bestimmt wird, legt die **Reglercharakteristik** fest: Es gibt neben den stetig arbeitenden Reglern nicht stetig arbeitende wie der *Zweipunktregler* (Ein-Aus-Schaltzustand) und der *Dreipunktregler* (ein-rechts, aus, ein-links) sowie die *Fuzzy-Regler* (sie benutzen eine verbale Beschreibung des Regelungsvorganges) [25]. Im Folgenden betrachten wir nur stetige Regler.

Eine Regelung ist ein dynamischer Vorgang. Das Zeitverhalten des Reglers muss deshalb dem der Strecke gegenüber entsprechend ausgewählt werden. Deshalb sind die Regler mit unterschiedlichem dynamischem Verhalten ausgestattet wie proportionales, integrales und differentiales Zeitverhalten. In den folgenden Abschnitten wird näher auf diese Eigenschaften und ihre Anwendungsmöglichkeiten eingegangen.

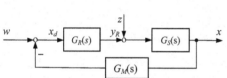

Bild 6.1: Standard-Regelkreis mit

w	Führungsgröße
x	Regelgröße
z	Störgröße
x_d	Regeldifferenz
y_R	Stellgröße
G_R, G_S	Übertragungsfunktion von Regler und Strecke
G_M	Übertragungsfunktion des Messgliedes

6.1 Der proportional wirkende Regler (P-Regler)

Der *P-Regler* reagiert auf eine sprungförmig verlaufende Eingangsgröße mit einem **unverzögerten** Sprung seiner Ausgangsgröße. Eingangsgröße und Ausgangsgröße sind zueinander proportional. Er zeigt ein Verhalten wie das P-Glied. Die Gleichung des P-Reglers lautet deshalb:

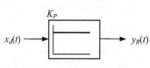

Bild 6.2: Symbol eines P-Reglers

$$\boxed{y_R(t) - y_0 = K_P x_d(t)} \qquad (6.1)$$

Der Regler berechnet nach dieser Gleichung aus der Regeldifferenz $x_d(t)$ die Stellgröße $y_R(t)$. Bei verschwindender Regeldifferenz x_d verharrt die Stellgröße auf dem Wert y_0, dem *Arbeitspunkt*. Kenngröße des P-Reglers ist der *Proportionalitäts-beiwert, Reglerverstärkung* oder *Reglerproportionalwert* K_P. Die Sprungantwort des P-Reglers

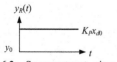

Bild 6.3: Sprungantwort eines P-Reglers

$$y_R(t) - y_0 = K_P x_{d0} \qquad (6.2)$$

verläuft ebenfalls sprungförmig (Bild 6.3). Man bezeichnet deshalb den P-Regler als „schnellen" Regler. Wegen seines proportionalen Verhaltens benötigt er aber eine bleibende Regelabweichung, $x_d \neq 0$, wenn die Stellgröße zur Behebung eines Störeinflusses dauernd um einen bestimmten Betrag gegenüber y_0 geändert werden muss. In Kapitel 7 wird gezeigt, dass der Regler um so genauer arbeitet, je höher die Reglerverstärkung K_P gewählt wird, was allerdings aus Stabilitätsgründen nicht unbegrenzt möglich ist.

Die Kennlinie des P-Reglers zeigt nur im ***Proportionalitätsbereich*** X_P auch ein proportionales Verhalten (Bild 6.4). Nur innerhalb dieses Bereiches lässt sich die Stellgröße y_R verstellen. Man bezeichnet deshalb diesen Teil der Kennlinie als ***Stellbereich*** Y_h. Unterhalb des Proportionalitätsbereiches wirkt sich eine Ansprechschwelle aus, oberhalb eine Sättigungsschwelle. Die Stellgröße verharrt hier auf einem Niedrig- bzw. Höchstwert.

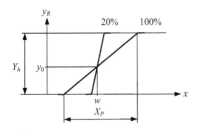

Bild 6.4: Kennlinie eines P-Reglers

$X_P/\%$	200	100	10	2	1	0,5
K_P	0,5	1	10	50	100	200

Tabelle 6.1: Zuordnung von Proportionalbereich X_P und Proportionalbeiwert K_P

Der Proportionalbeiwert ist durch den Stellbereich und den Proportionalitätsbereich festgelegt und ist ein Maß für die Steilheit der Kennlinie:

$$K_P = \frac{Y_h}{X_P} \qquad (6.3)$$

Die Einstellung der Reglerkennlinie kann anstelle des Proportionalbeiwertes auch durch den Proportionalbereich erfolgen. Dieser Wert wird allerdings prozentual angegeben:

$$X_P = \frac{1}{K_P} 100\% \qquad (6.4)$$

Der Proportionalbereich ist demnach jener Bereich, um den sich bei festem K_P und Sollwert w die Regelgröße ändern muss, damit bei einem P-Regler die Stellgröße über den gesamten Stellbereich geändert wird.

Der Aufbau eines Reglers kann mechanisch, z. B. ein Hebel, pneumatisch, hydraulisch oder insbesondere elektrisch erfolgen. Sieht man Operationsverstärker vor, kann die Vergleichsstelle in den Regler integriert werden. [26] [27]. Eine einfache Realisierungsmöglichkeit bietet die Rückkopplungsschaltung:

Beispiel 6.1

Im Rückführzweig eines Operationsverstärkers liegt der Widerstand R_R, im Eingangszweig der Widerstand R_1.

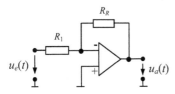

Bild 6.5: Elektrisch aufgebauter P-Regler
R_R Widerstand im Rückführzweig
R_1 Eingangswiderstand

Aus dem Bild folgt: $u_a(t) = -\dfrac{R_R}{R_1} u_e(t) = -K_P u_1(t)$

∎

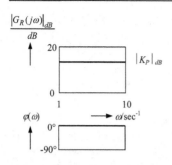

Bild 6.6a: **BODE**-Diagramm eines
P-Reglers

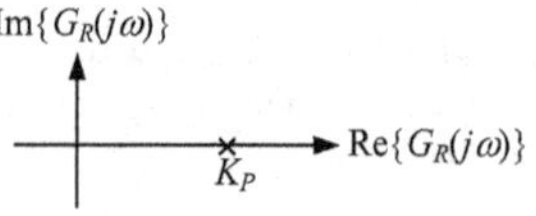

Die Übertragungsfunktion und der Frequenzgang des P-Reglers führen zu gleichlautenden Ausdrücken:

$$G_R(s) = K_P \text{ und } G_R(j\omega) = K_P \qquad (6.5a, b)$$

Die Frequenzkennlinien

$$\left| G_R(j\omega) \right| = K_P \text{ und } \varphi(\omega) = 0 \qquad (6.6a, b)$$

zeigen, dass der P-Regler idealerweise über dem gesamten Frequenzbereich eine konstante Verstärkung aufweist, und dass zudem Eingangs- und Ausgangsgröße gleichphasig verlaufen (Bild 6.6a).

Die Ortskurve schrumpft auf einen Punkt auf der reellen Achse (Bild 6.6b).

Bild 6.6b: Ortskurve eines P-Reglers

6.2 Der integral wirkende Regler (I-Regler)

Beim integral wirkenden Regler, dem *I-Regler*, sind die Änderungen der Stellgröße proportional dem Integral der Regeldifferenz über der Zeit:

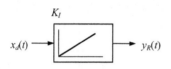

Bild 6.7: Symbol eines I-Reglers

$$y_R(t) = K_I \int x_d(t)dt \qquad (6.7)$$

Bei einem konstanten Wert ungleich null der Eingangsgröße wächst die Stellgröße mit der Zeit immer weiter an bis ein Endwert erreicht ist. Durch Differentiation von (6.7) erhält man die Gleichung der Kennlinie des I-Reglers:

$$\dot{y}_R(t) = K_I x_d(t) \qquad (6.8)$$

Danach ist die Änderungsgeschwindigkeit der Stellgröße proportional der Regeldifferenz. Je größer deren Wert ist, desto schneller wird die Stellgröße verändert. Die Konstante K_I ist eine Kenngröße des I-Reglers und heißt *Integrierbeiwert*. Sie ist durch die Kennlinie (Bild 6.8) festgelegt:

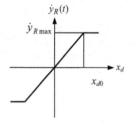

Bild 6.8: Kennlinie eines I-Reglers

$$K_I = \frac{\left| \dot{y}_{R\max} \right|}{x_{d0}} \qquad (6.9)$$

Unter normierten Bedingungen, wenn die Eingangs- und Ausgangsgröße des Reglers die gleichen Einheiten besitzen, ist der Kehrwert von K_I eine alternative Kenngröße des I-Reglers:

$$T_I = 1/K_I \qquad (6.10)$$

Man nennt T_I *Integrierzeit*. Ihre Bedeutung lässt sich an Hand der Sprungantwort veranschaulichen:

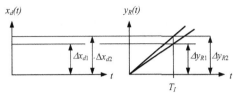

Bild 6.9: Sprungantworten eines I-Reglers

$$y_R(t) = x_{d0} \frac{t}{T_I} \qquad (6.11)$$

Nach Ablauf der Integrierzeit T_I hat die Stellgrößenänderung Δy_R einen Wert erreicht, der dem Sprung Δx_d der Regeldifferenz entspricht (Bild 6.9).

Vergleicht man den I-Regler mit einem P-Regler, bei dem die Stellgrößenänderung sprungförmig erfolgt, so reagiert der I-Regler entsprechend der Reglergleichung (6.7) nur „langsam" auf eine Eingangsgröße. Man bezeichnet ihn deshalb auch als „langsamen" Regler. Allerdings verstellt er die Stellgröße so lange, bis seine Eingangsgröße, die Regeldifferenz, zu null geworden ist.

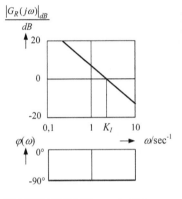

Bild 6.10: BODE-Diagramm eines I-Reglers

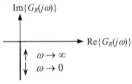

Bild 6.11: Ortskurve eines I-Reglers

Die Übertragungsfunktion und der Frequenzgang des I-Reglers entsprechen der Grundform III:

$$G_R(s) = \frac{K_I}{s} \quad \text{und} \quad G_R(j\omega) = \frac{K_I}{j\omega} = -j\frac{K_I}{\omega} \qquad (6.12\text{a, b})$$

Hieraus ergeben sich die Frequenzkennlinien zu:

$$|G_R(j\omega)|_{dB} = \left|\frac{K_I}{\omega}\right|_{dB} \quad \text{und} \quad \varphi(\omega) = -90° \qquad (6.13\text{a, b})$$

Aus dem Verlauf der Amplitudenkennlinie lässt sich entnehmen, dass der I-Regler bei niedrigen Frequenzen, also bei langsamer Änderung der Eingangsgröße, eine hohe Verstärkung aufweist. Bei wachsender Frequenz, wenn eine schnelle Änderung der Regeldifferenz auftritt, dann arbeitet er nur mit einer geringen Verstärkung. Die Phasenkennlinie hält sich konstant bei $\varphi(\omega) = -90°$, also zwischen Ausgangsgröße und Eingangsgröße liegt eine Phasenverschiebung von -90° (Bild 6.10).

Die Ortskurve verläuft auf der negativen imaginären Achse und beginnt bei $\omega = 0$ bei -∞ und endet bei $\omega \Rightarrow \infty$ bei 0 (Bild 6.11).

6.3 Der proportional-integral wirkende Regler (PI-Regler)

Der *PI-Regler* verknüpft die Eigenschaften des P-Reglers mit denen des I-Reglers: Eine schnelle Reaktion beim Auftreten einer Regeldifferenz und eine fortlaufende Verstellung der Stellgröße, solange die Regeldifferenz ungleich null ist. Die Reglergleichung ist demnach zusammengesetzt aus dem P- und I-Algorithmus (Bild 6.12):

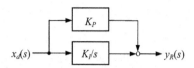

$$y_R(t) = K_P x_d(t) + K_I \int x_d(t)dt \qquad (6.14)$$

Durch Ausklammern von K_P erhält man eine weitere Form des PI-Algorithmus:

Bild 6.12: Blockschaltbild eines PI-Reglers

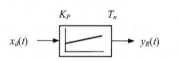

Bild 6.13: Symbol eines PI-Reglers

$$y_R(t) = K_P \left[x_d(t) + \frac{1}{T_n} \int x_d(t)dt \right] \qquad (6.15)$$

Die Kennwerte des PI-Reglers sind der Proportionalitätsbeiwert K_P und die **Nachstellzeit** T_n.

Beim Auftreten einer Regeldifferenz ordnet der P-Anteil in (6.14) der Stellgröße unmittelbar eine sprungförmige Änderung zu, der I-Anteil sorgt für eine weitere, rampenförmig verlaufende Stellgrößenänderung. Erst nach Ablauf der Nachstellzeit T_n hat der I-Anteil die gleiche Stellgrößenänderung vorgenommen, wie sie durch den P-Anteil unmittelbar erfolgt ist (Bild 6.15).

Beispiel 6.2

Ein I-Regler liegt in Serie mit einer P-T_1-Strecke. Die Sprungantwort berechnet sich , wenn $T_n \neq T_s$ gilt, zu:

$$x(s) = \frac{x_{d0}}{s} K_P \frac{1 + sT_n}{sT_n} \frac{K_S}{1 + sT_S}$$

$$= K_S K_P x_{d0} \left[\frac{1}{s^2 T_n (1 + sT_S)} + \frac{1}{s(1 + sT_S)} \right]$$

$$= K_S K_P x_{d0} \left[\frac{1}{s^2 T_n T_S (\frac{1}{T_S} + s)} + \frac{1}{s(1 + sT_S)} \right]$$

$$x(t) = K_S K_P x_{d0} \left[\left(\frac{T_S}{T_n} - 1 \right) e^{-t/T_S} + 1 - \frac{T_S}{T_n} \left(1 - \frac{t}{T_S} \right) \right]$$

Gilt $T_n = T_S$, dann vereinfacht sich die Sprungantwort:

$$x(t) = K_S K_P x_{d0} \frac{t}{T_n} \qquad\qquad\qquad\qquad \blacksquare$$

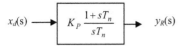

Bild 6.14: Symbol eines PI-Reglers im Bildbereich

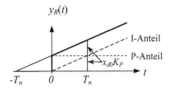

Bild 6.15: Sprungantwort eines PI-Reglers

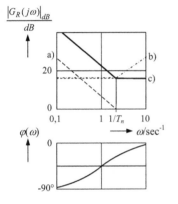

Bild 6.16: BODE-Diagramm des PI-Reglers

a) $\left|\omega T_n\right|_{dB}$, b) $20\log\sqrt{1+(\omega T_n)^2}$, c) $\left|K_P\right|_{dB}$

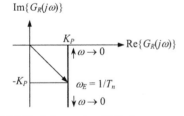

Bild 6.17: Ortkurve eines PI-Reglers

Die Sprungantwort ergibt sich mit $x_d(t) = x_{d0}\sigma(t)$ aus (6.15):

$$y_R(t) = K_P x_{d0} + \frac{1}{T_n} x_{d0} t \qquad (6.16)$$

Die Übertragungsfunktion und der Frequenzgang lauten:

$$G_R(s) = K_P\left[1+\frac{1}{sT_n}\right] = K_P\left[\frac{1+sT_n}{sT_n}\right] \text{ und}$$

$$G_R(j\omega) = K_P\left[\frac{1+j\omega T_n}{j\omega T_n}\right] \qquad (6.17a, b)$$

Hieraus werden die Frequenzkennlinien berechnet:

$$\left|G_R(j\omega)\right|_{dB} = \left|K_P\right|_{dB} + 20\log\sqrt{1+(\omega T_n)^2} - \left|\omega T_n\right|_{dB} \text{ und}$$

$$\varphi(\omega) = \arctan(\omega T_n) - \pi/2 \qquad (6.18a, b)$$

Wie die Amplitudenkennlinie zeigt, hat der PI-Regler bei niedrigen Frequenzen eine große Verstärkung, da in diesem Bereich der I-Anteil hervortritt. Bei hohen Frequenzen verhält sich der PI-Regler wie ein P-Regler, die Verstärkung stellt sich auf einen festen Wert ein. Der Phasenverlauf liegt im unteren Frequenzbereich bei $\varphi(\omega) = -90°$, im oberen Frequenzbereich strebt er gegen den Wert null (Bild 6.16).

Die Ortskurve verläuft im Abstand von K_P parallel zur imaginären Achse im IV Quadranten der komplexen Ebene (Bild 6.17). Sie beginnt bei niedrigen Frequenzen im Unendlichen und nähert sich der reellen Achse bei wachsenden Frequenzen.

6.4 Der proportional-differential wirkende Regler (PD-Regler)

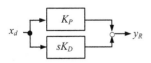

Bild 6.18: Symbol eines idealen PD-Reglers

Bei diesem Regler werden die Regeldifferenz und deren Ableitung, die Änderungsgeschwindigkeit, zur Bildung der Stellgröße herangezogen. Deshalb wird schon bei einer langsamen Änderung der Regeldifferenz eine Reaktion des Reglers ausgelöst. Die Reglergleichung lässt sich durch eine Parallelschaltung eines P- und D-Gliedes veranschaulichen. Die Kombination heißt **PD-Regler**.

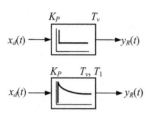

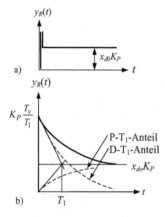

Bild 6.19: Symbol eines PD-Reglers und eines PD-T_1-Reglers

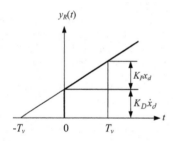

Bild 6.20: Sprungantwort eines
a) PD-Reglers und eines
b) PD-T_1-Reglers

$y_R(t)$

$K_P x_d$

$K_D \dot{x}_d$

$-T_v$ 0 T_v

Bild 6.21: Anstiegsantwort: PD-Regler

$y_R(t) = K_P x_d(t) + K_D \dot{x}_d(t)$ oder anders geschrieben:

$$y_R(t) = K_P\left[x_d(t) + T_v \dot{x}_d(t)\right] \qquad (6.19)$$

Die Sprungantwort weist auf ein „ideales" Verhalten dieser „Reglerkonstruktion" hin, das so aber nicht realisierbar ist (Bild 6.20a):

$$y_R(t) = x_{d0} K_P\left[1 + T_v \delta(t)\right] \qquad (6.20)$$

Bei einem aus realen Bauelementen zusammengesetzten Regler tritt mindestens eine Verzögerung erster Ordnung auf, die bei der mathematischen Beschreibung des Zeitverhaltens berücksichtigt werden muss. Man spricht deshalb auch vom **realen PD-Regler** oder von einem **PD-T_1-Regler**:

$$T_1 \dot{y}_R(t) + y_R(t) = K_P\left[x_d(t) + T_v \dot{x}_d(t)\right] \qquad (6.21)$$

Die Reaktion des PD-T_1-Reglers auf eine sprungförmige Eingangsgröße zeigt jetzt einen von der Zeitkonstanten T_1 geprägten Impulses:

$$y_R(t) = x_{d0} K_P\left[1 - \left(1 - \frac{T_v}{T_1}\right)e^{-t/T_1}\right] \qquad (6.22)$$

Er setzt sich zusammen aus den beiden Komponenten

$y_{RD}(t) = K_P \dfrac{T_v}{T_1} e^{-t/T_1}$ für den D-T_1-Anteil und sorgt damit

für eine überproportionale Änderung der Stellgröße sowie $y_{RP} = K_P\left(1 - e^{-t/T_1}\right)$ für den P-T_1-Anteil. Bei konstant verlaufender Eingangsgröße verschwindet die D-Komponente, der Regler verhält sich wie ein P-Regler (Bild 6.20b). Die Kennwerte des PD-Reglers sind der Proportionalitätsbeiwert K_P und die Vorhaltzeit T_v. Man benutzt die Anstiegsantwort, um die Einstellwerte zu interpretieren. Für eine Eingangsgröße $x_d(t) = at$ zeigt der Regler als Reaktion nach (6.19):

$$y_R(t) = aK_P\left[t + T_v\right] = aK_P t + aK_D = K_P x_d + K_D \dot{x}_d \quad (6.23)$$

Infolge des D-Verhaltens des Reglers ändert sich die Stellgröße sprunghaft um einen vom Anstieg a abhängigen Wert. Wächst die Regeldifferenz weiter gleichmäßig an, wird auch die Stellgröße fortlaufend im gleichen Sinne verändert. Insgesamt ergibt sich ein Stellgrößenverlauf, wie es ein P-Regler mit einem um die Vorhaltzeit T_v vorverlegten Wirkungsbeginn tun würde.

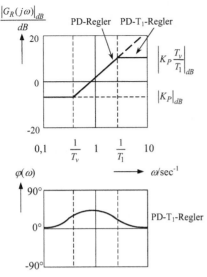

Bild 6.22: BODE-Diagramm eines PD-Reglers und eines PD-T_1-Reglers ($T_v > T_1$).

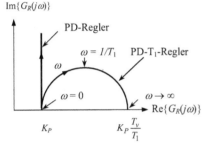

Bild 6.23: Ortskurve eines PD-Reglers und eines PD-T_1-Reglers ($T_v > T_1$).

ω	Re	Im
0	K_P	0
$1/T_1$	$\dfrac{K_P}{2}\left[1+\dfrac{T_v}{T_1}\right]$	$\dfrac{K_P}{2}\left[\dfrac{T_v}{T_1}-1\right]$
∞	$K_P\dfrac{T_v}{T_1}$	0

Tabelle 6.2: Zur Konstruktion der Ortskurve eines realen PD-Reglers

Die Übertragungsfunktionen der beiden Reglertypen lauten:

$$G_{RPD}(s) = K_P(1 + sT_v) \quad \text{und}$$

$$G_{RPDT_1}(s) = K_P\frac{1 + sT_v}{1 + sT_1} \qquad (6.24a, b)$$

Für die Frequenzgänge erhält man:

$$G_{RPD}(j\omega) = K_P(1 + j\omega T_v) \quad \text{und}$$

$$G_{RPDT_1}(j\omega) = K_P\frac{1 + j\omega T_v}{1 + j\omega T_1} \qquad (6.25a, b)$$

Aufgetrennt nach Real- und Imaginärteil werden:

$$\text{Re}\left\{G_{RPDT_1}(j\omega)\right\} = K_P\frac{1 + \omega^2 T_1 T_v}{1 + (\omega T_1)^2} \quad \text{und}$$

$$\text{Im}\left\{G_{RPDT_1}(j\omega)\right\} = K_P\frac{\omega(T_v - T_1)}{1 + (\omega T_1)^2} \qquad (6.26a, b)$$

Für die Konstruktion der Ortskurve wird die Tabelle 6.2 angelegt.

Die Frequenzkennlinien errechnen sich zu:

$$|G_R(j\omega)|_{dB} = |K_P|_{dB} + 20\log\sqrt{1 + (\omega T_v)^2}$$
$$- 20\log\sqrt{1 + (\omega T_1)^2} \quad \text{und}$$

$$\varphi(\omega) = \arctan(\omega T_v) - \arctan(\omega T_1) \qquad (6.27a, b)$$

Die Amplitudenkennlinie (Bild 6.22) hat bei niedrigen Frequenzen, bei nur langsam veränderlicher Eingangsgröße, wie ein P-Regler eine konstante Verstärkung. Bei steigenden Frequenzen wächst auch wegen des D-Anteils die Verstärkung an, diese pendelt sich aber wieder auf einen konstanten Wert ein. Der Phasenverlauf beginnt im unteren Frequenzbereich bei $\varphi(\omega) = 0°$, steigt bei wachsenden Frequenzen auf einen positiven Wert an und geht danach mit zunehmender Frequenz wieder zurück auf den Wert null.

Die Ortskurve des PD-Reglers verläuft im Abstand von K_P parallel zur imaginären Achse im 1. Quadranten der $G(j\omega)$-Ebene. Durch die Zeitkonstante T_1 des PD-T_1-Reglers erfährt die Ortskurve eine Krümmung. Je höher der Wert von T_1 ist, desto stärker tritt sie in Erscheinung. Als Ortskurve entsteht ein Halbkreis im 1. Quadranten mit Mittelpunkt auf der reellen Achse (Bild 6.23).

Der D-Anteil reagiert besonders kräftig bei schnellen Änderungen der Regeldifferenz, die z. B. bei großen äußeren Störungen auftreten können, und trägt damit zu einer schnelleren Stabilisierung des Regelkreises bei sich ändernden Umgebungsbedingungen bei. Er kann jedoch zu einer problematischen Verstärkung verrauschter Signale beitragen. Deshalb ist häufig eine starke Verringerung des D-Anteils notwendig.

Vergleicht man die beiden Sprungantworten vom P-Regler (Bild 6.3) und PD-T_1-Regler (Bild 6.20), erkennt man den großen Unterschied zwischen den beiden Antwortfunktionen. Der PD-T_1-Regler leitet eine viel größere Veränderung der Stellgröße ein als der P-Regler. Deshalb bezeichnet man den PD-T_1-Regler gegenüber dem P-Regler auch als *schnellen Regler*.

6.5 Der ideale PID-Regler

Aus der Grundform I für P-Verhalten, II für D-Verhalten und III für I-Verhalten lässt sich ein mit „ideal" bezeichneter *PID-Regler* aufbauen. Die Parallelschaltung (Bild 6.24) der drei Funktionsblöcke ergibt mit

$$G_R(s) = \frac{Y_R(s)}{X_d(s)} = K_P + \frac{K_I}{s} + K_D s \tag{6.28}$$

eine Übertragungsfunktion, deren Zählergrad größer als der Nennergrad und damit technisch nicht realisierbar ist.

> Trotzdem kann bei praktischen Anwendungen mit dieser Idealform der PID-Übertragungsfunktion gerechnet werden, um möglicherweise Rechenwege abzukürzen, ohne dabei wesentlich auf Genauigkeit bei den Ergebnissen verzichten zu müssen.

Durch Rücktransformation von (6.28) in den Zeitbereich erhält man die Gleichung eines ideal angenommenen PID-Reglers mit Ausgangsgröße $y_R(t)$ und Eingangsgröße $x_d(t)$:

$$y_R(t) = K_P x_d(t) + K_I \int x_d(t) + K_D \dot{x}_d(t) \tag{6.29}$$

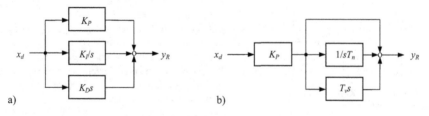

Bild 6.24: Varianten eines idealen PID-Reglers
a)   Zur Bildung der Übertragungsfunktion (6.28)
b)   Zur Bildung der Übertragungsfunktion (6.31)

Benutzt man die beiden Parameter *Nachstellzeit* T_n und *Vorhaltzeit* T_v,

$$T_n = \frac{K_P}{K_I} \quad \text{und} \quad T_V = \frac{K_D}{K_P}, \tag{6.30 a, b}$$

und setzt sie in die Übertragungsfunktion (6.28) ein, ergibt sich eine modifizierte Form (Bild 6.24 b):

$$G_R(s) = \frac{y_R(s)}{x_d(s)} = K_P \left[1 + \frac{1}{sT_n} + sT_v \right] \tag{6.31}$$

Innerhalb bestimmter Wertebereiche sind die drei Parameter K_P, T_n und T_v frei wählbar: Man bezeichnet sie deshalb auch mit *Einstellwerte eines Reglers*. Durch eine geeignete Wahl der Werte für diese Größen lässt sich das Zeitverhalten des Reglers an das der Regelstrecke anpassen, um ein gewünschtes Regelverhalten zu erzielen.

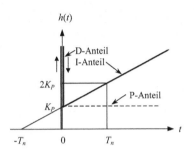

Bild 6.25: Übergangsfunktion eines idealen PID-Reglers

Die Übergangsfunktion des idealen Reglers ergibt sich aus (6.31):

$$h(t) = K_P \left[1 + \frac{t}{T_n} + T_v \delta(t) \right] \tag{6.32}$$

Auch der in dieser Gleichung auftauchende **DIRAC**-Stoß $\delta(t)$ weist auf die ideal angenommenen Verhältnisse des Reglers hin, die im Bild 6.25 dargestellt sind. Die Übergangsfunktion kann in drei Funktionsanteile gegliedert werde:

- P-Anteil: $h_P(t) = K_P$, $t > 0$
- D-Anteil: $h_D(t) = K_P T_v \delta(t) = K_D \delta(t)$ für $t = 0$
- I-Anteil: $h_I(t) = K_P t / T_n = K_I t$

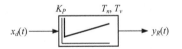

Bild 6.26: Symbol eines idealen PID-Reglers

Beim Auftreten des Eingangssprungs $x_d = \sigma(t)$ tritt zunächst der D-Anteil auf, der entsprechend seiner Definition für $t > 0$ wieder verschwindet. Für $t > 0$ überlagert sich danach der I-Anteil dem P-Anteil, was zu der typischen Anstiegsfunktion führt. Der Verlauf der Übergangsfunktion wird auch zur symbolischen Charakterisierung des idealen PID-Reglers benutzt (Bild 6.26).

Die Übertragungsfunktion

$$G_R(s) = K_P \frac{1 + sT_n + s^2 T_n T_v}{sT_n} \tag{6.33}$$

besitzt mit $s_P = 0$ einen Pol im Ursprung der s-Ebene. Die beiden Nullstellen

$$s_{N1/2} = -\frac{1}{2T_v} \left[1 \mp \sqrt{\frac{T_n - 4T_v}{T_n}} \right] \tag{6.34a, b}$$

sind unter der Bedingung $T_n > 4T_v$ reell. Der Frequenzgang

$$G_R(j\omega) = K_P\left[1 + \frac{1}{j\omega T_n} + j\omega T_v\right]$$ (6.35)

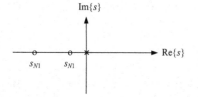

hat den Real- und Imaginärteil

$$\text{Re}\{G_R(j\omega)\} = K_P \text{ und}$$

$$\text{Im}\{G_R(j\omega)\} = -K_P\frac{1 - \omega^2 T_n T_v}{\omega T_n}.$$ (6.36a, b)

Bild 6.27: Pol-, Nullstellenverteilung der Übertragungsfunktion eines idealen PID-Reglers

Die Ortskurve verläuft im Abstand von K_P parallel zu imaginären Achse (Bild 6.28).

Zur Konstruktion des **BODE**-Diagrammes wird der Zähler in der Übertragungsfunktion in Linearfaktoren zerlegt. Für die Nullstellen werden dabei die Ab-kürzungen $s_{N1} = -1/T_1$ und $s_{N2} = -1/T_2$ verwendet. Unter diesen Voraussetzungen ergibt die Übertragungsfunktion (6.33):

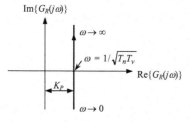

Bild 6.28: Ortskurve eines idealen PID-Reglers

$$\begin{aligned}
G_R(j\omega) &= K_P\frac{T_n T_v(s - s_{N1})(s - s_{N2})}{sT_n} \\
&= K_P\frac{T_n T_v(sT_1 + 1)(sT_2 + 1)}{sT_n T_1 T_2} \\
&= K_P\frac{T_n T_v(s^2 T_1 T_2 + s(T_1 + T_2) + 1)}{sT_n T_1 T_2} \\
&= K_P\frac{(1 + sT_1)(1 + sT_2)}{sT_n}
\end{aligned}$$ (6.37)

Ein Koeffizientenvergleich mit der Ausgangsgleichung (6.33) liefert:

$$T_n T_v = T_1 T_2 \text{ und } T_n = T_1 + T_2$$ (6.38a, b)

Hieraus folgen die Einstellwerte:

$$T_n = T_1 + T_2 \text{ und } T_v = \frac{T_1 T_2}{T_1 + T_2}$$ (6.39a, b)

Sind also die Einstellwerte K_P, T_n und T_v gegeben, lassen sich über die Gleichungen (6.34a, b) die Nullstellen und damit auch die Zeitkonstanten $T_1 = -1/s_{N1}$ und $T_2 = -1/s_{N2}$ berechnen, die im **BODE**-Diagramm benötigt werden. Die Umkehrung erfolgt bei bekannten T_1 und T_2 über (6.39a, b).

Der Frequenzgang des idealen PID-Reglers lässt sich aus der Übertragungsfunktion in der Form nach (6.37) ableiten:

$$G_R(j\omega) = K_P \frac{(1+j\omega T_1)(1+j\omega T_2)}{j\omega T_n} = K_P \frac{(1+j\omega T_1)(1+j\omega T_2)}{j\omega(T_1+T_2)} \qquad (6.40)$$

Die Amplituden- und Phasenkennlinie berechnen sich hieraus zu:

$$\left|G_R(j\omega)\right|_{dB} = 20\log K_P + 20\log\sqrt{1+(\omega T_1)^2} + 20\log\sqrt{1+(\omega T_2)^2} - 20\log(\omega(T_1+T_2)) \;\; \text{und}$$

$$\varphi(\omega) = -\pi/2 + \arctan(\omega T_1) + \arctan(\omega T_2) \qquad (6.41\text{a, b})$$

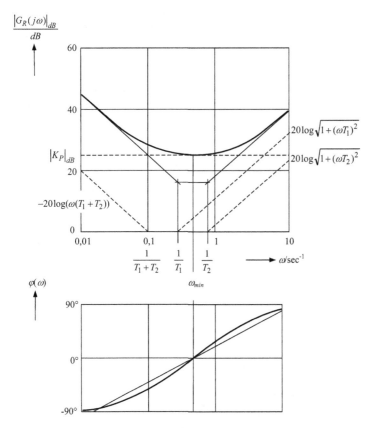

Bild 6.29: BODE-Diagramm eines idealen PID-Reglers $(T_n > T_1 > T_2)$

Die Amplitudenkennlinie hat bei der Frequenz $\omega = 1/\sqrt{T_n T_v} = 1/\sqrt{T_1 T_2} = \omega_{\min}$ eine minimale Verstär-
kung von $\left|G_R(j\omega_{\min})\right|_{dB} = \left|K_P\right|_{dB}$. Unterhalb und oberhalb von dieser Frequenz steigt die Verstärkung
des Reglers stark an. Für $\omega \to 0$ und für $\omega \to \infty$ ergibt sich theoretisch sogar eine unendlich große
Verstärkung. Die Phasenkennlinie beginnt für niedrige Frequenzen bei $\varphi(\omega) \to$ -90°. Bei $\omega_{\min}$ hat sie
den Wert $\varphi(\omega_{\min}) = 0°$. Bei höheren Frequenzen wechselt der Winkel in den positiven Bereich und
strebt für $\omega \to \infty$ gegen 90°. Der PID-Regler ist von den Standard-Reglern der anpassungsfähigste. Er
ist schnell wegen des P- und D-Anteils und regelt mit dem I-Anteil Regeldifferenzen aus.

6.6 Der reale proportional-integral-differential wirkende Regler (PID-T$_1$-Regler)

Diese Reglerkombination lässt sich als Parallelschaltung von P-, I- und DT$_1$-Glieder auffassen. Die Übertragungsfunktion der gesamten Anordnung ergibt sich dann durch Addition der Teilübertragungsfunktionen:

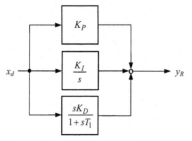

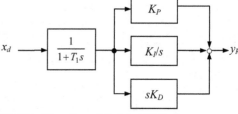

Bild 6.30: Modell eines realen PID-Reglers   **Bild 6.31:** Alternativmodell eines PID-Reglers

Nach Bild 6.27 ist:

$$G_R(s) = \frac{y_R(s)}{x_d(s)} = K_P + \frac{K_I}{s} + \frac{K_D s}{1 + sT_1}$$

$$= K_P\left[1 + \frac{1}{sT_n} + sT_v\frac{1}{1 + sT_1}\right]$$

$$= K_P\frac{1 + s(T_1 + T_n) + s^2 T_n(T_1 + T_v)}{sT_n(1 + sT_1)} \tag{6.42}$$

Formt man die Übertragungsfunktion um und ordnet die Eingangsseite nach Funktionstypen, erhält man die Reglergleichung in der Gestalt einer Bildfunktion:

$$y_R(s) + sT_1 y_R(s) = K_P\left[\underbrace{\frac{T_1 + T_n}{T_n}x_d(s)}_{P-Teil} + \underbrace{\frac{1}{sT_n}x_d(s)}_{I-Teil} + \underbrace{s(T_1 + T_v)x_d(s)}_{D-Teil}\right] \tag{6.43}$$

Durch Rücktransformation in den Zeitbereich folgt hieraus die Differentialgleichung des *realen* **PID-Reglers, der PID-T$_1$-Regler**:

$$T_1\dot{y}_R(t) + y(t) = K_P\left[\underbrace{\frac{T_1 + T_n}{T_n}x_d(t)}_{P-Teil} + \underbrace{\frac{1}{T_n}\int x_d(t)dt}_{I-Teil} + \underbrace{(T_1 + T_v)\dot{x}_d(t)}_{D-Teil}\right] \tag{6.44}$$

$$y_{RP}(s) = K_P x_{d0}\left(1 + \frac{T_1}{T_n}\right)\frac{1}{s(1 + sT_1)} \quad \Rightarrow \quad y_{RP}(t) = K_P x_{d0}\left(1 + \frac{T_1}{T_n}\right)(1 - e^{-t/T_1}) \qquad (6.45a, b)$$

$$y_{RI}(s) = K_P x_{d0}\frac{1}{T_n}\frac{1}{s^2(1 + sT_1)} \quad \Rightarrow \quad y_{RI}(t) = K_P x_{d0}\left(\frac{t}{T_n} - \frac{T_1}{T_n}(1 - e^{-t/T_1})\right) \qquad (6.46a, b)$$

$$y_{RD}(s) = K_P x_{d0}(T_1 + T_v)\frac{1}{1 + sT_1} \quad \Rightarrow \quad y_{RD}(t) = K_P x_{d0}\left(1 + \frac{T_v}{T_1}\right)e^{-t/T_1} \qquad (6.47a, b)$$

Werden die einzelnen Zeitfunktionen addiert, erhält man die Sprungantwort des realen PID-Reglers:

$$y(t) = K_P x_{d0}\left[1 + \frac{t}{T_n} + \frac{T_v}{T_1}e^{-t/T_1}\right] \qquad (6.48)$$

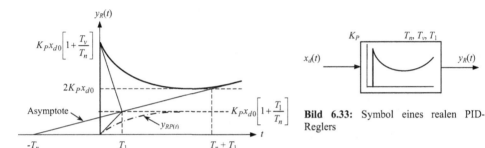

Bild 6.33: Symbol eines realen PID-Reglers

Bild 6.32: Sprungantwort eines realen PID-Reglers

In Bild 6.32 ist die Sprungantwort dargestellt. Ändert sich die Regeldifferenz um einen bestimmten Betrag, dann berechnet der Regler zunächst eine Stellgröße, die größer ausfällt, als dies ein reiner P-Regler tun würde. Anschließend verringert sich der D-Einfluss, der P-Teil tritt stärker in Erscheinung. Ist der Wert der Regeldifferenz immer noch ungleich null, sorgt der I-Anteil dafür, dass die Stellgröße wieder ansteigt. Erst dann, wenn beispielsweise die Regeldifferenz in einem geschlossenen Regelkreis zu null geworden ist, verharrt die vom Regler berechnete Stellgröße auf ihrem momentanen Wert.

> Der PID-Regler vereint damit die Eigenschaften des PD-Reglers mit denen des I-Reglers. Durch den D-Anteil ist er reaktionsfreudiger als es der reine P-Regler ohnehin schon ist, der I-Anteil verhindert aber auch den Nachteil des PD-Reglers bezüglich einer stationären Regeldifferenz.

Der Frequenzgang des realen PID-Reglers folgt aus der Übertragungsfunktion (6.42), wobei es ausreichend ist, drei markante Parameterwerte zu betrachten:

$$
\begin{aligned}
G_R(j\omega) &= K_P\frac{1 - \omega^2 T_n(T_1 + T_v) + j\omega(T_1 + T_n)}{j\omega T_n(1 + j\omega T_1)} \\
&= K_P\frac{1 + \omega^2 T_1(T_1 + T_v)}{1 + \omega^2 T_1^2} - jK_P\frac{1 + \omega^2(T_1^2 - T_n T_v)}{\omega T_n(1 + \omega^2 T_1^2)}
\end{aligned} \qquad (6.49)
$$

Die Konstruktion der Ortskurve erfolgt mit Hilfe der folgenden Tabellenwerte:

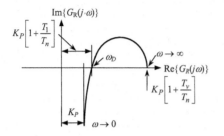

ω	$\text{Re}\{G_R(j\omega)\}$	$\text{Im}\{G_R(j\omega)\}$
0	K_P	$-\infty$
$\omega_D = \dfrac{1}{\sqrt{T_n T_v - T_1^2}}$	$K_P\left[1+\dfrac{T_1}{T_n}\right]$	0
∞	$K_P\left[1+\dfrac{T_v}{T_1}\right]$	0

Bild 6.34: Ortskurve eines realen PID-Reglers

Tabelle 6.3: Zur Konstruktion der Ortskurve eines PID-T$_1$-Reglers

Die Frequenzkennlinien entstehen aus der Linearform der Übertragungsfunktion (6.42). Die hierfür notwendigen Zählernullstellen können leicht berechnet werden:

$$s_{1/2} = -\frac{(T_1 + T_n) \mp \sqrt{(T_1 + T_n)^2 - 4T_n(T_1 + T_v)}}{2T_n(T_1 + T_v)} = -\frac{1}{T_{1/2}^*} \tag{6.50}$$

Um reelle Nullstellen zu gewährleisten, muss die Bedingung $(T_1 - T_n)^2 \geq 4T_n T_v$ eingehalten werden. Mit den beiden Ersatzzeitkonstanten $T_{1/2}^* = -1/s_{1/2}$, den reziproken Zählernullstellen von (6.42), erhält man die Linearform der Übertragungsfunktion:

$$G_R(s) = K_P \frac{(1 + sT_1^*)(1 + sT_2^*)}{sT_n(1 + sT_1)} \tag{6.51}$$

Hieraus folgt für den Frequenzgang:

$$G_R(j\omega) = K_P \frac{(1 + j\omega T_1^*)(1 + j\omega T_2^*)}{j\omega T_n(1 + j\omega T_1)} \tag{6.52}$$

Für die Amplituden- und Phasenkennlinie ergeben sich:

$$\left|G_R(j\omega)\right|_{dB} = \left|K_P\right|_{dB} + 20\log\sqrt{1+(\omega T_1^*)^2} + 20\log\sqrt{1+(\omega T_2^*)^2} - \left|\omega T_n\right|_{dB} - 20\log\sqrt{1+(\omega T_1)^2} \text{ und}$$

$$\varphi(\omega) = \arctan(\omega T_1^*) + \arctan(\omega T_2^*) - \arctan(\omega T_1) - \pi/2 \tag{6.53a, b}$$

Einen Zusammenhang zwischen den Rechengrößen T_1^* und T_2^* mit den Reglerkennwerten T_n und T_v sowie der Zeitkonstanten T_1 findet man aus einem Koeffizientenvergleich der beiden Zähler von (6.42) und (6.51):

$$1 + s(T_1 + T_n) + s^2 T_n(T_1 + T_v) = 1 + s(T_1^* + T_2^*) + s^2(T_1^* T_2^*) \tag{6.54}$$

$$T_1 + T_n = T_1^* + T_2^* \quad \text{und} \quad (T_1 + T_v)T_n = T_1^* T_2^* \tag{6.55a, b}$$

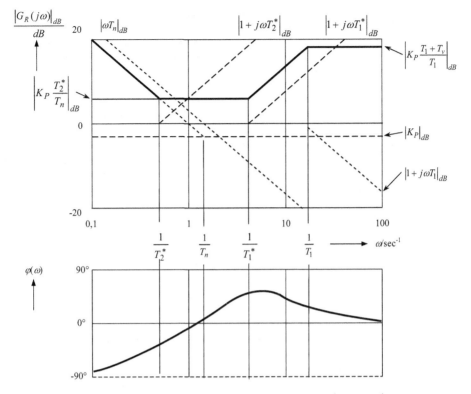

Bild 6.35: BODE-Diagramm eines realen PID-Reglers mit den Annahmen: $T_2^* > T_n > T_1^* > T_1$

Die Amplitudenkennlinie (Bild 6.35) zeigt im unteren Frequenzbereich ein deutliches PI-Verhalten, im oberen dagegen PD-T_1-Verhalten. Die Phasenkennlinie beginnt bei niedrigen Frequenzen wie beim PI-Regler mit einer Phasennacheilung von $\varphi(\omega) = -90°$. Im mittleren Frequenzbereich, der durch die Zeitkonstanten bestimmt wird, wechselt die Phasenkennlinie in den positiven Bereich, geht dann aber bei weiter wachsenden Frequenzen auf den stationären Wert null zurück.

6.7 Beispiele

6.1 Bei einer ausgefeilteren Modellbildung eines realen PD-Reglers, einem PD-T_2-Regler, sieht man im Ansatz für die Übertragungsfunktion eine Verzögerung zweiter Ordnung vor. Der Verlauf der Ortskurve ist für diesen Fall zu untersuchen.

Die Übertragungsfunktion sei wegen der Verzögerung zweiter Ordnung:

$$G_R(s) = \frac{y_R(s)}{x_d(s)} = K_P \frac{1 + sT_v}{1 + sT_1 + s^2 T_2^2}$$

Wenn man Zähler und Nenner jeweils „übers Kreuz" multipliziert und zurücktransformiert, erhält man die Differentialgleichung:

$$y_R(t) + T_1 \dot{y}_R(t) + T_2^2 \ddot{y}_R(t) = K_P \left[x_d(t) + T_v \dot{x}_d(t) \right]$$

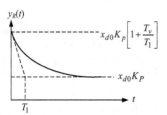

Der Frequenzgang hat die Form:

$$G_R(j\omega) = K_P \frac{(1-\omega^2 T_2^2) + \omega^2 T_1 T_v + j\left[\omega T_v(1-\omega^2 T_2^2) - \omega T_1\right]}{(1-\omega^2 T_2^2)^2 + \omega^2 T_1^2}$$

Für die Skizze der Ortskurve (Bild 6.36) wird eine Tabelle erstellt:

ω	Re$\{G_R(j\omega)\}$	Im$\{G_R(j\omega)\}$
0	K_P	0
$\dfrac{1}{T_2}\sqrt{1-\dfrac{T_1}{T_v}}$	$K_P \dfrac{T_v}{T_1}$	0
∞	0	0

Bild 6.36: Ortskurve eines PD-T$_2$-Reglers

Tabelle 6.4: Zur Konstruktion der Ortskurve eines PD-T$_2$-Reglers

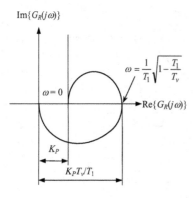

Bild 6.37: Modell eines realen PD-Reglers

6.2 Das nebenstehende Bild 6.37 zeigt eine weitere Möglichkeit, einen realen PD-Regler zu modellieren. Das Zeitverhalten ist zu bestimmen.

Die Übertragungsfunktion lautet:

$$y_R(s) = K_P \frac{1+s(T_1+T_v)}{1+sT_1}$$

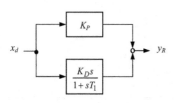

Bild 6.38: Sprungantwort eines realen PD-Reglers

Die Differentialgleichung erhält man durch Transformation in den Zeitbereich:

$$T_1 \dot{y}_R(t) + y_R(t) = K_P\left[x_d(t) + (T_1 + T_v)\dot{x}_d(t)\right]$$

Die Sprungantwort (Bild 6.38) berechnet sich hieraus zu:

$$y_R(t) = \underbrace{x_{d0}K_P\left[1-e^{-\frac{t}{T_1}}\right]}_{P-Teil} + \underbrace{x_{d0}K_P\left[1+\frac{T_v}{T_1}\right]e^{-\frac{t}{T_1}}}_{D-Teil}$$

$$= x_{d0}K_P\left[1+\frac{T_v}{T_1}e^{-\frac{t}{T_1}}\right]$$

6.3 Die Sprungantworten eines PD-T$_2$-Reglers mit der Übertragungsfunktion

$$G_R(s) = \frac{y_R(s)}{x_d(s)} = K_P \frac{1+sT_v}{1+5s+6s^2}$$

ist für verschiedene Einstellungen von T_v zu berechnen.

Durch eine Partialbruchzerlegung und Rücktransformation in den Zeitbereich erhält man:

$$y_R(s) = \frac{x_{d0}}{s} K_P \frac{1 + sT_v}{(1+2s)(1+3s)} = \frac{x_{d0}}{s} K_P \frac{1}{(1+2s)(1+3s)} + x_{d0} K_P \frac{T_v}{(1+2s)(1+3s)}$$

$$= x_{d0} K_P \left[\frac{1}{s} + \frac{4}{1+2s} - \frac{9}{1+3s} + T_v \left(\frac{3}{1+3s} - \frac{2}{1+2s} \right) \right]$$

$$y_R(t) = 1 + 2e^{-t/2} - 3e^{-t/3} - T_v \left[e^{-t/2} - e^{-t/3} \right]$$

Nach dem Anfangs- und Endwertsatz (siehe Tabelle 3.2, Seite 32) ergeben sich:

$$y_R(0) = \lim_{s \to \infty} s y_R(s) = 0 \quad \text{und} \quad y_R(\infty) = \lim_{s \to 0} s y_R(s) = K_P x_{d0}$$

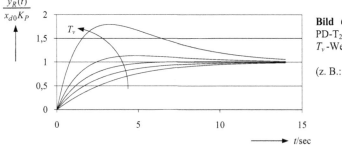

Bild 6.39: Sprungantworten eines PD-T$_2$-Reglers bei steigenden T_v-Werten

(z. B.: T_v/sec = 1,5; 2,5; 3,5; 5; 10)

6.4 Die Frequenzkennlinien eines PID-T$_1$-Reglers sind zu konstruieren. Folgende Daten sind gegeben:

$T_1 = 0,5$ sec; $T_v = 2$ sec; $T_n = 14$ sec; $K_P = 5$

Die Übertragungsfunktion nach (6.42) lautet:

$$G_R(s) = K_P \frac{1 + s(T_1 + T_n) + s^2 T_n (T_1 + T_v)}{s T_n (1 + s T_1)} = 5 \frac{1 + 14,5s + 35s^2}{14s(1 + 0,5s)}$$

Die Berechnung der Zählernullstellen erfolgt nach (6.50). Sie lauten:

$$s_{1/2} = -\frac{(T_1 + T_n) \mp \sqrt{(T_1 + T_n)^2 - 4 T_n (T_1 + T_v)}}{2 T_n (T_1 + T_v)} = -\frac{1}{T_{1/2}^*}$$

$$= -\frac{14,5 \mp \sqrt{14,5^2 - 4 \cdot 14 \cdot 2,5}}{2 \cdot 14 \cdot 2,5} \, sec^{-1} = \begin{cases} -0,087 \, sec^{-1} \\ -0,326 \, sec^{-1} \end{cases}$$

Damit können die Ersatzzeitkonstanten angegeben werden: $T_1^* = 11,44$ sec und $T_2^* = 3,04$ sec

Benutzt man die beiden Werte in der Gleichung für den Frequenzgang (6.52), erhält man:

$$G_R(j\omega) = K_P \frac{(1+j\omega T_1^*)(1+j\omega T_2^*)}{j\omega T_n(1+j\omega T_1)} = 5\frac{(1+j\omega\,11,44)(1+j\omega\,3,06)}{j\omega\,14\,(1+j\omega\,0,5)}$$

Die Kontrolle der Rechnung erfolgt nach (6.55a, b). Es muss gelten:

$$T_1 + T_n = (0,5+14)\ \text{sec} \cong T_1^* + T_2^* = (11.44+3,06)\ \text{sec}\ \text{und}$$
$$(T_1 + T_v)T_n = (0,5+2)14\ \text{sec}^2 \cong T_1^* \cdot T_2^* = 11,44 \cdot 3,06\ \text{sec}^2$$

Aus der Frequenzgangleichung lassen sich die Amplituden- und Phasenkennlinie entwickeln:

$$|G_R(j\omega)|_{dB} = |5|_{dB} + |1+j\omega 11,44|_{dB} + |1+j\omega 3,06|_{dB} - |\omega 14|_{dB} - |1+j\omega 0,5|_{dB}\ \text{und}$$

$$\varphi(\omega) = \arctan(\omega 11,44) + \arctan(\omega 3,06) - \arctan(\omega 0,5) - \pi/2$$

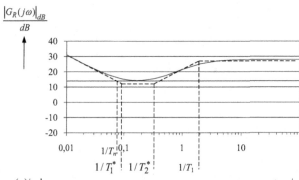

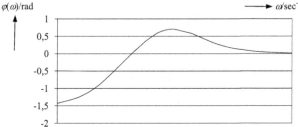

Bild 6.40: Frequenzkennlinien eines realen PID-Reglers nach Beispiel 6.4 mit $T_n = 14$ sec, $T_1^* = 11,44$ sec, $T_2^* = 3,06$ sec und $T_1 = 0,5$ sec.

Der P-Anteil hebt die Verstärkung insgesamt um $|K_P|_{dB} = |5|_{dB} = 13,98$ dB an. Die stationäre Verstärkung bei hohen Frequenzen beträgt:

$$\left|K_P \frac{T_1+T_v}{T_1}\right|_{dB} = |25|_{dB} = 27,96\ \text{dB}$$

6.8 Übungsaufgaben

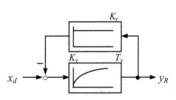

Bild 6.41: P-T₁-Regler

6.1 Leite die Reglercharakteristik des nebenstehenden Blockschaltbildes her:

$$G_R(s) = \frac{\dfrac{1}{1+sT_v}K_v}{1+K_vK_r\dfrac{1}{1+sT_v}} = \frac{K_v}{1+K_vK_r+sT_v}$$

$$= \frac{K_v}{1+K_vK_r}\cdot\frac{1}{(1+sT^*)}\ \ \text{mit}\ T^* = \frac{T_v}{1+K_vK_r}$$

Es ergibt sich ein P-T₁-Verhalten.

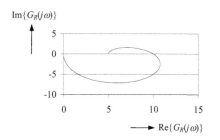

Bild 6.42: Ortskurve eines PID-T_2-Reglers (Aufg. 6.5)

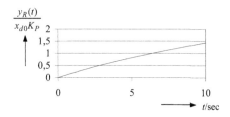

Bild 6.43: Sprungantwort eines PI-T_1-Reglers (Aufgabe 6.2d)

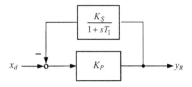

Bild 6.44: Blockschaltbild eines PD-T_1-Reglers (Aufgabe 6.3)

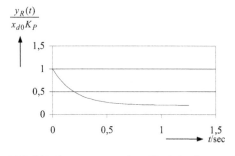

Bild 6.45: Sprungantwort eines PD-T_1-Reglers (Aufg. 6.3f mit $T_1 = 1$ sec, $K_S = 2$, $K_P = 2$, $T_1^* = 0{,}2$ sec)

6.2 Ein PI-T_1-Regler hat die Übertragungsfunktion

$$G_R(s) = \frac{y_R(s)}{x_d(s)} = K_P \frac{1 + sT_n}{sT_n(1 + sT_1)}$$

a) Wie lautet die Differentialgleichung des Reglers?
b) Wie lautet die Sprungantwort?
c) Wie lautet die Asymptote für $t \gg T_1$?
d) Die Sprungantwort ist für $T_n = 10$ sec und $T_1 = 5$ sec zu skizzieren!

Lsg.:

a) $T_1 \ddot{y}_R(t) + \dot{y}_R(t) = K_P \left[\dfrac{1}{T_n} x_d(t) + \dot{x}_d(t) \right]$

b) $y_R(t) = x_{d0} K_P \left[\dfrac{t}{T_n} + \left(1 - \dfrac{T_1}{T_n} \right)\left(1 - e^{-t/T_1} \right) \right]$

c) $y_{RA}(t) = x_{d0} K_P \left[1 + \dfrac{t - T_1}{T_n} \right]$ $\quad (t \gg T_1)$

d) Skizze: siehe Bild 6.43

6.3 Ein P-Regler erhält eine Rückführung. Im Rückführzweig liegt eine Verzögerung 1. Ordnung (Bild 6.44).
a) Wie lautet die Übertragungsfunktion der Anordnung?
b) Wie lautet die Differentialgleichung?
c) Welcher Reglertyp ist entstanden?
d) Berechne die Sprungantwort
e) Ermittle den Anfangs- und Endwert der Sprungantwort
f) Skizziere die Sprungantwort

Lsg.:

a) $G_R(s) = \dfrac{y_R(s)}{x_d(s)} = K_P \dfrac{1 + sT_1}{1 + K_P K_S + sT_1}$

b) $T_1 \dot{y}_R(t) + (1 + K_P K_S) y_R(t) =$
$= K_P [x_d(t) + T_1 \dot{x}_d(t)]$

c) PDT$_1$-Typ

d) $y_R(t) = \dfrac{K_P x_{d0}}{1 + K_P K_S} \left[1 + K_P K_S e^{-t/T_1^*} \right]$ mit

$T_1^* = \dfrac{T_1}{1 + K_P K_S}$

e) $y_R(0) = x_{d0} K_P$ und $y_R(\infty) = \dfrac{x_{d0}}{1 + K_P K_S} K_P$

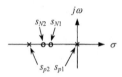

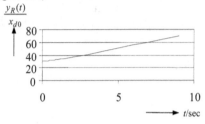

Bild 6.46: Pol- Nullstellenverteilung eines ausgewählten PID-T_1-Reglers in der s-Ebene (Aufgabe 6.4b)

Bild 6.47: Sprungantwort eines PID-T_1-Reglers (Aufgabe 6.4c)

6.4 Ein PID-T_1-Regler ist durch die folgende Übertragungsfunktion gegeben:

$$G_R(s) = \frac{y_R(s)}{x_d(s)} = 5\frac{1 + 7s + 12s^2}{s(1 + 2s)}$$

a) Man stelle $G_R(s)$ in einer Produktform dar
b) Die Pol-Nullstellenverteilung ist zu skizzieren
c) Die Sprungantwort ist zu berechnen und graphisch darzustellen

Lsg.: a) $G_R(s) = \dfrac{y_R(s)}{x_d(s)} = 5\dfrac{(1 + 4s)(1 + 3s)}{s(1 + 2s)}$

b) Pole: $s_{P1} = 0$ sec^{-1}, $s_{P2} = -1/2$ sec^{-1} und

Nullstellen: $s_{N1} = -1/4$ sec^{-1}, $s_{N2} = -1/3$ sec^{-1}

d) $y_R(t) = 5x_{d0}\left[5 + t + e^{-0,5t}\right]$

6.5 Es ist die Ortskurve des PD-T_2-Reglers aus dem Beispiel 6.2 zu skizzieren. Real- und Imaginärteil des Frequenzganges sind getrennt darzustellen. Folgende Daten sollen gelten: $T_1 = 1$ sec, $T_2 = 1$ sec, $K_P = 5$, $T_v = 2$ sec. Vgl. hierzu das Bild 6.42!

Lsg.: $\operatorname{Re}\{G_R(j\omega)\} = K_P\dfrac{(1 - \omega^2 T_2^2) + \omega^2 T_1 T_v}{(1 - \omega^2 T_2^2)^2 + \omega^2 T_1^2}$ und $\operatorname{Im}\{G_R(j\omega)\} = K_P\dfrac{\omega T_v(1 - \omega^2 T_2^2) + \omega T_1}{(1 - \omega^2 T_2^2)^2 + \omega^2 T_1^2}$

6.9 Zusammenfassung

Die Aufgabe eines Reglers besteht darin, eine Regelgröße laufend mit einem Sollwert zu vergleichen und beim Auftreten einer Abweichung eine Stellgröße zu berechnen, die so gerichtet ist, dass die Abweichung möglichst schnell verringert oder ganz beseitigt wird.

Da hier ein dynamischer Vorgang vorliegt, muss die Wirkungsweise eines Reglers auf die der Strecke abgestimmt sein, damit der Regelvorgang statisch und dynamisch in technologisch vorgegebenen Bahnen verläuft (vgl. Kapitel 8).Die Reglercharakteristik ist deshalb ein wichtiges Beurteilungs- und Anwendungskriterium für einen Regler, unabhängig von seiner technologischen Realisierung.

So reagiert der P-Regler auf eine sprungförmige Eingangsgrößenänderung mit einer unverzögert sprungförmig verlaufenden Antwortfunktion. Er ist vergleichbar mit einer P-Strecke. Diese hat aber im Unterschied zum P-Regler mit K_S eine fest vorgegebene Streckenverstärkung, während beim P-Regler die **Reglerverstärkung** K_P, ein Kennwert des Reglers, variabel gehalten ist. Das Übertragungsverhalten ist in beiden Fällen durch eine **algebraische Gleichung** festgelegt. Bei einer genaueren Modellierung der P-Charakteristik müsste man aber in der Modellgleichung eine Verzögerung erster Ordnung vorsehen. Das Übertragungsverhalten wird dann durch eine **Differentialgleichung erster Ordnung** beschrieben. Der P-Regler wird so zum P-T_1-Regler. Bei überschlägigen Rechnungen liefert aber der P-Algorithmus Ergebnisse mit ausreichender Genauigkeit.

Eine Beschleunigung des Reaktionsvermögens des P-Reglers kann durch Hinzunehmen eines D-Anteiles zum P-Algorithmus erfolgen. Die so entstehende theoretische PD-Form ist schneller als der P-Regler, weil er durch das Differenzieren einer veränderlichen Eingangsgröße des Reglers schon eine der Änderungsgeschwindigkeit proportionale Komponente zur Ausgangsgröße, der Stellgröße, liefert. Das bedeutet, bei schnellen Änderungen der Eingangsgröße liefert der D-Anteil einen großen Beitrag zur Stellgrößenverstellung. Die Gewichtung des D-Anteiles durch die **Vorhaltzeit** T_V, einem Kennwert des PD-Reglers, sollte nicht zu stark ausfallen. Problematisch können Signalstörungen sein, die auf die Eingangsgröße eingekoppelt werden, weil sie durch den D-Anteil verstärkt werden. Bei praktisch realisierten Proportional-Differential-Formen muss eine Verzögerung mindestens erster Ordnung im Modellansatz vorgesehen sein, was zum PD-T_1-Regler führt. Allgemein gilt: Ist die Eingangsgröße stationär, liefert der D-Anteil keinen Beitrag zur Stellgröße. Wirksam ist dann nur noch der P-Anteil in der Kombination. Ein Nachteil des P-Reglers ist eine bleibende Regeldifferenz, die in Verbindung mit P-T_n-Strecken auftritt.

Sie lässt sich durch Verwenden eines I-Reglers beseitigen. Seine Ausgangsgröße, die Stellgröße, wird so lange verändert, bis die Eingangsgröße, die Regeldifferenz, zu null geworden ist. Das Übertragungsverhalten wird wie bei I-Strecken durch ein Integral beschrieben. Ist die Eingangsgröße sprungförmig, verläuft die Ausgangsgröße rampenförmig. Deshalb spricht man hier auch von einem „langsamen" Regler. Kombiniert man den I-Regler mit einem P-Regler, gewinnt man beide Vorteile, reaktionsschnell und keine bleibende Regeldifferenz. Hier gilt aber auch, der reale PI-Regler ist ein PI-T_1-Regler.

Ein PID-Regler vereinigt alle Vorteile der einzelnen Komponenten. Er ist schnell und hat keine Probleme mit einer bleibenden Regeldifferenz. Über seine Kennwerte **Reglerbeiwert** K_P, **Nachstellzeit** T_n und **Vorhaltzeit** T_v lässt er sich weitgehend optimal an eine gegebene Strecke anpassen. In vielen Fällen ist es ausreichend, mit dem PID-Algorithmus zu rechnen, bei genaueren Untersuchungen muss man aber zu dem Algorithmus des PID-T_1-Reglers greifen, der das reale Verhalten des Reglers genauer beschreibt.

7 Der Regelkreis

Ein Regelkreis ist ein rückgekoppeltes System, das mindestens aus einer Regelstrecke, einem Regler, einem Soll- Ist-Vergleich und einer Rückführung besteht (vgl. Bild 7.2). Kennzeichnend für einen Regelkreis ist der geschlossene Wirkungskreis mit einer negativen Rückkopplung. Man bezeichnet Regelkreise auch als *Regelsysteme*, wenn mehrere Regelkreise ineinandergreifen.

Regelkreise werden in der Technik dort aufgebaut, wo das Verhalten der Regelstrecken vorgegebenen Anforderungen nicht genügen wie zum Beispiel das Einschwingverhalten der Ausgangsgröße einer Regelstrecke bei einer sprungförmigen Eingangsgröße. Außerdem sind die Parameter einer Regelstrecke durch die Konstruktion fest vorgegeben und können nachträglich kaum geändert werden. Der Regler wird daher so ausgewählt und auf die Streckenparameter abgestimmt, dass der Verlauf der Regelgröße den technologischen Anforderungen genügt (vgl. Kap 8). Hierbei achtet man sowohl auf das statische als auch auf das dynamische Verhalten des Regelkreises. Beim statischen Verhalten, wenn also alle zeitabhängigen Vorgänge abgeklungen sind, soll die Regelgröße möglichst dem Sollwert der Führungsgröße nahekommen oder mit ihm übereinstimmen (vgl. Abschnitt 7.3).

Um die Regelgröße als Funktion der Führungsgröße oder der Störgröße berechnen zu können, führen wir die im Bildbereich definierten **Führungsübertragungsfunktion** und die **Störübertragungsfunktion** (vgl. Abschnitt 7.2) ein. Die Führungsübertragungsfunktion beschreibt das Verhältnis von Regelgröße zu Führungsgröße bei konstanter Störgröße und die Störübertragungsfunktion das Verhältnis von Regelgröße zu Störgröße bei konstanter Führungsgröße. Aus beiden wird die *Regelkreisgleichung* zusammengefügt. Sie stellt den Zusammenhang zwischen den Eingangsgrößen Führungsgröße und Störgröße sowie der Ausgangsgröße Regelgröße her.

Das dynamische Verhalten des Regelkreises beschreibt die zeitabhängigen Vorgänge im System, insbesondere die Stabilität (vgl. Abschnitt 7.5). Voraussetzung ist ein mathematisches Modell der Regelstrecke und des Reglers, zum Beispiel ihre Übertragungsfunktionen. Als Kriterium zur Stabilitätsprüfung können das **HURWITZ**- und das **NYQUIST**-Kriterium benutzt werden (vgl. Abschnitt 7.5.1 und 7.5.2). Das **HURWITZ**-Kriterium ist ein numerisches Verfahren, das nur bei linearen oder linearisierten Systemen angewendet werden kann. Das **NYQUIST**-Kriterium ist universeller angelegt und benutzt die Ortskurve des aufgeschnittenen Regelkreises (vgl. Abschnitt 7.5.2.1.1) oder das **BODE**-Diagramm (vgl. Abschnitt 7.5.2.1.2). Ziel beider Verfahren ist die Auswahl der Reglerkennwerte Reglerverstärkung, Vorhaltzeit und Nachstellzeit, um ein vorgegebenes Verhalten des Regelkreises zu gewährleisten.

Im Abschnitt 7.3.6 wird die Methode der **Pol-Nullstellen-Kompensation** vorgestellt. Bei bestimmten Regler-Streckenkombinationen lassen sich die Führungs- und teilweise auch die Störübertragungsfunktion durch Wahl der Reglerkennwerte in ihrer Ordnung reduzieren sowie Kennwerte des Reglers festlegen.

7.1 Der Standard-Regelkreis

Eine Basis für die Beschreibung der Eigenschaften eines einschleifigen Regelkreises bildet eine Struktur nach Bild 7.1. Die Eingangsgrößen des Regelkreises sind der Führungsgröße $w(t)$ sowie die Störgrößen, die an jeder Stelle auf den Informationsfluss im Regelkreis einwirken können. Ersatzweise lassen sich die Störgrößen auf vier Einwirkungsorte konzentrieren: Störungen im Messkreis des Reglers wie $z_R(t)$ am Reglereingang und $z_F(t)$ am Messfühler, dann die Versorgungsstörgröße $z_V(t)$ am Streckeneingang und schließlich die Laststörgröße $z_L(t)$ am Streckenausgang.

Die Ausgangsgröße des Regelkreises ist die Regelgröße $x(t)$. Die Regeldifferenz $x_d(t)$ und die Reglerausgangsgröße $y_R(t)$ bilden interne Größen des Regelkreises. Alle diese Größen bezeichnen Abweichungen von einem entsprechend definierten Arbeitspunkt. Die Bildfunktionen $G_R(s)$ und $G_S(s)$ sind die Übertragungsfunktionen von Regler und Regelstrecke. Sie bestimmen das dynamische Verhalten des Regelkreises. Da diese beiden Funktionen im Bildbereich definiert sind, treten alle übrigen Größen im Blockbild auch als Bildfunktionen auf.

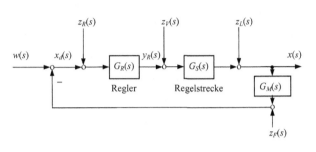

Bild 7.1: Standard-Regelkreis

Eingangsgrößen:
$w(s)$	Führungsgröße
$z_R(s)$	Störgröße am Reglereingang
$z_F(s)$	Störgröße auf den Fühler
$z_V(s)$	Versorgungsstörgröße
$z_L(s)$	Laststörgröße

Ausgangsgröße:
$x(s)$	Regelgröße

Interne Größen:
$y_R(s)$	Stellgröße
$x_d(s)$	Regeldifferenz
$G_R(s)$	Reglerübertragungsfunktion
$G_S(s)$	Streckenübertragungsfunktion
$G_M(s)$	Messkreisübertragungsfunktion

Oft ist es bei der theoretischen Untersuchung von Regelkreisen ausreichend, die Einflüsse von Störgrößen auf die internen Signale im Regelkreis an einem Ort zusammenzufassen und stellvertretend als Störgröße $z(t)$ am Streckeneingang konzentriert einwirken zu lassen. Damit ergibt sich ein vereinfachtes Blockbild eines *Standard-Regelkreises*:

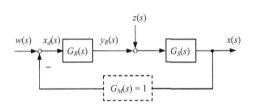

Bild 7.2: Standard-Regelkreis in vereinfachter Form

$w(s)$	Führungsgröße
$x_d(s)$	Regeldifferenz
$y_R(s)$	Stellgröße
$z(s)$	Störgröße
$x(s)$	Regelgröße
$G_R(s)$	Reglerübertragungsfunktion
$G_S(s)$	Streckenübertragungsfunktion
$G_M(s)$	Messkreisübertragungsfunktion

7.2 Die Regelkreisgleichung

Der Zusammenhang zwischen der Regelgröße, der Führungsgröße und den Störgrößen wird durch die *Regelkreisgleichung* hergestellt. Stützt man sich auf den Standard-Regelkreis nach Bild 7.2, dann wird unter Verwendung der internen Größe $y_R(s)$:

$$y_R(s) = G_R(s)x_d(s) = G_R(s)\big[w(s) - x(s)\big] \tag{7.1}$$

$$x(s) = G_S(s)y_S(s) = G_S(s)\big[y_R(s) + z(s)\big] \tag{7.2}$$

Eliminiert man die Hilfsgröße $y_R(s)$ aus den beiden Gleichungen, dann ergibt sich eine Beziehung zwischen den beiden Eingangsgrößen $w(s)$ und $z(s)$ sowie der Ausgangsgröße $x(s)$, die Regelkreisgleichung:

$$x(s) = \frac{G_R(s)G_S(s)}{1 + G_R(s)G_S(s)} w(s) + \frac{G_S(s)}{1 + G_R(s)G_S(s)} z(s) = G_w(s)w(s) + G_z(s)z(s) \tag{7.3}$$

Den anteiligen Einfluss einer Führungsgrößenänderung auf die Regelgröße bezeichnet man mit **Führungsverhalten**, entsprechend dem Anteil aufgrund einer Störgrößenänderung mit **Störverhalten**. Für eine getrennte Betrachtung der beiden Anteile wird die **Führungsübertragungsfunktion**:

$$G_w(s) = \left. \frac{x(s)}{w(s)} \right|_{z(s)=0} = \frac{G_R(s)G_S(s)}{1 + G_R(s)G_S(s)} \tag{7.4}$$

und die **Störübertragungsfunktion**

$$G_z(s) = \left. \frac{x(s)}{z(s)} \right|_{w(s)=0} = \frac{G_S(s)}{1 + G_R(s)G_S(s)} \tag{7.5}$$

definiert. Das Produkt der beiden Übertragungsfunktionen

$$G_0(s) = G_R(s)G_S(s) \tag{7.6}$$

nennt man auch **Übertragungsfunktion des offenen Kreises**, weil in dieser Situation wegen des geöffneten Rückführzweiges eine Kettenschaltung aus den Übertragungsfunktionen $G_R(s)$ und $G_S(s)$ vorliegt.

7.3 Das Führungs- und Störverhalten im Standard-Regelkreis

Das Übergangsverhalten der Regelgröße bei einer Änderung der Führungs- oder Störgröße hängt in starkem Maße von den Einstellwerten des Reglers ab. Für einige typische Regler-Streckenkombinationen soll diese Abhängigkeit dargestellt werden.

7.3.1 P-Regler und P-T$_1$-Strecke

P-Regler und P-T$_1$ Strecke haben die Übertragungsfunktionen:

$$G_R(s) = K_P \text{ und } G_S(s) = \frac{K_S}{1 + sT_1} \tag{7.7a, b}$$

In die Führungsübertragungsfunktion eingesetzt ergibt dies eine Funktion 1. Ordnung:

$$G_w(s) = \frac{x(s)}{w(s)} = \frac{K_P \dfrac{K_S}{1 + sT_1}}{1 + K_P \dfrac{K_S}{1 + sT_1}} = \frac{K_P K_S}{1 + K_P K_S + sT_1} \tag{7.8}$$

Nach einem Führungssprung mit $w(t) = w_0$, $t > 0$, wird die Regelgröße im Bildbereich:

$$x(s) = \frac{w_0}{s} \frac{K_P K_S}{1 + K_P K_S + sT_1} = \frac{w_0}{s} \frac{K_P K_S}{1 + K_P K_S} \frac{1}{1 + sT_1^*} \quad \text{mit Zeitkonstante } T_1^* = \frac{T_1}{1 + K_P K_S} \qquad (7.9a, b)$$

Da die Ersatzgröße des Regelkreises T_1^* bei $K_P > 0$ kleiner als die Streckenzeitkonstante T_1 ist, zeigt die Regelstrecke ein „langsameres" Sprungverhalten als der geschlossene Regelkreis. Durch Rücktransformation von $x(s)$ in den Zeitbereich erhält man die Führungssprungantwort:

$$x(t) = w_0 \frac{K_P K_S}{1 + K_P K_S} \left(1 - e^{-t/T_1^*}\right) \qquad (7.10)$$

Aus der Sprungantwort folgt der stationäre Wert:

$$x(\infty) = \lim_{t \to \infty} x(t) = w_0 \frac{K_P K_S}{1 + K_P K_S} \qquad (7.11)$$

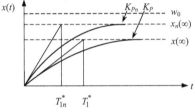

Bild 7.3: Einschwingvorgang eines Regelkreises aus P-Regler und P-T$_1$-Strecke bei zwei unterschiedlichen K_P-Werten, $K_P < K_{Pn}$

Die von der Reglerverstärkung K_P abhängige Regeldifferenz $x_d(\infty) = w - x(\infty) = w_0 / (1 + K_P K_S)$ lässt sich nur durch Vergrößern von K_P, z. B. $K_{Pn} > K_P$, verringern. Dadurch ändert sich aber auch das Sprungverhalten des Regelkreises. Wegen der kleiner gewordenen Zeitkonstante $T_{1n}^* = T_1 / (1 + K_{Pn} K_S) < T_1^*$ erfolgt der Anstieg der Regelgröße steiler und der stationäre Wert $x(\infty)_n = w_0 K_P K_S / (1 + K_{Pn} K_S)$ liegt näher bei der angestrebten Führungsgröße w_0 (Bild 7.3).

Das Störverhalten liefert ähnliche Ergebnisse wie das Führungsverhalten. Aus der Störübertragungsfunktion

$$G_z(s) = \frac{x(s)}{z(s)} = \frac{K_S \dfrac{1}{1 + sT_1}}{1 + K_P K_S \dfrac{1}{1 + sT_1}} = \frac{K_S}{1 + K_S K_P + sT_1} \qquad (7.12)$$

folgt mit $z(t) = z_0$, $t > 0$ und $T_1^* = T_1 / (1 + K_P K_S)$ die Regelgröße:

$$x(s) = z_0 \frac{K_S}{s(1 + K_P K_S)(1 + sT_1^*)} \qquad (7.13)$$

Nach Rücktransformation erhält man:

$$x(t) = z_0 \frac{K_S}{1 + K_P K_S} \left(1 - e^{-t/T_1^*}\right) \qquad (7.14)$$

Bis auf den fehlenden Faktor K_P stimmt diese Gleichung mit (7.10) überein. Auch die aus (7.14) abgeleitete stationäre Regeldifferenz $x_d(\infty)$ zeigt die in (7.11) festgestellte Abhängigkeit von der Reglerverstärkung K_P (Bild 7.7b).

7.3.2 P-Regler und P-T$_2$-Strecke

In diesem Falle lauten die Führungs- und Störübertragungsfunktion:

$$G_w(s) = \frac{K_P K_S}{1 + K_P K_S + s T_1 + s^2 T_2^2} \quad \text{und}$$

$$G_z(s) = \frac{K_S}{1 + K_P K_S + s T_1 + s^2 T_2^2} \tag{7.15a, b}$$

Bei Systemen 2. Ordnung kann die Dämpfungszahl D aus dem Nenner der Übertragungsfunktion abgelesen werden. Durch Umordnen erhält man zunächst für die **Streckenübertragungsfunktion**:

$$G_S(s) = \frac{x(s)}{y_S(s)} = \frac{K_S}{1 + s T_1 + s^2 T_2^2} = \frac{K_S}{T_2^2 \left[\dfrac{1}{T_2^2} + s \dfrac{T_1}{T_2^2} + s^2 \right]} \tag{7.16}$$

Hieraus folgen die Abklingkonstante $\delta = T_1 / 2 T_2^2$ und die Kreisfrequenz des ungedämpft gedacht schwingenden Systems $\omega_0 = 1 / T_2$. Die Dämpfungszahl ist definiert als Quotient der beiden Größen. Für die Strecke folgt danach:

$$D_{Strecke} = \frac{\delta}{\omega_0} = \frac{T_1}{2 T_2} \tag{7.17}$$

Auf dem gleichen Weg findet man auch die Dämpfungszahl D des geschlossenen Regelkreises. Hierbei wird allerdings unterschieden zwischen *Führungs-* und *Störungsdämpfung.* Sie geben jeweils Auskunft auf das dynamische Verhalten des Regelkreises, wenn die Führungsgrößen- oder die Störgröße geändert wird. Da in beiden Übertragungsfunktionen die Nenner übereinstimmen, erhält man auch gleiche Ergebnisse:

$$D = \frac{T_1}{2 T_2} \frac{1}{\sqrt{1 + K_P K_S}} = D_{Strecke} \frac{1}{\sqrt{1 + K_P K_S}} = f(K_P) \tag{7.18}$$

Demnach ist die Kreisdämpfung für $K_P > 0$ immer kleiner als die der ungeregelten Strecke. Das Schließen des Regelkreises führt zu einer „Entdämpfung" der Strecke, sie scheint labiler geworden zu sein. Eine Führungs- oder Störsprungantwort verläuft mit größeren Ausschlägen als dies die Sprungantwort der ungeregelten Strecke tun würde. Bestenfalls lässt sich über eine entsprechende Wahl der Reglerverstärkung K_P eine Kreisdämpfung $D < D_{Strecke}$ erreichen, was dann aber zur Einschränkung ihres Einstellbereiches führt:

$$0 < K_P < \frac{1}{K_S} \left[\left(\frac{D_{Strecke}}{D} \right)^2 - 1 \right] \tag{7.19}$$

Die bleibende Regeldifferenz ist im Führungsfalle $w_0 - x(\infty) = w_0 /(1 + K_P K_S) = x_d(\infty)$ und im Störungsfalle $x_2 - x_1 = z_0 K_S /(1 + K_P K_S)$ (vgl Bild 7.4). In beiden Fällen hängt sie von der Reglerverstärkung K_P ab.

7.3.3 I-Regler und P-T$_1$-Strecke

Ein I-Regler mit der Übertragungsfunktion $G_R(s) = K_I/s$ in Verbindung mit einer P-T$_1$-Strecke führt in der Führungs- und Störübertragungsfunktion wieder auf ein System 2. Ordnung:

$$G_w(s) = \frac{x(s)}{w(s)} = \frac{K_I K_S}{K_I K_S + s + s^2 T_1} = \frac{K_I K_S}{T_1} \frac{1}{\dfrac{K_I K_S}{T_1} + s \dfrac{1}{T_1} + s^2} \quad \text{und}$$

$$G_z(s) = \frac{x(s)}{z(s)} = \frac{s K_S}{K_I K_S + s + s^2 T_1} = \frac{K_S}{T_1} \frac{1}{\dfrac{K_I K_S}{T_1} + s \dfrac{1}{T_1} + s^2} \quad (7.20\text{a, b})$$

Aus den Nennerpolynomen lässt sich entnehmen: $\delta = 1/2 T_1$ und $\omega_0^2 = K_I K_S / T_1$. Damit kann die Dämpfungszahl des Kreises berechnet werden:

$$D = \frac{\delta}{\omega_0} = \frac{1}{2\sqrt{T_1 K_I K_S}} = f(K_I) \quad (7.21)$$

Sie ist nur vom Reglereinstellwert K_I abhängig. Durch Verringern dieses Wertes wird der Regelkreis stärker bedämpft. Bei einer Wahl von

$$K_I \leq \frac{1}{4 T_1 K_S} \quad (7.22)$$

wird ein Führungs- bzw. Störsprung aperiodisch gedämpft verlaufen. Das stationäre Verhalten liegt erwartungsgemäß bei

$$x(\infty) = \lim_{s \to 0} s \frac{w_0}{s} G_w(s) = w_0 \quad \text{und}$$

$$x(\infty) = \lim_{s \to 0} s \frac{z_0}{s} G_w(s) = 0 \quad (7.23\text{a, b})$$

Die Regelgröße erreicht auf Grund der **I-Komponente** im Regelkreis wunschgemäß die Führungsgröße, die stationäre Regeldifferenz verschwindet und eine auftretende Störgröße wird ausgeregelt.

7.3.4 I-Regler und I-Strecke

Beide Regelkreisglieder haben gleiches dynamisches Verhalten. Mit den beiden Übertragungsfunktionen für den Regler und die Regelstrecke,

$$G_R(s) = \frac{K_{IR}}{s} \quad \text{und} \quad G_S(s) = \frac{K_{IS}}{s}, \tag{7.24a, b}$$

werden Führungs- und Störübertragungsfunktion gebildet:

$$G_w(s) = \frac{x(s)}{w(s)} = \frac{K_{IR}K_{IS}}{s^2 + K_{IR}K_{IS}} \quad \text{und} \quad G_z(s) = \frac{x(s)}{z(s)} = \frac{sK_{IS}}{s^2 + K_{IR}K_{IS}} \tag{7.25a, b}$$

Auffällig ist der fehlende Koeffizient beim linearen Glied des Nennerpolynoms. Deshalb ist auch die Abklingkonstante $\delta = 0$. Der Regelkreis ist ungedämpft. Wird ein solches System von außen angestoßen, z. B. durch einen Führungs- oder Störsprung, ergibt sich für die Regelgröße eine stationäre Dauerschwingung mit $\omega_0 = \sqrt{K_{IR}K_{IS}}$, das System befindet sich am **Stabilitätsrand**:

$$x(t) = \mathcal{L}^{-1}\left\{\frac{w_0}{s}\frac{K_{IR}K_{IS}}{s^2 + K_{IR}K_{IS}}\right\} = w_0\,\mathcal{L}^{-1}\left\{\frac{1}{s} - \frac{s}{s^2 + K_{IR}K_{IS}}\right\} = w_0\left\{1 - \cos\sqrt{K_{IR}K_{IS}}\,t\right\} \tag{7.26}$$

Ein Störsprung verursacht eine vergleichbare Dauerschwingung:

$$x(t) = z_0\,\mathcal{L}^{-1}\left\{\frac{K_{IR}K_{IS}}{K_{IR}(s^2 + K_{IR}K_{IS})}\right\} = \frac{z_0}{K_{IR}}\sin\sqrt{K_{IR}K_{IS}}\,t \tag{7.27}$$

Deshalb ist ein I-Regler nicht geeignet zur Regelung einer I-Strecke. Trotzdem kann diese Regler-Streckenkombination eine gewisse Stabilität besitzen und nicht auf jede Störung mit Schwingungen antworten. Schließlich sind beide Übertragungsfunktionen nur Näherungen der realen Systeme. Die Aussage hat deshalb mehr theoretischen Wert und bezieht sich auf die Modellannahmen von Regler und Strecke.

7.3.5 PI-Regler und I-Strecke

Mit der Übertragungsfunktion des PI-Reglers, $G_R(s) = K_P(1 + sT_n)/sT_n$, werden Führungs- und Störübertragungsfunktion berechnet und in die folgende Form gebracht:

$$G_w(s) = \frac{K_P K_{Is}}{T_n}\frac{1 + sT_n}{\dfrac{K_P K_{IS}}{T_n} + K_P K_{IS}s + s^2} \quad \text{und}$$

$$G_z(s) = \frac{K_{Is}}{T_n}\frac{sT_n}{\dfrac{K_P K_{IS}}{T_n} + K_P K_{IS}s + s^2} \tag{7.28a, b}$$

In beiden Fällen liegen Systeme 2. Ordnung vor. Die Nenner der Übertragungsfunktionen stimmen überein. Daraus kann die gemeinsame Dämpfungszahl hergeleitet werden:

$$D = \frac{\delta}{\omega_0} = \frac{1}{2}\sqrt{K_P K_{IS}T_n} = f(K_P, T_n) \tag{7.29}$$

Der Nenner der Führungs- und Störübertragungsfunktion zeigt, eine Dämpfung ist vorhanden. Der Regelkreis kann deshalb keine ungedämpfte Schwingungen ausführen. Aus (7.29) lässt sich entnehmen, das dynamische Verhalten kann durch zwei Reglerkenngrößen beeinflusst werden: die Reglerverstärkung K_P und die Nachstellzeit T_n. Der stationäre Werte erreicht wegen des I-Anteiles des Reglers die Führungsgröße w_0 und eine Störgröße z_0 wird vollkommen ausgeregelt:

$$x(\infty) = \lim_{s \to 0} s \frac{w_0}{s} G_w(s) = w_0 \text{ und } x(\infty) = \lim_{s \to 0} s \frac{z_0}{s} G_z(s) = 0 \qquad (7.30a, b)$$

7.3.6 PI-Regler und P-T$_1$-Strecke

Die Führungsübertragungsfunktion wird so umgeformt, dass die darin enthaltenen Linearfaktoren hervortreten:

$$G_w(s) = \frac{x(s)}{w(s)} = \frac{K_P K_S (1 + sT_n)}{sT_n(1 + sT_1) + K_P K_S (1 + sT_n)} \qquad (7.31)$$

Würde man bei gegebener Zeitkonstanten T_1 die Nachstellzeit $T_n = T_1$ wählen, dann kürzen sich die Linearfaktoren in der Übertragungsfunktion heraus. Die Ordnung der Führungsübertragungsfunktion wird dadurch um eins verringert. Anschließend müsste nur noch der Reglerkennwert K_P festgelegt werden, z. B. durch Vorgabe der Dämpfungszahl D aus Gleichung (7.29). Die Nachstellzeit geht reziprok in den I-Anteil des Reglers ein. Ist der Wert von T_n wegen $T_1 = T_n$ groß, dann ist der I-Einfluss im Regler klein und umgekehrt. Auch unter diesem Gesichtspunkt ist die Maßnahme zu sehen. Man bezeichnet diese Vorgehensweise auch als **Pol-Nullstellenkompensation**.

Als reduzierte Übertragungsfunktion bleibt:

$$G_w(s) = \frac{x(s)}{w(s)} = \frac{K_P K_S}{sT_1 + K_P K_S} \qquad (7.32)$$

Die Führungssprungantwort

$$x(t) = \mathscr{L}^{-1} \left\{ \frac{w_0}{s} \frac{1}{1 + s\frac{T_1}{K_P K_S}} \right\} = w_0 (1 - e^{-\frac{t}{T_n} K_P K_S}) \qquad (7.33)$$

nähert sich asymptotisch dem stationären Wert

$$x(\infty) = \lim_{t \to \infty} x(t) = w_0 \qquad (7.34)$$

In der Störübertragungsfunktion

$$G_z(s) = \frac{x(s)}{z(s)} = \frac{sT_n K_S}{(1 + sT_1)sT_n + K_P K_S (1 + sT_n)} \qquad (7.35)$$

lassen sich keine gemeinsamen Linearfaktoren finden, die sich unter der Bedingung $T_n = T_1$ kürzen lassen. Deshalb kann auch die Ordnung der Störübertragungsfunktion nicht reduziert werden. Da ein System zweiter Ordnung vorliegt, lässt sich eine Dämpfungszahl angeben:

$$D = \frac{1 + K_P K_S}{2\sqrt{K_P K_S}} \sqrt{\frac{T_n}{T_1}} = f(K_P, T_n) \tag{7.36}$$

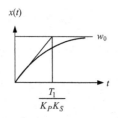

Wird $T_n = T_1$ gewählt, ist die Stördämpfung

$$D = \frac{1 + K_P K_S}{2\sqrt{K_P K_S}} = f(K_P) \tag{7.37}$$

nur von der Reglerverstärkung abhängig. In einem solchen Fall erfolgt der Störsprung aperiodisch gedämpft. Durch Rücktransformation der Gleichung (7.35) erhält man:

Bild 7.4: Führungssprungantwort bei einem Regelkreis aus PI-Regler und P-T$_1$-Strecke für $T_n = T_1$

$$x(t) = \mathcal{L}^{-1}\left\{ \frac{z_0}{s} \frac{sT_1 K_S}{(1 + sT_1)(sT_1 + K_P K_S)} \right\} = \mathcal{L}^{-1}\left\{ z_0 \frac{T_1 K_S}{K_P K_S - 1}\left(\frac{1}{1 + sT_1} - \frac{1}{sT_1 + K_P K_S} \right) \right\}$$

$$= z_0 \frac{K_S}{K_P K_S - 1}\left(e^{-t/T_1} - e^{-\frac{t}{T_1} K_P K_S} \right) \tag{7.38}$$

7.3.7 PID-Regler und P-T$_2$-Strecke

Wir benutzen die Übertragungsfunktion des idealen PID-Reglers nach (6.31):

$$G_R(s) = \frac{y_R(s)}{x_d(s)} = K_P \frac{1 + sT_n + s^2 T_n T_v}{sT_n} \tag{7.39}$$

Die Regelstrecke sei aperiodisch gedämpft, d. h. für die Dämpfungszahl gilt die Abschätzung $D = T_1 / 2T_2 \geq 1$:

$$G_S = \frac{x(s)}{y_S(s)} = \frac{K_S}{1 + sT_1 + s^2 T_2^2} \tag{7.40}$$

Zunächst wird die Führungsübertragungsfunktion gebildet:

$$G_w(s) = \frac{x(s)}{w(s)} = \frac{K_P K_S (1 + sT_n + s^2 T_n T_v)}{sT_n(1 + sT_1 + s^2 T_2^2) + K_P K_S (1 + sT_n + s^2 T_n T_v)} \tag{7.41}$$

Da die Streckenparameter T_1 und T_2 gegeben sind, lassen sich die Einstellwerte des Reglers danach ausrichten. Das dynamische Verhalten ist durch diese Maßnahme weitgehend festgelegt. Setzt man $T_n = T_1$ und $T_n T_v = T_2^2$ bzw. $T_v = T_2^2 / T_1$, dann können die Klammerausdrücke mit den Quadratformen in der Übertragungsfunktion gekürzt werden. Durch diesen Vorgang wird die Übertragungsfunktion vereinfacht und die Ordnung rechnerisch auf eins reduziert. Es wird:

$$G_w(s) = \frac{x(s)}{w(s)} = \frac{K_P K_S}{sT_1 + K_P K_S} \cdot \qquad (7.42)$$

Die Führungssprungantwort

$$x(t) = w_0 \left(1 - e^{-\frac{t}{T_1}K_P K_S}\right) = f(K_P) \qquad (7.43)$$

zeigt bei der vorgegebenen Reglereinstellung den in dem folgenden Bild 7.5 dargestellten Verlauf. Je größer K_P gewählt wird, desto schneller erfolgt der Übergang. Der stationäre Wert wird bei $x(\infty) = w_0$ erreicht. Eine bleibende Regelabweichung tritt wegen des I-Anteils im Regler nicht auf.

Die Störübertragungsfunktion bleibt unter der durchgeführten Reglereinstellung ein System 3. Ordnung und diese lässt sich durch die oben durchgeführte Maßnahme nicht weiter reduzieren:

$$G_z(s) = \frac{sT_n K_S}{sT_n(1 + sT_1 + s^2 T_2^2) + K_P K_S(1 + sT_n + s^2 T_n T_v)} = \frac{sT_1 K_S}{(1 + sT_1 + s^2 T_2^2)(K_P K_S + sT_1)} \qquad (7.44)$$

Da eine aperiodisch gedämpfte Regelstrecke vorausgesetzt wurde, kann das Polynom 2. Grades der Streckenübertragungsfunktion in Linearfaktoren mit reellen Nullstellen überführt werden:

$$1 + sT_1 + s^2 T_2^2 = T_2^2 \left(\frac{1}{T_2^2} + s\frac{T_1}{T_2^2} + s^2\right) = (1 + sT_1^*)(1 + sT_2^*) \qquad (7.45)$$

Die Nullstellen ergeben sich hierbei zu:

$$s_{1/2} = -\left[\frac{T_1}{2T_2^2} \mp \sqrt{\left(\frac{T_1}{2T_2^2}\right)^2 - \frac{1}{T_2^2}}\right] = -\frac{1}{T_{1/2}^*} \quad , \quad T_2^* < T_1^* \qquad (7.46)$$

Die Umrechnungsformeln zwischen den Streckenzeitkonstanten T_1 und T_2 sowie den Ersatzzeitkonstanten T_1^* und T_2^* folgen aus einem Koeffizientenvergleich in (7.45):

$$T_1 = T_1^* + T_2^* \text{ und } T_2^2 = T_1^* T_2^* \qquad (7.47a, b)$$

Die Störübertragungsfunktion kann jetzt unter Berücksichtigung von (7.45) neu formuliert werden:

$$G_z(s) = \frac{x(s)}{z(s)} = \frac{sT_1 K_S}{(1 + sT_1^*)(1 + sT_2^*)(K_P K_S + sT_1)} \qquad (7.48)$$

Alle Nullstellen des Nenners sind reell und voneinander verschieden. Die Störsprungantwort lässt sich hieraus über einen geeigneten Partialbruchansatz berechnen:

$$z(s) = \frac{z_0}{s} \frac{sT_1 K_S}{(1 + sT_1^*)(1 + sT_2^*)(K_P K_S + sT_1)}$$

$$z(s) = z_0 K_S \frac{1}{T_1^* T_2^* \left(\frac{1}{T_1^*} + s\right)\left(\frac{1}{T_2^*} + s\right)\left(\frac{K_P K_S}{T_1} + s\right)} = \frac{A}{\frac{1}{T_1^*} + s} + \frac{B}{\frac{1}{T_2^*} + s} + \frac{C}{\frac{K_P K_S}{T_1} + s} \tag{7.49}$$

Mit Hilfe der Residuenrechnung (vgl. Kapitel 3) werden die Konstanten A, B und C berechnet:

$$A = \lim_{s \to -\frac{1}{T_1^*}} z_0 K_S \frac{1}{T_1^* T_2^* \left(\frac{1}{T_2^*} + s\right)\left(\frac{K_P K_S}{T_1} + s\right)} = z_0 K_S \frac{1}{\left(T_1^* - T_2^*\right)\left(\frac{K_P K_S}{T_1} - \frac{1}{T_1^*}\right)} \tag{7.50}$$

$$B = \lim_{s \to -\frac{1}{T_2^*}} z_0 K_S \frac{1}{T_1^* T_2^* \left(\frac{1}{T_1^*} + s\right)\left(\frac{K_P K_S}{T_1} + s\right)} = z_0 K_S \frac{-1}{\left(T_1^* - T_2^*\right)\left(\frac{K_P K_S}{T_1} - \frac{1}{T_2^*}\right)} \tag{7.51}$$

$$C = \lim_{s \to -\frac{K_P K_S}{T_1}} z_0 K_S \frac{1}{T_1^* T_2^* \left(\frac{1}{T_1^*} + s\right)\left(\frac{1}{T_2^*} + s\right)} = z_0 K_S \frac{-1}{\left(1 - T_1^* \frac{K_P K_S}{T_1}\right)\left(1 - T_2^* \frac{K_P K_S}{T_1}\right)} \tag{7.52}$$

Setzt man die Konstanten A, B und C in den Ansatz von (7.49) ein und transformiert die Bildfunktion in den Zeitbereich zurück, erhält man als Störsprungantwort eine Funktion, die Terme besitzt, die nicht schwingungsfähig sind:

$$z(t) = \frac{z_0 K_S}{\left(T_1^* - T_2^*\right)} \left[\frac{T_1^* e^{-\frac{t}{T_1^*}}}{\left(\frac{K_P K_S}{T_1} T_1^* - 1\right)} - \frac{T_2^* e^{-\frac{t}{T_2^*}}}{\left(\frac{K_P K_S}{T_1} T_2^* - 1\right)} + \frac{\left(T_1^* - T_2^*\right) e^{-\frac{t}{T_1} K_P K_S}}{\left(\frac{K_P K_S}{T_1} T_1^* - 1\right)\left(\frac{K_P K_S}{T_1} T_2^* - 1\right)} \right] \tag{7.53}$$

Der stationäre Wert liegt bei $z(\infty) = 0$, eine bleibende Regeldifferenz tritt nicht auf. Die Störgröße wird von dem PID-Regler vollkommen „ausgeregelt". Für einen ausgewählten Parametersatz wird die Abhängigkeit der Regelgröße von einem gewählten K_P-Wert in dem folgenden Bild 7.5 dargestellt:

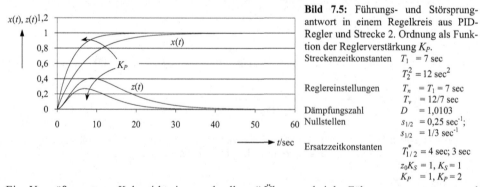

Bild 7.5: Führungs- und Störsprungantwort in einem Regelkreis aus PID-Regler und Strecke 2. Ordnung als Funktion der Reglerverstärkung K_P.

Streckenzeitkonstanten $\quad T_1 = 7$ sec
$\quad\quad\quad\quad\quad\quad\quad\quad\quad T_2^2 = 12$ sec^2

Reglereinstellungen $\quad\quad T_n = T_1 = 7$ sec
$\quad\quad\quad\quad\quad\quad\quad\quad\quad T_v = 12/7$ sec

Dämpfungszahl $\quad\quad\quad D = 1{,}0103$

Nullstellen $\quad\quad\quad\quad\quad s_{1/2} = 0{,}25$ sec^{-1};
$\quad\quad\quad\quad\quad\quad\quad\quad\quad s_{1/2} = 1/3$ sec^{-1}

Ersatzzeitkonstanten $\quad T_{1/2}^* = 4$ sec; 3 sec
$\quad\quad\quad\quad\quad\quad\quad\quad\quad z_0 K_S = 1, K_S = 1$
$\quad\quad\quad\quad\quad\quad\quad\quad\quad K_P = 1, K_P = 2$

Eine Vergrößerung von K_P bewirkt einen „schnelleren" Übergang bei der Führungssprungantwort und eine temporäre Abweichung der Regelgröße infolge einer Störung fällt nicht so stark aus.

7.4 Das statische Verhalten des Regelkreises

Eine wesentliche Aufgabe einer Regelung besteht darin, trotz auftretender Störungen die Regelgröße der Führungsgröße anzugleichen oder sie mindestens innerhalb einem um die Führungsgröße gelegtem Toleranzband zu halten. Daraus lässt sich die Forderung ableiten, dass die Regelgröße weitgehend der Führungsgröße entspricht, also $x(t) \approx w(t)$ gelten soll. Für die Führungsübertragungsfunktion muss dann erreicht werden:

$$G_w(s) = \frac{G_0(s)}{1 + G_0(s)} = \frac{x(s)}{w(s)} \approx 1 \qquad (7.54)$$

Eine Bedingung für die Störübertragungsfunktion folgt aus der Forderung nach Unabhängigkeit der Regelgröße von der Störgröße, also muss $x(t) \neq f(z(t))$ sein:

$$G_z(s) = \frac{G_S(s)}{1 + G_0(s)} = \frac{x(s)}{z(s)} \approx 0 \qquad (7.55)$$

Beide Forderungen lassen sich allerdings nicht mit jedem Regler vollständig erfüllen. So wird in einem Regelkreis, bestehend aus einem P-Regler und einer P-T_n-Strecke, mit Hilfe der Führungsübertragungsfunktion:

$$x(s) = w(s) \frac{G_R(s)G_S(s)}{1 + G_R(s)G_S(s)} =$$

$$x(s) = w(s) \frac{K_P \dfrac{K_S}{1 + sT_1 + \cdots + s^n T_n^n}}{1 + K_P \dfrac{K_S}{1 + sT_1 + \cdots + s^n T_n^n}} = w(s) \frac{K_P K_S}{1 + K_P K_S + sT_1 + s^2 T_2^2 + \ldots + s^n T_n^n}$$

Mit dem Grenzwertsatz nach Tabelle 3.2, Seite 32 wird hieraus nach einem Sollwertsprung w_0:

$$x(\infty) = \lim_{t \to \infty} x(t) = \lim_{s \to 0} s x(s) = \lim_{s \to 0} s \frac{w_0}{s} \frac{K_P K_S}{1 + K_P K_S + sT_1 + s^2 T_2^2 + \ldots + s^n T_n^n}$$

$$= w_0 \frac{K_P K_S}{1 + K_P K_S} < w_0 \qquad (7.56)$$

Der stationäre Wert $x(\infty)$ bleibt hinter der Sprungamplitude w_0 zurück. Die bleibende Regeldifferenz

$$x_d(\infty) = w_0 - x(\infty) = w_0 \frac{1}{1 + K_P K_S} = f(K_P) \qquad (7.57)$$

lässt sich nur durch Vergrößern der Reglerverstärkung K_P verringern, was aber aus Gründen der Kreisstabilität nur sehr begrenzt durchführbar ist. Ähnliche Ergebnisse erhält man, wenn eine sprungförmige Störgrößenänderung angenommen wird. Man geht von der Störübertragungsfunktion aus. Die Regelgröße nimmt in diesem Fall eine neue stationäre Lage x_2 ein. Die bleibende Abweichung vom Ausgangswert x_1 hängt ebenfalls von der Reglerverstärkung K_P ab. Wir gehen von dem bisherigen stationären Wert bei $z_0 = 0$ aus:

$$x(\infty) = x_1$$

Nach einer Störung mit $z_0 > 0$ ändert sich die Regelgröße um die Differenz

$$x_d(\infty) = x_2 - x_1 = \lim_{s\to 0} s x(s) = \lim_{s\to 0} s \frac{z_0}{s} \frac{K_S}{1 + K_P K_S + s T_1 + s^2 T_2^2 + \ldots + s^n T_n^n} = z_0 \frac{K_S}{1 + K_P K_S} = f(K_P)$$

$$(7.58)$$

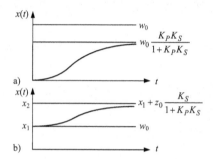

Bild 7.6: Stationäres Verhalten eines Regelkreises mit P-Regler und einer P-Strecke höherer Ordnung

a)   Führungsverhalten
b)   Störverhalten

Im Vergleich hierzu würde ein PI-Regler an der P-T_n-Strecke die Bedingungen (7.54) und (7.55) erfüllen, denn in dieser Konfiguration stellen sich die stationären Werte der Regelgröße nach einem Führungs- oder Störsprung mit

$$x(\infty) = \lim_{s\to 0} s x(s) = \lim_{s\to 0} s \frac{w_0}{s} \frac{K_P K_S (1 + s T_n)}{s T_n (1 + s T_1 + \ldots + s^n T_n^n) + K_P K_S (1 + s T_n)} = w_0 \neq f(K_P, T_n)$$

und nach einem Störsprung mit

$$x(\infty) = \lim_{s\to 0} s x(s) = \lim_{s\to 0} s \frac{z_0}{s} \frac{s T_n K_S}{s T_n (1 + s T_1 + \ldots + s^n T_n^n) + K_P K_S (1 + s T_n)} = 0 \qquad (7.59a, b)$$

erwartungsgemäß ein. Hier sorgt der integrale Anteil im Regler dafür, dass die Stellgröße so lange verändert wird, bis die Regeldifferenz als Eingangsgröße des Reglers zu null geworden ist. Die Berücksichtigung eines zusätzlichen D-Anteiles im Regler hätte keinen Einfluss auf den stationären Wert, der PD-Regler würde sich wie ein P-Regler verhalten, der PID-Regler wie ein PI-Regler.

7.5 Das dynamische Verhalten des Regelkreises

Aufgrund der Rückführungsstruktur in einem Regelkreis können Instabilitäten auftreten, z. B. Schwingungen, deren Amplituden über alle Grenzen anwachsen. Das Stabilitätsproblem ist deshalb mit dem Aufbau der Regelung als Wirkungskreis verbunden und tritt bei einem offenen Wirkungskreis, einer Steuerkette, nicht in Erscheinung. Das Konzept einer Regelung wird deshalb mit der Forderung nach einem stabilen Verhalten verbunden. Man erwartet, dass der Regelkreis auf jedes beschränkte Eingangssignal zumindest mit einem eingegrenzt verlaufendem Ausgangssignal antwortet, bzw. in seiner Ruhelage verharrt, solange er nicht von außen angeregt wird, und in seine Ruhelage zurückkehrt, wenn alle äußeren Anregungen verschwinden.

Fasst man den Regelkreis als dynamisches System auf, dann lässt sich seine Stabilität als das Verhalten gegenüber Anfangsauslenkungen definieren. Es stellt sich die Aufgabe, den homogenen Teil der Regelkreis-Differentialgleichung auf Eigenbewegungen zu untersuchen, d. h. seine Abhängigkeit von Anfangsbedingungen festzustellen.

Allgemein bezeichnet man ein dynamisches System als *stabil*, wenn seine Gewichtsfunktion asymptotisch auf null abklingt, wenn gilt:

$$\lim_{t \to \infty} g(t) = 0 \tag{7.60}$$

Geht dagegen die Gewichtsfunktion betragsmäßig mit wachsendem t gegen unendlich, nennt man das System *instabil*. Führt der Grenzwert von (7.60) auf einen Wert $0 < K < \infty$, spricht man von *quasi-stabilem* Verhalten.

Nach dieser Definition bezeichnet man das dynamische Verhalten eines P-T_1-Gliedes als stabil, weil sich als Grenzwert null ergibt:

$$\lim_{t \to \infty} \mathscr{L}^{-1}\left\{\frac{K_S}{1 + sT_1}\right\} = \frac{K_S}{T_1} \lim_{t \to \infty} e^{-t/T_1} = 0 \tag{7.61}$$

Ein I-Glied ist dagegen ein quasi-stabiles System, weil die obige Definition (7.60) nicht erfüllt ist:

$$\lim_{t \to \infty} \mathscr{L}^{-1}\left\{\frac{K_I}{s}\right\} = K_I \lim_{t \to \infty} \sigma(t) = K_I \tag{7.62}$$

Beim Doppel-I-Glied ergibt sich sogar als Grenzwert

$$\lim_{t \to \infty} \mathscr{L}^{-1}\left\{\frac{K_I}{s^2}\right\} = K_I \lim_{t \to \infty} t \to \infty \tag{7.63}$$

Das unterschiedliche dynamische Verhalten zeigt sich auch in der Systemreaktion als Folge einer äußeren Erregung z. B. bei einer sprungförmigen Auslenkung der Eingangsgröße:

$$v_{P-T_1}(t) = \mathscr{L}^{-1}\left\{\frac{1}{s}\frac{K_S}{1 + sT_1}\right\} = K_S(1 - e^{-t/T_1}) \tag{7.64}$$

$$v_I(t) = \mathscr{L}^{-1}\left\{\frac{1}{s}\frac{K_I}{s}\right\} = K_I t \tag{7.65}$$

$$v_{II}(t) = \mathscr{L}^{-1}\left\{\frac{1}{s}\frac{K_I}{s^2}\right\} = K_I \frac{t^2}{2} \tag{7.66}$$

Während die Sprungantwort beim P-T_1-Glied einem festen Wert zustrebt, ergeben sich beim I-Glied und beim Doppel-I-Glied Funktionen, die unbegrenzt wachsen, obwohl die Erregerfunktion beschränkt ist. Beide Systeme zeigen ein instabiles Verhalten.

Da die Übertragungsfunktion eines Systems die **LAPLACE**-Transformierte der Gewichtsfunktion ist, lässt sich die Stabilitätsbedingung (7.60) als Forderung an die Übertragungsfunktion formulieren: Liegt diese in einer gebrochenen rationalen Form vor,

$$G(s) = \frac{Z(s)}{N(s)} = \frac{Z(s)}{a_0 + a_1 s + ... + a_n s^n}, \qquad (7.67)$$

dann entscheidet die Lage der Pole von $G(s)$ bzw. der Nullstellen der charakteristischen Gleichung $N(s)$ über das Stabilitätsverhalten des betrachteten Systems:

> Liegen alle Pole der Übertragungsfunktion bzw. alle Nullstellen der zugehörigen charakteristischen Gleichung in der linken Hälfte der s-Ebene, dann bezeichnet man das System als *stabiles System*.

Demnach gelten für die Realteile der n Nullstellen:

$$\text{Re}\{s_i\} < 0, \ (i = 1,... , n) \qquad (7.68)$$

Die Güte der Stabilität ist allerdings bei dieser Aussage noch offen. Generell gilt aber, dass die Nullstellen einen „genügend großen" Abstand von der imaginären Achse der s-Ebene haben sollen. Diese Forderung nimmt aber einem Regelkreis die Dynamik. Liegen die Nullstellen dagegen zu nahe bei der imaginären Achse, ist die Stabilität gefährdet. Letztlich muss aber ein tragbarer Kompromiss zwischen Schnelligkeit und Stabilität gefunden werden. In der folgenden Tabelle 7.1 sind einige typische Regelkreisglieder mit ihren Stabilitätsaussagen nach (7.60) zusammengestellt und im nachfolgenden Bild 7.7 interpretiert.

Kenn-Nr.	Differentialgleichung	Übertragungsfunktion $G(s)$	Gewichtsfunktion $g(t)$	Grenzwert	Nullstellen
1	$T_1 \dot{v} + v = u$	$\dfrac{1}{1 + sT_1}$	$\dfrac{1}{T_1} e^{-t/T_1}$	= 0, stabil	$s_1 = -1/T_1$
2	$\dot{v} = K_I u$	$\dfrac{K_I}{s}$	K_I	K_I, instabil	$s_1 = 0$
3	$\ddot{v} = K_I u$	$\dfrac{K_I}{s^2}$	$K_I t$	$\neq 0$, instabil	$s_{1/2} = 0$
4	$\ddot{v} - 2\alpha\dot{v} + \alpha^2 v = u$	$\dfrac{1}{(s - \alpha)^2}$	$t e^{\alpha t}$	$\neq 0$, instabil	$s_{1/2} = \alpha$
5	$\ddot{v} + \alpha^2 v = u$	$\dfrac{1}{s^2 + \alpha^2}$	$\dfrac{1}{\alpha} \sin \alpha t$	$\neq 0$, instabil	$s_{1/2} = \pm j\alpha$
6	$\ddot{v} + 2\delta\dot{v} + (\delta^2 + \omega^2)v = \omega u$	$\dfrac{\omega}{(s + \delta)^2 + \omega^2}$	$e^{-\delta t} \sin \omega t$	= 0, stabil	$s_{1/2} = -\delta \pm j\alpha$
7	$\ddot{v} - 2\delta\dot{v} + (\delta^2 + \omega^2)v = \omega u$	$\dfrac{\omega}{(s - \delta)^2 + \omega^2}$	$e^{\delta t} \sin \omega t$	$\neq 0$, instabil	$s_{1/2} = \delta \pm j\alpha$

Tabelle 7.1: Stabilitätsbetrachtungen bei Regelkreisgliedern I. und II. Ordnung

Bei der Stabilitätsuntersuchung von Regelkreisen muss die Lage der Pole von der Führungs- und Störübertragungsfunktion ermittelt werden, was im allgemeinen aufwendig sein dürfte, da immerhin die Nullstellen von Polynomen höheren Grades zu berechnen sind. Da aber nur stabile Regelkreise von Interesse sind, genügt es festzustellen, ob alle Nullstellen der charakteristischen Gleichung in der linken Hälfte der s-Ebene liegen oder nicht. Um hier auf einem bequemeren Weg zu einer Aussage zu gelangen, benutzt man speziell entwickelte Verfahren, die sogenannten **Stabilitätskriterien**, die sich teils algebraischer, teils grafischer Methoden bedienen.

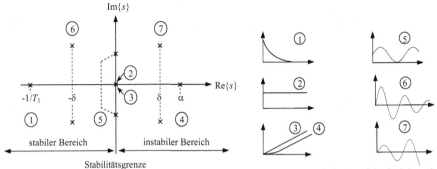

Bild 7.7: Verlauf der Gewichtsfunktion über der Zeit t. Lage der Nullstellen der charakteristischen Gleichung von Regelkreisgliedern I. und II. Ordnung entsprechend Tabelle 7.1

7.5.1 Das Stabilitätskriterium nach HURWITZ

Das *Kriterium nach* HURWITZ zählt zu den algebraischen Verfahren und beurteilt die Stabilität, ohne den genauen Wert der Nullstellen der charakteristischen Gleichung zu ermitteln. Das Verfahren ist allerdings nur anwendbar, wenn sich das zu untersuchende System durch eine lineare Differentialgleichung beschreiben lässt. Da diese Möglichkeit bei totzeitbehafteten Regelkreisgliedern nicht besteht, lassen sich Regelkreise, die Totzeitelemente enthalten, nach dem HURWITZ-Kriterium nicht auf Stabilität untersuchen. Das HURWITZ-Kriterium besagt:

> Ein System n-ter Ordnung ist nur dann stabil, wenn alle Koeffizienten der charakteristischen Gleichung und die folgenden n Determinanten Werte größer null haben (7.69):
>
> $$D_1 = a_1 > 0, \; D_2 = \begin{vmatrix} a_1 & a_3 \\ a_0 & a_2 \end{vmatrix} > 0, \; D_3 = \begin{vmatrix} a_1 & a_3 & a_5 \\ a_0 & a_2 & a_4 \\ 0 & a_1 & a_3 \end{vmatrix} > 0, \dots, \; D_n = \begin{vmatrix} a_1 & a_3 & a_5 & \cdots & 0 \\ a_0 & a_2 & a_4 & \cdots & 0 \\ 0 & a_1 & a_3 & \cdots & 0 \\ \vdots & \vdots & \vdots & \cdots & \vdots \\ 0 & 0 & 0 & 0 & a_n \end{vmatrix} > 0$$

Das HURWITZ-Kriterium eignet sich nicht nur zur Überprüfung der Stabilität eines Systems, bei dem die Koeffizienten der charakteristischen Gleichung numerisch vorliegen, sondern auch zur Bereichsabschätzung frei wählbarer Regelparameter wie K_P, T_n, T_v unter Stabilitätsforderungen.

Bei einem Regelkreis, bei dem das Führungs- und Störverhalten im Mittelpunkt von Stabilitätsbetrachtungen steht, bildet der Nenner von Führungs- und Störübertragungsfunktion die *charakteristische Gleichung*:

$$1 + G_R(s)G_S(s) = 0 \qquad (7.70)$$

Beispiel 7.1: Anwendung des HURWITZ-Kriteriums

Wir untersuchen die Stabilität eines Regelkreises aus PI-Regler und P-T_2-Strecke. Mit den beiden Funktionen

$$G_R(s) = K_P \frac{1 + sT_n}{sT_n} \quad \text{und} \quad G_S(s) = \frac{K_S}{1 + sT_1 + s^2 T_2^2} \tag{7.71a, b}$$

lässt sich die charakteristische Gleichung nach (7.70) aufstellen:

$$1 + G_R(s)G_S(s) = 1 + K_P \frac{1 + sT_n}{sT_n} \frac{K_S}{1 + sT_1 + s^2 T_2^2} = 0 \tag{7.72}$$

Wird die Gleichung umgeformt und nach Potenzen von s geordnet, liegt ein Polynom 3. Grades in s vor:

$$K_P K_S + s(1 + K_P K_S)T_n + s^2 T_1 T_n + s^3 T_2^2 T_n = 0 \tag{7.73}$$

Die im **HURWITZ**-Kriterium genannten Koeffizienten ergeben sich hieraus zu:

$$\begin{aligned}
a_0 &= K_P K_S \\
a_1 &= (1 + K_P K_S)T_n \\
a_2 &= T_1 T_n \\
a_3 &= T_2^2 T_n
\end{aligned} \tag{7.74a, d}$$

Die Streckenparameter T_1, T_2^2 und K_S sowie die Reglerkennwerte K_P und T_n sind alle größer Null. Daraus folgt, dass auch die Determinante $D_1 > 0$ wird. Für die zweireihige Determinante, die nach dem Schema von (7.69) aufgebaut wird, erhält man die Ungleichung:

$$D_2 = \begin{vmatrix} a_1 & a_3 \\ a_0 & a_2 \end{vmatrix} = a_1 a_2 - a_0 a_3 = T_n^2 T_1 (1 + K_P K_S) - T_n T_2^2 K_P K_S > 0 \tag{7.75}$$

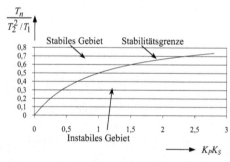

Bild 7.8: Stabilitätsgebiet in der K_P-T_n-Ebene für einen Regelkreis mit PI-Regler und P-T$_2$-Strecke

Aus dieser Beziehung folgt eine Bedingung zur Wahl der Reglerkennwerte, um ein stabiles Verhalten des Regelkreises zu gewährleisten. Es muss gelten:

$$\frac{T_n}{T_2^2 / T_1} > \frac{K_P K_S}{1 + K_P K_S} \tag{7.76}$$

Die grafische Auswertung von (7.76) zeigt das Bild 7.8. Um die Stabilität des Regelkreises zu sichern, muss bei einem gegebenen $K_P K_S$ der Wert des Bruches $\dfrac{T_n}{T_2^2 / T_1}$ oberhalb der Stabilitätsgrenze ausgewählt werden.

Wird $\dfrac{T_n}{T_2^2 / T_1} = \dfrac{K_P K_S}{1 + K_P K_S}$ gesetzt, dann befindet sich der Regelkreis an der Stabilitätsgrenze. Geringste Störungen können Dauerschwingungen auslösen. Um die Kreisfrequenz ω auszurechnen, bei der diese Schwingungen auftreten, wird die komplexe Variable s in (7.73) durch $j\omega$ ersetzt:

$$K_P K_S - \omega^2 T_1 T_n + j\omega \left[(1 + K_P K_S)T_n - \omega^2 T_2^2 T_n \right] = 0 \tag{7.77}$$

Diese Gleichung ist nur zu erfüllen, wenn sowohl der Realteil der komplexen Funktion als auch ihr Imaginärteil durch entsprechende Wahl einer Frequenz ω Null wird:

Es gilt:

$\text{Re}\{\text{Gleichung (7.77)}\} = K_P K_S - \omega^2 T_1 T_n = 0$ und

$\text{Im}\{\text{Gleichung (7.77)}\} = \omega\left[(1 + K_P K_S)T_n - \omega^2 T_2^2 T_n\right] = 0$ (7.78a, b)

Aus der ersten Bedingung (7.78a) folgt:

$$\omega = \sqrt{\frac{K_P K_S}{T_1 T_n}} = \sqrt{\frac{a_0}{a_2}}$$ (7.79)

Die zweite Forderung (7.78b) ergibt:

$$\omega_1 = 0 \text{ und } \omega_2 = \sqrt{\frac{1 + K_P K_S}{T_2^2}} = \sqrt{\frac{a_1}{a_3}}$$ (7.80a, b)

Bei $\omega_1 = 0$ ist der Realteil ungleich null. Die Gleichung (7.77) ist nur für

$$\omega_2 = \sqrt{\frac{K_P K_S}{T_1 T_n}} = \sqrt{\frac{1 + K_P K_S}{T_2^2}}$$ (7.81)

erfüllbar, d. h. der Regelkreis müsste durch die Reglereinstellung $\dfrac{T_n}{T_2^2 / T_1} = \dfrac{K_P K_S}{1 + K_P K_S}$ an den Stabilitätsrand „herangeführt" werden. Hier führt er nach entsprechender Erregung bei der Frequenz ω_2 Dauerschwingungen aus.

■

Beispiel 7.2

Untersucht man das Führungsverhalten in einem Regelkreis aus PI-Regler und I-T_1-Strecke, dann treten in der Führungsübertragungsfunktion

$$G_w(s) = \frac{K_P K_I (1 + s T_n)}{s^2 T_n (1 + s T_1) + K_P K_I (1 + s T_n)}$$ (7.82)

Faktoren auf, die sich unter der Bedingung $T_n = T_1$ kürzen lassen. Der Kennwert T_n wäre dann festgelegt. Eine solche Maßnahme würde die Ordnung des Systems reduzieren. Es bliebe ein System zweiter Ordnung, je nach Dämpfungszahl ein schwingungsfähiges System. Untersucht man die reduzierte Führungsübertragungsfunktion, erkennt man, dass keine Dämpfung vorhanden ist (vgl. Abschnitt 7.3.4). Das System könnte bei der Frequenz $\omega = \sqrt{K_P K_I / T_1}$ Dauerschwingungen ausführen. Betrachtet man aber den Regelkreis unter den Stabilitätsbedingungen nach **HURWITZ**, dann folgt aus der charakteristischen Gleichung

$$1 + G_R(s)G_S(s) = 1 + K_P \frac{1 + s T_n}{s T_n} \frac{K_I}{s(1 + s T_1)} = 0$$ (7.83)

nach Umstellung ein Polynom dritter Ordnung:

$$K_P K_I + s K_P K_I T_n + s^2 T_n + s^3 T_n T_1 = a_0 + a_1 s + a_2 s^2 + a_3 s^3 = 0 \qquad (7.84)$$

Aus der zweireihigen **HURWITZ**-Determinante

$$a_1 a_2 - a_0 a_3 = K_P K_I T_n^2 - K_P K_I T_n T_1 > 0 \qquad (7.85)$$

Ergibt sich die Bedingung für einen stabilen Regelkreis:

$$T_n > T_1 \qquad (7.86)$$

Eine Pol-Nullstellenkompensation ist hier nicht zulässig!   ∎

7.5.2 Das Stabilitätskriterium nach NYQUIST

Das **NYQUIST-*Kriterium*** beurteilt die Stabilität eines geschlossenen Regelkreises aus dem Verlauf des Frequenzganges des offenen Regelkreises, wobei auch ein experimentell aufgenommener Kurvenzug ausgewertet werden kann. Das Kriterium kann sowohl für die Ortskurven-Darstellung des Frequenzganges als auch für die Frequenzkennlinien-Darstellung formuliert werden. Im Gegensatz zum **HURWITZ**-Kriterium lassen sich mit dem **NYQUIST**-Kriterium auch Totzeit behaftete Regelkreise untersuchen.

7.5.2.1 Das vereinfachte Stabilitätskriterium nach NYQUIST

Die Stabilität eines Regelkreises hängt nicht von dessen Eingangsgrößen, sondern von seiner Struktur ab. Unter dieser Voraussetzung lässt sich eine Bedingung finden, unter welcher der Kreis Dauerschwingungen bei der Kreisfrequenz ω_k ausführt. Man geht von einem aufgeschnittenen Regelkreis entsprechend Bild 7.9 aus.

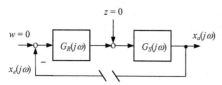

Bild 7.9: Regelkreis mit unterbrochener Rückführung

Zwischen dem harmonisch angenommenen Eingangssignal $x_e(j\omega)$ und dem Ausgangssignal $x_a(j\omega)$ besteht wegen der Vorzeichenumkehr am Differenzpunkt die Beziehung:

$$x_a(j\omega) = -x_e(j\omega) G_R(j\omega) G_S(j\omega) \qquad (7.87)$$

Hieraus kann der Frequenzgang des aufgeschnittenen Kreises abgeleitet werden:

$$G_0(j\omega) = G_R(j\omega) G_S(j\omega) = -\frac{x_a(j\omega)}{x_e(j\omega)} \qquad (7.88)$$

Ist die Beziehung

$$G_0(j\omega) = G_R(j\omega) G_S(j\omega) = -1 = -\frac{x_a(j\omega)}{x_e(j\omega)} \qquad (7.89)$$

erfüllt, wird der geschlossene Regelkreis eine mit der Kreisfrequenz ω_k ungedämpft verlaufende Schwingung ausführen, die beispielsweise durch ein in den Regelkreis eingekoppeltes Signal angeregt werden kann. In dieser Situation befindet sich der Regelkreis an der Stabilitätsgrenze. Die Analyse der Dauerschwingung zeigt, dass sich zunächst wegen der Vorzeichenumkehr eine Phasenverschiebung von $-180°$ zwischen den beiden sinusförmig verlaufenden Schwingungen einstellt. Da aber erst bei einer Phasenverschiebung von $-360°$ eine Dauerschwingung eintritt, müssen die noch fehlenden $-180°$ Phasenverschiebung beim Durchlaufen der Schwingung durch die Übertragungskette mit Frequenzgang $G_0(j\omega) = G_R(j\omega)G_S(j\omega)$ hinzugefügt werden. Auch die Verstärkung von $G_0(j\omega)$ muss bei der sich einstellenden Frequenz ω_k genau bei 1 liegen. Also gilt an dieser Stelle für den Betrag $|G_0(j\omega_k)| = V_0(\omega_k) = 1$. Die Amplituden von $x_e(j\omega_k)$ und $x_a(j\omega_k)$ sind hier genau gleich groß. Man nennt V_0 **Kreisverstärkung**. Aufgrund dieser Umstände lassen sich für den aufgeschnittenen Regelkreis folgende Bedingungen ableiten:

$$G_0(j\omega_k) = (-1; j0) \text{ und } \angle G_0(j\omega_k) = -180° \qquad (7.90)$$

Trägt man die Ortskurve des aufgeschnittenen Regelkreises $G_0(j\omega)$ in die komplexe Ebene ein, ist die Stabilitätsgrenze erreicht, wenn die Ortskurve von $G_0(j\omega)$ durch den Punkt $G_0(j\omega) = (-1; j0)$ verläuft. Er spielt damit für die Stabilitätsbeurteilung eines Regelkreises eine entscheidende Rolle. Man bezeichnet ihn deshalb als **kritischen Punkt**. Auf diesen Überlegungen beruht das vereinfachte **NYQUIST**-Kriterium. Es ist allerdings nur anwendbar, wenn die charakteristische Gleichung des offenen Regelkreises $G_0(s)$ Nullstellen mit negativem Realteil und bis zu maximal zwei Nullstellen mit Realteil null besitzt. Formuliert für die **Ortskurvendarstellung** lautet

7.5.2.1.1 Das vereinfachte NYQUIST-Kriterium in der Ortskurvendarstellung

> Ein geschlossener Regelkreis ist stabil, wenn beim Durchlaufen der Ortskurve $G_0(j\omega)$ des offenen Regelkreises in Richtung steigender ω-Werte der kritische Punkt (-1; j0) im Gebiet links von der Ortskurve liegt.

Aus dem Ortskurvenverlauf lässt sich nicht nur auf die Stabilität des geschlossenen Regelkreises schließen, auch Aussagen zum Dämpfungsverhalten des Systems sind näherungsweise möglich. Je weiter die Ortskurve vom kritischen Punkt entfernt verläuft, je höher ist im Stabilitätsfalle die **Stabilitätsreserve**.

Als Maß für die Stabilität eines geschlossenen Regelkreises dienen die Begriffe **Amplitudenreserve** und **Phasenreserve** (Bild 7.11).

Den Abstand vom Ursprung bis zum Schnittpunkt der Ortskurve $G_0(j\omega)$ mit der negativ reellen Achse bezeichnet man mit $1/A_r$ und A_r mit **Amplitudenreserve**. Die Frequenz ω_2, bei der die Ortskurve die negativ reelle Achse schneidet, heißt **Phasendurchtrittsfrequenz**. Den Winkel zwischen der negativ reellen Achse bis zum Schnittpunkt der Ortskurve mit dem Einheitskreis um den Ursprung bezeichnet man mit **Phasenreserve** φ_r. Die Frequenz ω_1,

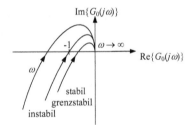

Bild 7.10: Stabilitätsbetrachtungen an Hand des Ortskurvenverlaufes eines aufgeschnittenen Regelkreises

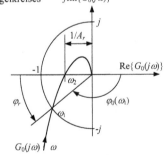

Bild 7.11: Zur Definition von Amplituden- und Phasenreserve

bei der die Ortskurve den Einheitskreis schneidet, heißt *Amplitudendurchtrittsfrequenz*.

Für die Amplitudenreserve gilt nach Bild 7.11:

$$A_r = \frac{1}{\left| G_0(j\omega_2) \right|} \text{ und } \angle G_0(j\omega_2) = -180° \tag{7.91}$$

Stellt man diese Gleichung um, $A_r \left| G_0(j\omega_2) \right| = 1$, dann kann sie so interpretieren werden: Die Amplitudenreserve ist der Faktor, um den man die Verstärkung des geschlossenen Regelkreises vergrößern kann, bis die Stabilitätsgrenze erreicht ist. Ebenso lässt sich für die Phasenreserve definieren (Bild7.11):

$$\varphi_r = 180° + \varphi_0(\omega_1) \text{ und } \left| G_0(j\omega_1) \right| = 1 \tag{7.92}$$

Die Phasenreserve ist so festgelegt, dass sie bei stabilen Systemen positive Werte annimmt. In Anlehnung an die Interpretation der Amplitudenreserve könnte man die Phasenreserve auch so beschreiben: Sie ist der Winkel, um den ein zusätzlich in den Regelkreis eingebautes Totzeitglied die Ortskurve an der Stelle $\left| G_0(j\omega_1) \right| = 1$ bis zur Stabilitätsgrenze weiterdrehen darf. Bekanntlich beeinflussen in Serie liegende Totzeitglieder nur die Phasenlage eines Systems, dagegen nicht den Betrag von $G_0(j\omega)$.

Aus dem Bild 7.11 einer Ortskurve erkennt man, je größer die Amplituden- und Phasenreserve ist, desto weiter entfernt vom kritischen Punkt verläuft die Ortskurve, umso stabiler ist der geschlossene Regelkreis.

Für Werte $A_r > 1$ ist der Regelkreis stabil. Ausreichende Stabilität ist aber erfahrungsgemäß erst ab $A_r > 2$ gegeben. Wird ein Regelkreis vorwiegend auf ein günstiges Störverhalten ausgelegt, sollte $\varphi_r > 30°$ sein, steht aber das Führungsverhalten im Vordergrund, müsste sogar $\varphi_r > 50°$ gewählt werden.

Beispiel 7.3: Anwendung des NYQUIST-Kriteriums in der Ortskurvendarstellung

Eine I-T_2-Strecke mit gegebenen Parameterwerten wird mit einem P-Regler geregelt. Es wird untersucht, welchen Einfluss die Reglerverstärkung K_P auf die Stabilität des Regelkreises hat.

Zunächst wird die Übertragungsfunktion des aufgeschnittenen Kreises aufgestellt:

$$G_0(s) = G_R(s)G_S(s) = K_P \frac{1}{s(3 + 2s + s^2)} \tag{7.93}$$

Die charakteristische Gleichung hat mit $s_1 = 0$ und $s_{2/3} = -1 \pm j\sqrt{2}$ zwei Nullstellen mit negativem Realteil sowie eine Nullstelle auf der imaginären Achse. Damit ist die Anwendung des vereinfachten **NYQUIST**-Kriteriums zulässig.

Der Frequenzgang muss in Real- und Imaginärteil aufgetrennt und anschließend der Betrag und der Winkel des Frequenzganges berechnet werden:

$$G_0(j\omega) = -K_P \frac{2\omega^2 + j\omega(3 - \omega^2)}{4\omega^4 + \omega^2(3 - \omega^2)^2} \tag{7.94}$$

$$\text{Re}\{G_0(j\omega)\} = -K_P \frac{2\omega^2}{4\omega^4 + \omega^2(3-\omega^2)^2} \tag{7.95}$$

$$\text{Im}\{G_0(j\omega)\} = -K_P \frac{\omega(3-\omega^2)}{4\omega^4 + \omega^2(3-\omega^2)^2} \tag{7.96}$$

$$|G_0(j\omega)| = K_P \frac{1}{\sqrt{4\omega^4 + \omega^2(3-\omega^2)^2}} \tag{7.97}$$

$$\angle G_0(j\omega) = -180° + \arctan\frac{3-\omega^2}{2\omega} \tag{7.98}$$

Skizziert man den Frequenzgang nach (7.94) für die drei Parameterwerte $K_P = 3$, 6 und 9, dann ergeben sich die Kurvenzüge in Bild 7.12.

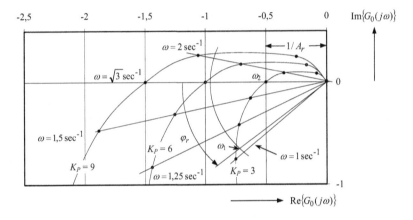

Bild 7.12: Stabilitätsbetrachtungen an Hand des **NYQUIST**-Kriteriums bei einem Regelkreis mit P-Regler und I – T$_2$ - Strecke

Näherungsweise lassen sich aus dem Bild 7.12 aus dem Kurvenzug mit $K_P = 3$ die Amplitudenreserve $A_r \approx 2$ und die Phasenreserve $\varphi_r \approx 40°$ entnehmen. Die Phasendurchtrittsfrequenz liegt bei $\omega_2 = \sqrt{3}\ \text{sec}^{-1}$, die Amplitudendurchtrittsfrequenz bei $\omega_1 \approx 1{,}1\ \text{sec}^{-1}$. Damit ist der Regelkreis mit der Einstellung $K_P = 3$ stabil.

Eine Überprüfung der aus dem Bild 7.12 entnommenen Werte lässt sich direkt durch Anwenden der Definitionsgleichungen (7.91) und (7.92) durchführen. Die Phasendurchtrittsfrequenz ω_2 ergibt sich aus dem Schnittpunkt der Ortskurve mit der negativ reellen Achse. Hier ist der $\text{Im}\{G_0(j\omega)\} = 0$. Aus dieser Bedingung folgt $\omega_2 = \sqrt{3}\ \text{sec}^{-1}$. Die zweite sich formal einstellende Lösung $\omega_3 = 0$ wird in diesem Zusammenhang nicht benötigt. Die Amplitudenreserve folgt aus der Gleichung (7.91). Sie erreicht bei $\omega = \omega_2$ den Wert $A_r = 1/|G_0(j\omega_2)| = 6/K_P = 2$. Die Phasenreserve muss dagegen in zwei Schritten ermittelt werden. Aus der Bedingung $|G_0(j\omega)| = 1$ folgt zunächst eine Gleichung 6. Grades in ω, die nur eine reelle Lösung bei $\omega_1 \approx 1{,}14\ \text{sec}^{-1}$ besitzt. Mit diesem Ergebnis lässt sich die Phasenreserve bestimmen. Nach (7.92) beträgt $\varphi_r = 180° + \angle G_0(j\omega_1) \approx 41°$.

Wird $K_P = 6$ gewählt, dann befindet sich der Regelkreis an der Stabilitätsgrenze. Die Phasenreserve ist hier null, Amplituden- und Phasendurchtrittsfrequenz fallen zusammen. Eine ausreichende Stabilität des geschlossenen Regelkreises erhält man nur, wenn $K_P < 3$ ist, weil hier $A_r > 2$ und $\varphi_r > 41°$ werden. Erhöht man K_P auf 9, kommt der kritische Punkt (-1; 0) rechts von der Ortskurve $G_0(j\omega)$ zu liegen, der Kreis wird instabil, die Amplitudenreserve erreicht mit $A_r = 2/3$ nur einen Wert kleiner als eins, die Phasenreserve kehrt sich um und wird mit $\varphi_R \approx -17°$ negativ. Die Amplitudendurchtrittsfrequenz steigt an dieser Stelle auf $\omega_1 = 2{,}07\ \mathrm{sec^{-1}}$, der geschlossene Regelkreis ist instabil.

∎

7.5.2.1.2 Das vereinfachte NYQUIST-Kriterium im BODE-Diagramm

Die beiden Bedingungen (7.91) und (7.92) für die Amplituden- und Phasenreserve müssen in das **BODE**-Diagramm übertragen werden. Zunächst betrachtet man einen als stabil angenommenen Regelkreis und untersucht die Frequenzkennlinien des offenen Kreises $G_0(j\omega)$ Bild (7.13).

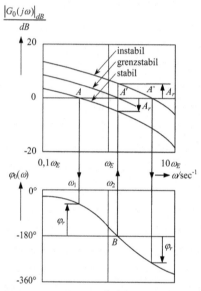

Die Amplitudenkennlinie schneidet die 0 dB-Linie bei der Amplitudendurchtrittsfrequenz ω_1 (Punkt A), die Phasenkennlinie die $-180°$-Linie bei der Phasendurchtrittsfrequenz ω_2 (Punkt B).

Projiziert man den Schnittpunkt B der Phasenkennlinie mit der $-180°$-Linie nach oben in die Betragskennlinie, dann lässt sich die Amplitudenreserve A_r als Abstand des Amplitudenwertes $\left|G_0(j\omega_2)\right|_{dB}$ zur 0 dB-Linie ablesen.

Wird umgekehrt der Nulldurchgang der Betragskennlinie (Punkt A) nach unten in die Phasenkennlinie übertragen, ist die Phasenreserve φ_r die Differenz zwischen dem Phasenkennlinienwert $\varphi_0(\omega_1)$ und der $-180°$-Linie.

Beim Anheben der Betragskennlinie wandert der Punkt A nach rechts in Richtung steigender ω-Werte. Amplituden- und Phasenreserve verringern sich. Liegt der neue Schnittpunkt der Amplitudenkennlinie bei der Frequenz ω_2 (Punkt A'), ist die Amplitudenreserve auf 0 dB oder

Bild 7.13: Vereinfachtes **NYQUIST**-Kriterium im **BODE**-Diagramm

$A_r = 1$ abgesunken, die Phasenreserve ist zu null geworden. Amplituden- und Phasendurchtrittsfrequenz fallen hier zusammen. Der geschlossene Kreis ist instabil und kann nach entsprechender Erregung bei der Frequenz $\omega_1 = \omega_2 = \omega_k$ Dauerschwingungen ausführen.

Eine weitere Anhebung der Amplitudenkennlinie lässt den Nulldurchgang weiter nach rechts, beispielsweise bis zum Punkt A'' wandern, die Amplitudenreserve wird kleiner als Eins, das Vorzeichen der Phasenreserve kehrt sich um und φ_r wird negativ. Das System ist instabil.

Beispiel 7.4: Anwendung des vereinfachten NYQUIST-Kriteriums im BODE-Diagramm

Ein Regelkreis, bestehend aus einem P-Regler und einer I-T_2-Strecke, ist in Abhängigkeit der Reglerverstärkung K_P auf Stabilität zu untersuchen. Folgende Übertragungsfunktionen liegen vor:

$$G_R(s) = K_P \text{ und } G_S(s) = K_S \frac{1}{s(s+2)^2} \qquad (7.99\text{a, b})$$

Zuerst wird die Übertragungsfunktion des aufgeschnittenen Regelkreises gebildet:

$$G_0(s) = K_P K_S \frac{1}{s(2+s)^2} \qquad (7.100)$$

Eine Untersuchung der charakteristischen Gleichung auf Nullstellen ergibt, dass das vereinfachte **NYQUIST**-Kriterium angewendet werden darf, denn $s_1 = 0$ liegt im Ursprung und $s_{2/3} = -2$ in der linken Hälfte der s-Ebene.

Anschließend muss das **BODE**-Diagramm erstellt werden. Aus dem Frequenzgang

$$G_0(j\omega) = K_P \frac{1}{j\omega} \left(\frac{0,5}{1 + j0,5\omega} \right)^2 \qquad (7.101)$$

werden die Frequenzkennlinien berechnet:

$$\left| G_0(j\omega) \right|_{dB} = \left| K_P \right|_{dB} - \left| \omega \right|_{dB} + 2\left| 0,5 \right|_{dB} - 2\left| 1 + j0,5\omega \right|_{dB} \text{ und}$$

$$\angle G_0(j\omega) = \varphi_0(\omega) = -90° - 2\arctan(0,5\omega) \qquad (7.102\text{a, b})$$

Die Frequenzkennlinien lassen sich analytisch aber auch graphisch durch Addition der Einzelkennlinien zusammensetzen, denn wegen des logarithmischen Maßstabes im **BODE**-Diagramm wird letztlich das Produkt dieser Komponenten gebildet.

Im **BODE**-Diagramm (Bild 7.14) sind für drei Reglereinstellungen $K_P = 5$, 16 und 50 die Amplituden- und Phasenkennlinien eingezeichnet.

Die Auswertung der Amplitudenkennlinie mit $K_P = 5$ zeigt einen Nulldurchgang bei der Amplitudendurchtrittsfrequenz $\omega_1 = 1\,\text{sec}^{-1}$. Untersucht man bei dieser Frequenz die Phasenkennlinie, besteht hier eine Phasenreserve von $\varphi_r = 35°$. Der Nulldurchgang der Phasenkennlinie erfolgt bei der Phasendurchtrittsfrequenz $\omega_2 = 1\,\text{sec}^{-1}$. Die Amplitudenkennlinie hat bei dieser Frequenz eine Amplitudenreserve von

$$\left| A_r \right|_{dB} = 0\,\text{dB} - (-10)\,\text{dB} = 10\,\text{dB} \qquad (7.103)$$

Wegen $\left| A_r \right|_{dB} = 20\log A_r = 10\,\text{dB}$ lässt sich hieraus $A_r = 3,16$ berechnen. Demnach ist bei der Einstellung des Reglers mit $K_P = 5$ der Regelkreis stabil.

Erhöht man die Reglerverstärkung auf $K_P = 16$, steigt die Amplitudendurchtrittsfrequenz auf $\omega_1 = 2\,\text{sec}^{-1}$ und die Phasenreserve sinkt auf den Wert null. Die Amplitudenreserve beträgt an dieser Stelle $\left| A_r \right|_{dB} = 0\,\text{dB}$ oder $A_r = 1$. Der Regelkreis befindet sich am Stabilitätsrand und kann bei der Frequenz $\omega_1 = \omega_2 = \omega_k = 2\,\text{sec}^{-1}$ Dauerschwingungen ausführen. Eine weitere Vergrößerung der Reglerverstärkung über den Wert $K_P = 16$ hinaus, bringt Stabilitätsprobleme. Bei $K_P = 50$ liegt die Amplitudendurchtrittsfrequenz bei $\omega_1 \approx 3,3\,\text{sec}^{-1}$ und die Phasenreserve ist mit $\varphi_r \approx -30°$ negativ.

Für die Amplitudenreserve lässt sich an dieser Stelle

$$|A_r|_{dB} = 0 \text{ dB} - 10 \text{ dB} = -10 \text{ dB} \tag{7.104}$$

ablesen, was $A_r = 0{,}31$ entspricht.   ■

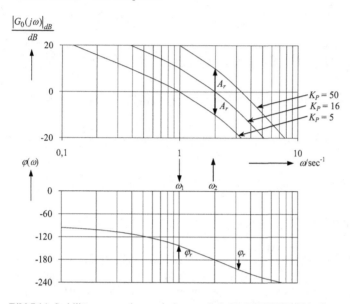

Bild 7.14: Stabilitätsuntersuchung mit dem vereinfachte **NYQUIST**-Kriterium

7.5.2.2 Das allgemeine Stabilitätskriterium nach NYQUIST

Wenn die Voraussetzungen des vereinfachten **NYQUIST**-Kriteriums bei einem Regelkreis nicht erfüllt sind, muss auf die verallgemeinerte Form des Kriteriums zurückgegriffen werden. Es benötigt für eine Stabilitätsaussage die Anzahl n_p der Nullstellen mit positivem Realteil sowie die Anzahl n_0 der Nullstellen mit verschwindendem Realteil der charakteristischen Gleichung.

Das vollständige **NYQUIST**-Kriterium wertet die stetige Winkeländerung $\Delta\Phi$ aus, die der Fahrstrahl vom Punkt (-1; $j0$) zum laufenden Punkt der Ortskurve des offenen Kreises $G_0(j\omega)$ im Bereich $0 \leq \omega < \infty$ beschreibt. Das allgemeine Stabilitätskriterium nach **NYQUIST** lautet dann:

> Besitzt die **charakteristische Gleichung des offenen Kreises** $G_0(s)$ n_p Nullstellen mit positivem Realteil und n_0 Nullstellen mit verschwindendem Realteil, dann ist der **geschlossene Kreis** genau dann stabil, wenn der vom kritischen Punkt (-1; 0) an die Ortskurve $G_0(j\omega)$ gezogenen Fahrstrahl beim Durchlaufen der Ortskurve im Bereich $0 \leq \omega < \infty$ eine Winkeländerung beschreibt von
>
> $$\Delta\Phi = (2n_p + n_0)\frac{\pi}{2} \tag{7.105}$$

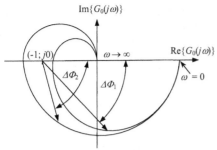

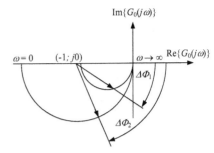

Bild 7.15: Ortskurven mit Winkeländerung $\Delta\Phi_1 = 0$ und $\Delta\Phi_2 = 2\pi$ für $0 \le \omega < \infty$

Bild 7.16: Ortskurvenverlauf von $G_0(j\omega)$ eines Systems mit $n_p = 1$ und $n_0 = 0$

Beispiel 7.5: Anwendung des verallgemeinerten NYQUIST-Kriteriums

Eine instabile Regelstrecke mit Übertragungsfunktion

$$G_S(s) = \frac{K_S}{sT_1 - 1} \tag{7.106}$$

soll mit einem P-Regler geregelt werden. Es ist das Stabilitätsverhalten in Abhängigkeit der Reglerverstärkung K_P zu untersuchen.

Die Übertragungsfunktion des aufgeschnittenen Regelkreises lautet:

$$G_0(s) = K_P \frac{K_S}{sT_1 - 1} \tag{7.107}$$

Die charakteristische Gleichung $\varphi(s) = sT_1 - 1 = 0$ hat mit $s_1 = 1/T_1$ eine Nullstelle mit positivem Realteil, also gilt $n_p = 1$. Weitere Nullstellen liegen nicht vor, damit ist auch $n_0 = 0$. Das vereinfachte **NYQUIST**-Kriterium lässt sich wegen der dort gemachten Einschränkungen nicht anwenden. Der **geschlossene Regelkreis** ist nach dem allgemeinen **NYQUIST**-Kriterium stabil, wenn die Winkeländerung des Fahrstrahls

$$\Delta\Phi = (2n_p + n_0)\frac{\pi}{2} = \pi \tag{7.108}$$

beträgt. Die Untersuchung der Ortskurve

$$G_0(j\omega) = -K_P K_S \frac{1 + j\omega T_1}{1 + (\omega T_1)^2} \tag{7.109}$$

zeigt aber, dass die Winkeländerung im Bereich $0 \le \omega < \infty$ des Zeigers $1 + G_0(j\omega)$ von K_P abhängig ist (Bild 7.16). Für Werte $K_P < 1/K_S$ ist die Winkeländerung $\Delta\Phi_1 = 0$ (innere Ortskurve). Bei $K_P > 1/K_S$ wird dagegen $\Delta\Phi_2 = \pi$ (äußere Ortskurve). Nur für diesen Fall stimmt die Winkeländerung mit dem berechneten Wert nach Gleichung (7.108) überein, der geschlossene Regelkreis ist also stabil. Das gleiche Ergebnis folgt auch aus der charakteristischen Gleichung des geschlossenen Regelkreises, wenn man die Nullstellen von $N(s) = sT_1 + K_P K_S - 1$ untersucht. Für $K_P K_S > 1$ liegt die Nullstelle wegen $s_1 = (1 - K_P K_S)/T_1 < 0$ in der linken Hälfte der s-Ebene.   ∎

7.6 Beispiele

7.1 Gegeben ist eine I-Strecke mit Verzögerung 1. Ordnung, die mit einem P-Regler geregelt werden soll.

a) Wie müsste K_P gewählt werden, wenn die Führungsübertragungsfunktion eine Dämpfungszahl von $D = 1/\sqrt{2}$ haben soll?

Die Führungsübertragungsfunktion lautet mit $G_R(s) = K_P$ und $G_S(s) = \dfrac{0{,}5}{s(1 + 0{,}1s)}$

$$G_w(s) = \frac{0{,}5K_P}{0{,}5K_P + s + 0{,}1s^2} = \frac{0{,}5K_P}{0{,}1(5K_P + 10s + s^2)} = \frac{0{,}5K_S}{0{,}1(\omega_0^2 + 2\delta s + s^2)}$$

Durch Koeffizientenvergleich mit $\omega_0^2 = 5K_P$ und $2\delta = 10$ wird die Reglereinstellung K_P aus der gegebenen Dämpfungszahl berechnen:

$$D = \frac{\delta}{\omega_0} = \frac{5}{\sqrt{5K_P}} = \frac{1}{\sqrt{2}} \Rightarrow K_P = 10$$

b) Wie lautet der stationäre Wert nach einem Führungssprung unter der gewählten Einstellung?

Aus $G_w(s) = \dfrac{x(s)}{w(s)}$ folgt mit dem **LAPLACE**-transformierten Führungssprung $w(s) = \dfrac{w_0}{s}$ und dem Grenzwertsatz, Tabelle 3.2, Seite 32:

$$x(\infty) = \lim_{s \to 0} s \frac{w_0}{s} \frac{0{,}5K_P}{0{,}5K_P + s + 0{,}1s^2} = w_0 \neq f(K_P)$$

c) Welchen stationären Wert nimmt die Regelgröße nach einem Störsprung an?

Aus der Störsprungantwort folgt mit $z(s) = z_0/s$:

$$x(\infty) = \lim_{s \to 0} s \frac{z_0}{s} \frac{0{,}5}{0{,}5K_P + s + 0{,}1s^2} = \frac{z_0}{K_P} = f(K_P)$$

d) Berechne und skizziere die Führungssprungantwort

Mit $K_P = 10$ folgt aus der Führungsübertragungsfunktion nach einer Partialbruchzerlegung:

$$\frac{x(s)}{5w_0} = \frac{1}{s} \frac{1}{5 + s + 0{,}1s^2} = \frac{1}{5}\left[\frac{1}{s} - 10\frac{1 + 0{,}1s}{s^2 + 10s + 50}\right]$$

Mit den beiden Transformationen (3.17) und (3.18) wird die Sprungantwort:

$$\frac{x(t)}{w_0} = \left[1 - e^{-5t}\left\{\cos 5t + \sin 5t\right\}\right]$$

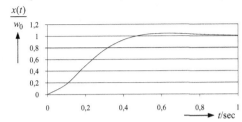

Bild 7.17: Führungssprungantwort

7.2 Es ist die Stabilität eines Regelkreises aus P-Regler und P-T$_3$-Strecke zu untersuchen. Die Übertragungsfunktionen sind gegeben:

$$G_R(s) = K_P \text{ und } G_S(s) = \frac{1}{1 + 2s + 6s^2 + s^3}$$

a) Ist der Regelkreis nach **HURWITZ** stabil, wenn $K_P = 21$ beträgt?

Zunächst wird die charakteristische Gleichung nach (7.70) aufgestellt:

$$1 + G_R(s)G_S(s) = 1 + K_P + 2s + 6s^2 + s^3 = 0$$

Nach dem **HURWITZ**-Kriterium (7.69) muss gelten: $a_0 = 1 + K_P > 0$. Mit $K_P > 0$ ist diese Forderung erfüllt. Die zweireihige Determinante

$$D_2 = \begin{vmatrix} a_1 & a_3 \\ a_0 & a_2 \end{vmatrix} = a_1 a_2 - a_0 a_3 = 2 \cdot 6 - (1 + K_P) \cdot 1 \sec^3 = -10 \sec^3$$

ist negativ. Daraus folgt, das System ist nicht stabil.

b) Wie müsste der Bereich von K_P gewählt werden, damit der Kreis stabil wird?

Aus der Bedingung $D_2 > 0$ folgt: $K_P < 11$. Deshalb gilt: $0 < K_P < 11$

7.3 Gegeben ist ein P-Regler mit Verzögerung 1. Ordnung und eine P-T$_2$-Strecke mit den Übertragungsfunktionen:

$$G_R(s) = K_P \frac{1}{1+s} \text{ und } G_S(s) = \frac{1}{1 + 3s + 5s^2}$$

a) Ist der Regelkreis nach **NYQUIST** stabil, wenn $K_P = 6$ beträgt?

Die Übertragungsfunktion des aufgeschnittenen Regelkreises lautet:

$$G_0(j\omega) = G_R(s)G_S(s) = K_P \frac{1}{1 + 4s + 8s^2 + 5s^3}$$

Untersucht man die Nullstellen der charakteristischen Gleichung, so findet man eine Nullstelle durch „Probieren" bei $s_1 = -1$, denn $1 + 4(-1) + 8(-1)^2 + 5(-1)^3 = 0$. Über eine anschließende Polynomdivision

$(1 + 4s + 8s^2 + 5s^3): (s + 1) = 1 + 3s + 5s^2$ erhält man eine quadratische Gleichung, deren Lösungen $s_{2/3} = -0{,}3 \pm 0{,}1j\sqrt{11}$ ebenfalls in der linken Hälfte der s-Ebene liegen. Ersetzt man in $G_0(s)$ die komplexe Variable s wieder durch $j\omega$, erhält man den Frequenzgang, der sich in Real- und Imaginärteil auftrennen lässt:

$$\mathrm{Re}\{G_0(j\omega)\} = K_P \frac{1 - 8\omega^2}{(1 - 8\omega^2)^2 + \omega^2(4 - 5\omega^2)^2}$$

$$\mathrm{Im}\{G_0(j\omega)\} = -K_P \frac{\omega(4 - 5\omega^2)}{(1 - 8\omega^2)^2 + \omega^2(4 - 5\omega^2)^2}$$

$\omega/\sec^{-1}$	$\mathrm{Re}\{G_0(j\omega)\}$	$\mathrm{Im}\{G_0(j\omega)\}$
0	$K_P = 6$	0
$1/2\sqrt{2}$	0	$-K_P \dfrac{16\sqrt{2}}{27}$
$2/\sqrt{5}$	$-K_P \dfrac{5}{27}$	0
∞	0	0

Tabelle 7.2: Zur Konstruktion der Ortskurve

Der Schnittpunkt von $G_0(j\omega)$ mit der reellen Achse bei Imaginärteil gleich null und $K_P = 6$ liegt bei

$$\mathrm{Re}(\omega_k = \frac{2}{\sqrt{5}}) = -K_P \frac{5}{27} = -\frac{30}{27} = -\frac{10}{9} < -1$$

Der Regelkreis ist instabil! In dem folgenden Diagramm sind Ortskurven für zwei K_P–Werte dargestellt:

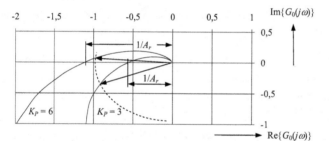

Bild 7.18: Stabilitätsbetrachtung nach **NYQUIST**

Aus dem Bild lassen sich die Werte für die Amplituden- und Phasenreserve entnehmen:

$K_P = 6: A_r \cong 0{,}8; \; \varphi_r \cong -5°$
$K_P = 3: A_r \cong 1{,}8; \; \varphi_r \cong 30°$

b) Wie müsste man K_P wählen, damit der Regelkreis Stabilität besitzt?

Aus $\mathrm{Im}\{G_0(j\omega)\} = 0$ folgt $\omega_0 = \sqrt{4/5} \; \sec^{-1}$ und $\mathrm{Re}\{G_0(j\omega_0)\} = -5K_P/27$. Die Bedingung $-5K_P/27 > -1$ ergibt den Einstellbereich $0 < K_P < 27/5$.

7.4 Ein Regelkreis, aufgebaut aus einem PI-Regler und einer P-T_2-Strecke, ist auf Stabilität zu untersuchen. Die Übertragungsfunktionen lauten:

$$G_R(s) = K_P \frac{1 + sT_n}{sT_n} \quad \text{und} \quad G_S(s) = \frac{2}{s^2 - 0{,}9s - 0{,}1}$$

a) Wie müsste T_n gewählt werden, damit die Ordnung der Führungsübertragungsfunktion reduziert werden könnte?

Zunächst wird die Führungsübertragungsfunktion aufgestellt. Auftretende Polynome werden in Faktoren zerlegt und eine Linearform verwendet:

Mit $s^2 - 0,9s - 0,1 = 0 \Rightarrow s_{1/2} = 1 \; oder \; -0,1$ wird die Führungsübertragungsfunktion:

$$G_w(s) = \frac{2K_P(1 + sT_n)}{sT_n(s + 0,1)(s - 1) + 2K_P(1 + sT_n)} = \frac{2K_P(1 + sT_n)}{sT_n 0,1(10s + 1)(s - 1) + 2K_P(1 + sT_n)}$$

Wird $T_n = 10$ sec gesetzt, dann lassen sich die Linearfaktoren im Zähler und im Nenner kürzen. Die reduzierte Form der Übertragungsfunktion ist dann von zweiter Ordnung:

$$G_w(s) = \frac{2K_P}{s(s - 1) + 2K_P} = \frac{2K_P}{s^2 - s + 2K_P}$$

b) Lässt sich der Kreis unter entsprechender Wahl von K_P stabilisieren?

Aus $s^2 - s + 2K_P = 0$ folgen die Nullstellen: $s_{1/2} = 0,5 \pm \sqrt{0,25 - 2K_P}$. Für $K_P > 0$ liegen alle Nullstellen in der rechten Hälfte der s-Ebene. Der Kreis ist damit instabil!

7.5 Ein Regelkreis mit den folgenden Daten ist auf Stabilität zu untersuchen:

$$G_R(s) = K_P\left[1 + \frac{1}{sT_n} + sT_v\right] \text{ und } G_S(s) = \frac{K_S}{(1 + sT_1)^2}$$

a) Mit dem **HURWITZ**-Kriterium ist nachzuprüfen, ob der Kreis stabil ist, wenn folgende Werte gegeben sind: $K_P = 2$; $T_n = 3$ sec; $T_v = 0,5$ sec; $K_S = 1$ und $T_1 = 10$ sec.

Aus der charakteristischen Gleichung

$$1 + G_R(s)G_S(s) = 1 + \frac{K_S}{(1 + sT_1)^2}K_P\frac{1 + sT_n + s^2 T_n T_v}{sT_n} = 0$$

folgt nach Umstellung:

$$K_S K_P + s(1 + K_S K_P)T_n + s^2(2T_1 + K_S K_P T_v)T_n + s^3 T_1^2 T_n = 0.$$

Mit $\quad a_0 = K_S K_P = 2$

$\qquad a_1 = (1 + K_S K_P)T_n = 9$ sec

$\qquad a_3 = (2T_1 + K_S K_P T_v)T_n = 63$ sec^2

$\qquad a_3 = T_1^2 T_n = 300$ sec^3

wird die zweireihige Determinante

$$D_2 = a_1 a_2 - a_0 a_3 = (9 \cdot 63 - 2 \cdot 300) \text{ sec}^3 = -33 \text{ sec}^3$$

negativ. Bei der gewählten Reglereinstellung ist der Kreis instabil!

Bei der Berechnung der Determinanten ist es sinnvoll, die Einheiten mitzuführen. Ihre aufsteigende Potenzen können zur Überprüfung der Berechnung herangezogen werden.

b) Wie müsste man T_v unter sonst gleichen Bedingungen wählen, um den Kreis in einen stabilen Bereich zu überführen?

Aus der Forderung $D_2 > 0$ folgt für die Vorhaltzeit:

$$T_v > \frac{K_S K_P T_1^2 - T_n 2T_1(1 + K_S K_P)}{K_S K_P T_n(1 + K_S K_P)} = 1{,}11 \text{ sec}$$

c) Welcher Bereich gilt entsprechend für die Nachstellzeit?

$$T_n > \frac{K_S K_P T_1^2}{(2T_1 + K_S K_P T_v)(1 + K_S K_P)} = 3{,}17 \text{ sec}$$

d) Wie müsste die Einstellung durch K_P erfolgen, um Stabilität zu erreichen?

Aus $D_2 = 0$ folgt eine quadratische Gleichung mit der Variablen $K_P K_S$. Die Lösung lautet:

$$(K_P K_S)_{1/2} = -\frac{1}{2T_v}\left(T_V + 2T_1 - \frac{T_1^2}{T_n}\right) \pm \frac{1}{2T_v}\sqrt{\left(T_V + 2T_1 - \frac{T_1^2}{T_n}\right)^2 - 8T_1 T_v} \approx \begin{cases} 1{,}67 \\ 24 \end{cases}$$

Wegen der Stabilitätsforderung $D_2 > 0$ ergeben sich zwei Bereiche für $K_P K_S$:

$0 < K_P K_S < 1{,}67$ oder $K_P K_S > 24$

e) Mit welcher Frequenz ω würde der Regelkreis am Stabilitätsrand Dauerschwingungen ausführen?

Wird in der charakteristischen Gleichung $G(s) = 1 + G_R(s)G_S(s) = 0$ für $s = j\omega$ gesetzt, dann muss die Variable ω in den beiden Bedingungen $\mathrm{Re}\{G(j\omega)\} = 0$ und $\mathrm{Im}\{G(j\omega)\} = 0$ gleiche Werte annehmen. Dann ergibt sich als Lösung der beiden Forderungen:

$$\omega = \sqrt{\frac{K_S K_P}{(2T_1 + K_S K_P T_v)T_n}} = \sqrt{\frac{a_0}{a_2}} = \sqrt{\frac{1 + K_S K_P}{T_1^2}} = \sqrt{\frac{a_1}{a_3}}$$

Einstellung			Frequenz
K_P	T_n/sec	T_v/sec	ω/sec^{-1}
1,66	3	0,5	0,163
24	3	0,5	0,5
2	3,17	0,5	0,173
2	3	1,11	0,173

Führt man den Regelkreis durch entsprechende Wahl von K_P oder T_n oder T_v an den Stabilitätsrand heran, dann lassen sich die Frequenzen berechnen, bei denen der Regelkreis Dauerschwingungen ausführt. Die Ergebnisse der Berechnung sind in der nebenstehenden Tabelle 7.3 zusammengestellt.

Tabelle 7.3: Reglereinstellwerte am Stabilitätsrand

7.6 Ein P-Regler wird verwendet, um eine Strecke mit Übertragungsfunktion

$$G(s) = \frac{(1 + T_1 s)(1 + T_2 s)}{T_I^3 s^3}$$

zu regeln. Die Stabilität ist nach **NYQUIST** zu untersuchen, wenn für die Zeitkonstanten gewählt ist: $T_1 = 2$ sec, $T_2 = 3$ sec, $T_I = 6$ sec und $K_P = 4$:

Zunächst wird die Übertragungsfunktion des aufgeschnittenen Regelkreises gebildet:

$$G_0(s) = K_P \frac{(1 + sT_1)(1 + sT_2)}{T_I^3 s^3}$$

Sie besitzt für $s = 0$ einen dreifachen Pol. Damit ist $n_p = 0$, $n_0 = 3$ und $n_n = 0$. Da $n_0 > 2$ ist, wird die Stabilitätsuntersuchung mit dem allgemeinen **NYQUIST**-Kriterium durchgeführt.

Um den Verlauf der Ortskurve skizzieren zu können, wird der Frequenzgang $G_0(j\omega)$ in Real- und Imaginärteil aufgegliedert:

$$G_0(j\omega) = K_P \frac{-\omega(T_1 + T_2) + j(1 - \omega^2 T_1 T_2)}{T_I^3 \omega^3} = -K_P \frac{T_1 + T_2}{T_I^3 \omega^2} + jK_P \frac{(1 - \omega^2 T_1 T_2)}{T_I^3 \omega^3}$$

In der folgenden Tabelle sind die zur Konstruktion der Ortskurve erforderlichen Daten zusammengestellt:

$\omega / \mathrm{sec}^{-1}$	$\mathrm{Re}\{G_0(j\omega)\}$	$\mathrm{Im}\{G_0(j\omega)\}$
0	$-\infty$	∞
$1/\sqrt{T_1 T_2} = 1/\sqrt{6}$	$-K_P \dfrac{(T_1 + T_2)T_1 T_2}{T_I^3} = -0{,}55$	0
∞	0	0

Tabelle 7.4: Zur Konstruktion der Ortskurve

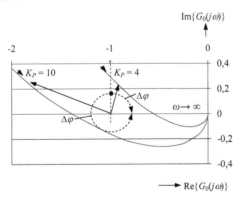

Bild 7.19: Stabilitätsbetrachtung nach dem vollständigen **NYQUIST**-Kriterium

Nach dem vollständigen **NYQUIST**-Kriterium müsste aufgrund der gegebenen Übertragungsfunktion die Winkeländerung nach (7.105)

$$\Delta\varphi = (2n_p + n_0)\frac{\pi}{2} = 3\frac{\pi}{2}$$

betragen. Tatsächlich liegt diese aber nach Bild 7.19 bei der gegebenen Reglereinstellung von $K_P = 4$ bei $\Delta\varphi = -\pi/2$. Der Regelkreis ist deshalb instabil. Erhöht man beispielsweise K_P von 4 auf 10, dann führt dieser Wert zu $\Delta\varphi = 3\pi/2$ und damit zu einem stabilen Regelkreis.

Bei der Bestimmung des Winkels ist zu beachten, dass der Zeiger bei $\omega \to 0$ parallel zur imaginären Achse liegt, da der Imaginärteil von $G_0(j\omega)$ wegen der dritten Potenz „schneller" wächst als der Realteil. Da bei „kleinen" ω-Werten die Abschätzung $\omega^2 T_1 T_2 \ll 1$ gilt, erhält man nämlich für den Imaginärteil:

$$\mathrm{Im}\{G_0(j\omega)\} = K_P \frac{1 - \omega^2 T_1 T_2}{T_I^3 \omega^3} \approx K_P \frac{1}{T_I^3 \omega^3}$$

7.7 Übungsaufgaben

7.1 Ein Regelkreis wird mit einem P-Regler geregelt. Die Übertragungsfunktion der Strecke lautet

$$G_S(s) = \frac{1}{1 + 2s + 6s^2 + s^3}$$

a) Ist der Regelkreis nach dem **HURWITZ**-Kriterium stabil, wenn $K_P = 21$ beträgt?
b) Wie müsste K_P gewählt werden, um den Regelkreis in einen stabilen Bereich zu überführen?

Lsg.:
a) $D_2 = 12 - (K_P + 1) = -10 < 0 \Rightarrow$ Kreis instabil!
b) $D_2 = 12 - (K_P + 1) > 0$ und $D_1 = a_1 = K_P + 1 > 0 \Rightarrow 0 < K_P < 11 \Rightarrow$ Stabilität!

7.2 Ein Regelkreis, bestehend aus einem PI-Regler und einer I-T_1-Strecke ist nach dem **HURWITZ**-Kriterium auf Stabilität zu untersuchen. Es liegen folgende Übertragungsfunktionen vor:

$$G_S(s) = \frac{K_S}{sT_I(1 + sT_1)} \quad \text{und} \quad G_R(s) = K_P \frac{1 + sT_n}{sT_n}, \quad K_S = 1, \; T_I = 20 \text{ sec}, \; T_1 = 8 \text{ sec}, \; K_P = 10, \; T_n = 5 \text{ sec}.$$

a) Ist der Regelkreis bei der vorgegebenen Reglereinstellung stabil?
b) Wie müsste K_P gewählt werden, damit der Kreis stabil wird?
c) Wie müsste T_n entsprechend gewählt werden?
d) Mit welcher Kreisfrequenz schwingt der Kreis an der Stabilitätsgrenze?

Lsg.:
a) $D_3 = 800(5000 - 8000) \, \text{s}^3 < 0 \Rightarrow$ instabil!
b) Da $a_3 = T_1 T_I T_n > 0$ und $D_2 = K_P(K_S T_n^2 T_I - K_S T_1 T_I T_n) > 0 \Rightarrow$ mit einem $K_P > 0$ lässt sich der Regelkreis nicht stabilisieren!
c) Aus $D_2 = K_P(K_S T_n^2 T_I - K_S T_1 T_I T_n) > 0 \Rightarrow T_n > T_1 \Rightarrow T_n > 8$ sec.
d) Bei $T_n = T_1 = 8$ sec $\Rightarrow \omega = 0{,}25$ sec^{-1}

7.3 Das Sprungverhalten eines Regelkreises ist zu untersuchen. Die Übertragungsfunktion der Strecke lautet:

$$G_S(s) = \frac{K_I}{s(1 + sT_1)} = \frac{0{,}5}{s(1 + 0{,}1s)}$$

a) Wie müsste K_P gewählt werden, wenn die Führungssprungantwort mit $D = 0{,}5\sqrt{2}$ gedämpft verlaufen soll?
b) Berechne den stationären Wert der Führungssprungantwort, wenn $w(t) = w_0$, $t > 0$ gilt.

Lsg.:
a) Aus $D = \dfrac{\delta}{\omega_0} = \dfrac{1}{2\sqrt{K_I K_P T_1}} = 0{,}5\sqrt{2} \Rightarrow K_P = 10$

b) $x(\infty) = \lim\limits_{s \to 0} s \dfrac{w_0}{s} \dfrac{K_I K_P}{K_I K_P + s(1 + sT_1)} = w_0$

7.4 Die Stabilität eines Regelkreises ist mit Hilfe des **NYQUIST**-Kriterium zu untersuchen. Es ist ein P-Regler vorgesehen. Die Übertragungsfunktion der Strecke lautet:

$$G_S(s) = \frac{4}{s(10 + 4s + s^2)}$$

a) Es ist zu prüfen, ob das vereinfachte **NYQUIST**-Kriterium verwendet werden darf.
b) Trenne die Übertragungsfunktion des aufgeschnittenen Regelkreises in Real- und Imaginärteil auf!
c) Für welche K_P ist der Kreis stabil?

Lsg.:

a) $G_0(s) = K_P \dfrac{4}{s(10 + 4s + s^2)}$

$\Rightarrow$ Nullstellen der charakteristischen Gleichung: $s_1 = 0$, $s_{1/2} = -2 \pm j\sqrt{6}$

$\Rightarrow$ Wegen $n_0 = 1 < 2$ darf das vereinfachte **NYQUIST**-Kriterium verwendet werden.

b) $G_0(j\omega) = -\dfrac{16K_P}{16\omega^2 + (16 - \omega^2)^2} + j\dfrac{4K_P(\omega^2 - 16)}{16\omega^3 + \omega(16 - \omega^2)^2}$

c) Für $\omega_1 = 4 \text{ sec}^{-1}$ ist $\text{Im}\{G_0(j\omega)\} = 0$ und $\text{Re}\{G_0(j\omega)\} = -\dfrac{K_P}{16} \Rightarrow -1 < -\dfrac{K_P}{16} \Rightarrow 0 < K_P < 16$

7.5 Der Regelkreis mit $G_S(s) = \dfrac{2}{1 + 3s + 4s^2}$ und $G_R(s) = \dfrac{K_P}{1 + 2s}$ ist auf Stabilität zu untersuchen.

a) Ermittle von $G_0(j\omega)$ den Real- und Imaginärteil!
b) Skizziere für $K_P = 4$ die Ortskurve. Ist der Kreis stabil?
c) Wie ändert sich das Stabilitätsverhalten, wenn $K_P = 2$ gewählt wird? Schätze die Amplituden- und Phasenreserve ab!

Lsg.:

a) $G_0(j\omega) = \dfrac{2K_P(1 - 10\omega^2)}{(1 - 10\omega^2)^2 + (5\omega - 8\omega^3)^2} - j\dfrac{2K_P(5\omega - 8\omega^3)}{(1 - 10\omega^2)^2 + (5\omega - 8\omega^3)^2}$

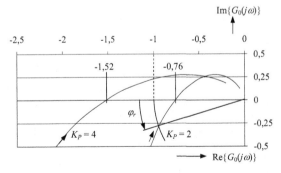

b) Aus $\text{Im}\{G_0(j\omega)\} = 0 \Rightarrow \omega_0 = 0 \text{ sec}^{-1}$
und
$\omega_2 = \sqrt{5/8} \text{ sec}^{-1} \approx 0,8 \text{ sec}^{-1} \triangleq$ Phasendurchtrittsfrequenz
$\Rightarrow \text{Re}\{G_0(j\omega_0)\} = 2K_P = 4$
$\Rightarrow \text{Re}\{G_0(j\omega_2)\} = -0,38 K_P = -1,52$
$\Rightarrow$ Kreis bei $K_P = 4$ instabil!

c) Schnittpunkt der Ortskurve mit der negativ reellen Achse:
$\text{Re}\{G_0(j\omega_2)\} = -0,38 K_P = -0,76$
$\Rightarrow$ Kreis bei $K_P = 2$ stabil!
$\Rightarrow \varphi_r \approx 20°$, $A_r \approx 1,31$ und Amplituden-durchtrittsfrequenz $\omega_1 \approx 0,75 \text{ sec}^{-1}$

Bild 7.20: Zur Stabilitätsbetrachtung nach dem **NYQUIST**-Kriterium

7.6 Die Übertragungsfunktion eines aufgeschnittenen Regelkreises sei:

$$G_0(s) = K_P \frac{1 + sT_v}{s(s-1)}, \ T_v > 0$$

Die Stabilität ist nach dem **NYQUIST**-Kriterium zu überprüfen.

a) Welche Form des Kriteriums muss hier angewandt werden?
b) Die Stabilitätsbetrachtung ist an Hand der Ortskurve durchzuführen.

Lsg.:

a) $s_1 = 0$ und $s_2 = 1 \Rightarrow n_n = 0, \ n_0 = 1, \ n_p = 1$

$\Rightarrow$ Die Stabilitätsprüfung muss nach dem allgemeinen Kriterium erfolgen!

$\Rightarrow \Delta \Phi = (2n_p + n_0) \frac{\pi}{2} = 3 \frac{\pi}{2}$

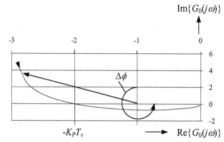

b) $G_0(j\omega) = K_P \dfrac{-\omega(1 + T_v) + j(1 - \omega^2 T_v)}{\omega(\omega^2 + 1)}$

Die Auswertung ergibt: $\Delta\phi = 3\pi/2$, falls
$-K_P T_v < -1$ oder $K_P T_v > 1$ ist.
$\Rightarrow$ Stabilität!

Bild 7.21: Stabilitätsbetrachtung nach dem allgemeinen
NYQUIST-Kriterium

7.8 Zusammenfassung

Die Regelstrecke ist im Allgemeinen durch ihre Konstruktion fest vorgegeben und ihr Zeitverhalten lässt sich nachträglich kaum verändern. Bei der Auswahl eines Reglers, insbesondere dessen Zeitverhalten, müssen diese Voraussetzungen berücksichtigt werden. Notwendige Anpassungen an die Regelstrecke können deshalb **nur über** den Regler mit entsprechenden Kennwerteinstellungen durchgeführt werden.

In einem geschlossenen Regelkreis kann sowohl das statische als auch das dynamische Verhalten der Regelgröße durch die Reglercharakteristik und die Kennwerte beeinflusst werden. Um deren Verlauf studieren zu können, definieren wir im Bildbereich die **Führungs-** und **Störübertragungsfunktion**. Im ersten Fall bilden wir das Verhältnis von Regelgröße zu Führungsgröße bei konstant angenommener Störgröße, danach das Verhältnis von Regelgröße zu Störgröße bei unveränderlich angenommener Führungsgröße. Aus beiden Funktionen lässt sich die Abhängigkeit der Regelgröße von der Führungsgröße bzw. der Störgröße darstellen. Beide Funktionen zusammen bilden die Regelkreisgleichung, die die Regelgröße als Funktion von Führungsgröße und Störgröße darstellt.

Das **statische Verhalten** wird von der Reglercharakteristik geprägt. Ein P-Regler oder ein PD-Regler an einer P-T_n-Strecke gelten als „schnelle" Regler, aber sie verursachen eine von dem Reglerkennwert K_P abhängige bleibende Regeldifferenz, die man auch als Regelfehler bezeichnet. Ist aber eine I-

Komponente bei der Strecke oder bei dem Regler vorhanden, tritt keine bleibende Regeldifferenz auf, so z. B. beim Verwenden eines PI-Reglers oder PID-Reglers an einer P-T_n-Strecke.

Bei der Untersuchung des **dynamischen Verhaltens** eines Regelkreises stellt sich die Frage nach der **Stabilität**. Hierunter versteht man das Verhalten der Regelgröße nach einer Änderung der Führungsgröße oder der Störgröße. Geht die Regelgröße innerhalb einer beschränkten Zeit wieder auf einen stationären Wert zurück, der nicht notwendigerweise dem ursprünglichen Wert entsprechen muss, spricht man von einem stabilen Verhalten. Der Übergang von einem Zustand zu einem neuen stationären Wert ist ebenfalls Gegenstand der Stabilitätsbetrachtung. Er kann sowohl kriechend als auch schwingend erfolgen. Man hat hierfür spezifische Kriterien entwickelt, wie das **HURWITZ**-Kriterium und das **NYQUIST**-Kriterium. Ziel der Untersuchung ist die Bereitstellung von zweckmäßigen und zulässigen Bereichen für die Reglerkennwerte K_P, T_n und T_v.

Das **HURWITZ**-Kriterium ist ein **numerisches Verfahren** und lässt sich nur bei linearen oder linearisierten Systemen anwenden. Bei diesem Verfahren untersucht man die Koeffizienten der charakteristischen Gleichung, den Nenner von Führungs- oder Störübertragungsfunktion.

Das **NYQUIST**-Kriterium ist universeller, es kann auch bei Systemen, die Totzeiten enthalten, angewandt werden. Es beurteilt die Stabilität eines geschlossenen Regelkreises aus dem Verlauf des Frequenzganges des offenen Regelkreises, dem Produkt aus Führungs- und Störübertragungsfunktion. Hierbei leistet das **vereinfachte Kriterium** gute Dienste, sofern die charakteristische Gleichung des offenen Regelkreises Nullstellen in der linken Hälfte der komplexen Zahlenebene und höchsten zwei Nullstellen auf der imaginären Achse hat. Falls diese Bedingungen nicht erfüllt sind, greift man zum **allgemeinen Stabilitätskriterium nach NYQUIST**.

Beide Kriterien, sowohl das **HURWITZ**-Kriterium als auch das **NYQUIST**-Kriterium, liefern Hinweise für die Regler-Kennwerte, das **NYQUIST**-Kriterium mit den Angaben **Amplitudenrand** und **Phasenrand** auch Aussagen über die Qualität der Stabilität.

Bei bestimmten Regler-Streckenkombinationen können ebenso Hinweise zur Stabilität und zu den Reglerkennwerten gegeben werden. Wenn die charakteristische Gleichung der Führungsübertragungsfunktion von zweiter Ordnung ist, kann eine Dämpfungszahl als Funktion von K_P, K_I oder K_P und T_n definiert werden, die ein Maß für das Einschwingverhalten darstellt, ob ein kriechender oder ob ein schwingender Übergang vorliegt. Beispiele solcher Kombinationen sind P-Regler und P-T_2-Strecke mit $D = f(K_P)$, I-Regler und P-T_1-Strecke mit $D = f(K_I)$, PI-Regler und I-Strecke mit $D = f(K_P, T_n)$, auch I-Regler und I-Strecke. Allerdings erhält man im letzten Beispiel eine Dämpfungszahl gleich null. Der Regelkreis würde bei entsprechenden Störungen Dauerschwingungen ausführen. Zwar muss man beachten, dass bei solchen Regler-Streckenkombinationen rechnerisch wohl eine Schwingungsgefahr angezeigt ist, eine gewisse Stabilität aber trotzdem vorhanden ist. Das hängt oft mit der ungenauen Modellierung von Regler und Regelstrecke zusammen oder mit dem Fehlen einer die Schwingung auslösenden Störung ab.

Das **Pol-Nullstellen-Kompensationsverfahren** bietet die Möglichkeit T_n und T_v zu bestimmen, sofern die Führungsübertragungsfunktion im Zähler und Nenner Faktoren hat, die sich kürzen lassen. Unter Umständen müssen zuvor Teile von Übertragungsfunktionen von einer Polynomdarstellung in eine Produktdarstellung überführt werden. Beispiele von Kombinationen sind PI-Regler und P-T_1-Strecke, hier kann T_n kompensiert werden, PI-Regler und P-T_2-Strecke, ebenfalls T_n, sofern das Streckenpolynom in reelle Linearfaktoren zerlegt werden kann und PID-Regler und P-T_2-Strecke, wo beide Kennwerte aus den Streckenparametern berechnet werden können. Nebeneffekt der Maßnahme ist, dass sich die Ordnung der Führungsübertragungsfunktion reduziert und in einfacherer Gestalt vorliegt.

Im folgenden Kapitel werden Regeln und Verfahren vorgestellt, wie die Reglerkennwerte entsprechend einem vorgegebenen Gütekriterium berechnet und ausgewählt werden können.

8 Entwurf einer Regelung im Zeitbereich

In einem Standard-Regelkreis ist normalerweise die Regelstrecke mit ihrem Übertragungsverhalten unveränderbar vorgegeben. Das statische und dynamische Verhalten des Regelkreises werden dann nur noch durch das Zeitverhalten des Reglers und dessen Kennwerten bestimmt. Der **Entwurf einer Regelung** besteht nun darin, eine geeignete **Reglercharakteristik** auszuwählen und die **Reglerkennwerte** entsprechend den vorgegebenen Anforderungen an den Regelkreis zu bestimmen.

Idealerweise erwartet man von einem Regler, dass er die Regelgröße der Führungsgröße möglichst exakt anpasst, Auswirkungen von Störgrößen auf die Regelgröße unterdrückt und den Regelkreis stabil hält. Mit einfachen Reglerstrukturen, wie P-, PI- oder PID-Algorithmen, lassen sich alle diese Forderungen nicht gleichzeitig erfüllen, da sie sich teilweise gegenläufig verhalten. Wird beispielsweise die Reglerverstärkung verringert, um die Überschwingweite zu verkleinern, so werden die Anstiegs- und die Ausregelzeit vergrößert und der Regelkreis wird langsamer.

Diesen Ausgleich zwischen gegenläufigen Anforderungen herauszufinden, ist eine Problemstellung der **Optimierung von Regelkreisen**. Voraussetzung hierbei ist die Bereitstellung eines übergeordneten **Optimierungskriteriums** wie beispielsweise die **Integralkriterien**. Solche Kriterien verlangen beispielsweise eine minimale Regelfläche, das ist die Fläche zwischen Regelgröße und Führungsgröße, die sich über der Zeit bildet. Bei einigen dieser Kriterien wird diese Fläche noch zusätzlich gewichtet, um bestimmte Parameter wie z. B. die Zeit hervorzuheben. Ein Regelkreis, der nach einem solchen Kriterium optimiert worden ist, wird wahrscheinlich nach einer Störung oder Sollwertänderung schneller zur Ruhe kommen als ein nicht optimierter Regelkreis.

Die Lösung der Optimierungsaufgabe, sofern eine solche überhaupt existiert, liefert auf der Basis der angenommenen Reglercharakteristik die Reglereinstellwerte. Man bezeichnet deshalb die Optimierung der Einstellwerte des Reglers bei gegebener Reglerstruktur als **Parameteroptimierung** (Abschnitt 8.2). Wird der Regler mit den gefundenen Werten parametriert, verhält sich der Regelkreis so, dass das benutzte Kriterium den optimalen – größten oder kleinsten – Wert annimmt. Im Sinne des gewählten Kriteriums verhält sich dann die Regelung optimal.

Die analytische Bestimmung der Reglerparameter erfordert besonders bei zunehmender Streckenordnung einen erheblichen mathematischen Aufwand bei der Auswertung der Integral-kriterien. Deshalb greift man in der Praxis oft auf experimentell ermittelten Kenngrößen zurück und vermeidet dadurch aufwendige Rechenoperationen. **ZIEGLER** und **NICHOLS** ermitteln die Kenngrößen aus einem sich an der Stabilitätsgrenze befindlichen Regelkreises (Abschnitt 8.4.1). **CHIEN**, **HRONES** und **RESWICK** werten Kenngrößen der Sprungantwort einer Regelstrecke aus (Abschnitt 8.4.2). **LATZEL** erfasst die Eigenschaft der Strecke aus einer gemessenen Strecken-sprungantwort und wertet diese mit dem **Zeit-Prozent-Kennwert-Verfahren** (Abschnitt 8.4.3) aus.

8.1 Statische und dynamische Kenngrößen eines Regelkreises

Im stationären Zustand soll die Regelgröße eine vorgegebene Genauigkeit aufweisen, was bedeutet, dass die Regeldifferenz innerhalb genau festgelegter Schranken liegen sollte. Diese Forderung dient im Wesentlichen dazu, eine geeignete Reglerstruktur auszuwählen. Als Maß zur Beurteilung der stationären Verhältnisse im geschlossenen Regelkreis wird die bleibende Regeldifferenz $x_d(\infty)$ herangezogen, wenn als Führungs- oder auch als Störgröße spezielle Testfunktionen angelegt werden. Zur Unterscheidung indiziert man das verwendete Symbol $x_d(\infty)$.

8.1.1 Regelfehler I. Ordnung

Bezüglich des Führungsverhaltens definiert man die stationäre Regeldifferenz, die nach einer **sprungförmig** verlaufenden Änderung der Führungsgröße verbleibt und sich im eingeschwungenen Zustand befindet:

$$x_d(s) = w(s) - x(s) = w(s) - w(s)\frac{G_0(s)}{1+G_0(s)} = w(s)\left[1 - \frac{G_0(s)}{1+G_0(s)}\right] = w(s)\frac{1}{1+G_0(s)} \qquad (8.1)$$

Mit $w(s) = w_0/s$ und mit Hilfe des Grenzwertsatzes (Tabelle 3.2, Seite 32) lässt sich die stationäre Regeldifferenz berechnen:

$$x_{d1}(\infty) = \lim_{s\to 0} s x_d(s) = w_0 \lim_{s\to 0} s \frac{1}{s}\frac{1}{1+G_0(s)} = w_0 \lim_{s\to 0}\frac{1}{1+G_0(s)} \qquad (8.2)$$

Der *Regelfehler I. Ordnung* gibt also an, wie groß die Abweichung der Regelgröße von der vorgegebenen konstanten Sollposition w_0 ist. Man bezeichnet ihn bei Antriebsregelungen auch mit *Lagefehler* oder *Positionsfehler*.

Beispiel 8.1

Es lässt sich zeigen, in einem Regelkreis aus P-Regler und P-T_n-Strecke ist der Regelfehler I. Ordnung ungleich null und abhängig von dem Reglerkennwert K_P (vgl. Abschnitt 7.4):

$$x_d(\infty) = w_0 \lim_{s\to 0}\frac{1}{1+K_P\dfrac{K_S}{1+sT_1+s^2T_2^2+...+s^nT_n^n}} = w_0\frac{1}{1+K_PK_S} = f(K_P)$$

Im Vergleich hierzu kann durch Hinzufügen einer I-Komponente im Regler, beispielsweise durch Verwenden eines PID-Reglers, der Fehler zu null gemacht werden, die Regelgröße nimmt dann im stationären Falle den Wert der Führungsgröße an:

$$x_d(\infty) = \lim_{s\to 0}\frac{1}{1+K_P\dfrac{1+sT_n+s^2T_nT_v}{sT_n}\dfrac{K_S}{1+sT_1+s^2T_2^2+...+s^nT_n^n}}$$

$$= \lim_{s\to 0}\frac{(1+sT_1+s^2T_2^2+...+s^nT_n^n)sT_n}{(1+sT_1+s^2T_2^2+...+s^nT_n^n)sT_n + K_PK_S(1+sT_n+s^2T_nT_v)} = 0 \qquad \blacksquare$$

8.1.2 Regelfehler höherer Ordnung

Regelfehler höherer Ordnung sind von Bedeutung, wenn die Sollposition mit konstanter Geschwindigkeit oder Beschleunigung vergrößert wird. Man bezeichnet solche Fehler auch mit *Geschwindigkeitsfehler* und *Beschleunigungsfehler*. Geschwindigkeits- und Beschleunigungsfehler sind Fehler der Regelgröße. Die stationäre Regeldifferenz, die sich nach einer rampenförmigen Änderung der

Führungsgröße ergibt, bezeichnet man mit *Geschwindigkeitsfehler,* bei einer **parabelförmigen Änderung** der Führungsgröße definiert man den *Beschleunigungsfehler*.

Mit der Rampenfunktion $w(t) = w_0 t / T$, $t > 0$ als Eingangsfunktion und deren **LAPLACE**-
Transformierten $w(s) = w_0 / Ts^2$ lässt sich der Geschwindigkeitsfehler berechnen:

$$x_{d\,II}(\infty) = \lim_{s \to 0} s w_0 \frac{1}{Ts^2} \frac{1}{1 + G_0(s)} = \frac{w_0}{T} \lim_{s \to 0} \frac{1}{s(1 + G_0(s))} \tag{8.3}$$

Unter dem Geschwindigkeitsfehler versteht man also die sich ergebende Differenz zwischen den Posi-
tionen von Führungs- und Regelgröße zu einem Zeitpunkt $t = t^*$, wenn sich die Führungsgröße mit
konstanter Geschwindigkeit, $\dot{w}(t) = w_0 / T, t > 0$, ändert. Man benutzt deshalb auch den Geschwindigkeitsfehler als Gütemaß für das Führungsverhalten bei Antriebssystemen, wie das folgende Beispiel
zeigt.

Beispiel 8.2

Die Übertragungsfunktion eines Stellantriebes sei:

$$G_S(s) = \frac{K_{IS}}{s(1 + T_M s)}$$

Zur Regelung dieser I-T_1-Strecke wird ein P-Regler eingesetzt. Die Übertragungsfunktion des offenen
Kreises ist demnach

$$G_0(s) = K_P \frac{K_{IS}}{s(1 + T_M s)}$$

Der Geschwindigkeitsfehler berechnet sich nach (8.3):

$$x_{dII}(\infty) = \frac{w_0}{T} \lim_{s \to 0} \frac{1}{s\left[1 + \dfrac{K_P K_{IS}}{s(1 + T_M s)}\right]} = \frac{w_0}{T} \frac{1}{K_P K_{IS}} = f(K_P)$$

Mit den Daten aus Bild 8.1 wird:

$$x_{dII}(\infty) = \frac{w_0}{T} \frac{1}{K_P K_{IS}} = \frac{10}{1\,\text{sec}} \frac{1}{10\,\text{sec}^{-1}}\,\text{mm} = 1\,\text{mm}$$

Das folgende Bild 8.1 zeigt, im eingeschwungenen Zustand „hinkt" die Regelgröße $x(t)$ dem Verlauf
der Führungsgröße $w(t)$ im Abstand des Geschwindigkeitsfehlers hinterher, es gibt eine Differenz zwischen Sollwert und Istwert von 1 mm. Hat die Führungsgröße einen stationären Wert bei w_0 erreicht, z.
B. bei $t = T$ sec, dann verschwindet nach einer gewissen Zeit der Geschwindigkeitsfehler, der Verlauf
der Regelgröße liegt beim Sollwert w_0, wie mit Hilfe des Grenzwertsatzes einfach zu zeigen ist:

$$x(\infty) = \lim_{s \to 0} s \frac{w_0}{s} \frac{K_{IS} K_P}{K_{IS} K_P + s + T_M s^2} = w_0$$

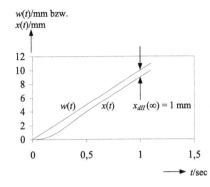

Bild 8.1: Zur Berechnung des Geschwindigkeitsfehlers

Es seien $w_0 = 10$ mm, $T = 1$ sec, $K_P K_{IS} = 10$ sec^{-1}.
Der Verlauf der Führungsgröße sei $w(t) = 10t$ mmsec^{-1}.
Die Rampenantwort der Führungsübertragungsfunktion lautet:

$$x(t) = -1 + 10t + \frac{e^{-5t}}{\sqrt{75}}\left(-5\sin\sqrt{75}t + \sqrt{75}\cos\sqrt{75}t\right).$$

Die Asymptote obiger Gleichung für große t-Werte ist:
$x(t) \approx (-1 + 10t)$
Der Geschwindigkeitsfehler nach (8.3) beträgt:
$x_{dII}(\infty) = 1$ mm
Über die Asymptotengleichung nach $t = 1$ sec berechnet:
$x_d(t = 1\ \text{sec})/\text{mm} = w(t = 1\ \text{sec}) - x(t = 1\ \text{sec}) =$
$= 10 - (-1 + 10) = 1 \approx x_{dII}(\infty)$ ∎

Bezüglich des Störverhaltens wird nur der Positionsfehler nach einem Störsprung mit $z(t) = z_0,\ t > 0$ definiert, der ebenfalls mit $x_{dI}(\infty)$ bezeichnet wird:

$$x_d(s) = w(s) - x(s) = 0 - z(s)\frac{G_S(s)}{1 + G_0(s)} \tag{8.4}$$

Im Beharrungszustand wird hieraus (vgl. Abschnitt 7.4):

$$x_{dI}(\infty) = -z_0 \lim_{s \to 0}\frac{G_S}{1 + G_0(s)} \tag{8.5}$$

Beispiel 8.3

Ein P-Regler an einer Strecke n-ter Ordnung würde nach einer sprungförmig verlaufenden Störung gemäß (8.5)

$$x_d(\infty) = -z_0 \lim_{s \to 0}\frac{K_S}{1 + sT_1 + \cdots + s^n T_n^n + K_P K_S} = -z_0\frac{K_S}{1 + K_P K_S} = f(K_P)$$

einen von K_P abhängigen Fehler verursachen, eine integrale Komponente im Regler würde diesen aber vollständig beseitigen. ∎

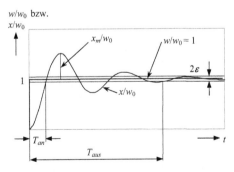

Bild 8.2: Verlauf einer Regelgröße nach einem Sollwertsprung $w(t) = w_0,\ t > 0$ bei $z(t) = 0$

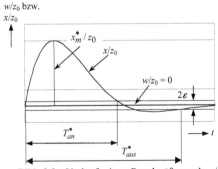

Bild 8.3: Verlauf einer Regelgröße nach einem Störsprung $z(t) = z_0,\ t > 0$ bei $w(t) = 0$

Zur Kennzeichnung des dynamischen Verhaltens des geschlossenen Regelkreises werden Kenngrößen aus der Führungs- und Störsprungantwort definiert. Die Stabilität des Regelkreises wird hierbei vorausgesetzt, da nur in diesem Zustand die beiden Sprungantworten einem festen Wert zustreben. Um Vergleichbarkeit der Kenngrößen zu erreichen, werden die Sprungantworten jeweils auf die zugehörigen Sprunghöhen w_0 und z_0 bezogen. Typische Einschwingvorgänge zeigen die beiden Bilder 8.2 und 8.3:

Folgende Kurvenparameter werden an Hand der beiden Übergangsfunktionen definiert:

- Die **Überschwingweite** x_m gibt den Betrag der größten Regeldifferenz an, die nach erstmaligem Erreichen des Sollwertes auftritt.

- Die **Anregelzeit** T_{an} ist der Zeitpunkt, ab dem die Regelgröße erstmalig das Toleranzband um den Sollwert erreicht. T_{an}^* ist die Zeitspanne zwischen erstmaligem Austritt der Regelgröße aus dem Toleranzband und Wiedereintritt in das Toleranzband.

- Die Schranke 2ε definiert einen symmetrisch um den Sollwert gelegten Toleranzbereich

- Die Schranke 2ε definiert einen symmetrisch um den Sollwert gelegten Toleranzbereich. Die **Ausregelzeit** T_{aus} ist der Zeitpunkt, ab dem der Betrag der Regeldifferenz kleiner als eine vorgegebene Schranke 2ε ist.

  T_{aus}^* ist die Zeitspanne zwischen erstmaligem Verlassen des Toleranzbandes und endgültigem Verbleib im Toleranzband

8.2 Parameteroptimierung im Zeitbereich

Ist die Führungsübertragungsfunktion und die Störübertragungsfunktion analytisch vorgegeben, dann lassen sich die statischen und dynamischen Kenngrößen aus der Führungs- und Störübergangsfunktion berechnen. Näherungsweise lassen sich diese Kurvenparameter aber auch graphisch aus den gemessenen Einschwingvorgängen ermitteln. Offensichtlich ist ein Regelkreis dann optimal ausgelegt, wenn die Kurvenparameter „ausreichend klein" sind oder zumindest wegen ihres teilweise gegenläufigen Charakters in einem als optimal angesehenen Verhältnis zueinander stehen.

Eine Möglichkeit, die Kennwerte in einem Optimierungsverfahren aufeinander abzustimmen, bietet das parameterabhängige **Güteintegral**

$$J(K_P, T_n, T_v, t) = J(P) = \int_0^\infty f(x_d(t))dt \qquad (8.6)$$

Das Integral erfasst die Fläche zwischen dem Sollwert $w(t)$ und der Regelgröße $x(t)$ über der Zeit. Bei einer gegebenen Reglerstruktur, beispielsweise einem PID-Standard-Regler, lautet dann die Optimierungsvorschrift für die Reglerparameter:

$$J(P) = \int_0^\infty f(x_d(K_P, T_n, T_v, t))dt \to \text{Min} \qquad (8.7)$$

Das Integral konvergiert nicht in jedem Falle. Tritt beispielsweise bei einem Regelsystem eine bleibende Regeldifferenz auf, muss der Integrand so modifiziert werden, dass die Konvergenz des Integrals gesichert ist. Je nach Anforderung an das Optimierungsergebnis benutzt man neben der linearen, absoluten oder quadratischen Regelfläche auch solche, die mit weiteren Funktionen gewichtet sind.

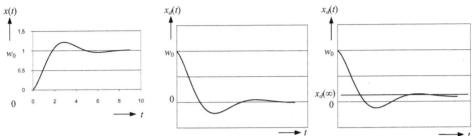

Bild 8.4: Verlauf der Regelgröße bei einer sprungförmigen Änderung der Führungsgröße

Bild 8.5: Verlauf der Regeldifferenz bei $x_d(\infty) = 0$

Bild 8.6: Verlauf der Regeldifferenz bei $x_d(\infty) \neq 0$

8.2.1 Die Lineare Regelfläche

Das Integral über der Differenz von Regeldifferenz $x_d(t)$ und der bleibenden Regeldifferenz $x_d(\infty)$ bei Führungs- und Störsprung bezeichnet man als **Lineare Regelfläche** A_{Lin}:

$$A_{Lin} = \int_0^\infty \left[x_d(t) - x_d(\infty) \right] dt \rightarrow \text{Min} \tag{8.8}$$

Bei einem Regelkreis mit oszillierendem Einschwingvorgang setzt sich die Regelfläche aus positiven und negativen Flächenanteilen zusammen. Das Integral kann deshalb einen sehr kleinen Wert annehmen, bei einer Dauerschwingung sogar den Wert null. Aus diesem Grunde wird dieses Kriterium nur bei stark gedämpftem Regelverlauf ein optimales Ergebnis liefern.

Die Berechnung des Integrals kann unter Umständen aufwendig sein, da die Regeldifferenz im Zeitbereich ermittelt werden muss. Durch Transformation des Integrals in den Bildbereich lässt sich aber der Rechenaufwand vermindern:

$$A_{Lin} = \lim_{t \to \infty} A_{Lin}(t) = \lim_{t \to \infty} \int \left[x_d(t) - x_d(\infty) \right] dt = \lim_{s \to 0} s A_{Lin}(s) = \lim_{s \to 0} s \, \mathscr{L} \left\{ \int \left[x_d(t) - x_d(\infty) \right] dt \right\} \tag{8.9}$$

Eine Integration im Zeitbereich bedeutet eine Multiplikation mit $1/s$ im Bildbereich. Deshalb wird:

$$A_{Lin} = \lim_{s \to 0} s \left[\frac{1}{s} x_d(s) - \frac{1}{s} \frac{x_d(\infty)}{s} \right] \tag{8.10}$$

In (8.10) steht der Bruch $1/s$ jeweils für die Integration und $x_d(\infty)/s$ für die **LAPLACE**-transformiert sprungförmige Funktion $x_d(\infty)$. Damit ergibt sich gegenüber (8.8) eine äquivalente Formel im Bildbereich, um die lineare Regelfläche zu berechnen:

$$A_{Lin} = \lim_{s \to 0} \left[x_d(s) - \frac{x_d(\infty)}{s} \right] \tag{8.11}$$

Beispiel 8.4: Berechnung der Linearen Regelfläche

Der Berechnungsweg für das Kriterium der Linearen Regelfläche zeigt das folgende Beispiel. Ein P-Regler soll für eine Strecke zweiter Ordnung im Sinne einer minimalen Regelfläche optimal eingestellt werden. Als Übertragungsfunktionen werden vorgesehen:

$$G_S(s) = \frac{K_S}{(1 + sT_1)(1 + sT_2)} \quad \text{und} \quad G_R(s) = K_P \quad (T_1 \neq T_2)$$

Die Regeldifferenz berechnet sich nach (8.1) zu

$$x_d(s) = w(s) \frac{1}{1 + G_R(s)G_S(s)} = w(s) \frac{1 + s(T_1 + T_2) + s^2 T_1 T_2}{1 + K_P K_S + s(T_1 + T_2) + s^2 T_1 T_2}$$

Im stationären Zustand ist nach (8.2) die bleibende Regeldifferenz:

$$x_{d1}(\infty) = \lim_{s \to 0} s x_d(s) = \lim_{s \to 0} s \frac{w_0}{s} \frac{1 + s(T_1 + T_2) + s^2 T_1 T_2}{1 + K_P K_S + s(T_1 + T_2) + s^2 T_1 T_2} = w_0 \frac{1}{1 + K_P K_S}$$

Mit $x_d(s)$ und $x_d(\infty)$ kann jetzt nach (8.11) die lineare Regelfläche berechnet werden:

$$A_{Lin} = \lim_{s \to 0} \left[x_d(s) - \frac{x_d(\infty)}{s} \right] = \lim_{s \to 0} \frac{w_0}{s} \left[\frac{1 + s(T_1 + T_2) + s^2 T_1 T_2}{1 + K_P K_S + s(T_1 + T_2) + s^2 T_1 T_2} - \frac{1}{1 + K_P K_S} \right]$$

$$= w_0 \frac{K_P K_S (T_1 + T_2)}{(1 + K_P K_S)^2} = f(K_P)$$

Die positiv angenommene lineare Regelfläche A_{Lin} hat offenbar bei $K_P = 0$ und $K_P \to \infty$ ein Minimum, beide Einstellungen sind aber nicht praktikabel. Bei $K_P K_S = 1$ hat sie einen maximalen Wert. Wählt man als Randbedingung beispielsweise einen aperiodisch verlaufenden Einschwingvorgang, also eine Dämpfungszahl $D = 1$, lässt sich eine optimale Einstellung finden. Aus dem Nenner der Führungsübertragungsfunktion folgt für die Dämpfungszahl:

$$D = \frac{T_1 + T_2}{2\sqrt{T_1 T_2}} \frac{1}{\sqrt{1 + K_P K_S}}$$

Mit der Bedingung $D = 1$ lässt sich hieraus $K_P K_S$ berechnen:

$$K_P K_S = \frac{(T_1 - T_2)^2}{4 T_1 T_2}$$

Die lineare Regelfläche erreicht unter dieser Einstellung ihren minimalen Wert und ist nur abhängig von den Streckenparametern:

$$A_{Lin} = w_0 \frac{(T_1 - T_2)^2 \, 4 T_1 T_2}{(T_1 + T_2)^3} = f(T_1, T_2) \qquad \blacksquare$$

8.2.2 Die Betragsregelfläche

Bei diesem Kriterium werden die Beträge der Regelfläche gebildet. Dadurch wird der Nachteil des Kriteriums der Linearen Regelfläche, dass positive und negative Flächenanteile sich aufheben, vermieden. Das Kriterium der *Betragsregelfläche* A_{abs} bildet das Integral über den Betrag der Regeldifferenz:

$$A_{abs} = \int_0^\infty |x_d(t) - x_d(\infty)| dt \rightarrow \text{Min} \qquad (8.12)$$

Das Kriterium kann bei nichtmonotonen Einschwingvorgängen verwendet werden. Beim Aufstellen des Integrals muss der Integrationsbereich so aufgetrennt werden, dass über positive und negative Flächenanteile gesondert integriert und anschließend aufsummiert werden kann. Da aber die festzulegenden Integrationsgrenzen Funktionen der Reglerparameter sind, kann der Rechenaufwand unter Umständen sehr umfangreich werden.

8.2.3 Die Zeitgewichtete Betragsregelfläche

Beim Kriterium der *Zeitgewichteten Betragsregelfläche* A_{abst} wird der Betrag der Regeldifferenz mit der Zeit multipliziert:

$$A_{abst} = \int_0^\infty |x_d(t) - x_d(\infty)| t\, dt \rightarrow \text{Min} \qquad (8.13)$$

Durch die Betragsbildung wirken sich positive und negative Flächenanteile gleichermaßen erhöhend auf den Wert des Gütekriteriums aus, dabei werden durch die Multiplikation mit dem Faktor Zeit die Flächenanteile noch zunehmend gewichtet. Ein nach diesem Kriterium optimierter Regelkreis ist so eingestellt, dass nur wenige Überschwingungen auftreten.

8.2.4 Die Quadratische Regelfläche

Bei diesem Kriterium wird das Quadrat der Differenz von Regeldifferenz und bleibender Regeldifferenz gebildet. Das Kriterium der *Quadratischen Regelfläche* A_{sqr} lautet:

$$A_{sqr} = \int_0^\infty [x_d(t) - x_d(\infty)]^2\, dt \rightarrow \text{Min} \qquad (8.14)$$

Wegen der quadratischen Form des Integranden werden die beim Kriterium der Betragsregelfläche geschilderten Probleme vermieden, so dass sich das Integral leichter auswerten lässt. Das Quadrieren bewirkt, dass große Werte der Regeldifferenz stärker in die quadratische Regelfläche eingehen als kleinere. Bei einem nach diesem Kriterium optimierten Regelkreis erreicht die Führungssprungantwort schnell ihren Endwert.

Beispiel 8.5: Berechnung der Quadratischen Regelfläche

Der I-Regler in einem Regelkreis mit P-T_1-Strecke soll nach dem Kriterium der Quadratischen Regelfläche optimal eingestellt werden.

Zunächst wird die Regeldifferenz $x_d(s)$ nach (8.1) berechnet:

$$x_d(s) = w(s) \frac{1}{1 + G_0(s)} = w_0 \frac{1 + sT_1}{K_I K_S + s + s^2 T_1}$$

Für die Rücktransformation in den Zeitbereich wird der Nenner in Linearfaktoren zerlegt, damit eine Partialbruchzerlegung durchgeführt werden kann.

$$x_d(s) = \frac{w_0}{T_1} \frac{1 + sT_1}{\dfrac{K_I K_S}{T_1} + \dfrac{1}{T_1} s + s^2} = \frac{w_0}{T_1} \frac{1 + sT_1}{(s - s_1)(s - s_2)}$$

Als Einschränkung sollen die Wurzeln

$$s_{1/2} = -\frac{1}{2T_1} \pm \sqrt{\frac{1}{4T_1^2} - \frac{K_I K_S}{T_1}}$$

verschieden und reell sein. Aus dieser Forderung ergibt sich zwangsläufig eine Bedingung für den Parameter K_I, der von den Streckenparametern abhängig ist:

$$K_I < \frac{1}{4T_1 K_S}$$

Nach der Partialbruchzerlegung erhält man die beiden Brüche:

$$x_d(s) = \frac{w_0}{T_1} \frac{1}{s_2 - s_1} \left[\frac{1 + T_1 s_2}{s - s_2} - \frac{1 + T_1 s_1}{s - s_1} \right]$$

Die Bildfunktion kann jetzt in den Zeitbereich zurücktransformiert werden:

$$x_d(t) = \frac{w_0}{T_1} \frac{1}{s_2 - s_1} \left[(1 + T_1 s_2) e^{s_2 t} - (1 + T_1 s_1) e^{s_1 t} \right]$$

Die stationäre Regeldifferenz $x_d(\infty)$ ist wegen der I-Regler und P-T_1-Streckenkombination erwartungsgemäß null und tritt deshalb unter dem Integral für die quadratische Regelfläche nicht auf. Der Regelfehler ist deshalb nach (8.2):

$$x_{dI}(\infty) = w_0 \lim_{s \to 0} \frac{1}{1 + G_0} = w_0 \lim_{s \to 0} \frac{s(1 + sT_1)}{K_I K_S + s + s^2 T_1} = 0$$

Nach (8.14) gilt für die Quadratische Regelfläche:

$$A_{sqr} = \left(\frac{w_0}{T_1}\right)^2 \frac{1}{(s_2 - s_1)^2} \int_0^\infty ((1 + T_1 s_2)e^{s_2 t} - (1 + T_1 s_1)e^{s_1 t})^2 \, dt$$

Das Binom im Integranden wird ausmultipliziert und die Integration gliedweise durchgeführt. Da die Exponenten bei den e-Funktionen negativ sind, konvergieren die Integrale. Als Ergebnis der Integration erhält man:

$$A_{sqr} = -\left(\frac{w_0}{T_1}\right)^2 \frac{1 + s_1 s_2 T_1^2}{2 s_1 s_2 (s_1 + s_2)} = w_0^2 \frac{1 + K_I K_S T_1}{2 K_I K_S} = f(K_I)$$

Die Quadratische Regelfläche hat für $K_I \to \infty$ ein Minimum bei $w_0^2 T_1 / 2$. Gegen die beliebige Vergrößerung der K_I-Werte steht aber die zuvor gemachte Einschränkung $K_I < \dfrac{1}{4 T_1 K_S}$. Ein Grenzfall liegt bei $K_I = 1 / 4 K_S T_1$. Unter dieser Bedingung fallen die beiden Pole der Übertragungsfunktion zusammen. Die Führungssprungantwort hat hier mit $D = 1$ die geringste Dämpfung und zeigt einen monotonen Verlauf.   ∎

Die Anwendung des Kriteriums der Quadratischen Regelfläche lässt erahnen, dass der Rechenweg im Zeitbereich bei zunehmender Systemordnung immer beschwerlicher wird. Hier bietet die **PARSE-VAL**-Gleichung einen Ausweg. Mit dieser Beziehung kann ein Integral im Zeitbereich mit Integrand $f(t)^2$ durch ein Integral im Frequenzbereich bestimmt werden. Das Ergebnis sind Tabellenwerte, mit denen die Quadratische Regelfläche aus einer Funktion berechnet werden kann.

$$\int_0^\infty f(t)^2 \, dt = \frac{1}{2\pi} \int_{-\infty}^\infty |f(j\omega)|^2 \, d\omega = \frac{1}{2\pi} \int_{-\infty}^\infty f(j\omega) f(-j\omega) \, d\omega \tag{8.15}$$

In die Integrale werden zur Bestimmung der Quadratischen Regelfläche die Differenz von Regeldifferenz und bleibender Regeldifferenz eingesetzt. Im Bildbereich ist die Differenz wegen der sprungförmig verlaufenden Funktion $x_d(\infty), t > 0$ mit **LAPLACE**-Transformierten $x_d(\infty)/s$:

$$f(s) = x_d(s) - x_d(\infty)/s \tag{8.16}$$

Für die Regeldifferenz $x_d(s)$ gilt bei einer sprungförmig angenommene **Führungsgrößenänderung** mit der Sprungamplitude $w_0 = 1$ für $t > 0$ nach (8.1):

$$x_d(s) = \frac{1}{s} \frac{1}{1 + G_0(s)} . \tag{8.17}$$

Ebenso erhält man bei einer sprungförmigen **Störgrößenänderung** mit Störamplitude $z_0 = 1$ nach Gleichung (8.4):

$$x_d(s) = -\frac{1}{s} \frac{G_S(s)}{1 + G_0(s)} . \tag{8.18}$$

Geht man von realisierbaren Übertragungsfunktionen $G_R(s)$ und $G_S(s)$ aus, ist $x_d(s)$ eine echt gebrochene rationale Funktion, der Zählergrad ist kleiner als der Nennergrad. Formal lässt sich schreiben:

$$x_d(s) = \frac{Z(s)}{N(s)} = \frac{1}{s} \frac{a_m s^m + ... + a_1 s + a_0}{b_n s^n + ... + b_1 s + b_0}, \quad m < n \tag{8.19}$$

Hieraus berechnet sich für die bleibende Regeldifferenz mit dem Grenzwertsatz:

$$x_d(\infty) = \lim_{s \to 0} s x_d(s) = \frac{a_0}{b_0} \tag{8.20}$$

Bildet man die Differenz, $f(s) = x_d(s) - \frac{1}{s} x_d(\infty)$, dann kann diese ebenfalls auf eine echt gebrochene rationale Funktion der Form

$$f(s) = \frac{a_m s^m + a_{m-1} s^{m-1} + ... + a_0}{b_n s^n + b_{n-1} s^{n-1} + ... + b_1 s + b_0} \tag{8.21}$$

gebracht werden. Wird in dieser Funktion die komplexe Variable s durch $j\omega$ ersetzt,

$$f(j\omega) = \frac{a_m (j\omega)^m + a_{m-1}(j\omega)^{m-1} + ... + a_0}{b_n (j\omega)^n + b_{n-1}(j\omega)^{n-1} + ... + b_1 (j\omega) + b_0}, \tag{8.22}$$

kann der Wert des Integrals, die Quadratische Regelfläche,

$$A_{sqr} = \int_0^\infty [x_d(t) - x_d(\infty)]^2 \, dt = \frac{1}{2\pi} \int_{-\infty}^\infty f(j\omega) f(-j\omega) d\omega = f(a_i, b_j), \tag{8.23}$$

als Funktion der Zähler- und der Nennerkoeffizienten allgemein berechnet werden. Die Ergebnisse sind in der folgenden Tabelle für $n = 1$, 2, und 3 zusammengestellt:

	$n = 1$	$n = 2$	$n = 3$
A_{sqr}	$\dfrac{a_0^2}{2b_0b_1}$	$\dfrac{a_1^2 b_0 + a_0^2 b_2}{2b_0b_1b_2}$	$\dfrac{a_2^2 b_0 b_1 + (a_1^2 - 2a_0a_2)b_0b_3 + a_0^2 b_2 b_3}{2b_0b_3(b_1b_2 - b_0b_3)}$

Tabelle 8.1: Quadratische Regelfläche für $n = 1$, 2 und 3 nach [28]

Sind die Sprungamplituden $w_0 \neq 1$ und $z_0 \neq 1$, müssen die Tabellenwerte für die Quadratische Regelfläche mit den Faktoren w_0^2 bzw. z_0^2 multipliziert werden.

Die Quadratische Regelfläche A_{sqr} ist eine Funktion der Systemparameter. Setzt man die Streckenparameter als gegeben voraus, so hängt die Funktion nur noch von den Reglerkennwerten ab:

$$A_{sqr} = f(K_P, T_n, T_v) \tag{8.24}$$

Jeder dieser Parameter hat einen gewissen Einstellbereich. Hat die Funktion, die sich aus der Tabelle 8.1 ergibt, innerhalb ihres Definitionsbereiches einen Extremwert, kann dieser auf unterschiedlichen Wegen gefunden werden [27], [29], [30]. Eine Möglichkeit bietet ein analytisches Verfahren: Das Nullsetzen aller partiellen Ableitungen nach den Reglerparametern:

$$\frac{\partial A_{sqr}}{\partial K_P} = 0 \; , \; \frac{\partial A_{sqr}}{\partial T_n} = 0 \; , \; \frac{\partial A_{sqr}}{\partial T_v} = 0 \tag{8.25}$$

Die Lösungen der Gleichungen sind Stellen, wo die Quadratische Regelfläche ein Extremum hat. Welche Art von Extremum vorliegt, wäre über die zweiten Ableitungen von A_{sqr} nach den Parametern K_P, T_n und T_v ausfindig zu machen. Bei praktischen Anwendungen ist aber dieser Weg wegen des hohen Rechenaufwandes nicht mehr gangbar. Als Alternative bietet sich aber an, die Stellen eines Extremums durch Variation der gefundenen Parameter auf ein Maximum oder Minimum abzusuchen.

Wird der Regler mit den gefundenen Parameterwerten eingestellt, bei denen die Quadratische Regelfläche ein lokales Minimum aufweist, arbeitet der Regler im Sinne des gewählten Gütekriteriums optimal.

Die optimalen Parameterwerte führen nicht immer zu einem stabil eingestellten Regelkreis. Deshalb ist es notwendig, eine Stabilitätsbetrachtung anzuschließen, z. B. eine Überprüfung nach dem **HURWITZ**-Kriterium.

Beispiel 8.6: Berechnung der Quadratische Regelfläche nach der PARSEVAL-Gleichung

Als Muster dient ein Regelkreis aus I-Regler und P-T$_2$-Strecke. Der K_I-Wert des Reglers soll optimal eingestellt werden.

Für die Regeldifferenz gilt beim Führungsverhalten mit $w_0 = 1$ nach (8.1):

$$x_d(s) = \frac{1}{s} \frac{1}{1 + G_0(s)} = \frac{1}{s} \frac{1}{1 + \dfrac{K_I}{s} \dfrac{K_S}{1 + sT_1 + s^2 T_2^2}} = \frac{1 + sT_1 + s^2 T_2^2}{K_I K_S + s + s^2 T_1 + s^3 T_2^2}$$

Eine bleibende Regeldifferenz ist wegen des vorgesehenen I-Reglers nicht vorhanden. Deshalb ist der Regelfehler nach (8.2):

$$x_{dI}(\infty) = \lim_{s \to 0} s x_d(s) = 0$$

Die unter dem Integral (8.23) stehende Funktion $f(s)$ entspricht damit formal der Funktion $x_d(s)$:

$$x_d(s) = \frac{a_0 + a_1 s + a_2 s^2}{b_0 + b_1 s + b_2 s^2 + b_3 s^3}$$

Bei einem Koeffizientenvergleich der beiden rationalen Funktion $x_d(s)$ findet man:

$a_0 = 1$, $a_1 = T_1$, $a_2 = T_2^2$ und $b_0 = K_I K_S$, $b_1 = 1$, $b_2 = T_1$, $b_3 = T_2^2$

Aus der Tabelle 8.1 kann jetzt aus der Spalte für $n = 3$ die Formel zur Berechnung der Quadratischen Regelfläche entnommen werden:

$$A_{sqr} = \frac{K_I K_S \left(T_1^2 - T_2^2\right) + T_1}{2 K_I K_S T_1 - 2(K_I K_S)^2 T_2^2}$$

Bildet man die Ableitung $\dfrac{\partial A_{sqr}}{\partial K_I}$ und setzt diese null, erhält man eine quadratische Gleichung:

$$(K_I K_S)^2 T_2^2 (T_1^2 - T_2^2) + 2(K_I K_S)T_2^2 T_1 - T_1^2 = 0$$

Es ergeben sich zwei unterschiedliche reelle Lösungen:

$$K_{I1} = \frac{T_1}{K_S T_2 (T_1 + T_2)} \quad \text{und} \quad K_{I2} = \frac{T_1}{K_S T_2 (T_2 - T_1)}.$$

Die Quadratische Regelfläche hat an diesen Stellen Extrema:

$$A_{sqr}(K_{I1}) = \frac{(T_1 + T_2)^2}{2T_1} \quad \text{und} \quad A_{sqr}(K_{I2}) = \frac{(T_2 - T_1)^2}{2T_1}$$

Die Reglereinstellung muss nun so erfolgen, dass der geschlossene Regelkreis stabil ist. Nach dem **HURWITZ**-Kriterium kann es eine Einschränkung für den Parameterwert K_I geben. Aus der charakteristischen Gleichung

$$1 + G_0(s) = 1 + \frac{K_I}{s} \frac{K_S}{1 + sT_1 + s^2 T_2^2} = 0$$

folgt für die Determinante:

$$D_2 = \begin{vmatrix} a_1 & a_3 \\ a_0 & a_2 \end{vmatrix} = T_1 - K_I K_S T_2^2 > 0.$$

Eine Wahl für K_I ist deshalb nur unter der Bedingung

$$K_I < \frac{T_1}{K_S T_2^2}$$

möglich. Nach dieser Einschränkung ist nur die Lösung K_{I1} zulässig, da K_{I2} die obige Bedingung nicht erfüllt. An dieser Stelle hat die quadratische Regelfläche ein lokales Minimum.   ∎

8.3 Analytische Bestimmung der Reglerparameter

Bei dieser Methode der Reglerparameterbestimmung versucht man, in der Regelstrecke vorkommende Verzögerungen durch gezielt ausgewählte Reglerterme zu kompensieren, denn Verzögerungen in der Regelstrecke, gekennzeichnet durch $(1+sT_1)$- oder $\left(1 + s\dfrac{2D}{\omega_0} + \dfrac{s^2}{\omega_0^2}\right)$-Terme im Nenner der Streckenübertragungsfunktion, destabilisieren den geschlossenen Regelkreis.

Zur Erhöhung der Stabilität des geschlossenen Regelkreises wird deshalb angestrebt, eine Reglerstruktur zu wählen, mit der solche Verzögerungen zumindest teilweise kompensiert werden können. Man benutzt hierbei PD-Terme im Zähler der Reglerübertragungsfunktion und gleicht diese durch entsprechende Wahl der Zeitkonstanten den Verzögerungstermen in der Streckenübertragungsfunktion an, d. h. Nullstellen des Zählers in der Übertragungsfunktion des aufgeschnittenen Regelkreises $G_0(s)$ werden durch Polstellen des Nenners kompensiert. Man spricht deshalb bei diesem Verfahren von der *Pol-/Nullstellenkompensation*.

Mathematisch bedeutet diese Rechenoperation das Kürzen von gleichen Faktoren aus dem Zähler und Nenner von $G_0(s)$. Physikalisch versteht man unter Kompensation, dass die Wirkung eines durch einen Zähler-Term gekennzeichneten Speichers durch die Gegenwirkung eines durch einen Verzögerungs-Term charakterisierten Speichers aufgehoben wird. Allerdings sind die Speicher technisch immer noch vorhanden, jedoch ist ihre Wirkung von außen nicht mehr unmittelbar einsehbar.

In der Regelstrecke hat der Klammerausdruck mit den größten Zeitkonstanten den stärksten Anteil an der Destabilisierung, weil sie in der komplexen Ebene dem Nullpunkt nahe kommt. Es ist deshalb zweckmäßig, diesen Term vorzugsweise gegen den PD-Term des Reglers zu kompensieren, wobei nur stabile Terme betrachtet werden, also solche mit positiven Zeitkonstanten.

Das resultierende Zeitverhalten ist aber in einem entsprechend definierten Sinne nicht immer optimal. Es lässt sich aber durch eine nachträgliche Parametervariation verbessern.

Beispiel 8.7

Betrachtet man beispielsweise die Übertragungsfunktion einer Strecke zweiter Ordnung und wählt zur Regelung dieser Strecke einen PI-Regler aus, dann erhält man als Übertragungsfunktion des aufgeschnittenen Kreises:

$$G_0(s) = G_R(s)G_S(s) = K_P \frac{1+sT_n}{sT_n} \frac{K_S}{(1+sT_1)(1+sT_2)}$$

Angenommen, T_2 sei die dominierende Streckenzeitkonstante, dann ist es sinnvoll, die Nachstellzeit T_n gleich dieser Zeitkonstanten zu wählen. Die Entwurfsvorschrift lautet für diesen Fall:

$$T_n = T_2, \text{ für } T_2 > T_1$$

Die verbleibende Übertragungsfunktion ist durch diese Maßnahme von geringerer Ordnung als die Ausgangsfunktion $G_0(s)$. Sie lautet jetzt:

$$G_0(s) = K_P K_S \frac{1}{sT_2(1+sT_1)}$$

Die Führungsübertragungsfunktion

$$G_w(s) = \frac{K_P K_S}{K_P K_S + sT_2 + s^2 T_1 T_2}$$

und die Störübertragungsfunktion

$$G_z(s) = \frac{sT_2 K_S}{K_P K_S + sT_2 + s^2 T_1 T_2}$$

hängen noch vom Reglerparameter K_P ab. Entscheidet man sich bei einem Führungs- oder Störsprung für ein bestimmtes Einschwingverhalten, dann kann dieses Ziel durch Vorgabe einer entsprechend gewählten Dämpfungszahl D erreicht werden. Sei diese beispielsweise $D = 1/2\sqrt{2}$, dann kann aus der Beziehung

$$D = \frac{\sqrt{T_1 T_2}}{2T_1\sqrt{K_P K_S}} = \frac{1}{2}\sqrt{2}$$

die Reglerverstärkung berechnet werden:

$$K_P = \frac{T_2}{2T_1 K_S}$$ ■

Verzögerungsstrecken höherer Ordnung lassen sich nach diesem Entwurfsverfahren ebenfalls kompensieren. Allerdings muss man in Kauf nehmen, dass jeder im Regler realisierte PD-Term, d. h. ein Zählerfaktor der Form $(1 + sT_v)$ oder $(1 + sT_n)$, einen Verzögerungs-Term, das ist ein Nennerfaktor der Form $(1 + sT_{v1})$ oder $(1 + sT_{n1})$, nach sich zieht. Der Vorteil einer **Pol-/Nullstellenkompensation** liegt dann darin, dass große Streckenzeitkonstanten kompensiert werden können und damit die Systemdynamik wesentlich verbessert wird, denn die neu eingebrachten Verzögerungs-Terme entfalten wegen der kleineren Zeitkonstanten ihre Wirkung erst bei hohen Frequenzen. Die Einschwingvorgänge im Regelkreis werden demnach nicht mehr stark beeinflusst.

8.4 Praktische Einstellregeln

Die analytische Bestimmung der Reglerparameter erfordert besonders bei zunehmender Streckenordnung einen erheblichen mathematischen Aufwand bei der Auswertung der Integralkriterien. Die praktischen Einstellregeln gehen dagegen von experimentell ermittelten Kenngrößen aus und vermeiden deshalb aufwendige Rechenoperationen. Hierbei benutzt das Verfahren von **ZIEGLER** und **NICHOLS** [31] Kenngrößen eines sich an der Stabilitätsgrenze befindenden Regelkreises. **CHIEN**, **HRONES** und **RESWICK** [32] werten dagegen Kenngrößen der Sprungantwort einer Regelstrecke aus. **LATZEL** [25].erfasst die Eigenschaften der Strecke aus einer gemessenen Sprungantwort und wertet diese mit dem Zeit-Prozent-Verfahren aus.

8.4.1 Die **Einstellregeln** von **ZIEGLER** und **NICHOLS**

Regelstrecken höherer Ordnung wie in der Verfahrenstechnik lassen sich oft durch ein Totzeitglied mit der Totzeit T_t und einem in Reihe geschaltetem Verzögerungsglied 1. Ordnung mit Übertragungsbeiwert K_S und der Verzögerungszeitkonstanten T_1 näherungsweise darstellen:

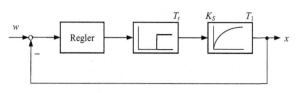

Die Übertragungsfunktion der Strecke ist:

$$G_S(s) \approx G(s) = \frac{K_S}{1 + sT_1} e^{-sT_t} \qquad (8.26)$$

Bild 8.7: Regelkreis mit Ersatzstrecke aus Totzeit und Verzögerungsglied 1. Ordnung

Das Totzeitglied im Streckenmodell erfasst die in der Regelstrecke auftretenden Transportvorgänge von Materie, Energie und Informationen, das Verzögerungselement beschreibt näherungsweise das Verhalten von Energie- und Materiespeichern. Sind die Werte für T_t, K_S und T_1 der Strecke bekannt, dann schlagen **ZIEGLER** und **NICHOLS** die Berechnung der Einstellwerte nach der Tabelle 8.2 vor.

Regler-Typ	K_P	T_n	T_v
P-Regler	$\dfrac{T_1}{K_S T_t}$		
PI-Regler	$0{,}9\dfrac{T_1}{K_S T_t}$	$3{,}33 T_t$	
PID-Regler	$1{,}2\dfrac{T_1}{K_S T_t}$	$2 T_t$	$0{,}5 T_t$

Tabelle 8.2: Regleroptimierung nach **ZIEGLER** und **NICHOLS** auf der Basis einer Ersatzstrecke

Liegen die Daten der Strecke nicht vor, empfehlen **ZIEGLER** und **NICHOLS** die Reglereinstellwerte durch Messungen an einem Regelkreis zu ermitteln, wenn dieser sich an der Stabilitätsgrenze befindet, sofern dieser Vorgang überhaupt eingeleitet werden darf:

Folgender Weg kann eingeschlagen werde:

- Der im Regelkreis vorhandene Regler wird als P-Regler betrieben. ($T_v = 0$ und $T_n \to \infty$)
- Die Verstärkung K_P des Reglers wird von kleinen Werten ausgehend so lange erhöht, bis der Regelkreis Dauerschwingungen ausführt.
- Der erreichte K_P-Wert ist die kritische Verstärkung K_{Pkrit}. Die sich einstellende Periodendauer T_{krit} der Schwingung wird gemessen.
- Nach der folgenden Tabelle 8.2 werden je nach vorgesehener Reglerstruktur aus K_{Pkrit} und T_{krit} die Einstellwerte für den Regler berechnet.

Reglertyp	Reglerparameter		
	K_P	T_n	T_v
P	$0{,}5 K_{Pkrit}$		
PD	$0{,}8 K_{Pkrit}$		$0{,}12 T_{krit}$
PI	$0{,}45 K_{Pkrit}$	$0{,}85 T_{krit}$	
PID	$0{,}6 K_{Pkrit}$	$0{,}5 T_{krit}$	$0{,}12 T_{krit}$

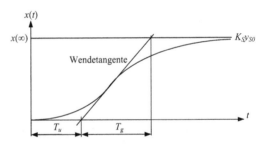

Tabelle 8.3: Reglereinstellung nach **ZIEGLER** und **NICHOLS** durch Messungen an der Stabilitätsgrenze

Bild 8.8: Aperiodisch verlaufende Sprungantwort einer Strecke höherer Ordnung mit Ausgleich: Wendetangentenverfahren
T_u Verzugszeit
T_g Ausgleichzeit

Falls es nicht möglich ist, den Regelkreis an der Stabilitätsgrenze zu betreiben, kann man auf ein Verfahren ausweichen, das mit *Wendetangentenverfahren* bezeichnet wird [25], das ebenfalls auf der Übergangsfunktion der Regelstrecke basiert, denn obwohl die Einstellregeln nach Tabelle 8.2 für eine P-T_1-T_t-Strecke entworfen wurden, können sie auch für reine Verzögerungsstrecken höherer Ordnung verwendet werden. In der Übergangsfunktion wird entsprechend Bild 8.8 durch Einzeichnen der Wendetangente die Verzugszeit und die Ausgleichzeit ermittelt. Anstelle der in Tabelle 8.2 vorgesehene Totzeit wird die Verzugszeit und für die Zeitkonstante die Ausgleichzeit verwendet, man setzt also in den Formeln für $T_t = T_u$ und $T_1 = T_g$. Die Streckenverstärkung ergibt sich aus dem stationären Wert und der Eingangsamplitude: $K_S = x(\infty) / y_{s0}$. Ein nach diesen Regeln eingestellter Regelkreis verhält sich ähnlich wie die Sprungantwort eines P-T$_2$-Gliedes, dessen Dämpfungszahl D zwischen 0,2 und 0,3 liegt.

8.4.2 Die Einstellregeln nach CHIEN, HRONES und RESWICK

Für die Regelung von Strecken mit Ausgleich und Verzögerungen höherer Ordnung haben **CHIEN**, **HRONES** und **RESWICK** gegenüber **ZIEGLER** und **NICHOLS** ausführlichere Einstellregeln angegeben. Dabei unterscheiden sie einerseits zwischen Führungs- und Störverhalten und andererseits zwischen aperiodischem Übergang und 20 % Überschwingen. Die Einstellregeln sind anwendbar ab Ausgleichzeit zu Verzugszeit-Verhältnis, $T_g/T_u > 3$.

Reglertyp	Aperiodischer Regelvorgang		Regelvorgang mit 20 % Überschwingen	
	Führung	Störung	Führung	Störung
P	$K_P = \dfrac{0,3T_g}{K_S T_u}$	$K_P = \dfrac{0,3T_g}{K_S T_u}$	$K_P = \dfrac{0,7T_g}{K_S T_u}$	$K_P = \dfrac{0,7T_g}{K_S T_u}$
PI	$K_P = \dfrac{0,35T_g}{K_S T_u}$ $T_n = 1,2T_g$	$K_P = \dfrac{0,6T_g}{K_S T_u}$ $T_n = 4T_u$	$K_P = \dfrac{0,6T_g}{K_S T_u}$ $T_n = T_g$	$K_P = \dfrac{0,7T_g}{K_S T_u}$ $T_n = 2,3T_u$
PID	$K_P = \dfrac{0,6T_g}{K_S T_u}$ $T_n = T_g$ $T_v = 0,5T_u$	$K_P = \dfrac{0,95T_g}{K_S T_u}$ $T_n = 2,4T_u$ $T_v = 0,42T_u$	$K_P = \dfrac{0,95T_g}{K_S T_u}$ $T_n = 1,35T_g$ $T_v = 0,47T_u$	$K_P = \dfrac{1,2T_g}{K_S T_u}$ $T_n = 2,3T_u$ $T_v = 0,42T_u$

Tabelle 8.4: Einstellwerte für Führungs- und Störverhalten nach **CHIEN**, **HRONES** und **RESWICK** für Strecken mit Ausgleich

Bei Regelstrecken ohne Ausgleich wird anstelle der Wendetangente die Asymptote an die Sprungantwort angelegt. Ihr Schnittpunkt mit der Zeitachse liefert die Verzugszeit T_u (Bild 8.9). Die Steigung der Asymptote lässt sich durch Messen der Ordinaten- und Abszissenabschnitte Δx und ΔT ermitteln. Die Integrationszeitkonstante T_I berechnet sich dann aus einem Vergleich der beiden Geradengleichungen:

$$x(t) = \frac{y_{s0}}{T_I}(t - T_u) = \frac{\Delta x}{\Delta T}(t - T_u) \;\Rightarrow\; T_I = \frac{\Delta T}{\Delta x} y_{s0} \tag{8.27}$$

Mit den beiden Werten für T_I und T_u können die Reglerparameter nach der folgenden Tabelle 8.5 bestimmt werden:

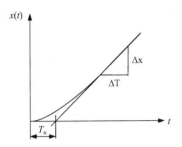

Reglertyp	Reglerparameter		
	K_P	T_n	T_v
P	$0{,}5T_I/T_u$		
PD	$0{,}5T_I/T_u$		$0{,}5T_u$
PI	$0{,}4T_I/T_u$	$5T_u$	
PID	$0{,}4T_I/T_u$	$3{,}2T_u$	$0{,}8T_u$

Bild 8.9: Sprungantwort einer Strecke ohne Ausgleich

Tabelle 8.5: Reglereinstellung nach **CHIEN**, **HRONES** und **RESWICK** für Strecken ohne Ausgleich

Nicht immer erzielt man beim Anwenden der vorgestellten „praktischen Einstellregeln" den erwarteten Erfolg. Das hängt damit zusammen, dass beim Erstellen der Formeln von ausgewählten Streckenstrukturen ausgegangen worden ist, die sich so in der Praxis nicht wiederholen. Deshalb ist es fast zwangsläufig, dass „vor Ort" Korrekturen an den Einstellungen der Regler erforderlich sind.

8.4.3 Die Einstellregeln nach LATZEL

Für PI- und PID-Regler an P-T_n-Strecken hat **LATZEL** Einstellwerte für Regler angegeben, die unter der Nebenbedingung 10% oder 20% Überschwingungen besonders schnell zu einem stationären Wert der Regelgröße führen. Die Streckeneigenschaften werden aus einer gemessenen Streckensprungantwort mit dem *Zeit-Prozent-Kennwert-Verfahren* von **SCHWARZE** [33] erfasst und mit Hilfe von Tabellen in die Reglereinstellwerte umgerechnet.

Das Approximationsverfahren verwendet drei Punkte der gemessenen Übergangsfunktion. Dadurch werden kleinere Störungen der Übergangsfunktion nicht so sehr ins Gewicht fallen wie beim Wendetangentenverfahren, wo die Ermittlung des Wendepunktes und der Wendetangente zusätzliche Fehlerquellen darstellen. Die Optimierung entspricht dem Betragskriterium.

Der Weg zur Bestimmung der Reglereinstellwerte.

- In der gemessenen Strecken-Übergangsfunktion, Bild 8.10, werden die drei Ordinatenwerte $x_{10\%}(t) = 0\%$, $x_{50\%}(t) = 50\%$ und $x_{90\%}(t) = 90\%$ sowie die zugehörigen Zeitprozentwerte $T_{10\%}$, $T_{50\%}$ und $T_{90\%}$ auf der Abszisse, der Zeitachse, ermittelt.

- Mit den gefundenen Werte wird der Quotienten $T_{10\%}/T_{90\%}$ gebildet

- Aus Tabelle 8.6a werden in der Zeile bei $T_{10\%}/T_{90\%}$ die Ordnung n sowie die Werte für die Koeffizienten $\alpha_{10\%}$, $\alpha_{50\%}$, und $\alpha_{90\%}$ entnommen. Man orientiert sich dabei an jener Zeile, die dem Verhältnis $T_{10\%}/T_{90\%}$ am nächsten kommt.

- Es wird der Mittelwert gebildet: $T_M = (\alpha_{10\%}T_{10\%} + \alpha_{50\%}T_{50\%} + \alpha_{90\%}T_{90\%})/3$

- Aus den Tabellen 8.6b und 8.6c können jetzt die Werte für T_n/T_M bzw. T_n/T_M und T_v/T_M entnommen werden.

$T_{10\%}/T_{90\%}$	n	$\alpha_{10\%}$	$\alpha_{50\%}$	$\alpha_{90\%}$	T_n/T_M	K_P/K_S bei 10% Überschw.	K_P/K_S bei 20% Überschw.
0,137	2	1,880	0,596	0,257	1,55	1,650	2,603
0,174	2,5	1,245	0,460	0,216	1,77	1,202	1,683
0,207	3	0,907	0,374	0,188	1,96	0,884	1,153
0,261	4	0,573	0,272	0,150	2,30	0,656	0,812
0,304	5	0,411	0,214	0125	2,59	0,540	0,654
0,340	6	0,317	0,176	0,108	2,86	0,468	0,561
0,370	7	0,257	0,150	0,095	3,10	0,417	0,497
0,396	8	0,215	0,130	0,085	3,32	0,397	0,451
0,418	9	0,184	0,115	0,077	3,53	0349	0,413
0,438	10	0,161	0,103	0,070	3,73	0,325	0,384

a) Streckenkenngrößen   b) Einstellwerte für PI-Regler

Tabelle 8.6a, b: Einstellregeln nach **LATZEL** [33] $x(t)$

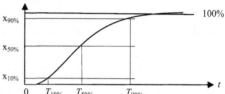

Bild 8.10: Zum Zeit-Prozent-Kennwert-Verfahren nach **SCHWARZE** [29]

n	T_n/T_M	T_v/T_M	K_P/K_S bei 10% Überschw.	K_P/K_S bei 20% Überschw.
3	2,47	0,66	2,543	3,510
3,5	2,71	0,76	1,832	2,522
4	2,92	0,84	1,461	1,830
5	3,31	0,99	1,109	1,337
6	3,66	1,13	0,914	1,082
7	3,97	1,25	0,782	0,922
8	4,27	1,36	0,689	0,812
9	4,54	1,47	0,617	0,727
10	4,80	1,57	0,559	0,660

c) Einstellwerte für PID-Regler

Tabelle 8.6c: Einstellregeln nach **LATZEL**, Fortsetzung

Beispiel 8.8

Wir gehen von der in Bild 8.10 dargestellten Streckensprungantwort aus. Die Strecke soll mit einem PI-Regler geregelt werden. Nach dem Kriterium von **LATZEL** werden die Reglereinstellwerte ausgesucht.

Aus dem Bild 8.10 entnehmen wir: Die Ordinatenwerten $x_{10\%}(t) =0,1$; $x_{50\%}(t) = 0,5$ und $x_{90\%}(t) =0,9$ die Abszissenwerte $T_{10\%}$, $T_{50\%}$ und $T_{90\%}$:

$$T_{10\%} = 8 \text{ sec}; \ T_{50\%} = 9 \text{ sec und } T_{90\%} = 36 \text{ sec} \ \Rightarrow \frac{T_{10\%}}{T_{90\%}} = \frac{8}{36} = 0,222$$

Nach Tabelle 8.5a und b folgen bei $T_{10\%}/T_{90\%, \text{gewählt}} = 0,207$ die Werte bei $n = 3$:

$$\alpha_{10\%} = 0,907; \ \alpha_{50\%}, = 0,374; \ \alpha_{90\%} = 0,188; \ T_n/T_M = 1,96 \text{ und } K_P/K_S = 0,884 \text{ bei 10\% Überschwingen.}$$

Die Mittelwertbildung liefert: $T_M = (\alpha_{10\%}T_{10\%} + \alpha_{50\%}T_{50\%} + \alpha_{90\%}T_{90\%})/3 = 7{,}04$ sec und hieraus folgen die Reglerkennwerte aus Tabelle 8.6c bei $n = 3$:

$T_n = 13{,}8$ sec und $K_P = 0{,}884K_S$ ∎

8.5 Beispiele

8.1 Bei den folgenden Regler-Streckenkombinationen sollen die Regelfehler bestimmt werden.

Zunächst wird jeweils die Übertragungsfunktion des offenen Kreises gebildet und anschließend nach Gleichung (8.2) der Regelfehler I. Ordnung und falls vorhanden, nach Gleichung (8.3) der Geschwindigkeitsfehler berechnet werden.

a) P-Regler und P-T_1-Strecke: $G_0(s) = \dfrac{K_P K_S}{1 + sT_1}$

$(8.2) \Rightarrow x_{dI}(\infty) = w_0 \lim\limits_{s \to 0} \dfrac{1}{1 + G_0(s)} = w_0 \lim\limits_{s \to 0} \dfrac{1 + sT_1}{1 + sT_1 + K_P K_S} = w_0 \dfrac{1}{1 + K_P K_S}$

⇒ Regelfehler I. Ordnung

b) P-Regler und I-T_1-Strecke: $G_0(s) = \dfrac{K_P K_I}{s(1 + sT_1)}$

$(8.2) \Rightarrow x_{dI}(\infty) = w_0 \lim\limits_{s \to 0} \dfrac{s(1 + sT_1)}{s(1 + sT_1) + K_P K_I} = 0$

⇒ Regelfehler I. Ordnung und aus

$(8.3) \Rightarrow x_{dII}(\infty) = \dfrac{w_0}{T} \lim\limits_{s \to 0} \dfrac{1}{s} \dfrac{s(1 + sT_1)}{s(1 + sT_1) + K_P K_I} = \dfrac{w_0}{T} \dfrac{1}{K_P K_I}$

⇒ Geschwindigkeitsfehler, ein Regelfehler II. Ordnung

c) Die Übertragungsfunktion $G_0(s) = \dfrac{s^2 + 4s + 7}{(s+1)(s^2 + 5s + 1) + 12(s + 3)}$ sei gegeben.

$(8.2) \Rightarrow x_{dI}(\infty) = w_0 \lim\limits_{s \to 0} \dfrac{(s+1)(s^2 + 5s + 1) + 12(s + 3)}{(s+1)(s^2 + 5s + 1) + 12(s + 3) + (s^2 + 4s + 7)} = w_0 \dfrac{37}{44}$

⇒ Regelfehler I. Ordnung und aus

$(8.3) \Rightarrow x_{dII}(\infty) = \dfrac{w_0}{T} \lim\limits_{s \to 0} \dfrac{1}{s} \dfrac{37}{44} \to \infty$

⇒ keine Aussage möglich!

d) Die Übertragungsfunktion sei $G_0(s) = \dfrac{Z_n(s)}{N_m(s)} = \dfrac{a_0 + a_1 s + ... + a_n s^n}{b_0 + b_1 s + ... + b_m s^m}$

(8.2) $\Rightarrow x_{dl}(\infty) = w_0 \lim\limits_{s \to 0} \dfrac{N_m(s)}{Z_n(s) + N_m(s)} = w_0 \dfrac{b_0}{a_0 + b_0}$

$\Rightarrow$ Regelfehler I. Ordnung

8.2 Gegeben ist ein Regelkreis mit einem P-Regler und einer I-T_1-Strecke

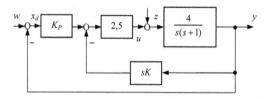

Bild 8.11: Regelkreis: I-T_1-Strecke mit einer differenzierenden Rückführung

a) Die Führungs- und Störübertragungsfunktionen sind zu berechnen $G_w(s) = \dfrac{y(s)}{w(s)}$ und $G_z(s) = \dfrac{y(s)}{z(s)}$

Aus dem Bild lässt sich entnehmen:

$$y = (u + z) \frac{4}{s(s+1)} \text{ mit der Hilfsgröße } u = 2{,}5[K_P(w - y) - syK].$$

Wird in die erste Gleichung die Hilfsgröße u eingesetzt, erhält man nach Umstellung die Regelkreis-gleichung im Bildbereich:

$$y\left[1 + \frac{10K_P}{s(s+1)} + \frac{10K}{s+1}\right] = \frac{10K_P}{s(s+1)} w + \frac{4}{s(s+1)} z$$

Bei $z = z_{neu} - z_{alt} = 0$ kann jetzt die die Führungsübertragungsfunktion und bei $w = w_{neu} - w_{alt} = 0$ die Störübetragungsfunktion berechnet werden:

$$G_w(s) = \frac{y(s)}{w(s)} = \frac{10K_P}{s^2 + s(1 + 10K) + 10K_P} \text{ und}$$

$$G_z(s) = \frac{y(s)}{z(s)} = \frac{4}{s^2 + s(1 + 10K) + 10K_P}$$

b) Die Reglerverstärkung K_P und die Rückführkonstante K sind so zu bestimmen, dass die Dämp-fungszahl $D = 0{,}5$ beträgt und die Ausgangsgröße $y(t)$ nach erfolgter Störgrößenänderung $z(t) = \sigma(t)$ den stationären Wert $y(\infty) = 0{,}04$ annimmt.

Aus der Führungs- oder Störübertragungsfunktion folgt mit $2\delta = 1 + 10K$ und $\omega_0^2 = 10K_P$ eine Bedin-gung zur Berechnung von K und K_P:

$$D = \frac{\delta}{\omega_0} = \frac{1 + 10K}{2\sqrt{10K_P}} = 0{,}5$$

Der stationäre Wert berechnet sich aus der Störübertragungsfunktion und daraus eine zweite Angabe zur Ermittlung von K und K_P:

$$y(\infty) = \lim_{s \to 0} s \frac{1}{s} \frac{4}{s^2 + s(1 + 10K) + 10K_P} \overset{!}{=} 0{,}04$$

Die beiden Gleichungen liefern:

$K_P = 10$ und $K = 0{,}9$

c) Wie groß sind die Regelfehler I. und II. Ordnung nach einem Führungssprung $w(t) = \sigma(t)$?

Mit $G_0(s) = \dfrac{10K_P}{s^2 + s(1 + 10K)}$ wird der Regelfehler I. Ordnung:

$$x_{dI}(\infty) = \lim_{s \to 0} \frac{1}{1 + G_0(s)} = \lim_{s \to 0} \frac{s(s + (1 + 10K))}{s^2 + s(1 + 10K) + 10K_P} = 0$$

Und der Geschwindigkeitsfehler lautet mit den zuvor berechneten Werten $K_P = 10$ und $K = 0{,}9$:

$$x_{dII}(\infty) = \frac{1}{T} \lim_{s \to 0} \frac{1}{s} \frac{1}{1 + G_0(s)} = \frac{1}{T} \lim_{s \to 0} \frac{1}{s} \frac{s(s + (1 + 10K))}{s^2 + s(1 + 10K) + 10K_P} = \frac{1}{T} \frac{1 + 10K}{10K_P} = 0{,}1 \frac{1}{T}$$

8.3 Es ist zu untersuchen, ob der K_P-Wert eines P-Reglers nach dem Kriterium der Quadratischen Regelfläche für das Führungsverhalten optimiert werden kann. Die Regelstrecke sei von 2. Ordnung.

Zunächst muss die Gleichung für die Quadratische Regelfläche aufgestellt werden. Für die Regeldifferenz gilt aus

$$(8.1) \Rightarrow x_d(s) = \frac{w_0}{s} \frac{1}{1 + G_0(s)} = \frac{w_0}{s} \frac{1 + sT_1 + s^2 T_2^2}{1 + K_P K_S + sT_1 + s^2 T_2^2}$$

Der stationäre Wert der Regeldifferenz ist wegen der fehlenden I-Komponente im Regler ungleich null. Aus der Gleichung (8.2) für den Regelfehler I. Ordnung folgt:

$$(8.2) \Rightarrow x_{dI}(\infty) = \lim_{s \to 0} s x_d(s) = w_0 \frac{1}{1 + K_P K_S}$$

Aus der Differenz von Regeldifferenz und bleibender Regeldifferenz, dem Regelfehler I. Ordnung, folgt aus der Gleichung

$$(8.16) \Rightarrow f(s) = x_d(s) - \frac{1}{s} x_{dI}(\infty)$$

$$= \frac{w_0}{s} \left[\frac{1 + sT_1 + s^2 T_2^2}{1 + K_P K_S + sT_1 + s^2 T_2^2} - \frac{1}{1 + K_P K_S} \right]$$

$$= w_0 \frac{K_P K_S T_1 + K_P K_S T_2^2 s}{(1 + K_P K_S)^2 + T_1(1 + K_P K_S)s + T_2^2(1 + K_P K_S)s^2}$$

Vergleicht man diesen Ausdruck mit jenem aus Gleichung (8.21), ergeben sich mit den Abkürzungen

$$a_0 = K_P K_S T_1, \quad a_1 = K_P K_S T_2^2, \quad b_0 = (1 + K_P K_S)^2, \quad b_1 = T_1(1 + K_P K_S), \quad b_2 = T_2^2(1 + K_P K_s)$$

die Koeffizienten für die Werte in Tabelle 8.1, um die Formel zur vereinfachten Berechnung der Quadratischen Regelfläche aufzustellen. Mit $n = 2$ findet man die höchste Ordnung aus dem Nennerpolynom und damit denTabelleneinstieg:

$$A_{sqr} = w_0^2 \frac{1}{2T_1}(K_P K_S)^2 \frac{(T_1^2 + T_2^2) + T_2^2(K_P K_S)}{(1 + K_P K_S)^3}$$

Die Formel für die Quadratische Regelfläche lässt erkennen, dass bei $(K_P K_S) = 0$ ein Minimum liegt, weil hier die Quadratische Regelfläche null ist. Da der Bruch von der Form ∞/∞ ist, wenn $(K_P K_S) \to \infty$ geht, erhält man nach zweimaligem Differenzieren entsprechend der Regel von **L'HOSPITAL** und dem Grenzübergang $(K_P K_S) \to \infty$ den stationären Wert $A_{sqr} = w_0^2 T_2^2 / 2T_1$. Beide $(K_P K_S)$-Werte gehören aber nicht zum Einstellbereich. Das Kriterium liefert in diesem Falle keine Aussage für eine optimale Einstellung des Reglers.

Als Alternative biete sich die Vorgabe einer Dämpfungszahl für das Führungsverhalten an. Legt man diese beispielsweise auf $D = \frac{1}{2}\sqrt{2}$, ein Einschwingen mit einmaligem Überschwingen und asymptotischer Annäherung an den stationären Wert, lässt sich die Variable $K_P K_S$ festlegen:

$$D = \frac{\delta}{\omega_0} = \frac{T_1}{2T_2} \frac{1}{\sqrt{1 + K_P K_S}} = \frac{1}{2}\sqrt{2},$$

Hieraus folgt für das Produkt der beiden Verstärkungsfaktoren:

$$(K_P K_S) = \frac{T_1^2 - 2T_2^2}{2T_2^2} \quad \text{mit } 0 < \sqrt{2}T_2 < T_1$$

Die quadratische Regelfläche hat an dieser Stelle den Wert

$$A_{sqr} = 1{,}5 w_0^2 (T_1^2 - 2T_2^2)^2 \frac{T_2^2}{T_1^5}.$$

Liegen beispielsweise die Zeitkonstanten $T_1 = 5$ sec und $T_2 = 2$ sec vor, werden $(K_P K_S) = 17/8$ und $A_{sqr} = 0{,}554 w_0^2$ sec.

8.4 Bei einem Regelkreis aus I-Regler und Strecke 2. Ordnung soll der Reglerparameter K_I bezüglich des Störverhaltens nach dem Kriterium der Quadratischen Regelfläche optimal gewählt werden.

Für die Regeldifferenz gilt nach einem Störsprung $z(t) = z_0, t > 0$ aus Gleichung

$$(8.18) \Rightarrow x_d(s) = \frac{z_0}{s} \frac{G_S(s)}{1 + G_0(s)} = z_0 \frac{K_S}{K_I K_S + s + s^2 T_1 + s^3 T_2^2}.$$

Wegen der I-Komponente im Regler hat die bleibende Regeldifferenz erwartungsgemäß den Wert null:

$$(8.18) \Rightarrow x_d(\infty) = \lim_{s \to 0} s z_0 G_z(s) = 0$$

Die Differenz der beiden Funktionen ist die Ausgangsfunktion zur Berechnung der quadratischen Regelfläche:

$$f(s) = x_d(s) - \frac{1}{s} x_d(\infty) = x_d(s)$$

Ein Vergleich mit (8.21) ergibt $a_0 = K_S$, $b_0 = K_I K_S$, $b_1 = 1$, $b_2 = T_1$ und $b_3 = T_2^2$. Damit wird die Quadratische Regelfläche nach Tabelle 8.1 für $n = 3$:

$$A_{sqr} = z_0^2 \frac{K_S^2 T_1}{2 K_I K_S (T_1 - K_I K_S T_2^2)}$$

($K_I K_S$) ist der Parameter, der optimiert werden soll. Durch Differenzieren und Nullsetzen von A_{sqr} erhält man als mögliche Stelle eines Extremums:

$$K_I K_S = \frac{T_1}{2 T_2^2} \, .$$

Ob die Funktion A_{sqr} hier ein Minimum oder Maximum hat, folgt aus der zweiten Ableitung:

$$\frac{d^2 A_{sqr}}{d(K_I K_S)^2} = 16 z_0^2 K_S \frac{T_2^6}{T_1^2} > 0$$

Da der Ausdruck positiv ist, liegt bei $K_I K_S = \dfrac{T_1}{2 T_2^2}$ ein Minimum. Die Quadratische Regelfläche nimmt hier den Wert

$$A_{sqr}\left(\frac{T_1}{2 T_2^2}\right) = z_0^2 K_S^2 \frac{2 T_2^2}{T_1}$$

an. Eine Überprüfung mit dem Stabilitätskriterium nach **HURWITZ** ergibt, dass die gefundene Lösung zulässig ist. Es gilt:

$$K_I K_S = \frac{T_1}{2 T_2^2} < \frac{T_1}{T_2^2}$$

8.5 Eine Strecke 3. Ordnung wird mit einem PI-Regler geregelt. Die Zeitkonstanten der Regelstrecke sind mit $T_1 = 10$ sec, $T_2 = 2$ sec und $T_3 = 1$ sec gegeben. Die Streckenverstärkung hat den Wert $K_S = 1$. Die Reglerparameter K_P und T_n sind nach der Methode Pol-/Nullstellenkompensation sowie nach dem Kriterium der Quadratischen Regelfläche optimal zu wählen.

Die Übertragungsfunktion des aufgeschnittenen Regelkreises lautet:

$$G_0(s) = K_P \frac{1 + sT_n}{sT_n} \frac{1}{(1 + 10s)(1 + 2s)(1 + s)}$$

Es liegt nahe, die dominierende Zeitkonstante $T_1 = 10$ sec gleich der Nachstellzeit T_n des Reglers zu-wählen, da sie der imaginären Achse am nächsten zu liegen kommt. Durch diese Maßnahme wird gleichzeitig die Ordnung von $G_0(s)$ verringert. Mit $T_n = T_1 = 10$ sec wird die neue vereinfachte Über-tragungsfunktion:

$$G_0(s) = K_P \frac{1}{10s} \frac{1}{(1 + 2s)(1 + s)}$$

Die noch frei zu wählende Reglerverstärkung wird nach dem Kriterium der Quadratischen Regelfläche optimiert. Für die Regeldifferenz gilt:

$$x_d(s) = \frac{w_0}{s} \frac{1}{1 + G_0(s)} = 10w_0 \frac{1 + 3s + 2s^2}{K_P + 10s + 30s^2 + 20s^3}$$

Der stationäre Wert der Regeldifferenz,

$$x_d(\infty) = \lim_{s \to 0} sx_d(s) = 0,$$

ist wegen der I-Komponente im Regler null. Mit den Abkürzungen $a_0 = 1$, $a_1 = 3$, $a_2 = 2$ sowie $b_0 = K_P$, $b_1 = 10$, $b_2 = 30$ und $b_3 = 20$ ergibt sich nach Tabelle 8.1 für $n = 3$ die Quadratische Regel-fläche zu:

$$A_{sqr} = 10w_0^2 \frac{7K_P + 30}{4K_P(15 - K_P)}$$

Setzt man die Ableitung von A_{sqr} nach K_P gleich null, ergibt sich als Lösung einer quadratischen Glei-chung:

$$K_P = 4{,}8$$

Die Quadratische Regelfläche hat hier den Wert $A_{sqr} = 3{,}247 w_0^2$. Bei $K_P = 4{,}8$ ist die **HURWITZ**-Determinante

$$\begin{vmatrix} a_1 & a_3 \\ a_0 & a_2 \end{vmatrix} = a_1 a_2 - a_0 a_3 = 300 - 20K_P > 0 \Rightarrow \text{Stabilität!}$$

Der Wert von $K_P = 4{,}8$ gehört damit zum Einstellbereich.

8.6 Übungsaufgaben

8.1 Berechne den Positions- und Geschwindigkeitsfehler für einen Führungssprung bei den folgenden Strecken-Regler-Übertragungsfunktionen:

a) $G_0(s) = \dfrac{10(2s+1)}{s(s^2+1)}$, b) $G_0(s) = K_P \dfrac{1+sT_n}{sT_n} e^{-sT_t}$, c) $G_0(s) = \dfrac{K_P(1+sT_n)}{sT_n(1+s)(1+2s)}$

Lsg.: a) $x_{dI}(\infty) = 0$, $x_{dII}(\infty) = \dfrac{w_0}{10T}$, b) $x_{dI}(\infty) = 0$, $x_{dII}(\infty) = \dfrac{w_0}{T}\dfrac{T_n}{K_P}$, c) $x_{dI}(\infty) = 0$,

$x_{dII}(\infty) = \dfrac{w_0}{T}\dfrac{T_n}{K_P}$

8.2 Gegeben sind die Übertragungsfunktionen eines Regelkreises:

$$G_S(s) = \frac{1}{(s+10)(s+2)} \quad \text{und} \quad G_R(s) = K_P \frac{1+sT_V}{1+sT_1}$$

Die Vorhaltzeit T_V ist nach dem Pol-/Nullstellenkompensations-Verfahrens festzulegen. Die Reglerverstärkung K_P ist so zu wählen, dass nach einem Führungssprung $w(t) = \sigma(t)$ der Positionsfehler $x_{dI}(\infty) = 0{,}4$ beträgt. Wie lautet unter Berücksichtigung der gefundenen Lösungen der Geschwindigkeitsfehler bei einem Führungssprung? Welchen Wert nimmt der Positionsfehler nach einem Störsprung an?

Lsg.: $T_V = 0{,}5$ sec und $K_P = 30$. Positionsfehler $x_{dI}(\infty) \to \infty$, Geschwindigkeitsfehler

$x_{dII}(\infty) = -z_0 2/43$

8.3 Gegeben ist ein P-Regler und eine I-Strecke mit Übertragungsfunktionen $G_R = K_P$ und $G_S(s) = K_I / s$. Der Reglerparameter K_I soll nach dem Kriterium der Quadratischen Regelfläche für das Führungsverhalten optimiert werden. Wie lautet die Quadratische Regelfläche A_{sqr} und welchen Wert nimmt K_P nach einer Optimierung an?

Lsg.: $A_{sqr} = \dfrac{w_0^2}{2K_P K_I}$ und $K_P \to \infty$

8.4 Ein Regelkreis mit der $G_S(s) = \dfrac{1+s}{s(1+3s)^2}$ und einem P-Regler soll optimiert werden.

a) Die Stabilität ist nach dem **HURWITZ**-Kriterium zu überprüfen
b) Die Quadratische Regelfläche ist zu berechnen
c) Wie lautet der optimale K_P-Wert?
d) Welchen Wert nimmt die optimale Regelfläche an?

Lsg.: a) $K_P < 2$, b) $A_{sqr} = w_0^2 \dfrac{1+4{,}5K_P+1{,}5K_P^2}{2K_P - K_P^2}$, c) $K_P = 0{,}4$ und $A_{sqr} = w_0^2 4{,}75$

8.5 In einem Regelkreis soll die Reglerverstärkung K_P nach dem Kriterium der Quadratischen Regelfläche optimal eingestellt werden. Die Übertragungsfunktion der Regelstrecke lautet: $G_S(s) = \dfrac{1}{s(s^2 + s + 4)}$. Die Optimierung ist für das Führungsverhalten mit $w(t) = t$, $t > 0$ durchzuführen.

a) Wie muss K_P unter Stabilitätsbetrachtungen (**HURWITZ**-Kriterium) gewählt werden?
b) Wie lautet die Quadratische Regelfläche?
c) Welchen optimalen K_P-Wert erhält man?
d) Welchen Wert nimmt die Quadratische Regelfläche beim optimalen K_P-Wert an?

Lsg.: a) $K_P < 4$, b) $A_{sqr} = w_0^2\,\dfrac{256 - 80K_P + K_P^2 + K_P^3}{2K_P^3(4 - K_P)}$, c) $K_P = 3{,}5$ d) $A_{sqr}(0{,}35) = w_0^2\,0{,}73$

8.6 Gegeben ist ein Regelkreis mit PID-Regler und einer Strecke 3. Ordnung. Die Übertragungsfunktion der Regelstrecke lautet:

$$G_S(s) = \frac{2}{(1 + s)(1 + 2s)(1 + 3s)}.$$

8.7 Die Reglerparameter sollen nach dem Kriterium von **ZIEGLER-NICHOLS** (Schwingungsversuch) gewählt werden.

a) Berechne aus der charakteristischen Gleichung die Werte für K_{Pkrit}, ω_{krit} und T_{krit}.
b) Wie müssten die Reglerparameter im Falle eines P-, PI-, PID-Reglers gewählt werden?
c) Wie lauten die Übertragungsfunktionen der vorgesehenen Regler?

Lsg.:
a) $K_{Pkrit} = 10$, $\omega_{krit} = 1\ \text{sec}^{-1}$, $T_{krit} = 2\pi\ \text{sec}$
b) P-Regler: $K_P = 5$,
   PI-Regler: $K_P = 4{,}5$, $T_n = 5{,}34\ \text{sec}$
   PID-Regler: $K_P = 6$, $T_n = 3{,}14\ \text{sec}$, $T_v = 0{,}75\ \text{sec}$

c) P-Regler: $G_R(s) = 5$

   PI-Regler: $G_R(s) = 5\,\dfrac{1 + 5{,}34s}{5{,}34s}$

   PID-Regler:

   $G_R(s) = 5\,\dfrac{1 + 3{,}14s + 2{,}35s^2}{3{,}14s}$

8.8 Von einer I-T_1-Strecke wurde die Sprungantwort aufgenommen. Der Regelkreis soll nach dem Kriterium von **CHIENS-HRONES-RESWICK** optimiert werden.

a) Ermittle aus dem folgenden Bild 8.12 die Verzugszeit T_u, die Zeit ΔT und den Wert Δx. Berechne hieraus die Integrationszeitkonstante T_I.
b) Wie lauten die Reglereinstellungen für die Reglertypen P, PI und PID?

Lsg.:

a) $T_n = 1,33$ sec, $\Delta T = 1,22$ sec, $\Delta x = 5$ mm und
   $T_l = 1,04$ sec,

b) $T_l/T_n = 0,78$ mit Einstellung:
   P-Regler: $K_P = 0,39$ oder
   PI-Regler: $K_P = 0,31$, $T_n = 6,65$ sec oder
   PID-Regler: $K_P = 0,31$, $T_n = 4,25$ sec, $T_v = 0,62$ sec

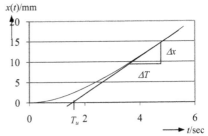

Bild 8.12: Sprungantwort einer I-T_1-Strecke

8.7 Zusammenfassung

Regelstrecken sind im Allgemeinen bezüglich ihres Zeitverhaltens festgelegt und können nachträglich kaum verändert werden. Beim Aufbau einer Regelung lässt sich deshalb nur über den Regler, seine Charakteristik und seine Parametrierung das Zeitverhalten des Regelkreises beeinflussen. Eine **Regelstrecke**, mit einem bestimmten Dämpfungsverhalten, wird **in einem geschlossenen** Regelkreis ein anderes, ein vorgegebenes Verhalten zeigen, was zum Bestandteil eines zu projektierenden Regelkreises gehört.

Liegt ein **mathematisches Modell der Regelstrecke** vor und sind die Streckenparameter bekannt, dann lässt sich ein geeigneter Regler auswählen und die Kennwerte des Reglers analytisch bestimmen. Man spricht dann von einer **Parameteroptimierung im Zeitbereich**. Notwendig hierfür ist die Bereitstellung eines geeigneten **Gütekriteriums**, über das die Kennwerte optimiert werden können. Die Regelung ist dann im Sinne des gewählten Gütekriteriums optimal eingestellt. Trotzdem kann es erforderlich sein, dass in der Praxis Korrekturen an den Kennwerten erforderlich werden, weil das Streckenmodell nur eine Nachbildung der realen Strecke darstellt.

Die Auswahl eines Gütekriteriums richtet sich nach den Anforderungen an das Zeitverhalten des Regelkreises, z. B. das Einschwingverhalten der Regelgröße nach einem Sollwert- oder Störsprung, ob dieser **schwingend** oder **kriechend** verläuft.

Gebräuchliche Gütekriterien sind **Integralkriterien**. Hier wird versucht, die Regelfläche zwischen dem Verlauf der Regelgröße und dem stationären Wert der Regelgröße über der Zeit ein Minimum zu suchen. Bei Regelungen, die auf eine bleibende Regeldifferenz führen, wie z. B. bei P-Reglern und P-T_n-Strecken, wird anstelle der Regelgröße die Regeldifferenz verwendet.

Da die Kriterien im Zeitbereich definiert sind, ist ihre Berechnung oft sehr aufwendig oder nur numerisch möglich, besonders bei Strecken höherer Ordnung. Einigen Kriterien können in den Bildbereich transformiert werden, was ihre Berechnung erleichtert, z.B. das Kriterium der **Linearen Regelfläche**. Es lässt sich sinnvoll nur bei stark gedämpften Systemen anwenden, da oszillierende Einschwingvorgänge positive und negative Flächenanteile erzeugen, die sich in ihrer Summe gegenseitig kompensieren und eine minimale Summenfläche vortäuschen.

Beim Kriterium der **Quadratischen Regelfläche** werden größere Abweichungen stärker gewichtet als kleinere Störungen. Das Einschwingverhalten eines nach diesen Kriterien optimierten Regelkreises wird dementsprechend zu kleineren Überschwingungen führen und von kürzerer Dauer sein, als beispielsweise bei einer Optimierung mit dem Linearen Kriterium. Mithilfe der **PARSEVAL**-Gleichung wird das Kriterium im Bildbereich aufbereitet und in Tabellenform die Ergebnisse zur Berechnung der Quadratischen Regelfläche zusammengestellt, wobei es gleichgültig ist, welcher Lösungsmethode man sich dabei bedient.

Durch Differentiation der Regelfläche nach den Kennwerten K_P, T_n oder T_v, kann der optimale Wert der Regelfläche gefunden werden, falls ein solcher überhaupt existiert. Sofern reelle Lösungen vorhanden sind, müssen diese anhand eines Stabilitätskriteriums überprüft werden, d. h. ob die gefundenen optimalen Kennwerte zur Stabilität des Regelkreises führen.

Falls keine Lösungen vorkommen, wendet man das **Pol-Nullstellen-Kompensationsverfahren** an oder versucht, sofern möglich, die Dämpfung des Regelkreises vorzugeben und hierüber einen Kennwert festzulegen.

Die Anwendung der Gütekriterien findet dort ihre Grenzen, wo der Rechenaufwand zu groß wird. Man greift dann zu den **praktischen Einstellregeln**. **ZIEGLER-NICHOLS** leiten die Kenngrößen aus einem sich an der Stabilitätsgrenze befindlichen Regelkreis ab. Sie benutzen auch die Streckensprungantwort und finden daraus **Näherungsformeln zur Berechnung der Kenngrößen**. **CHIEN, HRONES** und **RESWICK** benutzen ebenfalls die Sprungantwort, sie stellen aber unterschiedliche Formeln zur Berechnung der Kennwerte zusammen, so z. B. solche für kriechendes Einschwingverhalten und solche für 20% Überschwingungen. Sie unterscheiden dabei noch den Störungs- und den Führungsfall. **LATZEL** erfasst die Eigenschaften der Strecke auch aus der Streckensprungantwort, versucht diese aber mithilfe des **Zeit-Prozent-Kennwertverfahrens** auszuwerten. Da dieses Verfahren die Sprungantwort an drei Stellen auswertet, ist es in der Regel genauer als das **Wendetangentenverfahren**, wo das Aufsuchen des **Wendepunktes** und das Anlegen der **Wendetangente** fehleranfällig sind.

Eine weitere Möglichkeit, die Kennwerte eines Reglers festzulegen, werden wir im folgenden Kapitel vorstellen. Es ist ein grafisches Verfahren und benutzt das **Bodediagramm**, um für gegebene Werte für den noch zu definierenden **Phasen-** und **Amplitudenrand** die **Kennwerte eines Reglers** anzugeben.

9 Entwurf einer Regelung im Frequenzbereich

Bei diesem Entwurfsverfahren für eine Regelung geht man vom **Frequenzgang des aufgeschnittenen Regelkreises** $G_0(j\omega)$ im **BODE-Diagramm** aus. Hierbei wird vorausgesetzt, dass der Frequenzgang der Regelstrecke $G_S(j\omega)$ unveränderbar fest vorgegeben ist, der Frequenzgang des Reglers $G_R(j\omega)$ aber noch – in gewissen Grenzen – wählbar ist.

Das Ziel bei diesem Entwurfsverfahren im **BODE**-Diagramm ist, die **Frequenzkennlinien des offenen Regelkreises** $G_0(j\omega)$ durch die Frequenzkennlinien $G_R(j\omega)$ eines geeignet gewählten Reglers derart **zu verändern**, dass der **geschlossene Regelkreis** eine als **optimal angesehene Regelung** repräsentiert.

Deshalb ist es erforderlich, Anforderungen an die Kennwerte für statisches und dynamisches Verhalten einer Regelung wie asymptotische Stabilität, Einhalten einer stationären Genauigkeit, ausreichende Dämpfung oder hinreichende Schnelligkeit als Bedingungen für den Verlauf der Frequenzkennlinien des offenen Regelkreises zu formulieren.

9.1 Die Kennwerte im offenen Regelkreis

In einem geschlossenen Regelkreis übernimmt der Regler die Aufgabe, die Regelgröße $x(t)$ der Führungsgröße $w(t)$ anzugleichen oder zumindest in ein um die Führungsgröße gelegtes Toleranzband hineinzuführen und da zu halten. Die Regelgröße soll sich der Führungsgröße in endlicher Zeit angleichen und die Regeldifferenz soll möglichst null werden. Also muss gelten: $x(t) \approx w(t)$ und $x_d(t) = w(t) - x(t) \approx 0$. Überträgt man diese Forderung auf die Regelkreisgleichung,

$$x(s) = G_w(s)w(s) + G_z(s)z(s), \tag{9.1}$$

ergeben sich für die Führungs- und Störübertragungsfunktion die Bedingungen: $G_w(s) \approx 1$ und $G_z(s) \approx 0$. Mit dem Frequenzgang der Regelstrecke $G_S(j\omega)$ und dem Frequenzgang des Reglers $G_R(j\omega)$ lässt sich für den Führungs- und Störfrequenzgang somit schreiben:

$$G_w(j\omega) = \frac{x(s)}{w(s)} = \frac{G_0(j\omega)}{1 + G_0(j\omega)} \approx 1 \quad \text{und}$$

$$G_z(j\omega) = \frac{x(s)}{z(s)} = \frac{G_S(j\omega)}{1 + G_0(j\omega)} = \frac{G_0(j\omega)}{1 + G_0(j\omega)} \frac{1}{G_R(j\omega)} = \frac{G_w(j\omega)}{G_R(j\omega)} \approx 0 \tag{9.2a, b}$$

Nimmt man für den Frequenzgang des aufgeschnittenen Regelkreises $G_0(j\omega)$ ein **Tiefpassverhalten** an, d. h. oberhalb einer bestimmten Frequenz, der *Grenzfrequenz*, werden die Signale so stark gedämpft, dass sie vernachlässigbar sind. Dann kann für den Betrag von $G_0(j\omega)$ die folgende Abschätzung durchgeführt werden:

$$|G_w(j\omega)| = \frac{|G_0(j\omega)|}{|1 + G_0(j\omega)|} \approx \begin{cases} 1, & \text{wenn } |G_0(j\omega)| \gg 1 \\ |G_0(j\omega)|, & \text{wenn } |G_0(j\omega)| \ll 1 \end{cases} \tag{9.3}$$

Die Abschätzung zeigt, $G_w(j\omega) \approx 1$ wird nur für diejenigen Frequenzen ω erfüllt, für die $|G_0(j\omega)| \gg 1$ ist, also eine große Verstärkung vorhanden ist. Aus der Abschätzung (9.3) lassen sich durch Logarithmieren die Frequenzkennlinien ableiten. Für die Amplitudenkennlinie gilt:

$$\left|G_w(j\omega)\right|_{dB} \approx \begin{cases} 0\,\text{dB}, \text{wenn } \left|G_0(j\omega)\right|_{dB} \gg 0\,\text{dB} \\ \left|G_0(j\omega)\right|_{dB}, \text{wenn } \left|G_0(j\omega)\right|_{dB} \ll 0\,\text{dB} \end{cases} \quad \text{und für die Phasenkennlinie wird}$$

$$\varphi(\omega) \approx \begin{cases} 0°, \text{wenn } \left|G_0(j\omega)\right|_{dB} \gg 0\,\text{dB} \\ \angle G_0(j\omega), \text{wenn } \left|G_0(j\omega)\right|_{dB} \ll 0\,\text{dB} \end{cases} \quad\quad (9.4\text{a, b})$$

Die Betragskennlinie in (9.4a) hat 0 dB, solange $\left|G_0(j\omega)\right|_{dB} \gg 0$ dB gilt. Eine Grenze bildet die **Durchtrittsfrequenz** $\pmb{\omega_D}$. An dieser Stelle ist $\left|G_0(j\omega_D)\right|_{dB} = 0$ dB oder wegen des logarithmischen Maßstabes $\left|G_0(j\omega_D)\right| = 1$. Die Durchtrittsfrequenz symbolisiert ein **Maß für die Bandbreite des Systems** und kennzeichnet die Schnelligkeit einer Signalübertragung in einem System mit dem Frequenzgang $G_0(j\omega)$. Ein großes ω_D bedeutet ein rasches Reagieren der Ausgangsgröße des Systems, ein kleiner Wert von ω_D weist dagegen auf Signalverzögerungen hin.

Näherungsweise erhält man die Betragskennlinie, $\left|G_w(j\omega)\right|_{dB}$, indem man ihren Verlauf auf der 0 dB-Linie am Schnittpunkt der Betragskennlinie des offenen Kreises $\left|G_0(j\omega)\right|_{dB}$ mit der 0-dB-Linie schneidet (Bild 9.1).

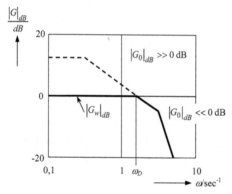

Bild 9.1: Zum Ermitteln der Betragskennlinie des Führungsfrequenzganges eines geschlossenen Regelkreises $\left|G_w\right|_{dB}$ bei gegebener Betragskennlinie des offenen Kreises $\left|G_0\right|_{dB}$

Die Betragskennlinie des Störfrequenzganges $\left|G_z(j\omega)\right|_{dB}$ erhält man wegen (9.2b) durch eine Differenzbildung der beiden Betragskennlinien von Führungsfrequenzgang und Reglerfrequenzgang, $\left|G_w(j\omega)\right|_{dB}$ und $\left|G_R(j\omega)\right|_{dB}$:

$$\left|G_z(j\omega)\right|_{dB} = \left|G_w(j\omega)\right|_{dB} - \left|G_R(j\omega)\right|_{dB} \quad\quad (9.5)$$

Die Forderung $G_z(j\omega) \approx 0$ lässt sich wegen der logarithmischen Darstellung der Betragskennlinien nur für $\left|G_z\right|_{dB} \to -\infty$ erfüllen, also näherungsweise nur durch ein starkes Absenken der Betragskennlinie $\left|G_w(j\omega)\right|_{dB}$ durch die Betragskennlinie des Reglers $\left|G_R(j\omega)\right|_{dB}$ (Bild 9.2).

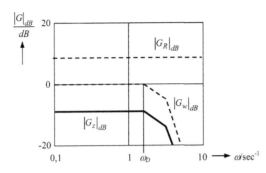

Bild 9.2: Konstruktion der Betragskennlinie eines Stör-frequenzganges $|G_z|_{dB}$ durch die Differenzbildung der Betragskennlinien von Führungsfrequenzgang und Frequenzgang eines P-Reglers, $|G_w|_{dB}$ und $|G_R|_{dB}$.

Wie aus dem Bild 9.2 ersichtlich ist, lässt sich bei noch so groß gewähltem K_P beispielsweise bei einem P-Regler die Betragskennlinie des Führungsfrequenzganges $|G_w|_{dB}$ nicht so weit absenken, dass die Betragskennlinie des Störfrequenzganges $|G_z|_{dB} \to -\infty$, zumindest sehr kleine Werte annimmt. Besser geeignet für eine Korrektur ist dagegen ein Regler mit einer I-Komponente. Das Bild 9.3 zeigt eine Kennlinienkorrektur mit einem PI-Regler. Im Frequenzbereich $\omega \ll \omega_D$ ermöglicht die I-Komponente des Reglers ein kräftiges Absenken der Betragskennlinie $|G_z|_{dB}$. Im stationären Zustand $\omega \to 0$ wird sogar $|G_z|_{dB} \to -\infty$ bzw. $|G_z(j\omega)| = 0$ erreicht. Dadurch wird im eingeschwungenem Zustand die Regelgröße $x(t) = w_0$, sofern die Führungsgröße $w(t) = w_0$ konstant ist.

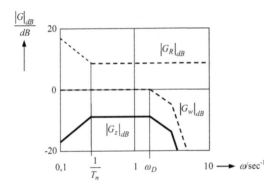

Bild 9.3: Konstruktion der Betragskennlinie eines Stör-frequenzganges $|G_z|_{dB}$ durch die Differenzbildung der Betragskennlinien von Führungsfrequenzgang und Frequenzgang eines PI-Reglers, $|G_w|_{dB}$ und $|G_R|_{dB}$.

Amplituden- und **Phasenreserve** sind die ***Kennwerte für das dynamische Verhalten*** eines geschlossenen Regelkreises. Bei einem angenommenen Verlauf der Ortskurve eines offenen Regelkreises $G_0(j\omega)$ ist die Regelung schwingungsanfälliger, je näher die Ortskurve dem Punkt $P(-1; j0)$ kommt (Bild 7.10). Verläuft die Ortskurve aber weiter entfernt von diesem Punkt, ist die Dämpfung stärker ausgeprägt. Erfahrungsgemäß sollen deshalb für einen „gut" gedämpften Einschwingvorgang mit geringer **Überschwingweite** und nicht zu großer **Ausregelzeit** Phasen- und Amplitudenreserve in den folgenden Bereichen liegen (9.6):

- Beim Entwurf auf Führungsverhalten: $50° \le \varphi_r \le 70°$ und $-12\,\mathrm{dB} \le A_{rdB} \le -20\,\mathrm{dB}$
- Beim Entwurf auf Störverhalten: $\quad 20° \le \varphi_r \le 50°$ und $-4\,\mathrm{dB} \le A_{rdB} \le -10\,\mathrm{dB}$

Die Bedingungen für die Amplitudenreserve A_{rdB} lassen sich erfahrungsgemäß dann einhalten, wenn die Betragskennlinie des offenen Kreises $|G_0|_{dB}$ im Bereich der Durchtrittsfrequenz ω_D mit einem

Wert von etwa 20 dB/Dekade abnimmt. Damit bleibt die Phasenreserve des offenen Kreises φ_r ein Entwurfs-parameter, der entsprechen den obigen Bedingungen (9.6) festgelegt werden kann. Sie muss aus Stabilitätsgründen positiv gewählt werden.

Das Bild 9.4 zeigt, wie sich gezielt auf den Kurvenverlauf der Frequenzkennlinien eines offenen Regelkreises mit Frequenzgang $G_0(j\omega)$ einwirken lässt, um ein vorgesehenes statisches und dynamisches Verhalten des geschlossenen Regelkreises zu erreichen.

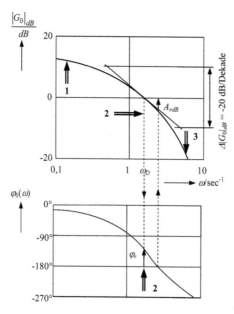

Zu 1: Im **unteren Frequenzbereich** $\omega \ll \omega_D$ sollte der Wert von $|G_0|_{dB}$ und damit die Kreisverstärkung V_0 sehr groß sein, um im stationären Zustand $\omega = 0$ eine bleibende Regeldifferenz möglichst klein zu halten. Sie lässt sich vermeiden, wenn im Regler eine I-Komponente vorgesehen wird, weil dann im eingeschwungenem Zustand $|G_0|_{dB} \to \infty$ gilt. Niederfrequente Messstörungen müssen allerdings vermieden werden, weil sie in diesem Frequenzbereich nach (9.3) voll auf die Regel-größe übertragen werden.

Zu 2: Der **mittlere Frequenzbereich** liegt um die Durchtrittsfrequenz ω_D und kennzeichnet im Wesentlichen das dynamische Verhalten des geschlossenen Regelkreises. Die Phasenreserve φ_r muss hier den Bedingungen (9.6) genügen. Die Amplitudenreserve A_{rdB} lässt sich etwa in den angegebenen Grenzen halten, wenn die Steigung der Betragskennlinie im Bereich um die Durchtrittsfrequenz nicht mehr als -20 dB/Dekade beträgt. Eine Anhebung von ω_D bewirkt ein schnelleres Einschwingen der Regelgröße.

Bild 9.4: Einfluss der Kennwerte auf den Verlauf der Frequenzkennlinien des offenen Kreises $G_0(j\omega)$

Zu 3: Im **oberen Frequenzbereich** $\omega \gg \omega_D$ sollte die Betragskennlinie rasch abfallen, damit unvermeidbare hochfrequente Meßstörungen unterdrückt werden und nicht zur Regelgröße gelangen.

9.2 Anwendung des Frequenzkennlinienverfahrens

Beim praktischen Entwurf einer Regelung nach dem Frequenzkennlinienverfahren geht man schrittweise vor:

> * Zunächst zeichnet man die Frequenzkennlinien des offenen Kreises $G_0(j\omega)$ ins Bodediagramm ein.
> * Anschließend wird ein geeignetes Korrekturglied ausgewählt und seine Parameter so bestimmt, dass die Ansprüche an den geschlossenen Kreis auch erfüllt werden können.

Als Korrekturglieder stehen je nach Aufgabenstellung und Korrekturwunsch **drei Grundformen** zur Verfügung, die Maßnahmen zur **Absenkung der Betragskennlinie**, ein **Anheben der Phasenkennlinie** oder sowohl ein **Absenken der Amplitudenkennlinie** als auch ein **Anheben der Phasenkennlinie** ermöglichen: Das *Lag-Glied*, das *Lead-Glied* und das *Lag-Lead-Glied*:

Absenken der Betragskennlinie: Man benutzt als **Lag-Glied** einen P- oder PI-Regler oder ein PD-T_1-Glied. Dadurch erreicht man eine größere Phasenreserve, was zu einer stärkeren Dämpfung des angestrebten Regelkreises führt. Nachteilig wirkt sich aber die Verschiebung der **Amplitudendurchtrittsfrequenz** zu kleineren Werten hin aus, was zu einer **Verschlechterung der statischen Eigenschaften** und zu einem **langsameren Regelkreis** führt (Bild 9.5a).

Die Übertragungsfunktion, der Frequenzgang und die Frequenzkennlinien des Lag-Gliedes lauten:

$$G_{Lag}(s) = \frac{1 + sT_I}{1 + sT_1} \text{ mit } T_1 > T_I \tag{9.7}$$

$$G_{Lag}(j\omega) = \frac{1 + j\omega T_I}{1 + j\omega T_1} \tag{9.8}$$

$$\left| G_{Lag}(j\omega) \right|_{dB} = 10 \log \frac{1 + (\omega T_I)^2}{1 + (\omega T_1)^2} \text{ dB} = \begin{cases} 0 \text{ dB}, \omega T_I \ll 1 \text{ und } \omega T_1 \ll 1 \\ \left| T_I / T_1 \right|_{dB}, \omega T_I \gg 1 \text{ und } \omega T_1 \gg 1 \end{cases} \tag{9.9}$$

$$\varphi_{Lag}(\omega) = \arctan \omega T_I - \arctan \omega T_1 \tag{9.10}$$

Wie bei der Amplitudenkennlinie verwendet man auch bei dem Winkelverlauf im Phasendiagramm Polygonzüge. Da bei $\omega T = 1$ der Wert von $\arctan \omega T = \pi/2$ oder 45° ist, orientiert man sich beim Einzeichnen der Näherungsgerade an dem Punkt P(45°; 1/T). Für die Steigung der Geraden wählt man für zwei Dekaden auf der ω-Achse einen Bereich von 90°.

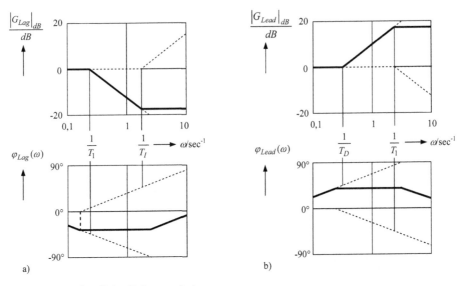

Bild 9.5: Frequenzkennlinien (Polygonzug) eines
a) Lag-Gliedes und eines
b) Lead-Gliedes

Anheben der Phasenkennlinie: Für diese Maßnahme wird ein PD-Regler bzw. ein PD-T_1-Glied, das **Lead-Glied**, verwendet. Man erreicht mit diesem Korrekturglied bei annähernd **konstanter Amplitudendurchtrittsfrequenz** eine **größere Phasenreserve** (Bild 9.5b).

Die Übertragungsfunktion, der Frequenzgang und die Frequenzkennlinien des Lead-Gliedes lauten:

$$G_{Lead}(s) = \frac{1+sT_D}{1+sT_1} \quad \text{mit } T_1 < T_D \tag{9.11}$$

$$G_{Lead}(j\omega) = \frac{1+j\omega T_D}{1+j\omega T_1} \tag{9.12}$$

$$\left. |G_{Lead}(j\omega)| \right|_{dB} = 10\log\frac{1+(\omega T_D)^2}{1+(\omega T_1)^2}\,\text{dB} = \begin{cases} 0\,\text{dB}, \omega T_D \ll 1 \text{ und } \omega T_1 \ll 1 \\ \left. |T_D/T_1|\right|_{dB}, \omega T_D \gg 1 \text{ und } \omega T_1 \gg 1 \end{cases} \tag{9.13}$$

$$\varphi_{Lead}(\omega) = \arctan \omega T_D - \arctan \omega T_1 \tag{9.14}$$

Eine Kombination der beiden Maßnahmen ermöglicht das **Lag-Lead-Glied**, das durch einen PID-Regler bzw. ein PD-T_{1a}-PD-T_{1b}-Glied mit zwei verschiedenen Zeitkonstanten realisiert wird. Man hebt die Phasenkennlinie an und senkt die Amplitudenkennlinie **in zwei unterschiedlichen Frequenzbereichen**. Das Bild 9.6 zeigt den Amplituden- und Phasenverlauf für ein Lag-Lead-Glied. Im unteren Frequenzbereich ist die phasennacheilende Wirkung des Lag-Gliedes zu erkennen. Der Phasenwinkel und die Amplitude nehmen negative Werte an. Zu wachsenden Frequenzen hin steigt die Amplitudenkennlinie durch die Wirkung des Lead-Gliedes wieder an. Gleichzeitig geht der Phasenwinkel in den positiven Bereich. Hier zeigt das Lead-Glied seine phasenanhebende Wirkung, die Stabilitätsreserve wird größer. Bei großen Frequenzen nehmen die Kennlinien die von den Zeitkonstanten abhängigen stationären Werte an.

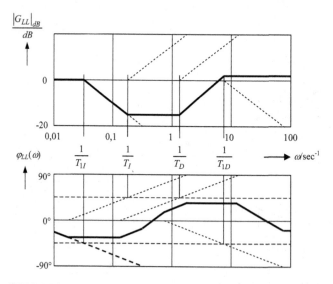

Bild 9.6: Die Frequenzkennlinien eines Lag-Lead-Gliedes mit $T_{1D} < T_D < T_I < T_{1I}$

Aus einer Reihenschaltung zweier PD-T_1-Glieder mit unterschiedlichen Zeitkonstanten folgen die Übertragungsfunktion, der Frequenzgang und die Frequenzkennlinien dieses Korrekturgliedes:

$$G_{LL}(s) = \frac{(1+sT_D)\,(1+sT_I)}{(1+sT_{1D})\,(1+sT_{1I})} \quad \text{mit } T_{1D} < T_D \text{ und } T_{1I} > T_I \tag{9.15}$$

$$G_{LL}(j\omega) = \frac{(1+j\omega T_D)}{(1+j\omega T_{1D})}\frac{(1+j\omega T_I)}{(1+j\omega T_{1I})} \tag{9.16}$$

$$|G_{LL}(j\omega)|_{dB} = 10\log\frac{(1+(\omega T_D)^2)(1+(\omega T_I)^2)}{(1+(\omega T_{1D})^2)(1+(\omega T_{1I})^2)}\ dB = \begin{cases} 0\ dB,\ \omega T_{1,D,I} \ll 1 \\ \left|\dfrac{T_D T_I}{T_{1D} T_{1I}}\right|_{dB},\ \omega T_{1,D,I} \gg 1 \end{cases} \tag{9.17}$$

$$\varphi_{LL}(\omega) = \arctan\omega T_D + \arctan\omega T_I - \arctan\omega T_{1D} - \arctan\omega T_{1I} \tag{9.18}$$

9.3 Beispiele

9.1 Korrektur mittels eines Lead-Gliedes: Eine I-Strecke mit Verzögerung 1. Ordnung wird mit einem P-Regler geregelt. Die Regelung ist so zu entwerfen, dass die Phasenreserve $\varphi_r \approx 50°$ beträgt. Der offene Kreis soll folgende Übertragungsfunktion haben:

$$G_0(s) = G_R(s)G_S(s) = \frac{20}{s(1+0{,}5s)}$$

Lsg.: Hieraus folgt der Frequenzgang, wenn die komplexe Variable σ durch $j\omega$ ersetzt wird:

$$G_0(j\omega) = \frac{20}{j\omega(1+0{,}5j\omega)}$$

Nach Betragsbildung und Logarithmieren dieser Funktion erhält man die Frequenzkennlinien, sortiert nach Amplitudengang und Phasengang:

$$20\lg|G_0(j\omega)| = 20\lg 20 - 20\lg|\omega| - 20\lg|1+j0{,}5\omega| \quad \text{oder}$$

$$|G_0(j\omega)|_{dB} = |20|_{dB} - |\omega|_{dB} - |1+j0{,}5\omega|_{dB} \quad \text{und}$$

$$\varphi_0(\omega) = -90° - \arctan(0{,}5\omega)$$

Beide Kurven sind in Bild 9.7 dargestellt.

Die Amplitudenkennlinie $|G_0|_{dB}$ schneidet die 0-dB-Linie bei der Amplitudendurchtrittsfrequenz $\omega_1 \approx 6{,}1\ \text{sec}^{-1}$ (Bild 9.7a). An dieser Stelle beträgt die aus dem Phasendiagramm (Bild 9.7b) abgelesene Phasenreserve $\varphi_r \approx 18°$. Um den Wert wunschgemäß zu vergrößern, müsste ein phasenanhebendes Lead-Glied die Phase um mindestens $\Delta\varphi = 50° - 18° = 32°$ anheben. Dadurch würde sich bei der Addition der beiden Betragskennlinien die Amplitudendurchtrittsfrequenz ω_1 nach auch nach rechts zu höheren Werten hin verschieben.

Wählt man z.B. ein $\Delta\varphi_m \approx 38°$, kann das gesteckte Ziel von $\varphi_r \approx 50°$ erreicht werden. Der Kurvenverlauf aus Bild 9.7b zeigt, dass die Phasenkennlinie des Lead-Gliedes ein Maximum aufweist. Durch eine Extremwertrechnung lässt sich die Stelle ω_m finden, wo die maximale Phasenanhebung ist. Setzt man in (9.14) für die Zeitkonstanten $T_D = T$ und für $T_1 = \alpha T$ mit $0 < \alpha < 1$, dann wird die zu maximierende Funktion:

$$\varphi_{Lead}(\omega) = \arctan(\omega T) - \arctan(\omega\alpha T)$$

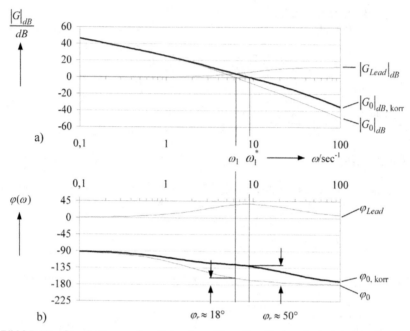

Bild 9.7: Korrektur der Frequenzkennlinien eines offenen Regelkreises durch ein Lead-Glied
- a)   Amplitudenkennlinie
- b)   Phasenkennlinie

ω_1^*	Amplitudendurchtrittsfrequenz nach der Korrektur
ω_1	Amplitudendurchtrittsfrequenz vor der Korrektur
φ_r	Phasenreserve
φ_0	Phasengang des nicht korrigieren Systems
$\varphi_{0,\,korr}$	Phasengang des korrigierten Systems
φ_{Lead}	Phasengang des Lead-Gliedes
$\left|G_{Lead}\right|_{dB}$	Amplitudengang des Lead-Gliedes
$\left|G_0\right|_{dB}$	Amplitudengang des nicht korrigierten Systems
$\left|G_0\right|_{dB,\,korr}$	Amplitudengang des korrigierten Systems

$$\frac{d\varphi_{Lead}(\omega)}{d\omega} = \frac{T}{1+\omega^2 T^2} - \frac{\alpha T}{1+\omega^2 \alpha^2 T^2} = 0 \quad \Rightarrow \quad \omega = \frac{1}{T\sqrt{\alpha}} = \omega_m$$

Bei der Frequenz ω_m ist die größte Phasenanhebung des Lead-Gliedes:

$$\varphi_{Lead}(\omega_m) = \arctan\frac{1-\alpha}{2\sqrt{\alpha}}$$

Bei einer angenommenen Phasenverschiebung von $\Delta\varphi(\omega) \approx 38°$ folgen aus dieser Gleichung der Werte für α:

$$38° = \arctan\frac{1-\alpha}{2\sqrt{\alpha}} \quad \Rightarrow \quad \alpha = 0{,}238$$

Das Lead-Glied bringt bei der Frequenz ω_1^* eine Amplitudenanhebung von

$$\left| G_{Lead}(j\omega_1^*) \right|_{dB} = 10\log\frac{1}{\alpha} = 6{,}23\,\text{dB}$$

Der Amplitudengang $\left| G_0(j\omega) \right|_{dB}$ muss an dieser Stelle den Wert –6,23 dB aufbringen, damit das korrigierte System $\left| G_0(j\omega_1^*) \right|_{dB,korr}$ hier einen Nulldurchgang hat:

$$\left| G_0(j\omega_1^*) \right|_{dB} = 20\lg 20 - 20\lg\omega_1^* - 20\lg\sqrt{1+(\omega_1^* 0{,}5)^2} = -6{,}23dB = -20\lg x$$

Aus dieser Gleichung folgt: $20\lg x = 6{,}23 \Rightarrow x = 10^{0,3115} = 2{,}0488$

Setzt man den gefundenen Wert in die obige Gleichung ein, ergibt sich eine biquadratische Gleichung, deren einzige reelle Lösung die Nullstelle des korrigierten Amplitudenganges ist.

$$(\omega_1^*)^4 + 4(\omega_1^*)^2 - 6710{,}88 = 0 \Rightarrow (\omega_1^*)^2 = 79{,}9\,\text{sec}^{-2} \Rightarrow \omega_1^* = 8{,}94\,\text{sec}^{-1}$$

Der Parameter T kann jetzt berechnet werden: $T = \dfrac{1}{\omega_1^*\sqrt{\alpha}} = 0{,}223\,\text{sec}$

Mit den Werten α und T wird die Übertragungsfunktion des korrigierten Reglers:

$$G_R(s) = G_{Lead}(s) = \frac{1+s0{,}223}{1+s0{,}053}$$

9.2 Korrektur mittels eines Lag-Gliedes: In diesem Beispiel soll ein gegebener offener Kreis mit der Übertragungsfunktion

$$G_0(s) = \frac{100}{s(1+0{,}1s)^2}$$

so durch ein Lag-Glied korrigiert werden, dass eine Phasenreserve von $\varphi_r \approx 45°$ entsteht.

Lsg.: Zunächst wird das **BODE**-Diagramm erstellt. Aus dem Frequenzgang

$$G_0(j\omega) = \frac{100}{j\omega(1+0{,}1j\omega)^2}$$

werden die Frequenzkennlinien hergeleitet (Bild 9.8):

$$\left| G_0(j\omega) \right|_{dB} = \left| 100 \right|_{dB} - \left| \omega \right|_{dB} - 2\left| 1+0{,}1j\omega \right|_{dB} \quad \text{und}$$

$$\varphi_0(\omega) = -90° - 2\arctan(0{,}1\omega)$$

Aus dem Amplitudendiagramm wird die Amplitudendurchtrittsfrequenz bei $\omega_1 \approx 20\,\text{sec}^{-1}$ entnommen. Im Phasendiagramm findet man bei dieser Frequenz eine Phasenreserve von $\varphi_r \approx -37°$. Das System wäre unter diesen Bedingungen instabil.

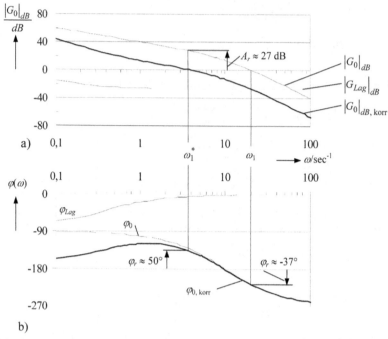

Bild 9.8: Korrektur der Frequenzkennlinien eines offenen Regelkreises durch ein Lag-Glied
a) Amplitudenkennlinie
b) Phasenkennlinie

Ein betragsabsenkendes Lag-Glied wird nun so in die Übertragungskette eingebaut, dass die Amplitudendurchtrittsfrequenz ω_1 nach links zu kleineren Werten hin verschoben wird, um die Phasenreserve zu vergrößern. Zu dem vorgesehenen Wert von $\varphi_r \approx 45°$ **addiert man noch eine Reserve** von z.B. 5°, um die phasenabsenkende Wirkung des Lag-Gliedes zu berücksichtigen.

Bei $\varphi_r \approx 50°$ liest man bei $\omega_1^* = 3{,}6 \, \text{sec}^{-1}$ im Amplitudendiagramm einen Wert von $A_r \approx 27 \, \text{dB}$ ab. Um diesen Betrag muss das Lag-Glied bei der so definierten Amplitudendurchtrittsfrequenz ω_1^* die Betragskennlinie absenken. Die maximal mögliche Betragsabsenkung des Lag-Gliedes ist nach (9.9) mit dem Zeitkonstantenverhältnis $1/\beta = T_I/T_1$ und $\beta > 1$:

$$\left| G_{Lag}(j\omega) \right|_{dB} = \left| T_I/T_1 \right|_{dB} = \left| 1/\beta \right|_{dB} = -20\log\beta \quad \text{wobei } \omega T_I \gg 1 \text{ und } \omega T_1 \gg 1 \text{ gilt.}$$

Aus dieser Gleichung kann der Wert für β berechnet werden:

$$A_r = -27 \, \text{dB} = -20\log\beta \Rightarrow \beta = 22{,}4$$

Erfahrungsgemäß sollte die Eckfrequenz $1/T$ etwa eine Größenordnung kleiner als ω_1^* gewählt werden, also $1/T \approx 0{,}36 \, \text{sec}^{-1}$ oder $T = 2{,}8 \, \text{sec}$. Mit diesen Angaben erhält man die Übertragungsfunktionen des Korrekturgliedes und des korrigierten Systems:

$$G_{Lag}(s) = \frac{1+2{,}8s}{1+62{,}2s} \quad \text{und} \quad G_{0,\,korr}(s) = G_{Lag}(s)G_0(s) = \frac{100(1+2{,}8s)}{s(1+0{,}1s)^2(1+62{,}2s)}$$

Eine Nachprüfung der Ergebnisse liefert:

$$\left|G_{Lag}(j3,6)\right|_{dB} = 10\lg(1+(2,8 \cdot 3,6)^2) - 10\lg(1+(62,2 \cdot 3,6)^2) = -26,9 \text{ dB}$$

$$\left|G_0(j3,6)\right|_{dB} = 20\lg100 - 20\lg3,6 - 20\lg(1+(0,1 \cdot 3,6)^2) = 27,82 \text{ dB} \quad \Rightarrow \quad \Delta|G|_{dB} = 0,94 \text{ dB}$$

$$\varphi_{Lag}(3,6) = \arctan(3,6 \cdot 2,8) - \arctan(3,6 \cdot 62,2) = -5,41°$$

$$\varphi_0(3,6) = -90° - 2\arctan(0,1 \cdot 3,6) = -129,6°$$

$$\varphi_{0,korr}(3,6) = \varphi_{Lag}(3,6) - \varphi_0(3,6) = 137,34° \quad \Rightarrow \quad \varphi_r = 42,6° \quad \Rightarrow \quad A_r \approx -15dB$$

Zu bemerken ist, dass die Ergebnisse überwiegend grafisch ermittelt worden sind und unter Umständen, wenn z. B. die Kriterien mach (9.6) nicht eingehalten worden sind, durch einen neuen Lösungsgang, evtl. analytisch, korrigiert werden müssen.

9.4 Zusammenfassung

Amplituden- und **Phasenreserve** sind **Kennwerte für das dynamische Verhalten** eines geschlossenen Regelkreises. Bei einem angenommenen Verlauf der Ortskurve eines offenen Regelkreises $G_0(j\omega) = G_R(j\omega)G_S(j\omega)$ ist eine Regelung schwingungsanfälliger, je näher die Ortskurve an den Punkt $(-1; j0)$ kommt. Verläuft die Ortskurve aber weiter entfernt von diesem Punkt, ist die Dämpfung stärker ausgeprägt, sofern es sich um ein stabiles System handelt.

Die **Durchtrittsfrequenz** ω_D findet sich dort, wo die Betragskennlinie $\left|G_0(j\omega)\right|_{dB}$ die 0-dB-Linie schneidet. Sie ist ein **Maß für die Bandbreite des Systems** und kennzeichnet die Schnelligkeit. Ein großes ω_D bedeutet ein rasches Reagieren der Ausgangsgröße des Systems bei entsprechenden Eingangsgrößenänderungen, ein kleiner Wert von ω_D deutet auf Signalverzögerungen hin, im Ergebnis eine „langsamere" Reglung. Achtet man darauf, dass im Bereich der Durchtrittsfrequenz die Betragskennlinie $\left|G_0(j\omega)\right|_{dB}$ mit etwa 20dB/Dekade abnimmt, lassen sich erfahrungsgemäß die Bedingungen für den Amplitudenrand A_r einhalten. Die **Phasenreserve des offenen Kreises** φ_r ist dann ein **Entwurfsparameter**. Er ist aus Stabilitätsgründen positiv zu gestalten.

Um den Verlauf der Betragskennlinie $\left|G_0(j\omega)\right|_{dB}$ mit einem Korrekturglied zu beeinflussen, betrachtet man drei Frequenzbereiche. Im **unteren Frequenzbereich**, wenn $\omega << \omega_D$ gilt, soll $\left|G_0(j\omega)\right|_{dB}$ möglichst groß sein, um im stationären **Zustand die Regeldifferenz** klein zu halten oder gegen null zu führen. Der **mittlere Frequenzbereich** um ω_D kennzeichnet im Wesentlichen das **dynamische Verhalten** des geschlossenen Regelkreises. Ein Anheben von ω_D bewirkt ein schnelleres Einschwingen der Regelgröße. Im **oberen Frequenzbereich** $\omega >> \omega_D$ sollte die Betragskennlinie möglichst rasch abfallen, damit unvermeidbare hochfrequente **Messstörungen möglichst unterdrückt** werden und nicht zur Regelgröße gelangen.

Den Verlauf der Betragskennlinie $\left|G_0(j\omega)\right|_{dB}$ kann man mit einem **Korrekturglied** beeinflussen, indem man die Übertragungsfunktion von $G_0(j\omega)$ mit der des Korrekturgliedes multipliziert. Hierbei leistet die logarithmische Teilung des **BODE**-Diagramms gute Dienste: Eine Multiplikation bedeutet im Amplitudendiagramm eine Addition entsprechender Streckenzüge. Zur Korrektur benutzt man drei **Grundformen von Übertragungsfunktionen**:

Mit dem **Lag-Glied** lässt sich die **Betragskennlinie** absenken. Realisiert werden solche Korrektur-glieder durch P-, PI- oder PD-T$_1$-Glieder. Man erreicht eine Vergrößerung der Phasenreserve und eine stärkere Dämpfung des Regelkreises. Nachteilig ist die Verschiebung von ω_D zu kleineren Werten hin, was zu einer Verschlechterung der statischen Eigenschaften und zu einem „langsameren" Regel-verhalten führt.

Das **Lead-Glied** hebt die Phasenkennlinie an. Man benutzt für diese Maßnahme PD-Regler oder ein PD-T$_1$-Glied. Man erreicht hier bei annähernd konstantem ω_D eine größere Phasenreserve.

Eine Kombination beider Maßnahmen repräsentiert das **Lag-Lead-Glied**. Es lässt sich durch PID-Regler oder PD-T$_1$-PD-T$_1$-Glieder verwirklichen. Solche Korrekturglieder können die **Phasenkennli-nie anheben** und die **Amplitudenkennlinie in zwei unterschiedlichen Frequenz-bereichen absen-ken**. Im Prinzip wird die Betragskennlinie $\left|G_0(j\omega)\right|_{dB}$ mit den Betragskennlinien zweier PD-T$_1$-Gliedern, die unterschiedliche Zeitkonstanten haben, multipliziert.

Das Korrekturverfahren kann analytisch durchgeführt werden (Beispiel 9.1), aber auch grafisch, wie Beispiel 9.2 zeigt. Das ist bei Genauigkeitsüberlegungen zu berücksichtigen.

10 Regelungen in betrieblichen Systemen

Schon Ende der 60er Jahre des letzten Jahrhunderts wurde das Unternehmen als sozio-ökonomisches System definiert, und es wurden die Prinzipien der Regelungstheorie auf das System Betrieb übertragen, indem man das Verhalten von betrieblichen Teilsystemen durch Regelkreisglieder beschrieb [5], [34], [35].

Bei der Untersuchung betrieblicher Systeme stehen hauptsächlich zwei Aspekte im Vordergrund. Einerseits soll eine Analyse bestehender Systeme Aufschluss über deren Aufbau und Wirkungsweise geben; andererseits sollen über eine Analyse zusätzliche Erkenntnisse ermittelt werden, die für die Schaffung neuer und besserer Strukturen nutzbringend angewendet werden können. Der zuletzt genannte Gesichtspunkt führt im Allgemeinen auf Fragestellungen, bei denen Veränderungen bestehender Strukturen, also Änderungs- und Anpassungsprozesse, in den Mittelpunkt der Überlegungen rücken. Für die Konzipierung betrieblicher Systeme in der Realität und beim Entwurf von Modellen zum Zweck der Erforschung solcher Systeme gewinnt das Instrumentarium der **Kybernetik,** der Wissenschaft von der Funktion komplexer Systeme, zunehmend an Bedeutung, da in diesen Konzepten der **dynamische Charakter offener Systeme** berücksichtigt wird [36]. Heute behandelt man Themen der Kybernetik weiter differenziert in der **Systemtheorie**, im technischen Bereich unter dem Begriff „Regelungstechnik".

Das Wesen der kybernetischen Systeme besteht darin, dass sie als offene Verhaltenssysteme in der Lage sind, Störungen im Rahmen von Steuerungs- und Regelungsprozessen zu kompensieren, sodass das System selbsttätig in den Bereich der zulässigen Abweichungen zurückkehrt oder dort verharrt. Dabei analysiert man die typischen Eigenschaften eines kybernetischen Systems [37]:

- *Selbstregelung*: Das System kann ohne externe Beeinflussung einen Sollwert einhalten.
- *Anpassung:* Das System kann nicht nur einen Sollwert konstanthalten, sondern ihn darüber hinaus an einen geänderten Kontext adaptieren (dynamisches Gleichgewicht oder Fließgleichgewicht)
- *Lernfähigkeit:* Das System kann aus Erfahrungen Konsequenzen für sein zukünftiges Verhalten ableiten (Informationsrückkopplung).
- *Selbstdifferenzierung:* Das System ist zu einer selbständigen strukturellen Evolution und Differenzierung in der Lage (es kann das Komplexitäts- und das Organisationsniveau und damit die Anpassungs- und Lernfähigkeit erhöhen).
- *Automatisierbarkeit:* Ersetzbarkeit menschlicher Eingriffe in das System durch regelungstechnische Maßnahmen.

Unternehmen werden im Rahmen dieses Denkansatzes nicht nur als Systeme, sondern als Regelsysteme interpretiert. Denn Unternehmen sind im Rahmen dieses Denkansatzes Organisationen, die der Lenkung (Steuerung) bedürfen. Aus diesem Gedankengut resultiert auch die Grundidee des **Controlling** und seiner Konzeption [38].

Die Untersuchung betrieblicher Systeme auf Regelungsvorgänge kann auf zwei Arten durchgeführt werden. Einmal kann die Unternehmung in ihrer Gesamtheit betrachtet und hierfür Modelle entwickelt werden, die die Gesamtzusammenhänge abbilden und zum anderen kann die systemtheoretische Untersuchung an Modellen für Teilsysteme ansetzen. Eine quantitative Betrachtung der Realität mithilfe **globaler Gesamtmodelle** bereitet erhebliche Schwierigkeiten, da die Systeme kompliziert strukturiert und deshalb schwer beschreibbar sind. Ein Modell der gesamten Unternehmung würde sich höchstwahrscheinlich als komplexes System vielfältig verschachtelter Regelkreise darstellen. Eine quantitative Erfassung solcher komplexer Gesamtsysteme in einem geschlossenen Lösungsansatz ist wohl nicht möglich und wahrscheinlich auch nicht zweckmäßig.

Gegenüber der Analyse von Gesamtmodellen bietet die Untersuchung von **Teilmodellen** eine gewisse Chance, diese mit den regelungstechnischen Methoden und Verfahren zu **beschreiben**. Voraussetzung für eine solche Vorgehensweise wäre die Zerlegung komplexer Systeme in Subsysteme. Im einfachsten Fall wird ein solches Subsystem eine Steuerkette oder ein Regelkreis mit nur einem Regler und einer Regelstrecke darstellen. In den meisten Fällen werden Subsysteme auch Systeme vermaschter Regelkreise sein, also Regelkreishierarchien darstellen. Das beinhaltet, dass übergeordnete Regelkreise untergeordnete Regelkreise über Führungsgrößen in Form einer Folgeregelung lenken.

10.1 Betriebliche Übertragungsglieder

Bei der Analyse betrieblicher Systeme ist eine Trennung in die **determinierten Teile** des betrieblichen Systems und in die Teilsysteme, die von der Aufgabenstruktur her nicht determiniert werden können, vorzunehmen. Bei den **indeterminierbaren Teilsystemen** dürfte höchstens eine **beschreibende** Form des Systemverhaltens möglich sein, das aber weit entfernt von einem idealem Übertragungsverhalten sein dürfte, was u. a. auf verzögerte Einflüsse im Betriebsgeschehen zurückzuführen ist. Verzögerungen machen sich in der Modellgleichung durch höhere Ableitungen bei der Ausgangsgröße bemerkbar und können durch $P-T_n$-Glieder im Modellansatz berücksichtigt werden. In einer Untersuchung [34] hat **FORRESTER** gezeigt, dass Lagerhaltungssysteme sogar oszillieren können, also durch ein Verzögerungsglied zweiter Ordnung modellierbar sind. Die Beschreibung des Systemverhaltens im determinierten Bereich kann zu einer gestaltenden Funktion führen, also zu einer **eindeutigen Übertragungsfunktion**.

Analog zum Verzögerungsverhalten existiert oft ein Vorhaltverhalten, das sich im Auftreten höherer Ableitungen der Eingangsgröße äußert. Das Vorhaltglied, ein **D-Glied**, ist allerdings ohne Verzögerungen entsprechender Ordnung physikalisch nicht realisierbar. Vorhaltglieder können ein Instrumentarium zur Beurteilung zukünftiger Tatbestände in betrieblichen Systemen sein, sogenannte **Prognoseglieder**, die in die Modellgleichung aufgenommen werden können.

Bei betrieblichen Prozessen liegen oft diskrete Arbeitstakte vor, Strömungsgrößen müssen deshalb gespeichert werden. Diese entsprechenden Speicherglieder können z, B. durch Regelkreisglieder dargestellt werden, deren Übertragungsfunktionen mit Totzeiten ergänzt werden. Transportvorgänge von Masse, Energie und Information sind meistens totzeitbehaftet. Totzeiten können allerdings nicht durch Differentialgleichungen beschrieben werden, man muss hier in den Bildbereich wechseln und die **LAPLACE**-Transformierte der Totzeit im Modellansatz benutzen [35].

Von einem **proportionalem Verhalten** spricht man, wenn die Ausgangsgröße die mit einem Proportionalitätsfaktor multiplizierte Eingangsgröße ist. Z. B. bei konstanten Stückkosten dürfte bei Steigerung des Absatzes der Gewinn entsprechen steigen. **Integrationsglieder** summieren auf einen Anfangsbestand alle laufenden Veränderungen auf, z. B.:

Lager-Bestand	LB	$=$	$LB_0 + \int(\text{Zugang} - \text{Abgang})dt$
Forderungsbestand	FB	$=$	$FB_0 + \int(\text{Warenverkauf} - \text{Zahlungen})dt$
Personalbestand	PB	$=$	$PB_0 + \int(\text{Einstellungen} - \text{Entlassungen})dt$
Kontostand	KS	$=$	$KS_0 + \int(\text{Einzahlungen} - \text{Auszahlungen})dt$

Als Variable müssen in den Modellen neben den Zustandsgrößen (z. B. Menge m, Geld g) auch betriebliche Ereignisse (Mengenänderung dm/dt, Geldänderung dg/dt) sowie deren Änderungen erfasst werden, was eine zweite Ableitung der Zustandsgrößen bedeutet.

Bei einer Simulation des betrieblichen Geschehens anhand eines Modells können als Eingangsgrößen impulsförmige und sprungförmige Testfunktionen von Nutzen sein:

- **Impuls** oder **DIRAC**-Stoß, ihn benutzt man bei einmaligen Vorgängen wie das einmalige Aussenden eines Versandhandelsunternehmens z. B.
  von 100 Rechnungen über 100 €
  von 100 000 Katalogen oder CD-Roms,
  von 1 Mio Werbeschreiben
  von 1 Mahnschreiben
- **Sprungfunktion,** z. B.
  Das tägliche Aussenden einer konstanten Menge von Briefen, Paketen, Rechnungen, Zeitungen.

Ziel der Untersuchung betrieblicher Regelkreise mit den Methoden der Regelungstechnik ist die qualitative Bewusstmachung von **Entscheidungs- und Führungsprozessen.** Bevorzugte Einsatzbereiche sind die Führungslehre und das zahlengestützte Controlling. Nützlich erweisen sich regelungstechnische Methoden auch zur **Analyse und Beschreibung** bestimmter Verhaltensweisen, die sich im Zeitablauf ändern, also auch für dynamische Prozesse. Solche Verhaltensweisen werden anschließend an einigen Beispielen untersucht. In vielen Fällen lassen sich daraus konkrete Handlungsempfehlungen für Entscheidungsträger ableiten.

10.2 Beispiele

10.1 Eine Firma plant eine neue Fertigungslinie mit einer Belegschaft von 30 neuen Mitarbeitern. Bei der Überprüfung der Personaleinstellungen beobachtet der Personalchef, dass in jeder Bewerbungsrunde trotz der hohen Bewerberzahl immer nur 20% der **offenen Stellen** mit qualifiziertem Personal besetzt werden können.
  a) Wann kann der Personalchef mit einer vollständigen Mannschaft rechnen?
  b) Wenn in jeder Bewerbungsrunde jedoch 20% der **Belegschaft** gewonnen werden können, wann kann der Personalchef mit der kompletten Mannschaft rechnen?
  c) Welche Übertragungsglieder charakterisieren die beiden Fälle?

Zu a) Die maximale Anzahl von neuen Mitarbeitern ist n_{max}. Die tatsächliche Anzahl von Mitarbeitern sei $n(t)$. Eingestellt werden 20 % der Personallücke. Damit lautet die Differentialgleichung des Einstellvorganges:

$$\frac{dn}{dt} = 0{,}2(n_{max} - n) \quad \Rightarrow \quad \int\limits_{0}^{n} \frac{dx}{x - n_{max}} = -0{,}2 \int\limits_{0}^{t} d\tau \quad \Rightarrow \quad n(t) = n_{max}(1 - e^{-0{,}2t})$$

Die Lösungsmenge soll ganzzahlig sein. Deshalb wird bei einer Lösung von 29,5 Personen auf 30 Personen aufgerundet. Aus der Gleichung

$$29{,}5 = 30(1 - e^{-t/T}) \text{ ergibt sich } \quad t = t^{*} = 20{,}4 \text{ Zeiteinheiten (ZE) oder bei pauschaler Annahme:}$$

$$t^{*} = 4 \cdot T = 4 \cdot 5 \text{ ZE} = 20 \text{ ZE.}$$

Zu b) Aus der Beziehung $\dfrac{dn}{dt} = 0{,}2 n_{max}$ folgt nach **LAPLACE**-Transformation von $\dfrac{dn}{dt}$ und der sprungförmig verlaufenden Funktion $n_{max}\sigma(t)$:

$$sn(s) = \frac{0{,}2 n_{max}}{s} \quad \Rightarrow \quad n(s) = \frac{0{,}2 n_{max}}{s^{2}} \quad \Rightarrow \quad n(t) = 0{,}2 n_{max} t$$

Für $n(t) = n_{max} = 0,2 n_{max} t \quad \Rightarrow \quad t = 5\,ZE$

Zu c) Die Gleichungen repräsentieren die folgenden Übertragungsglieder:

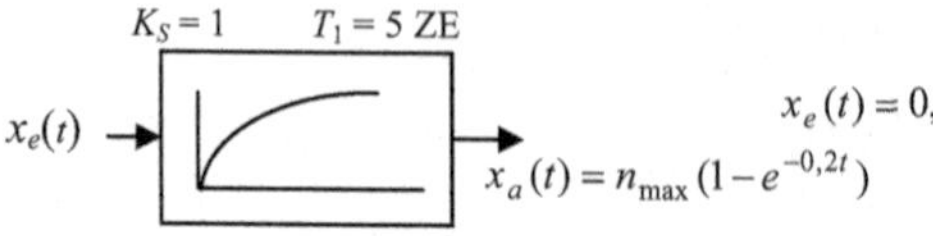

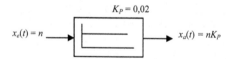

Bild 10.1: P-T_1-Glied: Verlauf der Einstellungen
K_S = Übertragungsbeiwert
T_1 = Zeitkonstante in ZE

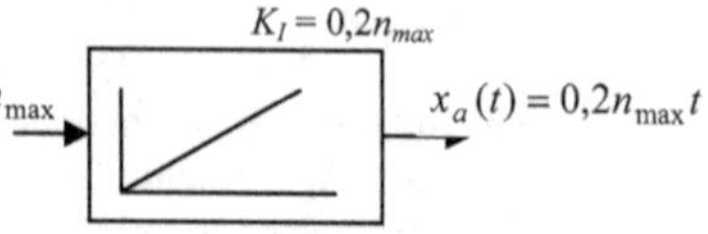

Bild 10.2: I-Glied: Mitarbeiterbestand
K_I = Integrierbeiwert in ZE^{-1}

Für die aktuelle Personallücke ergibt sich ein Exponentialgesetz: $n_{Lücke}(t) = n_{max} e^{-t/T_1}$. Dieser Vorgang kann als Impulsantwort oder Gewichtsfunktion interpretieren werden:

$$x_a(s) = \mathscr{L}\{\delta(t)\} n_{max} \frac{T_1}{1 + sT_1} \quad \Rightarrow \quad x_a(t) = \mathscr{L}^{-1}\left\{ T_1 n_{max} \frac{1}{1 + sT_1} \right\} = n_{max} e^{-t/T_1}$$

$$\delta(t) \longrightarrow \boxed{\qquad} \quad e^{-t/T} \longrightarrow \boxed{\qquad} \longrightarrow n_{max} e^{-t/T_1}$$

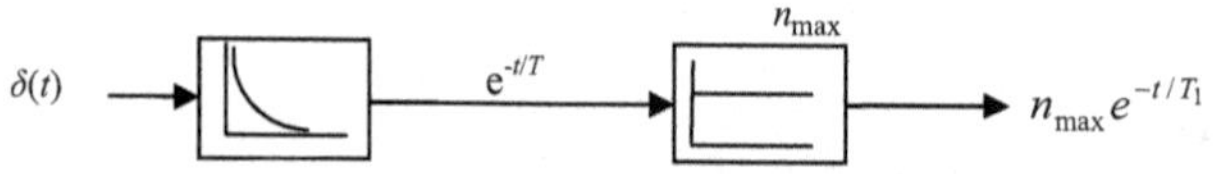

Bild 10.3: Impulsantwort: Personallücke

10.2 Nahezu täglich erreichen den Bürger personalisierte Massenwerbesendungen mit der Aufforderung zur Rückantwort, von denen die Rücklaufquote nur etwa 2% beträgt. Welches Übertragungsglied beschreibt hier den Sachverhalt? Welchen Wert hat der zugehörige Parameter?

Wir nehmen an, n Einheiten werden verschickt. Die Rücklaufquote soll $0,02n$ Einheiten betragen. Dieser Sachverhalt lässt sich durch ein Proportionalglied darstellen:

$$x_e(t) = n \longrightarrow \boxed{\qquad K_P = 0,02 \qquad} \longrightarrow x_a(t) = n K_P$$

Bild 10.4: Proportionalglied

10.3 Mitarbeiter an neuen Arbeitsplätzen müssen sich erst mit der anfallenden Arbeit vertraut machen, bis sie eine 100%ige Leistung bringen. Die Leistung über der Zeit wird modellhaft durch die **Lernkurve** beschrieben: Der Leistungszuwachs ist proportional zu den noch fehlenden Fähigkeiten bis zum Sollzustand.
  a) Wie entwickelt sich die Leistung in Prozent über der Zeit?
  b) Welche Größe charakterisiert den Lernfortschritt?
  c) Wann erreicht der Mitarbeiter nach diesem Modell seine volle Leistungsfähigkeit?

Zu a) Bezeichnen wir mit $x(t)$ die Leistung und mit x_{max} die maximale Leistung. Dann wird der Leistungszuwachs mit dem Proportionalitätsfaktor c:

$$\frac{dx}{dt} = c(x_{max} - x(t)) \quad \Rightarrow \quad sx(s) = \frac{cx_{max}}{s} - cx(s) \quad \Rightarrow \quad x(s) = \frac{cx_{max}}{s(s + c)}$$

$$\Rightarrow \quad x(t) = x_{max}(1 - e^{-ct}) \quad \text{mit der Zeitkonstante } T = 1/c$$

Zu b) Der Lernfortschritt wird durch die Zeitkonstante T repräsentiert

Zu c) Die Kurve für den Lernfortschritt erreicht ihren Grenzwert erst für $t \Rightarrow \infty$. Wir begnügen uns mit 99% des Wissens. Dann gilt der Ansatz:

$$99\% = 100\%(1 - e^{-t/T}) \quad \Rightarrow \quad t = 4{,}6T \text{ ZE, also etwa } 5T$$

10.4 Beim Einlagern und speichern von Gütern entstehen oft gewisse Verluste, die durch Inventur erfasst und mit Schwund bezeichnet werden.
  a) Wenn der Schwund 2% beträgt, durch welches Übertragungsglied kann der Sachverhalt beschrieben werden?
  b) Wie groß ist der entsprechende Parameter?

Zu a) Durch ein Proportionalglied:
Zu b) $K_S = 0{,}98$

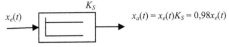

$$x_e(t) \qquad x_a(t) = x_e(t)K_S = 0{,}98x_e(t)$$

Bild 10.5: Proportionalglied: P-Glied
Reale Menge

10.5 Lagerhaltungsmodelle gehen meist von einer konstanten Entnahme aus. Angenommen, es werden regelmäßig c Teile entnommen und der Anfangsbestand beträgt B_0.
  a) Wie entwickelt sich im Zeitablauf der Lagerbestand?
  b) Welches Übertragungsglied beschreibt diesen Sachverhalt?

Zu a) Es sei $B(t)$ der aktuelle Lagerbestand und c die Entnahmemenge. Dann gilt:

$$\frac{dB}{dt} = -c \quad \Rightarrow \quad sB(s) - B_0 = -\frac{c}{s} \quad \Rightarrow \quad B(s) = -\frac{c}{s^2} + \frac{B_0}{s} \quad \Rightarrow \quad B(t) = B_0 - ct$$

Zu b) Der Sachverhalt wird durch ein I-Glied beschrieben mit $K_I = -c$ in ZE^{-1}

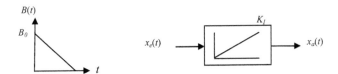

Bild 10.6: Lagerbestand   **Bild 10.7:** I-Glied, Lagerbestand

10.6 Auf ein Kontokorrentkonto wird täglich ab dem 1.1.08 eine konstante Geldmenge a eingezahlt, wobei der Anfangskontostand K_0 ist.
  a) Welche Funktion beschreibt den Kontostand im Zeitablauf?
  b) Wie lauten die das System anregende Funktion, die Übertragungsfunktion und die Antwort des Systems?
  c) Welche charakteristische Eigenschaft hat dieses System?

Zu a) Der aktuelle Kontostand sei $K(t)$, der Anfangsbestand K_0 und die Sparrate a. Dann gilt:

$$\frac{dK}{dt} = a \;\Rightarrow\; sK(s) - K_0 = \frac{a}{s} \;\Rightarrow\; K(s) = \frac{K_0}{s} + \frac{a}{s^2} \;\Rightarrow\; K(t) = K_0 + at$$

Zu b) Anregung: Sprungfunktion mit Amplitude a, $x_e(t) = a\sigma(t)$. Die Übertragungsfunktion lautet

$$G(s) = \frac{x_a(s)}{x_e(s)} = 1/s \;\Rightarrow\; x_a(s) = x_e(s)G(s) = \frac{a}{s} \cdot \frac{1}{s} \;\Rightarrow\; x_e(t) = x_{e0} + at = K_0 + at$$

Zu c) Das System repräsentiert eine Speichereigenschaft, gespeichert wird hier Geld, eine Bestandsgröße.

10.7 Auf ein Kontokorrentkonto wird täglich eine konstante Geldmenge $a \in (a > 0)$ ein- und eine konstante Geldmenge $b \in (b > 0)$ ausbezahlt. Der Anfangsbestand sei K_0.
   a) Wie entwickelt sich der Kontostand im Zeitablauf?
   b) Angenommen, die Einzahlungen aus dem laufenden Geschäft sind konstant $a \in$ täglich, die Ausgaben steigen aber aufgrund neuer Projekte proportional zur Zeit mit dem Faktor b. Welche Entscheidung muss der Finanzchef zum Zeitpunkt $t = 50$ ZE treffen, wenn $K_0 = 50$, $a = 4$ und $b = 0{,}2$ ist?
   c) Für den Fall b) lassen sich drei verschiedene Blockschaltbilder zeichnen!

Zu a) Der aktuelle Kontostand sei $K(t)$, der Anfangskontostand K_0 und die Änderung des Kontostandes sei $a - b$. Dann gilt:

$$\frac{dK}{dt} = a - b \;\Rightarrow\; sK(s) - K_0 = \frac{a}{s} - \frac{b}{s} \;\Rightarrow\; K(s) = \frac{K_0}{s} + \frac{a-b}{s^2} \;\Rightarrow\; K(t) = K_0 + (a-b)t$$

Zu b) $\displaystyle\int_{K_0}^{K} dK(\tau) = a\int_0^t d\tau - b\int_0^t \tau\,d\tau \;\Rightarrow\; K(t) - K_0 = at - bt^2$ oder $K(t) = K_0 + at - \frac{b}{2}t^2$

Mit den in b) vorgegebenen Werten wird $K(0) = 50 + 4 \cdot 50 - 0{,}1 \cdot 50^2 = 0$. Der Finanzchef muss zusätzlich Finanzmittel erschließen.

Zu c) Blockschaltbilder:

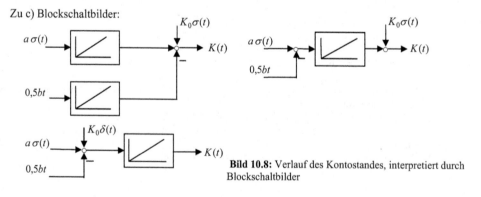

Bild 10.8: Verlauf des Kontostandes, interpretiert durch Blockschaltbilder

10.8 Ein Unternehmen hat bei der Analyse des Kundenverhaltens beobachtet, dass auf die einmalige Aussendung von Rechnungen jeweils 10% der Forderungen durch Einzahlungen abgebaut werden.
  a) Wie entwickelt sich der Forderungsbestand bzw. der Zahlungseingang im Zeitablauf, wenn Rechnungen im Wert von R = 50 000 € versandt wurden?
  b) Wie entwickelt sich der Kontostand im Zeit- und Bildbereich?
  c) Wie entwickelt sich der Kontostand, wenn statt des Impulses eine Sprungfunktion aufgebracht wird?
  d) Wie sieht der Verlauf des Kontostandes aus, wenn die Kunden idealerweise ohne Verzögerung zahlen würden?

Zu a) Einzahlungen sind eine Minderung der Forderungen f, f_0 ist der Anfangsrechnungsbetrag R, $f(t)$ sei der aktuelle Forderungsbetrag, dann gilt:

$$\frac{df}{dt} = -af \;\Rightarrow\; \frac{df}{f} = -adt \;\Rightarrow\; \int_{f_0}^{f}\frac{df}{f} = -a\int_0^t d\tau \;\Rightarrow\; \ln\frac{f}{f_0} = -at \;\Rightarrow\; f(t) = f_0 e^{-at} \quad \text{oder}$$

$$sf(s) - f_0 + af(s) = 0 \;\Rightarrow\; f(s) = f_0\frac{1}{s+a}$$

$$f_0\delta(t) \longrightarrow \boxed{} \longrightarrow f_0 e^{-at}$$

Rechnungen   Einzahlungen   **Bild 10.9:** Impulsantwort der Einzahlungen

Zu b) Der aktuelle Kontostand ist:

$$K(t) = f_0 - f_0 e^{-at} = f_0(1 - e^{-at}) \text{ mit Zeitkonstante } T = 1/a \text{ und } \mathcal{L}\{K(t)\} = f_0\frac{a}{s(a+s)}$$

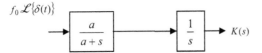

Bild 10.10: Verlauf des Kontostandes im Bildbereich

Bild 10.11: Entwicklung des Kontostandes

$$G_1(s) = \frac{a}{s+a} \text{ und } G_2(s) = \frac{1}{s} \;\Rightarrow\; G_1(s)G_2(s) = f_0\frac{1}{s}\frac{a}{s+a}\mathcal{L}\{\delta(t)\} = f_0(1 - e^{-at}) = K(t)$$

Zu c) Bei einem Eingangssprung mit der Sprungamplitude f_0 ist:

$$f(s) = f_0\frac{1}{s}\frac{a}{s(s+a)} \;\Rightarrow\; K(t) = f_0(t - T(1 - e^{-t/T})) \text{ mit der Zeitkonstante } T = 1/a$$

Zu d) Kontostand mit/ohne verzögertem Zahlungseingang:

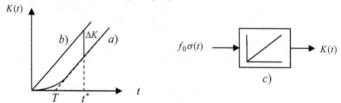

Bild 10.12: Kontostand bei einer sprungförmigen Erregung
  a) Verlauf mit Verzögerung: I-T_1-Glied
  b) Verlauf ohne Verzögerung: I-Glied
  c) Verlauf ohne Verzögerung

ΔK Finanzlücke bei t^*

10.9 Wenn man die Lernkurve nach Beispiel 10.3 voraussetzt, lässt sich zeigen, dass Lernen ein Rückkopplungsprozess ist.
  a) Von dem folgenden Blockschaltbild ist die Übertragungsfunktion aufzustellen.
  b) Das Blockschaltbild ist zu interpretieren!

Zu a)

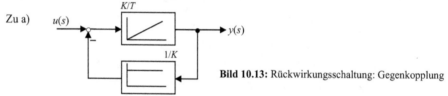

Bild 10.13: Rückwirkungsschaltung: Gegenkopplung

Aus dem Bild folgt: $y(s) = \dfrac{K}{sT}(u(s) - \dfrac{1}{K}y(s)) = \dfrac{K}{sT}u(s) - \dfrac{1}{sT}y(s)$

$$\Rightarrow \quad G(s) = \frac{y(s)}{u(s)} = \frac{K}{1+sT}$$

Bei einer sprungförmigen Eingangsgröße mit u_0 als Sprungamplitude wird

$$y(s) = \frac{u_0}{s}\frac{K}{1+sT} \quad \Rightarrow \quad y(t) = u_0 K(1 - e^{-t/T}), \text{ ein Speichervorgang (P-}T_1\text{-Glied)}.$$

Zu b) Die Eingangsgröße $u(t)$ wird auf direktem Wege zunächst addiert und an den Ausgang weitergeben. Ist das Signal auf der Ausgangsseite größer null, wird über den Rückführzweig ein proportionaler Anteil auf den Eingang zurückgeführt, der um so größer ist, je stärker die Ausgangsgröße anwächst, was letztlich zu einer Begrenzung der Ausgangsgröße führt.

10.10 Sie bestellen heute im Internet 5 Bücher. Nach drei Tagen verzeichnen Sie den Posteingang.
  a) Welches Übertragungsglied beschreibt den Sachverhalt?
  b) Sie überweisen den Betrag nach zwei Tagen bei einer Banklaufzeit von drei Tagen. Welches Übertragungsglied beschreibt aus Sicht des Lieferanten den Geschäftsvorgang?

Zu a) Totzeitglied mit Totzeit $T_t = 3$ Tagen. Die Übertragungsfunktion eines Totzeitgliedes ist

$$G(s) = \frac{x_a(s)}{x_e(s)} = e^{-sT_t} \quad \Rightarrow \quad x_a(s) = 5 \, \mathcal{L}\left\{\delta(t)\right\} e^{-3s} \text{ Bücher} \quad \Rightarrow \quad x_a(t) = 5\sigma(t - 3Tg) \text{ Bücher}$$

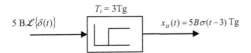

Bild 10.14: Totzeitverhalten eines Bestellvorganges

Zu b) Totzeit $T_t = 8$ Tg

10.3 Zusammenfassung

Bei der Untersuchung von Unternehmen können zwei Wege eingeschlagen werden. Man kann das Unternehmen als komplettes System betrachten und hierfür ein Modell entwickeln, das das Betriebsgeschehen vollständig oder mindestens näherungsweise erfasst. Wegen der komplizierten Struktur und starken Verflechtungen dürften aber solche globale Gesamtmodelle schwierig aufzustellen und unter Umständen überhaupt nicht handhabbar sein. Eine zweite Möglichkeit bietet die Zerlegung der betrieblichen Unternehmung in Teilmodelle, die eher einer Modellierung zugängig sind. Voraussetzung ist hierbei, dass sich die betrieblichen Systeme überhaupt in Teilsysteme zerlegen lassen. Voraussichtlich stößt man bei der Zerlegung auf zwei Gruppen von Teilsystemen, solche die determiniert sind, also sich aufgrund ihrer Struktur in einer vorbestimmten Weise verhalten werden und solche, die nicht determiniert sind. In diesem Falle ist höchstens eine verbale Systembeschreibung möglich. Bei determinierten Systemen ist das Ziel eine eindeutige Funktion, z. B. eine Differentialgleichung, die den Zusammenhang zwischen Eingangs- und Ausgangsgröße des Teilsystems herstellt. Im einfachsten Falle trifft man hier auf eine Steuerkette oder einen Regelkreis, der zu analysieren ist.

Betrachtet man die Beispiele, es sind Ausschnitte aus betrieblichen Aufgabenstellungen, erkennt man, dass sich Geschäftsvorgänge regelungstechnisch interpretieren lassen. Wie bei den technischen Regelungen verwendet man auch hier Testfunktionen wie der Dirac-Stoß und die Sprungfunktion, um dynamische Vorgänge anzustoßen. Durch Verwenden von Grundbausteinen mit Übertragungsfunktionen niedriger Ordnung lässt sich das Teilsystem ausreichend modellieren, um auch das Zeitverhalten analysieren zu können.

Literaturverzeichnis

[1]   Selbstregulierende Systeme: Eine positive Sicht auf negative Rückkopplungen
      Feldpolitik.de/feldblog/item.php?i=67, 19.1.2008

[2]   *Schüffler, K.*: Mathematik in der Wirtschaftswissenschaft
      Carl Hanser Verlag München Wien 1991

[3]   *Wolfschlag, C.*: Einheiten, Größen und Formelzeichen der Elektroindustrie
      Carl Hanser Verlag München Wien
      Siemens AG Berlin und München

[4]   *Lüpertz, V.*: Problemorientierte Einführung in die Volkswirtschaftslehre
      Winkler 2007

[5]   Raffée, H.: Grundprobleme der Betriebswirtschaftslehre, Band 1
      Vandenhoeck & Ruprecht Göttingen 1995

[6]   Wikipedia.org/wiki/Komplexe Zahlen 16.01.08

[7]   *Böhme, G.*: Algebra, Anwendungsorientierte Mathematik, 7. Auflage
      Springer-Verlag, Berlin Heidelberg New York 1992

[8]   *Kreul, M., Kreul, H.*: Mathematik in Beispielen, Band 1
      Verlag Harri Deutsch, Thun Frankfurt 1988

[9]   *Doetsch, G.*: Anleitung zum Gebrauch der Laplace-Transformation und der z-Transformation
      R. Oldenburg Verlag München Wien 1989

[10] *Ameling, W.*: Laplace-Transformation
      Vieweg Braunschweig/Wiesbaden 1984

[11] *Murray R.Spiegel*: LAPLACE-Transformation, Schaum's Outline
      McGraw-Hill Book Company GmbH

[12] *Profos, P.*: Einführung in die Systemdynamik
      B. G. Teubner Stuttgart 1982

[13] *Isermann, R.*: Identifikation dynamischer Systeme I, Grundlegende Methoden,
      Springer, Berlin, Heidelberg New York 1991

[14] *Roddeck, W.*: Einführung in die Mechatronik,
      B. G. Teubner Stuttgart, Leipzig, Wiesbaden 2003

[15] *Isermann, R.*: Mechatronische Systeme, Grundlagen
      Springer, Berlin, Heidelberg New York 2008

[16] *Enge, O.; Kielau, G.; Maißer, P.*: Dynamiksimulation elektromechanischer Systeme, 3. IfM-
      Report 04/98
      www.tu-chemnitz.de/ifm/projekte/p ems.htm

[17] www.Mechatronik-Portal.de

[18] *Wallaschek* 1995, VDI-Bericht 1215

[19] *Hadwich, V.*: Modellbildung mechatronischer Systeme, Diss., TU München. Zugl.:
      Fortschrittsbericht VDI, Reihe 8, Nr. 704, VDI-Verlag Düsseldorf 1998

[20] *Enge, O.*: Analyse und Synthese Elektromechanischer Systeme, Diss. TU Chemnitz, 2005

[21] *Veth, F.*: Regelungstechnische Maßnahmen zur Reduzierung der Aufbauschwingungen beim
      KFZ, Automatisierungstechnisches Seminar, FH Merseburg 2001
      http://members. Fotunccity.de 17. 5. 07

[22] *Schiessle E.; Wolf F.; Linser J.;. Vogt A.*:Mechatronik 1
      Vogel Buchverlag 2002

[23] *Schiessle E.; Wolf F.; Linser J.;. Vogt A.*: Mechatronik, Aufgaben und Lösungen
      Vogel Buchverlag 2004

[24] *Stöcker, H.*: Taschenbuch mathematischer Formeln und moderner Verfahren
      Verlag Harri Deutsch, Thun Frankfurt 2007

[25] *Mann/Schiffelgen/Froriep*, Einführung in die Regelungstechnik
      Hanser 2005

[26] *Federau, J.*: Operationsverstärker, Lehr- und Arbeitsbuch zu angewandten Grundschaltungen
      Vieweg-Verlag 2006

[27] *Lutz H.; Wendt W.*: Taschenbuch der Regelungstechnik, mit MATLAB und Simulink
      B. G. Teubner Stuttgart 2007

[28] *Drenick, R. F.*: Die Optimierung linearer Regelkreise
      R. Oldenburg Verlag, Wien München 1967

[29] *Bode, A., Breiner, M.*: MATLAB in der Regelungstechnik, Analyse linearer Systeme
      Teubner-Stuttgart

[30] *Hofmann, J.*: MATLAB und SIMULINK, Beispielorientierte Einführung in die Simulation
      dynamischer Systeme, Addison-Wesley, München

[31] *Ziegler, J. G., Nichols, N. B.*: Optimum settings for automatic controller
      Transactions of the ASME 74, (1952), S. 175-185

[32] *Chien, K. L., Hrones, J. A., Reswick, J. B.*: On the automatic control of generaliized passive
      systems Transactions of the ASME 64, (1942), S. 759

[33] *Schwarze, W.*: Einstellregeln für vorgegebene Überschwingweiten,
      at-Automatisierungstechnik 41, (1993), 4, S. 103 - 113

[34] *Forrester, J. W.*: Grundzüge einer Systemtheorie, Betriebswirtschaftlicher Verlag
      Dr. Th. Gabler, Wiesbaden, 1972

[35] *Grochla, E., Fuchs, H., Lehman, H.*: Systemtheorie und Betrieb, Sonderheft 3/74,
      Westdeutscher Verlag 1974

[36] *Wöhe, G.*: Einführung in die allgemeine Betriebswirtschaft
      Vahlen-Verlag, 22. Aufl., 2005

[37] *Horváth/Reichmann*: Großes Controlling Lexikon
      Vahlen-Verlag, 2002

[38] *Bramsemann, R.*: Handbuch Controlling
      Fachbuchverlag Leipzig (1993)

Sachwortverzeichnis

Lizenz zum Wissen.

Sichern Sie sich umfassendes Technikwissen mit Sofortzugriff auf tausende Fachbücher und Fachzeitschriften aus den Bereichen: Automobiltechnik, Maschinenbau, Energie + Umwelt, E-Technik, Informatik + IT und Bauwesen.

Exklusiv für Leser von Springer-Fachbüchern: Testen Sie Springer für Professionals 30 Tage unverbindlich. Nutzen Sie dazu im Bestellverlauf Ihren persönlichen Aktionscode C0005406 auf *www.springerprofessional.de/buchaktion/*

Jetzt
30 Tage
testen!

Springer für Professionals.
Digitale Fachbibliothek. Themen-Scout. Knowledge-Manager.

- Zugriff auf tausende von Fachbüchern und Fachzeitschriften
- Selektion, Komprimierung und Verknüpfung relevanter Themen durch Fachredaktionen
- Tools zur persönlichen Wissensorganisation und Vernetzung

www.entschieden-intelligenter.de

Springer für Professionals

Printed in the United States
By Bookmasters